Elektrische Antriebe

Springer

Berlin
Heidelberg
New York
Barcelona
Budapest
Hong Kong
London
Mailand
Paris
Santa Clara
Singapur
Tokio

Rolf Schönfeld

Elektrische Antriebe

Bewegungsanalyse, Drehmomentsteuerung, Bewegungssteuerung

Mit 234 Abbildungen

Springer

Prof. Dr.-Ing. habil. Rolf Schönfeld
Technische Universität Dresden
Lehrstuhl für Automatisierte Elektroantriebe
im Elektrotechnischen Institut
Mommsenstraße 13
01062 Dresden

ISBN-13:978-3-540-59213-6 e-ISBN-13:978-3-642-79728-6
DOI: 10.1007/978-3-642-79728-6
Cip-Eintrag beantragt

Satz: Reproduktionsfertige Vorlage des Autors
SPIN: 10465757 68/3020 - 5 4 3 2 1 0 - Gedruckt auf säurefreiem Papier

Vorwort

Die Aufgabe elektrischer Antriebe besteht in der koordinierten Steuerung von Bewegungsabläufen. Das erfordert:

- Aufbau eines Drehmomentes bzw. einer Kraft aufgrund elektromagnetischer Wirkungen,
- Steuerung des Drehmoments durch Steuerung elektrischer Spannungen und Ströme,
- Steuerung und Regelung der Einzelbewegung mit definierter Genauigkeit,
- Koordination der Bewegungen einer Gruppe von Antrieben, die sich gegenseitig beeinflussen.

Fragen der Elektroenergietechnik sind mit Fragen der Steuerungs- und Regelungstechnik eng verbunden. Das Fachgebiet unterlag in den vergangenen Jahren einer raschen Entwicklung, angeregt durch neue und höhere Forderungen des Maschinen- und Anlagenbaus und durch neue Möglichkeiten leistungssteuernder und signalverarbeitender Funktionseinheiten. Eine Vielzahl neuer Lösungen sind entstanden, die keinesfalls vollständig dargestellt werden können. Das Buch bemüht sich vielmehr

- Lösungsmöglichkeiten zu systematisieren,
- Grundprinzipien ausführlich zu behandeln,
- ausgewählte Speziallösungen in ihrer Komplexität zu beschreiben.

Aus den Aufgaben, denen sich der Ingenieur bei der Projektierung elektrischer Antriebe gegenübersieht, ergibt sich eine Dreiteilung des Inhalts:

I. Analyse von Bewegungsabläufen
II. Drehmomentsteuerung
III. Bewegungssteuerungen

Abschnitt I dient der Analyse und quantitativen Beschreibung der antriebstechnischen Aufgabe. Die Beschreibung von Bewegungsabläufen in Zeitablaufdiagrammen und Funktionsplänen nach DIN 40719 wird ergänzt durch eine Drehmomentanalyse. Der Bewegungsablauf ergibt sich als Folge diskreter Ereignisse, zwischen denen kontinuierliche Änderungen der Größen ablaufen. Antriebssysteme sind also "hybrid" bezüglich der Änderung ihrer Zustandsgrößen.
Abschnitt II umfaßt die Möglichkeiten der Drehmomentsteuerung mit elektromechanischen Energiewandlern. Behandelt werden:

- Steuerbare Gleichstromantriebe
- Drehstromantriebe am Netz
- Frequenzgesteuerte Drehstromantriebe

Das Antriebssystem wird als Einheit von Motor-Stromrichter-Regelung betrachtet. Die inneren Vorgänge im Motor, im Stromrichter, im Regler sind nicht Gegenstand des Buches, wohl aber das Zusammenwirken dieser Glieder im System und die "Einsatzbedingungen" elektrischer Antriebe. Die Fragen der konstrukiven Ausführung werden nur beiläufig, exemplarisch diskutiert.

Abschnitt III umfaßt zunächst die Steuerung der Einzelbewegung, d. h. Drehzahl- und Lageregelungen unter Einschluß des mechanischen Übertragungssystems. Die Gesetzmäßigkeiten der klassischen Kaskadenstruktur werden ausführlich behandelt, ebenso die Prinzipien der optimalen Steuerung im Zustandsraum. Wichtig sind Fragen der digitalen Signalverarbeitung in der Steuer- und Regeleinrichtung. In der Antriebsgruppe überlagern sich die Bewegungen der Einzelantriebe. Das Systemverhalten wird durch die

- mechanische Beeinflussung über Trägheitskräfte bzw. über das Arbeitsgut
- elektrische Beeinflussung über die gemeinsame Energieversorgung
- steuerungstechnische Beeinflussung über Bussysteme, ausgehend von einer Leiteinrichtung

bestimmt. Die Vielfalt der Lösungsmöglichkeiten ist unbegrenzt. Als typische Fälle werden behandelt:

- Gleichlaufsteuerung in kontinuierlichen Fertigungsprozessen,
- Steuerung räumlicher Bewegungen im Roboter,
- Steuerung von Fahrantrieben.

Das Buch leitet sich ab aus Lehrerfahrungen, die der Verfasser an der Technischen Universität Dresden, Fakultät Elektrotechnik, in über 25 Jahren sammeln konnte. Durch

- Konzentration auf das Wesentliche
- Anschaulichkeit in der Darstellung
- Verzicht auf vermeidbare Theorie

soll jedoch ein breiter Leserkreis, auch aus dem Maschinenbau und der Automatisierungstechnik angesprochen werden. Dem "interdisziplinären Charakter" des Fachgebietes soll auch eine "interdisziplinär verständliche Darstellung des Inhalts" entsprechen. Die Methoden und Darstellungen der Systemtechnik dienen dazu als Grundlage.

In den Lehrtext werden ausgewählte, zahlenmäßig durchgerechnete Beispiele eingeordnet. Sie sind als Beispiellösungen gedacht, die variiert werden können und dem Leser auch Größenvorstellungen vermitteln.

Ich danke allen Mitarbeitern und Doktoranden des Lehrstuhls für Automatisierte Elektroantriebe an der Technischen Universität Dresden, die durch aktive Mitarbeit und viele anregende Diskussionen zur Konzeption und zum Inhalt des vorliegenden Buches beigetragen haben.

Bei der Ausarbeitung von Übungsbeispielen haben mich besonders die Herren Dr.-Ing. habil. Geitner, Dr.-Ing. Müller und Dipl.-Ing. Franke unterstützt. Frau Urban danke ich für das sorgfältige Schreiben des Manuskripts.

Prof. Dr.-Ing. habil. R. Schönfeld

Inhaltsverzeichnis

Verzeichnis der Beispiele

Formelzeichenverzeichnis

Schreibweise der Formelzeichen, erläutert am Beispiel einer Größe *g*

G	zeitlich konstanter Wert oder Effektivwert der Größe g
$\overline{G}, \overline{g}$	Mittelwert
$\mathbf{G}, \mathbf{g}$	Ortszeiger; komplexer Augenblickswert; Zeigergröße
g	Augenblickswert Scheitelwert
Δg	kleine zeitabhängige Änderung der Größe g
$\mathrm{d}g, \theta g$	Differential der Größe g

$$g = \begin{pmatrix} g_1 \\ g_2 \\ \vdots \\ g_n \end{pmatrix} = \underbrace{(g_1, g_2 \cdots, g_n)^{\mathrm{r}}}_{\text{Spaltenvektor}}$$

Formelzeichen

a	Ausgangsgröße
b	Beschleunigung
c	Federkonstante
d	Dämpfungsfaktor
e	Eingangsgröße
f	Frequenz
f	Funktion
f_l	Lückfaktor
f_N	Netzfrequenz
f_p	Pulsfrequenz
f_w	Welligkeitsfaktor
G	Übertragungsfunktion; Frequenzgang
g	Funktion
h	Funktion
I, i	Strom
$\underline{I}_d, \underline{i}_d$	Gleichstrom
I_d, i_d	Gleichstrommittelwert
I_E, i_E	Erregerstrom
I_{Kr}, i_{Kr}	Kreisstrom
I_N	Nennstrom
I_p	Strom pfacher Netzfrequenz, Effektivwert
Im	Imaginärteil
J	Trägheitsmoment
j	imaginäre Einheit
k_M	Motorkonstante
k_r	Kopplungsfaktor, rotorseitig
k_s	Kopplungsfaktor, statorseitig
L	Induktivität
L_D	Induktivität der Drossel
L_E	Erregerkreisinduktivität
L_e	Ersatzinduktivität
L_g	Gesamtinduktivität
L_h	Hauptinduktivität
L_r	Rotorinduktivität
L'_r	transiente Induktivität, betrachtet von der Rotorseite
$L_{r\sigma}$	Streuinduktivität des Rotors
L_s	Ständerinduktivität
L'_s	transiente Induktivität, betrachtet von der Ständerseite
$L_{s\sigma}$	Streuinduktivität des Ständers
L_σ	Gesamtstreuinduktivität
M, m	Drehmoment
M_B	Bremsmoment
M_b, m_b	Beschleunigungsmoment
m_d	dynamisches Moment
M_K	Kippmoment
M_N	Motornennmoment
M_w, m_w	Widerstandsmoment

$\underline{m}$	Masse
m	Strangzahl
N, n	Drehzahl
N_N	Nenndrehzahl
P, p	Leistung
P_M, p_M	mechanische Leistung
P_N	Nennleistung
P_v, p_v	Verlustleistung
P_{VL}	Verlustleistung, laststromabhängig
P_S	Luftspaltleistung
p	Laplaceoperator
p	Pulszahl
q	Zustandsgröße
Q	Gütevariable
R	Regelfaktor
R, r	Wirkwiderstand
R_A	Ankerkreiswiderstand
R_B	Widerstand der Spannungsquelle (Batterie)
R_e	Realteil
R_m	magnetischer Widerstand
S, s	Schlupf
T	Abtastperiode
T	Periodendauer
T	Pulsdauer
T	Taktperiode
T_a	Ausschaltdauer
T_{an}	Anregelzeit
T_e	Einschaltzeit
T_m	Meßzeit
T_t	Totzeit
t	Zeit
t_a	Anlaufzeit
t_B	Betriebszeit
t_{br}	Bremszeit, Auslaufzeit
t_p	Pausenzeit
$t_ü$	Übergangszeit
U, u	Spannung
U_d	Gleichspannung
U_{d0}	Gleichspannung im ungesteuerten Zustand Gleichspannungsmittelwert
U_{de}, u_{de}	Ersatzgleichspannung
U_n	Nennspannung
U_p	Spannung pfacher Netzfrequenz, Effektivwert
U_S	Schleusenspannung
U_S	Sternspannung des Stromrichtertransformators
U_S	Steuerspannung
U_X	Spannungsabfall infolge Überlappung
u_A	Ankerspannung
u_a	Ausgangsspannung
$\bar{u}_{dl}$	Mittelwert der Gleichspannung im Lückbetrieb
$\bar{u}_{Ml}$	Mittelwert der Motorspannung im Lückbetrieb
u_e	Eingangsspannung
u_k	bezogene Kurzschlußspannung
u_{St}	Steuerspannung
u_x	bezogener Spannungsabfall infolge Überlappung
$ü$	Übersetzungsverhältnis
u	Stellgröße
V	Verstärkungsfaktor
V_D	Dauerverfügbarkeit
v	Geschwindigkeit
W	Welligkeit
w	Führungsgröße
w	Windungszahl
X	Reaktanz
X_h	Hauptreaktanz
X_r	Rotorreaktanz
$X_{r\sigma}$	Streureaktanz des Rotors
X_s	Statorreaktanz
$X_{s\sigma}$	Streureaktanz des Stators
X_p	Proportionalitätsbereich
x	Regelgröße
Y	Spannungsabfallziffer
Y_h	Stellbereich
y	Stellgröße
Z, z	Scheinwiderstand
z	Impulszahl
z_p	Polpaarzahl
z	Störgröße
z	Schalthäufigkeit
z_0	Leerschalthäufigkeit

η Wirkungsgrad
θ, ϑ Temperatur
θ mittlerer Ausfallabstand
σ Streuziffer ($1-k_r k_s$)
τ Zeitkonstante
τ_p Polteilung
φ Drehwinkel der Motorwelle
φ Phasenwinkel
Ψ, ψ Flußverkettung
ω Winkelgeschwindigkeit
ω_d Durchtrittsfrequenz

Indizes

A Anker
A Arbeitsmechanismus
A Anzug
a Ansprechen
B Betrieb
B Bremsen
b Beschleunigung
D Drossel
d gleichgerichtet
dyn dynamisch
E Erregung
e Ersatz
F Durchlaßrichtung
G Generator
G Getriebe
g gesamt
j Sperrschicht
K, k Kippunkt
K Kommutierung
K Kondensator
k Kurzschluß
L Last
l Lückbetrieb
M Motor
M mechanisch
m Mittelwert
max Maximalwert
min Minimalwert
nenn,n Nennbetrieb
N Netz
R Sperrichtung
r Rotor
S Regelstrecke
S Steuerung
s Ständer
s synchron
St Stellglied
St Stillstand
T Thyristor
th thermisch
V Verlust
W Widerstand
0 Leerlauf
0 stationärer Arbeitspunkt
0 Stillstand

Einführung

Elektrische Antriebe werden zum Betrieb von Maschinen und Geräten, Fertigungs- und Transportprozessen in vielfältigster Form eingesetzt. Die Aufgabe elektrischer Antriebe besteht in der koordinierten Steuerung von Bewegungsabläufen durch Wandlung elektrischer Energie in mechanische Energie. Die Aufgabe wird erfüllt durch mehrere Funktionseinheiten wie Motoren, Stromrichter, Getriebe, Regler und deren Zusammenwirken im System. Antriebstechnik ist Systemtechnik.

Aus energetischer Sicht hat Antriebstechnik zum Gegenstand die Wandlung elektrischer Energie in mechanische Energie und die Steuerung des Energieflusses.

- Netz (Energiequelle),
- Leistungsschalter (Schalt- und Schutzfunktionen),

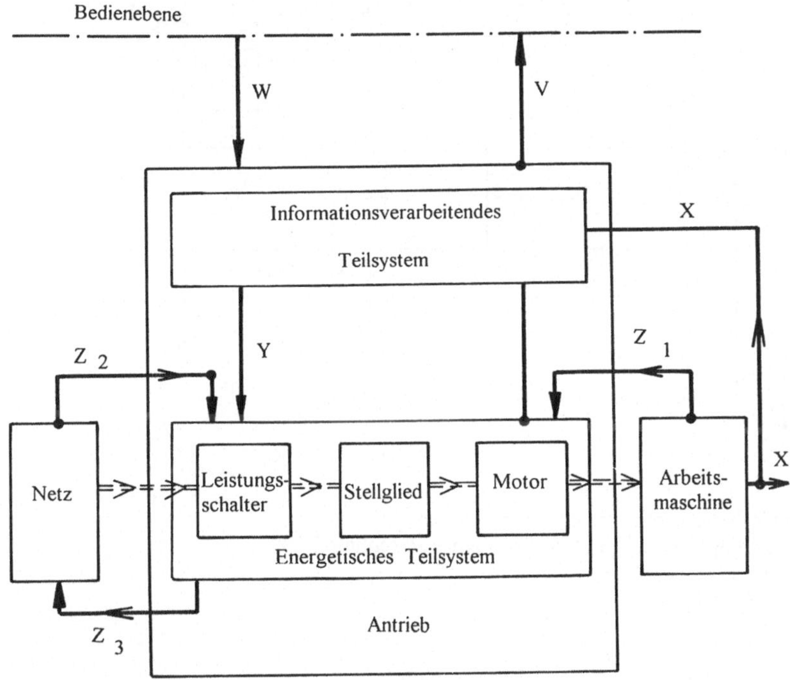

Abb. 0.1. Grundstruktur eines elektrischen Antriebs

- Stellglied (Steuerung des Energieflusses),
- Motor (Elektromechanischer Energiewandler),
- Getriebe (Anpassung des Motors an die Arbeitsmaschine),
- Arbeitsmaschine (allgemein die anzutreibende Maschine)

sind die Funktionseinheiten des Energieflusses. (Abb. 0.1)

Aus steuerungstechnischer Sicht hat Antriebstechnik zum Gegenstand die Steuerung und Regelung von Bewegungsabläufen als Funktion der Zeit.

- Anfahr- und Bremssteuerungen,
- Drehzahlsteuerungen und Regelungen,
- Positioniersteuerungen und Lageregelungen,
- Gleichlaufsteuerungen,
- Steuerung komplexer Bewegungsabläufe

sind typische steuerungstechnische Aufgaben, die von einer Grundstruktur nach Abb. 0.2 erfüllt werden.

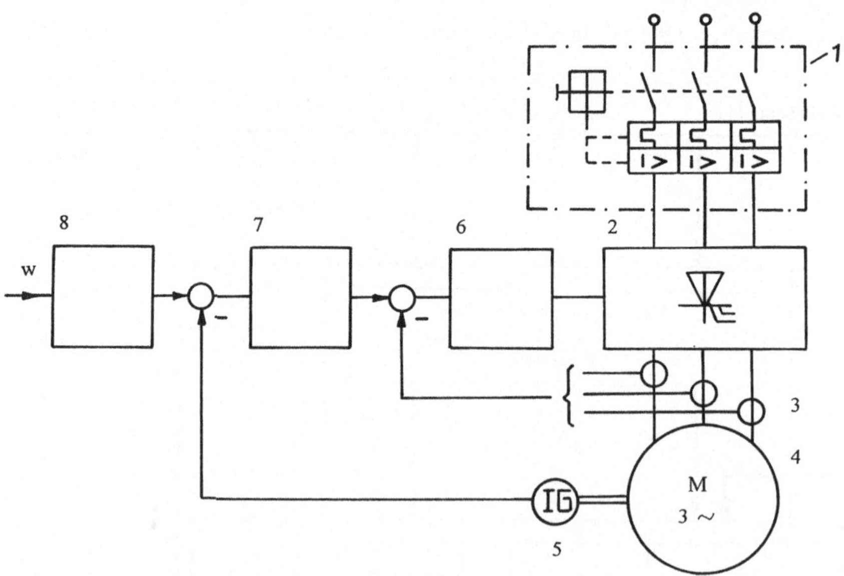

Abb. 0.2. Grundschaltung eines elektrischen Antriebs
1 - Leistungsschalter mit Überlast- und Kurzschlußschutz
2 - Stromrichter
3 - Strommeßglieder
4 - Motor
5 - Drehzahl- und Lagegeber
6 - Stromrichtersteuerung und Stromregelung
7 - Drehzahl- und Lageregelung
8 - Führungsgrößenaufbereitung

Elektrische Antriebe sind die Aktoren eines Automatisierungssystems, sie wirken unmittelbar auf den Bearbeitungs- oder Transportprozeß ein. Elektrische Antriebstechnik ist auch als ein Teilgebiet der Automatisierungstechnik zu verstehen. Die hierarchische Struktur eines automatisierten Antriebssystems wird schematisch durch Abb. 0.3 wiedergegeben. Antriebstechnik hat interdisziplinären Charakter. Fragestellungen des Maschinenbaus, der Elektrotechnik und der Automatisierungstechnik wirken zusammen.

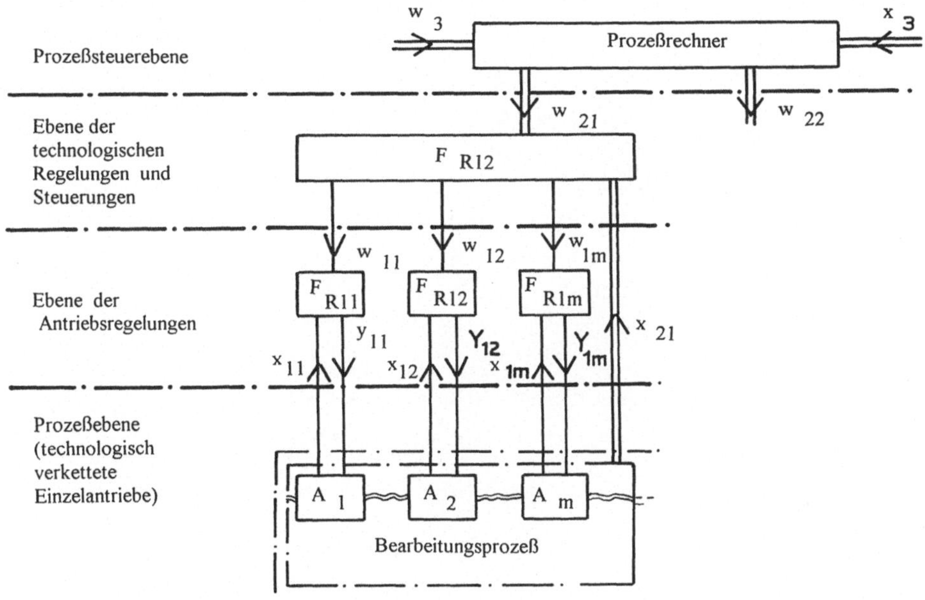

Abb. 0.3. Antriebsgruppe eines Bearbeitungsprozesses

Teil I Analyse von Bewegungsabläufen

Die quantitative Analyse der vom Antriebssystem geforderten Bewegungsabläufe ist Grundlage für deren Entwurf und Dimensionierung. Sie umfaßt

- den zeitlichen Ablauf der Einzelbewegungen,
- die zwischen den Einzelbewegungen bestehenden Zusammenhänge,
- die Analyse der notwendigen Genauigkeit und Reproduzierbarkeit der Bewegungen,
- die Analyse der Drehmomente und Kräfte, die diesen Bewegungen entgegen wirken.

1 Graphische Beschreibung von Bewegungsabläufen

1.1 Beschreibung zeitkontinuierlicher und ereignisdiskreter Abläufe mit Zeitablaufdiagrammen

Zeitablaufdiagramme nach DIN 40719 Teil 11 gestatten die Darstellung zeitkontinuierlicher und ereignisdiskreter Abläufe über einer maßstäblichen oder nicht maßstäblichen Zeitachse. Diskrete Ereignisse werden besonders gekennzeichnet:

↑ : Ereignisse, die von außen auf den Prozeß einwirken,
↓ : Ereignisse, die aus dem Prozeß abgeleitet nach außen wirken.

Im Zeitabschnitt zwischen zwei diskreten Ereignissen verläuft der Prozeß kontinuierlich. Es ist typisch für einen Bewegungsablauf, beispielsweise die Motordrehzahl in Abb. 1.1, daß Abschnitte kontinuierlicher Änderungen des Signals, im Beispiel der Motordrehzahl, durch diskrete Ereignisse voneinander getrennt werden. Das Antriebssystem ist ein ereignisdiskretes System, in dem zwischen zwei Ereignissen kontinuierliche Änderungen der Größen ablaufen.

Eine Stellbewegung wird durch das Zeitablaufdiagramm in Abb. 1.2 vollständig beschrieben. Die Hauptbewegung, gekennzeichnet durch

- Weg $x_1(t)$
- Geschwindigkeit $v_1(t) = \dfrac{dx_1(t)}{dt}$
- Beschleunigung $a_1(t) = \dfrac{dv_1(t)}{dt}$

und die Hilfsbewegung, gekennzeichnet durch

- Geschwindigkeit $v_2(t)$

können durch einen

- Zustandsvektor $\underline{q} = [x_1; v_1; a_1; v_2]$

beschrieben werden.

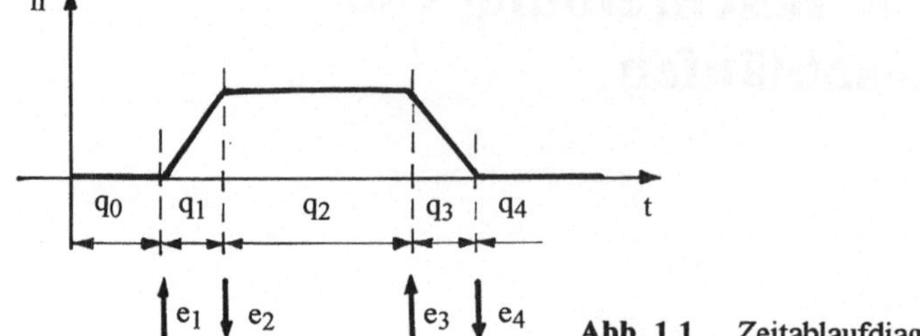

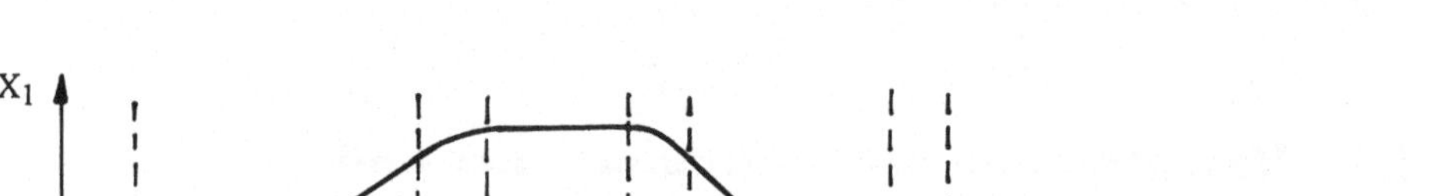

Abb. 1.1. Zeitablaufdiagramm einer Einzelbewegung

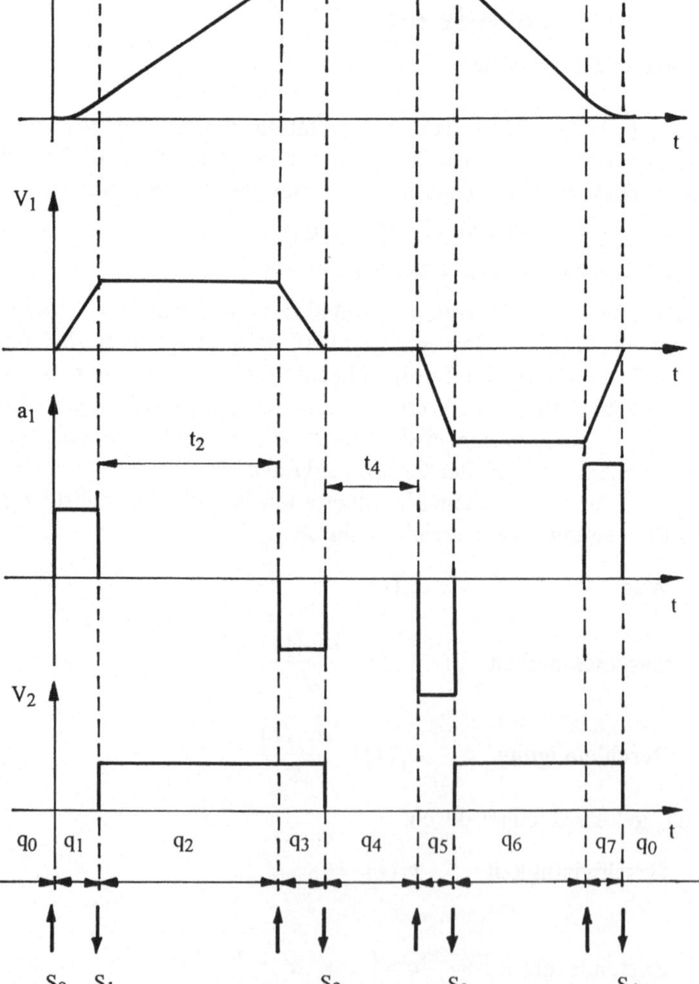

Abb. 1.2. Zeitablaufdiagramm einer Stellbewegung

Diskrete Ereignisse bedeuten eine Diskontinuität mindestens einer Komponente des Zustandsvektors. Zwischen den diskreten Ereignissen unterliegt der Zustandsvektor kontinuierlichen Änderungen. Die diskreten Ereignisse sind zustandsabhängig, d. h. sie leiten sich aus bestimmten Grenzwerten des Zustandes ab oder sie werden zeitabhängig extern vorgegeben. Die diskreten Ereignisse werden durch eine logische Variable beschrieben. Die logischen Variablen sind:

- Einschalten : $s_0 = 1$
- $v_1 = +v_{1\max}$: $s_1 = 1$
- $v_1 = 0$: $s_2 = 1$
- $v_1 = -v_{1\max}$: $s_3 = 1$
- $v_1 = 0$: $s_4 = 1$

Die Verknüpfung der Bewegung 1 mit der Bewegung 2 erfolgt zu diskreten Ereignissen und wird durch logische Gleichungen beschrieben.

- $s_1 = 1$: $v_2 = v_{2\max}$
- $s_2 = 1$: $v_2 = 0$
- $s_3 = 1$: $v_2 = v_{2\max}$
- $s_4 = 1$: $v_2 = 0$

Es wird angenommen, daß sich die Geschwindigkeit v_2 sprunghaft ändert.

1.2 Beschreibung zeitkontinuierlicher und ereignisdiskreter Abläufe mit Funktionsplänen

Bewegungsabläufe sind zu verstehen als eine Folge von Ereignissen und Zuständen. Sie sind unabhängig von einem Zeitmaßstab darstellbar als Ereignis-Zustands-Netz (Abb. 1.3). Die Ereignisse sind zeit- und zustandsabhängig als eine Schaltfunktion e zu beschreiben. Die Zustände $\underline{q}(t)$, zugeordnet den Abschnitten im Zeitablaufdiagramm, sind Funktionen der Zeit.

Der Funktionsplan nach DIN 40719 Teil 6 ist eine in der Ingenieurpraxis gebräuchlichen Darstellung des Ereignis-Zustands-Netzes. Das Ereignis e_n führt in dem Prozeßabschnitt n, der Zustandsvektor in diesem Abschnitt ist eine Zeitfunktion $\underline{q}_n(t)$. Das Ereignis e_{n+1} führt in den Prozeßabschnitt q_{n+1}. Abb. 1.3 zeigt die Grundsymbole. Auch Verzweigungen und Zusammenführungen sind darstellbar. Der Funktionsplan entspricht einem interpretierten hybriden Petrinetz. Es gelten die dafür abgeleiteten Gesetzmäßigkeiten.

Den Zuständen des Funktionsplanes sind Aktionen zugeordnet. Diese beschreiben die Ausgangsgrößen des Prozesses als Funktion der Zeit $x_n(t)$. Aus dem Vergleich

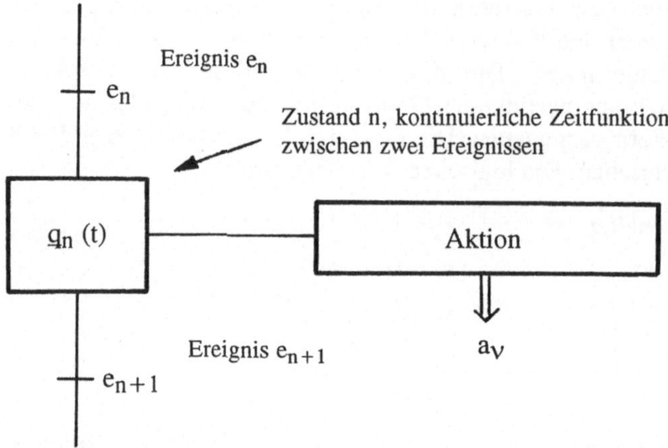

Abb. 1.3. Funktionsplan als Ereignis-Zustands-Netz, Grundsymbole

mit Grenzwerten können Ausgangsereignisse a abgeleitet werden. Die Eingangsereignisse sind Binärfunktionen der Ausgangsereignisse und externer Steuersignale

$$e_n = f_n(a_{\nu i} s_\mu) \tag{1.1}$$

Sie repräsentieren die inneren Verknüpfungen des Systems und werden zweckmäßig in einer Tabelle zusammengestellt.

Für das in Abb. 1.2 erläuterte Beispiel ist der Funktionsplan in Abb. 1.4 dargestellt. Zeitablaufdiagramm und Funktionsplan geben gemeinsam eine eindeutige Beschreibung des Bewegungsablaufes.

1.3 Genauigkeit und Reproduzierbarkeit der Bewegungsabläufe

Die quantitative Analyse der Bewegungsabläufe schließt Angaben zu deren Genauigkeit und Reproduzierbarkeit ein.

- Drehzahlgenauigkeit des Einzelantriebs
- Weg bzw. Positioniergenauigkeit des Einzelantriebs
- Drehzahl bzw. Winkelgenauigkeit der Relativbewegung in der Antriebsgruppe

Die Forderungen an die Genauigkeit der Bewegungsabläufe sind anwendungsspezifisch sehr unterschiedlich.

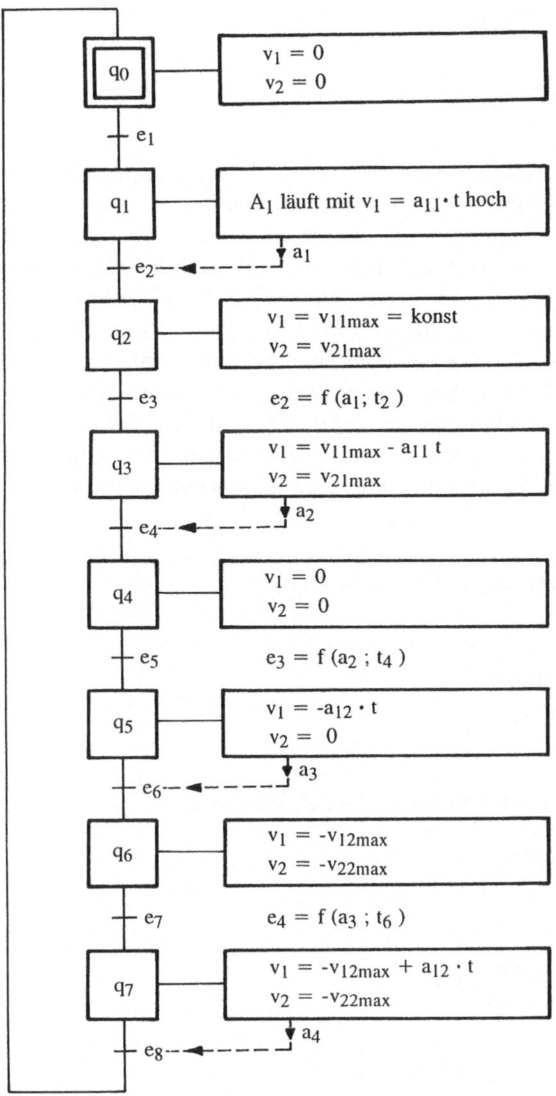

Abb. 1.4. Funktionsplan einer Stellbewegung nach Abb. 1.2

Die Drehzahl ungeregelter Antriebe schwankt in Abhängigkeit von äußeren Einflußgrößen wie Belastung, Netzspannung, Temperatur um $\leq$ 10 % des Nennwertes. Durch Anwendung analoger Regelungen reduziert sich diese Schwankung auf $\leq$ 1 %. Die Geschwindigkeits- und Lagegenauigkeit digital geregelter Antriebe wird durch das Auflösungsvermögen der eingesetzten Sensoren bestimmt und liegt in der Größenordnung von $\leq$ 1‰

Beispiel 1: Beschreibung der Funktion eines Pumpenantriebs mit Zeitablaufdiagramm und Funktionsplan

---

Zur Kühlwasserversorgung eines Kraftwerkes dient eine Wasserpumpe, die von einem Motor 1 (P = 315 kW) über ein Getriebe angetrieben wird. Zur Ölversorgung dieses Getriebes dient eine Ölpumpe, die von einem Motor 2 (P = 5,5 kW) angetrieben wird. Es besteht ein geschlossener Ölkreislauf: Ölbehälter - Ölpumpe - Getriebe - Öldruckkühler. Da die Anlage im Freien aufgestellt wird beinhaltet der Ölbehälter eine Heizung mit Temperaturregelung (Abb. 1.5). Motor 1 und Motor 2 werden über Leistungsschalter bzw. Schütz ein- und ausgeschaltet (Abb. 1.6). Vor Einschalten der Wasserpumpe soll die Öllpumpe die Zeit t_v vorlaufen. Nach Abschalten der Wasserpumpe soll die Ölpumpe um t_n nachlaufen. Ein Störungsfall wird durch Absinken des Öldruckes p oder durch Überlastung der Ölpumpe signalisiert. Im Störungsfall sollen Wasser- und Ölpumpe gleichzeitig abgeschaltet werden.

Der Systemzustand wird beschrieben durch die Größen:

ϑ : Öltemperatur
n_1 : Drehzahl Wasserpumpe
n_2 : Drehzahl Ölpumpe
p : Öldruck

Die Größen beschreiben den Zustand des Systems. Der Zustandsvektor ist

$$\underline{q} = [\vartheta; n_1; n_2; p]$$

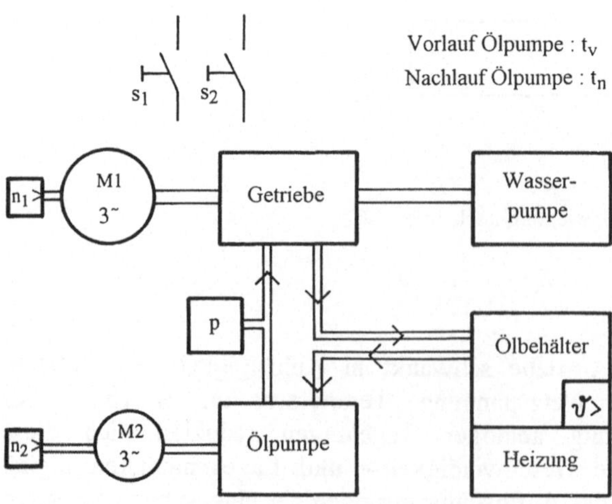

Abb. 1.5. Blockdiagramm des Pumpenantriebs

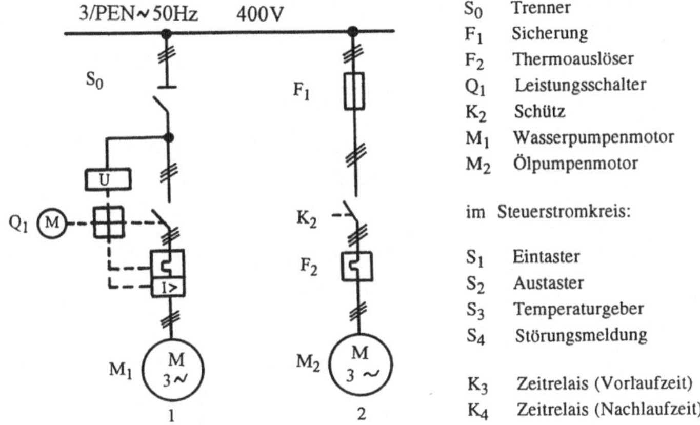

Abb. 1.6. Schaltbild des Leistungskreises

Zur Funktionsbeschreibung dient das Zeitablaufdiagramm in Abb. 1.7 in Verbindung mit dem Funktionsplan in Abb. 1.8.

Der Zustandsabschnitt 1 ... 12 stimmen im Zeitablaufdiagramm und im Funktionsplan überein. Innerhalb eines Zustandsabschnittes ändert sich eine Komponente oder mehrere Komponenten des Zustandsvektors als Funktion der Zeit. Die Aktionen sind in Abb. 1.8 zunächst verbal charakterisiert. Sie sind auch gleichungs-

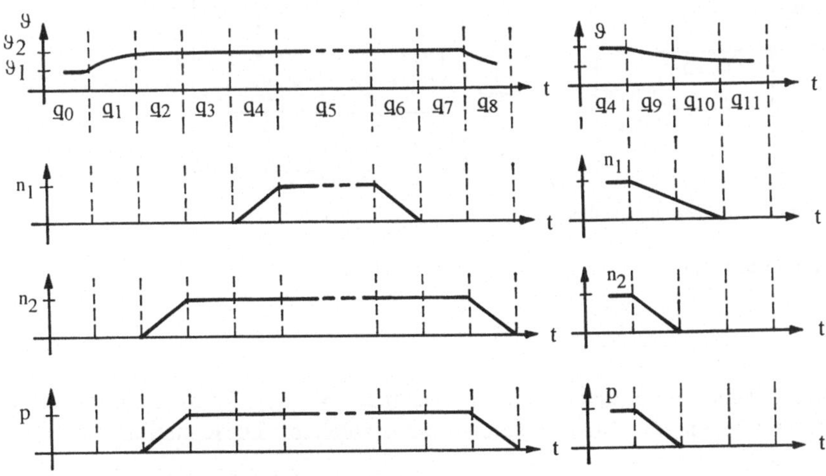

Abb. 1.7. Zeitablaufdiagramm
θ_1 - Umgebungstemperatur
θ_2 - Arbeitstemperatur Schmieröl
n_1 - Betriebsdrehzahl Wasserpumpe
n_2 - Betriebsdrehzahl Ölpumpe
p - Betriebsöldruck

$\underline{q}$ - Zustandsvektor

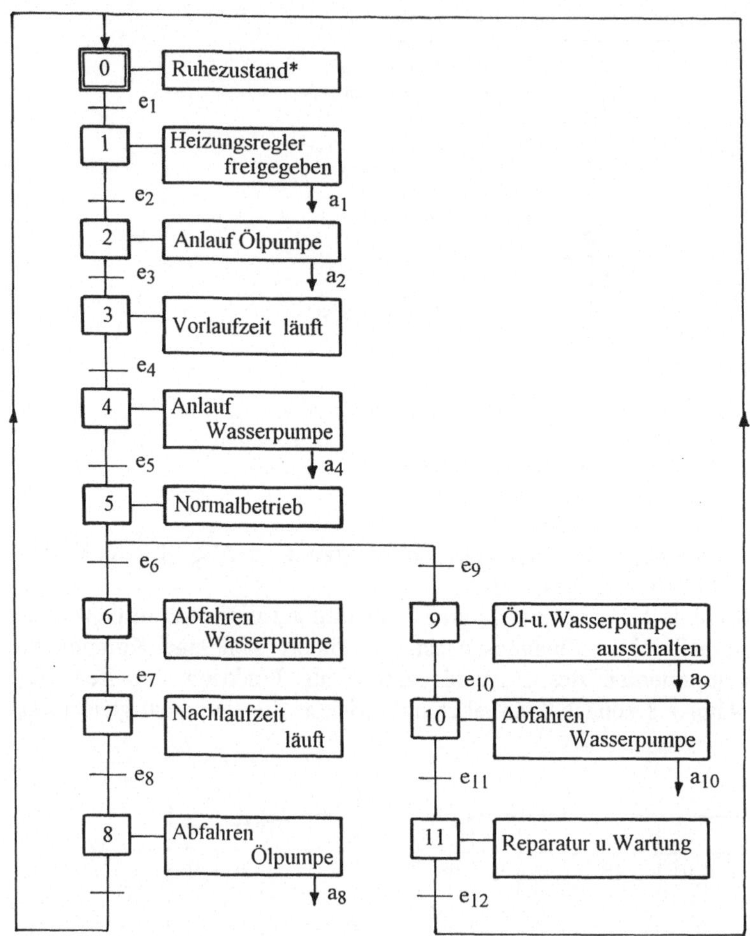

*beinhaltet Heizungsregler ausschalten

Abb.1.8. Funktionsplan

mäßig beschreibbar. Im Ergebnis dieser Zustandsänderung werden Grenzwerte erreicht. Daraus lassen sich Ausgangsereignisse *a* ableiten.. Diese sind in Tafel 1.1 zusammengestellt.

Eingangsereignisse *e* wirken auf den Prozeß ein. Diese leiten sich aus externen Steuersignalen und aus internen Ausgangsereignissen ab. Sie sind in Tafel 1.2 zusammengestellt.

Zeitablaufdiagramm und Funktionsplan geben in Verbindung mit einer Lister der Eingangsereignisse und einer Liste der Ausgangsereignisse eine vollständige Beschreibung des Prozeßablaufes. Die Steuerschaltung des Antriebs kann mit logischen Überlegungen daraus abgeleitet werden. Abb. 1.9

Tafel 1.1 Ausgangsereignisse des Pumpenantriebs

a_1: Ölmindesttemperatur $\vartheta >$ erreicht
a_2: Ölpumpe hat Grenzdrehzahl $n_2 >$ erreicht
a_4: Wasserpumpe hat Grunddrehzahl $n_1 >$erreicht
a_6: Wasserpumpe abgefahren $n_1 = 0$
a_8: Ölpumpe abgefahren $n_2 = 0$
a_9: $a_9 = a_8$ Ölpumpe abgefahren
a_{10}: $a_{10} = a_6$ Wasserpumpe abgefahren

Tafel 1.2 Eingangsereignisse des Pumpenantriebs

e_1: $e_1 = s_1$, Einschaltkommando
e_2: $e_2 = a_1$
e_3: $e_3 = a_2$
e_4: Vorlaufzeit t_v Ölpumpe abgelaufen
e_5: $e_5 = a_4$
e_6: $e_6 = s_2$, Ausschaltkommando
e_7: $e_7 = a_6$
e_8: Nachlaufzeit t_n Ölpumpe abgelaufen
e_0: $e_0 = a_8$
e_9: Störung $e_9 = s_u$, Thermoauslöser Ölpumpe aktiv, Betriebsöldruck p fehlt, Störungssammelmeldung
e_{10}: $e_{10} = a_9$
e_{11}: $e_{11} = a_{10}$
e_{12}: Reparatur beendet

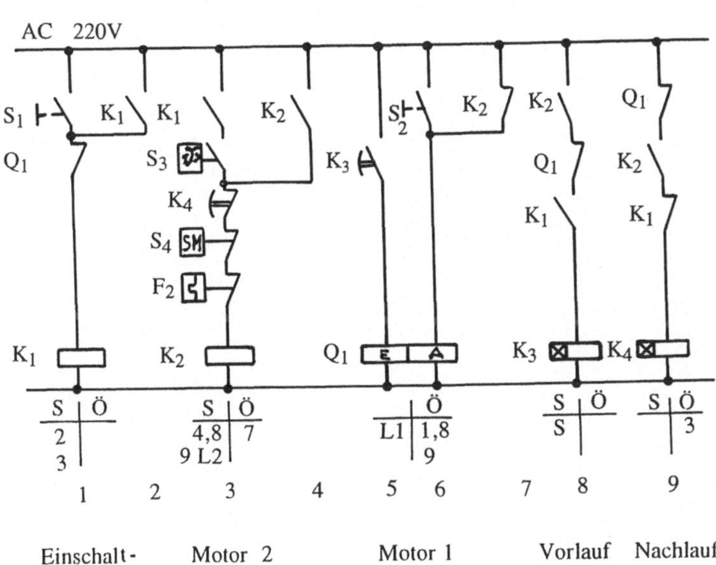

Abb. 1.9. Stromlaufplan der Steuerung

2 Drehmomentanalyse

2.1 Die Bewegungsgleichung

Der Bewegungsablauf des Einzelantriebs wird verursacht durch das im Motor aufgrund elektromagnetischer Wechselwirkungen aufgebaute Drehmoment. Dieses

Motormoment $m_{\mathrm{M}}(t)$

wirkt als "Quellenmoment" des Bewegungsablaufs.

Dem Bewegungsablauf wirkt entgegen das

Widerstandsmoment $m_{\mathrm{W}}(t)$

Im Verlauf dynamischer Vorgänge ändert sich die in den bewegten Massen gespeicherte kinetische Energie. Daraus resultiert ein

Dynamisches Moment $m_{\mathrm{d}}(t) = \frac{1}{\omega} \cdot \frac{dW_{\mathrm{kin}}}{dt}$.

In der Antriebsgruppe ergibt sich eine gegenseitige Beeinflussung der Einzelbewegungen durch Koppelkräfte oder Trägheitskräfte. Diese Wirkungen werden zusammengefaßt im

Koppelmoment m_{k}

Daraus resultiert die Bewegungsgleichung

$$m_{\mathrm{M}}(t) = m_{\mathrm{W}}(t) + \frac{1}{\omega} \cdot \frac{dW_{\mathrm{kin}}}{dt} + m_{\mathrm{k}} \tag{2.1}$$

die den Bewegungsablauf eines Einzelantriebs vollständig beschreibt.

Der Zusammenhang zwischen Motormoment und Winkelgeschwindigkeit wird durch die stationäre Motorkennlinie wiedergegeben. (Abb. 2.1) Im Hauptarbeitsbereich des Antriebes kann die Kennlinie bis auf wenige Ausnahmen linearisiert werden.

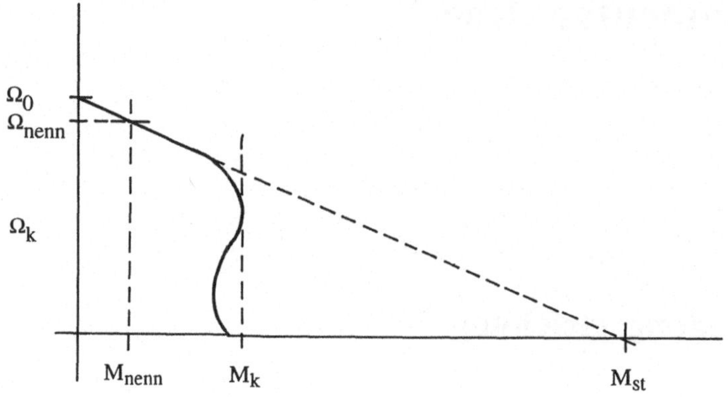

Abb. 2.1. Stationäre Motorkennlinie eines Asynchronmotors

Aus den Achsenabschnitten leiten sich ab:

Ω_0 : Leerlaufwinkelgeschwindigkeit

M_{St} : Stillstandsmoment (fiktive Größe)

$s = \dfrac{\Omega_0 - \omega}{\Omega_0}$: Schlupf

für das Motormoment gilt

$$m_M = M_{St} \cdot s$$

Die in den rotierenden Massen gespeicherte kinetische Energie W_{kin} ändert sich

- bei Änderung der Winkelgeschwindigkeit ω und
- bei Änderung des Trägheitsmomentes J.

Das dynamische Moment berücksichtigt diese Anteile

$$m_d = J \cdot \frac{d\omega}{dt} + \frac{\omega}{2} \cdot \frac{dJ}{dt} \tag{2.2}$$

In der Nähe eines Arbeitspunktes ergibt sich die Bewegungsgleichung als lineare Differentialgleichung:

$$M_{St} \cdot s = m_W + J_0 \frac{d\omega}{dt} + \frac{\omega}{2} \cdot \frac{dJ}{dt} + m_k \tag{2.3}$$

Der "Zustand" des mechanischen Systems wird gekennzeichnet durch die Zustandsgröße ω. Die Winkelgeschwindigkeit ω ist zugleich Ausgangsgröße. Eingangsgrößen sind

m_W : Widerstandsmoment des betrachteten Antriebs

m_k : Koppelmoment

$$\lambda = \frac{\omega_a / \Omega_0}{2} \cdot \frac{d}{dt} J / J_a$$: Signal des veränderlichen Trägheitsmomentes an dem durch J_a und ω_a gekennzeichneten Arbeitspunkt

Die Zustandsgleichung ergibt sich durch Umformung aus (2.3) zu:

$$\frac{\dot{\omega}}{\Omega_0} = \left(1 - \frac{\omega}{\Omega_0}\right)\frac{1}{T_M} - \frac{m_W}{M_{St}} \cdot \frac{1}{T_M} - \frac{m_k}{M_{St}} \cdot \frac{1}{T_M} - \lambda \tag{2.4}$$

Entscheidender Systemparameter ist die mechanische Zeitkonstante am Arbeitspunkt.

$$T_M = \frac{J \cdot \Omega_0}{M_{St}} \tag{2.5}$$

Anstelle der Winkelgeschwindigkeit ω kann auch der Schlupf s als Zustandsgröße eingeführt werden.

$$\dot{s} = -s \cdot \frac{1}{T_M} + \frac{m_W}{M_{St}} \cdot \frac{1}{T_M} + \frac{m_k}{M_{St}} \cdot \frac{1}{T_M} + \lambda \tag{2.6}$$

Für Einzelantriebe mit konstantem Trägheitsmoment ist $m_k=0; \lambda=0$ und man erhält zur Berechnung des Motormomentes aus dem Widerstandsmoment die Zustandsgleichungen:

$$\dot{s} = -\frac{s}{T_M} + \frac{m_W}{M_{St}} \cdot \frac{1}{T_M} \tag{2.7}$$

$$\frac{m_M}{M_{St}} = s$$

Im linearen Bereich der Motorkennlinie sind Motormoment und Schlupf proportional.

2.2 Das Widerstandsmoment

Das Widerstandmoment resultiert aus dem Bearbeitungsprozeß, schließt aber auch Reibungsmomente in der Maschine ein.

Das Widerstandsmoment ist eine Zeitfunktion, enthält determinierte und stochastische Anteile, wird aber meist als rein determinierte Zeitfunktion angenähert

$$m_W = f(t)$$

Zur Berechnung des Motors sind alle Widerstandsmomentanteile zu berücksichtigen. Sie werden auf eine gemeinsame Bezugsquelle umgerechnet. Als Bezugswelle wird meist die Motorwelle gewählt. (Tafel 2.1) Getriebe dienen der Drehmomentanpassung. Sie ermöglichen die Anwendung von Motoren mit günstigen Nenndrehzahlen, vorzugsweise 1500 min^{-1} oder 1000 min^{-1}, auch um langsame Bewegungsabläufe zu realisieren. Getriebelose "Direktantriebe" führen in Sonderfällen zu günstigen Lösungen.

Das Widerstandsmoment ist meist nicht genau bekannt und unterliegt auch Veränderungen in Abhängigkeit vom technologischen Prozeß und in Abhängigkeit von Umweltbedingungen. Der Berechnung des Bewegungsablaufs wird deshalb meist eine angenäherte Beschreibung des Widerstandsmomentes zu Grunde gelegt.

Ein periodisch verlaufendes Widerstandsmoment $m_W(t)$ (Abb. 2.2) wird auf der Grundlage eines Fourieransatzes beschrieben als

$$m_W(t) = M_{W0} + \sum_{\nu=1}^{n} M_{W\nu} \cdot \sin(\nu\omega_1 t + \varphi_\nu) \tag{2.8}$$

M_{W0} : Amplitude des konstanten Anteils des Widerstandsmoments

$M_{W\nu}$: Amplitude des periodischen Anteils des Widerstandsmoments mit ν-facher Grundfrequenz

ω_1 : Grundfrequenz des periodischen Anteils des Widerstandsmoments (Kreisfrequenz)

ν : Ordnungszahl der periodischen Anteile, $\nu = 1;2;3;...$

Ein abschnittsweise annähernd konstant verlaufendes Widerstandsmoment $m_W(t)$ (Abb. 2.3) wird als abschnittsweise konstant angenommen.

$$m_W = M_{W1} \quad \text{im Abschnitt } t_1$$
$$m_W = M_{W2} \quad \text{im Abschnitt } t_2$$

Für das Motormoment im ν. Abschnitt berechnet sich aus der allgemeinen Bewegungsgleichung (2.7)

$$m_\nu(t) = M_{W\nu}(1 - e^{-t/T_M}) + M_{(\nu-1)} \cdot e^{-t/T_M} \tag{2.9}$$

mit $M_{W\nu}$: Widerstandsmoment im ν.Abschnitt

$M_{(\nu-1)}$: Motormoment am Ende des Abschnittes (ν-1), d. h. am Anfang des Abschnittes ν

$T_M = \dfrac{J \cdot \Omega_0}{M_{St}}$: mechanische Zeitkonstante

Bei periodisch wechselndem Widerstandsmoment ändert sich die Winkelgeschwindigkeit des Antriebs. Das Trägheitsmoment des Antriebs wirkt als

Tafel 2.1. Umrechnung der Kenngrößen des Bewegungsablaufs

Rotation ⟷ Rotation Energiefluß ⟶ Motor; ω_M; m_{WM}; m_{WA}; J_A; Arbeitsmaschine; ω_A	$m_{WM} = m_{WA} \dfrac{\omega_A}{\omega_M} \dfrac{1}{\eta}$ $J_{AM} = J_A \dfrac{\omega_A^2}{\omega_M^2}$ m_{WM} Widerstandsmoment der Arbeitsmaschine, bezogen auf den Motor J_{AM} Trägheitsmoment der Arbeitsmaschine, bezogen auf den Motor
Translation ⟷ Rotation Energiefluß ⟶ Motor; ω_M; m_{WM}; v_A; f_{WA}; $\overline{m}_A$	$m_{WM} = f_{WA} \dfrac{v_A}{\omega_M} \dfrac{1}{\eta}$ $J_{AM} = \underline{m}_A \dfrac{v_A^2}{\omega_M^2}$ m_{WM} Widerstandsmoment der Arbeitsmaschine, bezogen auf den Motor J_{AM} Trägheitsmoment der Arbeitsmaschine, bezogen auf den Motor
Translation ⟷ Translation Energiefluß ⟶ Motor; v_M; f_{WM}; $\overline{m}_A$; v_A; Arbeitsmaschine; f_{WA}	$f_{WM} = f_{WA} \dfrac{v_A}{v_M} \dfrac{1}{\eta}$ $\underline{m}_{AM} = \underline{m}_A \dfrac{v_A^2}{v_M^2}$ f_{WM} Widerstandskraft der Arbeitsmaschine, bezogen auf den Motor $\underline{m}_{AM}$ träge Masse der Arbeitsmaschine, bezogen auf den Motor

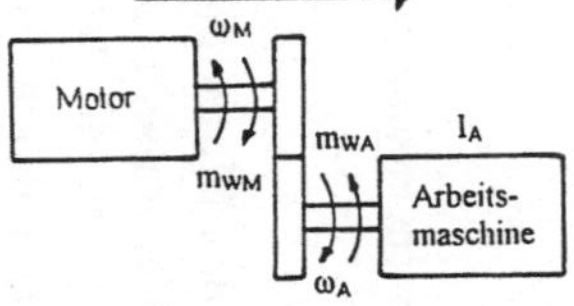

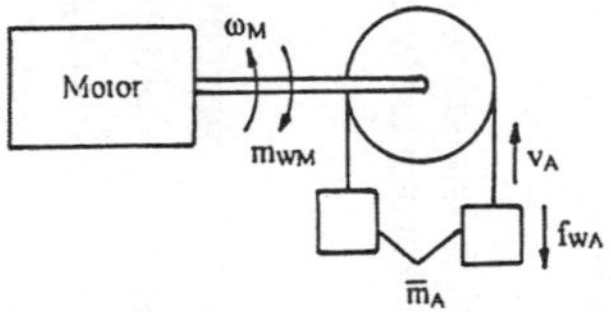

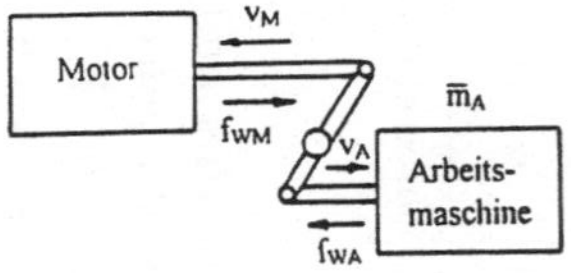

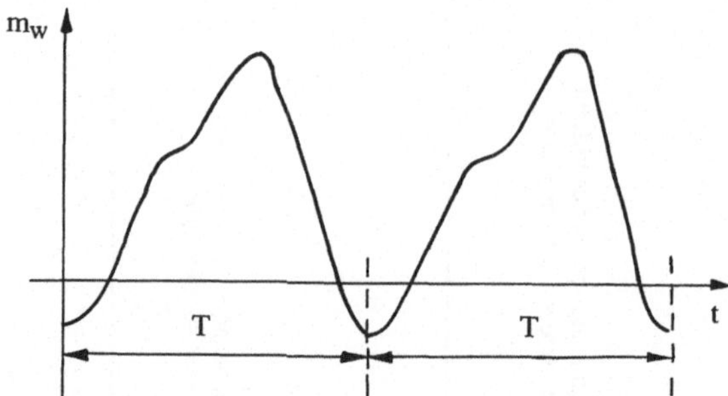

Abb. 2.2. Periodisch wechselndes Widerstandsmoment, durch einen Fourieransatz anzunähern

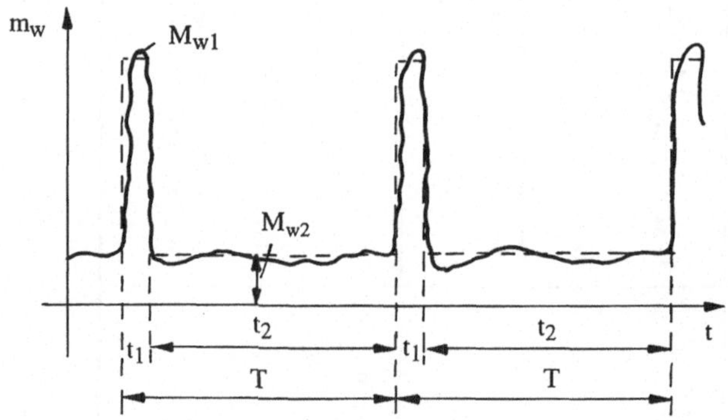

Abb. 2.3. Periodisch wechselndes Widerstandsmoment, durch ein abschnittsweise konstantes Widerstandsmoment anzunähern

Energiespeicher und bewirkt eine Vergleichmäßigung des Motormomentes. Diese glättende Wirkung kann verstärkt werden durch Vergrößern des Trägheitsmomentes, d. h. Einbau eines Schwungrades und durch Verkleinern des Stillstandsmomentes, d. h. eine weichere Motorkennlinie durch Einbau erhöhter Widerstände in den Läuferkreis.

2.3 Verlustleistungsbilanz

Im Motor und den anderen Gliedern des Leistungskreises treten während des Betriebs des Antriebs Verlustleistungen auf, die für die Dimensionierung dieser Glieder von grundsätzlicher Bedeutung sind. Die Verlustleistungen leiten sich aus dem Drehmomentverlauf des Motors ab. In den meisten Motoren besteht Proportionalität zwischen Drehmoment und Strom.

$$m_{\mathrm{M}} = k \cdot i_{\mathrm{M}}$$

Aus dem zeitlichen Verlauf des Drehmomentes ergibt sich der zeitliche Verlauf der Verlustleistung:

$$p_v(t) = P_{v0} + p_{v1}(t) + p_{v2}(t) \tag{2.10}$$

p_{v0} : konstanter Verlustanteil, z. B. Leerlaufverluste im Motor

$P_{v1}(t) = k_1 \cdot m_M$: drehmomentproportionaler Verlustanteil, z. B. Durchlaßverluste der Halbleiterventile

$p_{v2}(t) = k_2 \cdot m^2{}_M$: Verlustanteil der dem Quadrat des Drehmomentes proportional ist, z. B. Stromwärmeverluste im Motor.

Der Erwärmungsvorgang des Motors oder Gerätes wird durch sein thermisches Ersatzschaltbild beschrieben. Die Verlustleistung $p_v(t)$ ist Wärmequelle. Der Wärmeübergang von einem Teilkörper zum anderen wird durch die Wärmeübergangswiderstände R_{th1};R_{th2};...R_{thn} beschrieben. Die Wärmekapazitäten C_{th1};; C_{th2};...C_{thn} kennzeichnen das Wärmespeichervermögen der Teilkörper. Der Ausgangswärmewiderstand ist R_a.

Das Thermische Ersatzschaltbild des Motors, des Halbleiterventils oder Gerätes kann damit als R-C-Kettenschaltung beschrieben werden. Für grobe Betrachtungen, insbesondere für Motoren ist eine Einkörperbetrachtung gebräuchlich. Unter Annahme eines resultierenden Wärmeübergangswiderstandes R_{th} eines Ausgangswärmewiderstandes R_a und der resultierenden Wärmekapazität C_{th} wird der Zusammenhang zwischen Verlustleistung $p_v(p)$ als Eingangsgröße und der Temperaturdifferenz $\vartheta(p)$ als Ausgangsgröße im Unterbereich der Laplace-transformation beschrieben durch die Übertragungsfunktion

$$\frac{\vartheta(p)}{p_v(p)} = \frac{R_a}{(1 + pC_{th} \cdot R_a)} \tag{2.11}$$

Die thermische Zeitkonstante

$$T_{th} = C_{th} \cdot R_a$$

der Motoren liegt in der Größenordnung

$$T_{th} = 10 \ldots 100\,\text{min}.$$

Bei vergleichsweise raschen periodischen Änderungen der Verlustleistung $p_v(t)$ stellt sich eine mittlere Übertemperatur $\overline{\vartheta}$ ein. Berechnungen zur Auslastung der Motoren können unter dieser Voraussetzung von einer mittleren, zeitlich konstanten Verlustleistung ausgehen.

$$P_V = \overline{p_V(t)} = \frac{1}{T}\int_0^T p_V(t)dt \tag{2.12}$$

Da die thermischen Zeitkonstanten der Halbleiterventile ganz entscheidend kleiner sind, ist dort zur Berechnung der thermischen Auslastung der tatsächliche Verlauf der Verlustleistung $p_v(t)$ bzw. der Scheitelwert p_{vmax} zu berücksichtigen.

Beispiel 2: Berechnung des Bewegungsablaufes und Dimensionierung des Antriebsmotors einer Kurbelpresse

---

Eine Kurbelpresse, Antriebsschema nach Abb. 2.4, mit den Nenndaten im Durchlaufbetrieb:

mittlere Kurbeldrehzahl	n_K	=	50 U/min
Bemessungsstößelkraft	F_{nenn}	=	4 MN
Bemessungsarbeitshub	h_{nenn}	=	5 mm

soll mit einem Drehstrom-Schleifringläufermotor als Antriebsmotor ausgerüstet werden. Mit Hilfe von ständig eingeschalteten Läuferkreis-Widerständen soll eine "weiche" Motorkennlinie erzeugt werden.

Der Motor hat die Leerlaufwinkelgeschwindigkeit

$$\Omega_0 = 2\pi \frac{n_0}{60\, s/\text{min}} = 2\pi \frac{1500\, 1/\text{min}}{60\, s/\text{min}} = 157 \frac{1}{s}$$

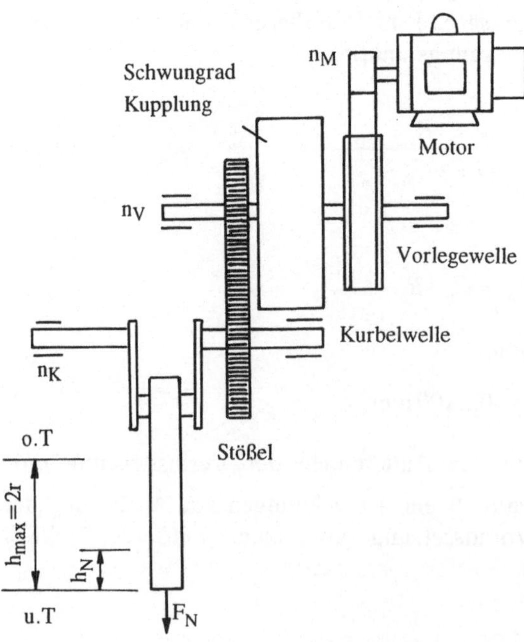

Abb. 2.4. Antriebsschema einer Kurbelpresse

Der Schlupf bei Nennmoment beträgt

$$S_{\text{nenn}} = 0{,}015$$

Die Widerstände im Läuferkreis werden so bemessen, daß sich bei Nennlast ein Schlupf von

$$S_{\text{nenn}} = 0{,}05$$

ergibt. Zwischen Kurbelwelle und Motorwelle muß ein Übersetzungsverhältnis

$$i = \frac{n_{\text{K}}}{n_{\text{M}}} = \frac{50 \text{ min}^{-1}}{1500\,(1-0{,}05)\text{ min}^{-1}} = 0{,}035$$

bestehen. Dieses Übersetzungsverhältnis ist durch entsprechende Dimensionierung des Getriebes zu sichern.

Durch Umrechnung des Kurbelmomentes auf die Motorwelle und unter Berücksichtigung von Reibungsmomenten ergibt sich annähernd der in Abb. 2.5 gegebene Verlauf des Widerstandsmoments bezogen auf die Motorwelle.

Die Spieldauer beträgt $t_{\text{sp}} = \dfrac{1}{n_{\text{K}}} = 1{,}20 \text{ s}$

die Belastung wird geschätzt zu $t_{\text{b}} = \dfrac{1}{24} \cdot t_{\text{sp}} = 0{,}05 \text{ s}$

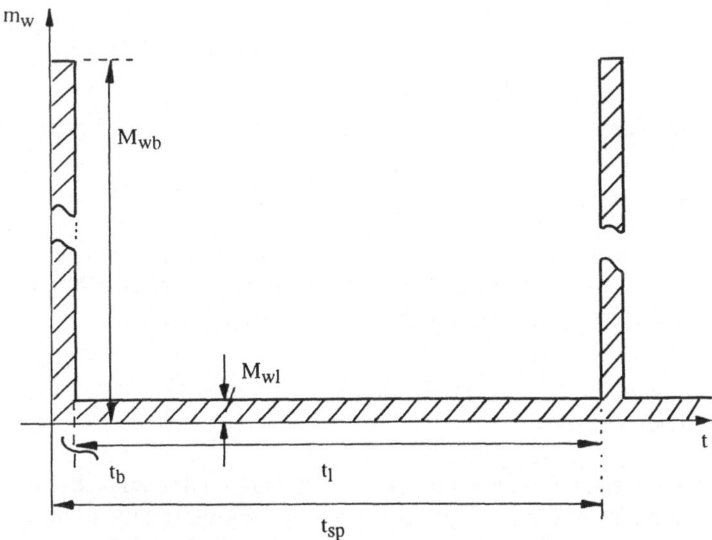

Abb. 2.5. Widerstandsmoment, bezogen auf die Motorwelle (geschätzt)

die Leerlaufzeit beträgt $t_l = t_{sp} - t_b = 1{,}15$ s

Das Widerstandsmoment während der Belastungszeit beträgt $M_{wb} = 5{,}500$ kNm

Das Widerstandsmoment während der Leerlaufzeit beträgt $M_{wl} = 0{,}275$ kNm

Diese Angaben sind grobe Schätzungen.

Um die extremen Belastungsspitzen vom Motor fernzuhalten, wird ein Schwungrad vorgesehehn. Es wird zunächst angenommen, daß Schwungrad sei unendlich groß $J \approx \infty$. Dann tritt ein vollständiger Drehmomentausgleich ein. Der Motor wird mit einem mittleren Widerstandsmoment

$$\overline{M}_w = \frac{1}{t_{sp}} \left(M_{wb} \cdot t_b + M_{wl} \cdot t_l \right) = 493 \text{ Nm}$$

belastet. Da dieser Grenzfall nicht realisiert werden kann, wird der Motordimensionierung ein um etwa 15 % größeres Moment zu Grunde gelegt. Die erforderliche Motorleistung ergibt sich zu

$$P_{nenn} = M_{nenn} \cdot \Omega_{nenn} = M_{nenn} \cdot \Omega_0 \left(1 - S_{nenn} \right)$$

$$= 1{,}15 \cdot 493 \text{ Nm} \cdot (1 - 0{,}015) \cdot 157 \frac{1}{\text{s}}$$

$$= 87676 \frac{\text{Nm}}{\text{s}} = 87{,}7 \text{ kW}$$

Aus der Motorliste muß der nächstgrößere Motor gewählt werden. Das Nennmoment ist

$$M_{nenn} \geq 597 \text{ Nm}$$

Die Neigung der Motorkennlinie, unter Berücksichtigung der Widerstände im Läuferkreis, wird durch das fiktive Stillstandsmoment Mst unter Berücksichtigung der Läuferkreis - Zusatzwiderstände charakterisiert (Abb. 2.6).

$$M_{st} = \frac{M_{nenn}}{S^*_{nenn}} = \frac{597 \text{ Nm}}{0{,}05} = 11{,}94 \text{ kNm}$$

Zur Kontrolle der angegebenen Grobberechnung des Antriebs wird zunächst das notwendige Trägheitsmoment des Schwungrades bestimmt. Es wird angenommen, daß während des Preßvorganges die gesamte benötigte Energie dem Schwungrad entnommen wird. Dabei werde das Schwungrad von einem Anfangsschlupf

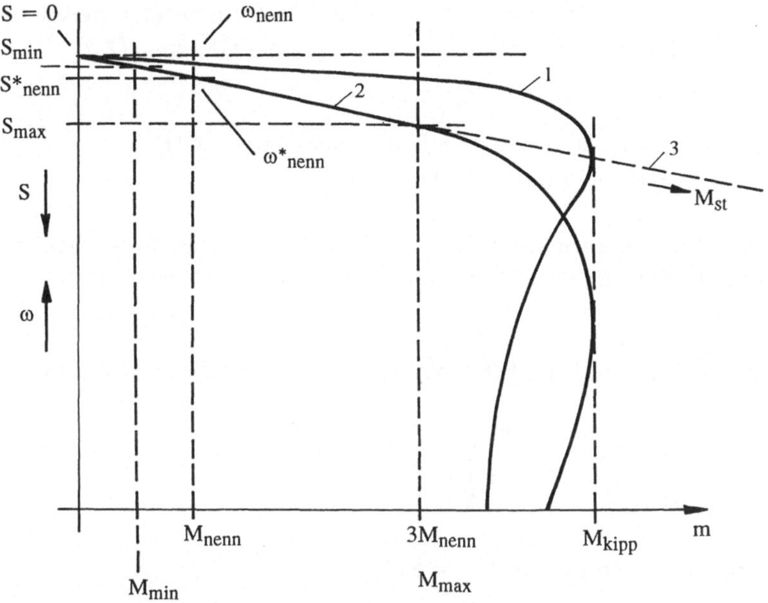

Abb. 2.6. Stationäre Kennlinie des Asynchronmotors
1 - ohne Läuferkreiszusatzwiderstand
2 - mit Läuferkreiszusatzwiderstand
3 - fiktiver Kennlinienverlauf

$S_{min} = 0{,}024$ auf einen Endschlupf $S_{max} = 3S^*_{nenn} = 0{,}15$ verzögert. Es gilt die Energiebilanz

$$M_{wb} \cdot \Omega^*_{nenn} \cdot t_b = J \frac{\omega^2_{max} - \omega^2_{min}}{2}$$

$$M_{wb} \cdot \Omega_0 \left(1 - S^*_{nenn}\right) t_b = \frac{J}{2}\left[\Omega_0^2 \left(1 - S_{min}\right)^2 - \Omega_0^2 \left(1 - S_{max}\right)^2\right]$$

$$M_{wb} \cdot \Omega_0 \left(1 - S^*_{nenn}\right) t_b = J \cdot \Omega_0^2 \left(S_{max} - S_{min}\right)$$

$$J = \frac{M_{wb} \cdot \left(1 - S^*_{nenn}\right) \cdot t_b}{\Omega_0 \left(S_{max} - S_{min}\right)} = \frac{5500\ \text{Nm} \cdot 0{,}925 \cdot 0{,}05\ \text{s}}{157 \frac{1}{\text{s}} (0{,}15 - 0{,}024)}$$
$$= 12{,}86\ \text{Nms}^2$$

Damit bestimmt sich die mechanische Zeitkonstante des Antriebs zu

$$T_M = \frac{J \cdot \Omega_0}{M_{st}} = \frac{12{,}86\ \text{Nms}^2 \cdot 157 \frac{1}{\text{s}}}{11940\ \text{Nm}} = 0{,}169\ \text{s}$$

Damit ist es möglich, den tatsächlichen Verlauf des Motormomentes genau zu berechnen. für den υ. Abschnitt des Belastungsspieles gilt mit Gleichung(2.7)

$$m_{\nu}(t) = M_{w\nu}\left(1 - e^{-t/T_M}\right) + M_{(\nu-1)} \cdot e^{-t/T_M}$$

$M_{(\nu\text{-}1)}$ = Motormoment am Ende des Abschnittes (ν-1),
d. h. am Anfang des Abschnittesν

Der zeitliche Verlauf des Motormomentes ist in Abb.2.7 dargestellt. Verglichen mit dem Widerstandsmoment in Abb.2.5 ist eine wesentliche Vergleichsmäßigung festzustellen.

Zur Motordimensionierung wird der Effektivwert des Motormomentes berechnet

$$M_{eff} = \sqrt{\frac{1}{t_{sp}}\left[\int_0^{t_b} m_b(t)^2 dt + \int_0^{t_1} m_1(t)^2 dt\right]}$$

Durch iterative Integration erhält man M_{eff} = 547 Nm

Dieser Wert bestätigt die eingangs getroffene Schätzung. Der gewählte Motor mit

$P_{nenn} \geq 87{,}7$ kW

ist thermisch ausreichend. Er wird maximal mit doppeltem Nennmoment belastet.

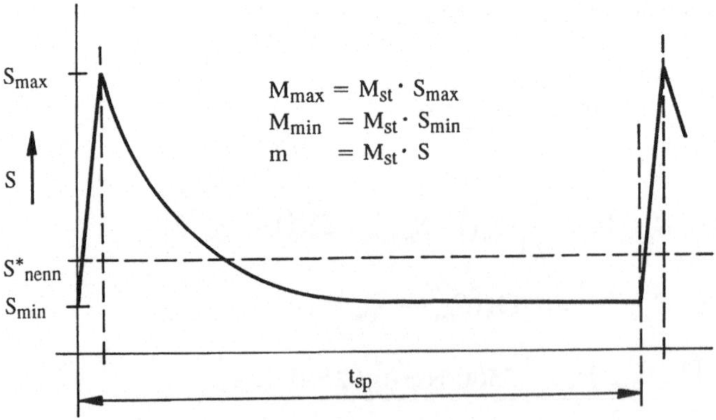

Abb. 2.7. Motormoment, bezogen auf die Motorwelle

Teil II Drehmomentsteuerung

Motoren haben die Aufgabe, den Arbeitsmaschinen und Mechanismen ein steuerbares Drehmoment einzuprägen. Die Motoren arbeiten als "Aktuator" der Bewegungsabläufe. Neben klassischen Binärsteuerungen (Asynchronmotor mit Ein-Aus-Steuerung) und Schrittsteuerungen (Schrittmotoren) finden in immer wachsendem Umfang kontinuierlich steuerbare Antriebe Anwendung. Mit Hilfe einer Regelschleife wird das Drehmoment der Führungsgröße nachgeführt. Die Stromregelung tritt in den meisten Anwendungen an die Stelle einer echten Drehmomentregelung.

- Steuerbare Gleichstromantriebe
- Drehstromantrieb am Netz
- Frequenzgesteuerte Drehstromantriebe

stehen als Lösungsmöglichkeit zur Verfügung. Für Neuentwicklungen dominieren frequenzgesteuerte Drehstromantriebe.

3 Steuerbare Gleichstromantriebe

Gleichstrommotoren sind durch Steuern der Ankerspannung sowie durch Steuern der Spannung des Erregerfeldes in ihrer Drehzahl zu beeinflussen. Eine steuerbare Gleichspannung kann unter Nutzung leistungselektronischer Schaltungen verhältnismäßig einfach aufgebaut werden. Deshalb sind Gleichstromantriebe die klassischen drehzahlsteuerbaren Antriebe. Sie werden von kleinsten bis zu größten Leistungen eingesetzt. Grenzen ergeben sich aus den Ausführbarkeitsgrenzen des Gleichstrommotores bezüglich Leistung und Maximaldrehzahl (Abb. 3.1) sowie aus dem Wartungsbedarf der Kommutatormaschine.

Das Betriebsverhalten des Antriebs wird durch Motor, Stromrichter und Regelung sowie durch das Zusammenwirken mit dem Netz einerseits und der mechanischen Last andererseits bestimmt.

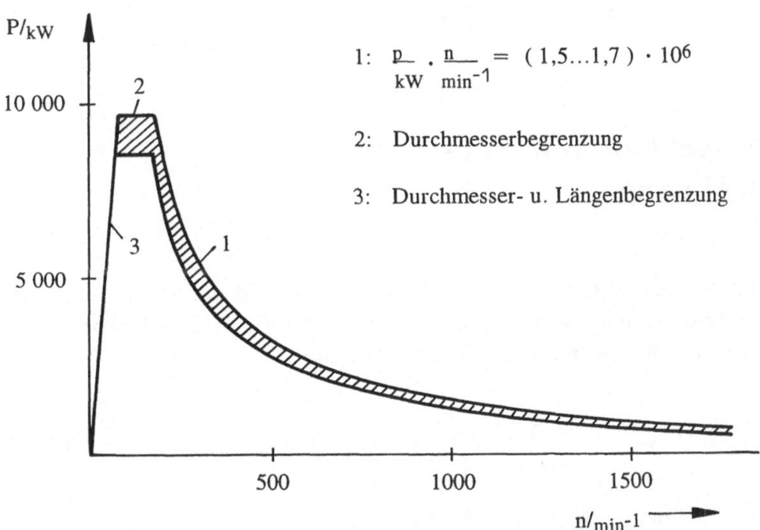

Abb. 3.1. Ausführbarkeitsgrenzen von Gleichstrommotoren

3.1 Auswahl und Anpassung von Stromrichter und Motor

Der Anker des Gleichstrommotors wird über einen netzgelöschten Stromrichter in Drehstrombrückenschaltung aus dem Drehstromnetz gespeist, das Erregerfeld liegt an konstanter Gleichspannung oder wird von Permanentmagneten aufgebaut (Abb. 3.2). Im Bereich kleiner Leistungen finden auch einpulsige und zweipulsige Stromrichterschaltungen Anwendung. Im Bereich großer Leistungen werden Sonderschaltungen mit günstigeren Netzrückwirkungen eingesetzt. (Tafel 3.1) Die Netzspannung bestimmt das Spannungsniveau der Schaltung. Die Motornennspannung wird in Abhängigkeit von der Netzspannung festgelegt. Dabei ist eine Regelreserve von 10 ... 20 % zu berücksichtigen.

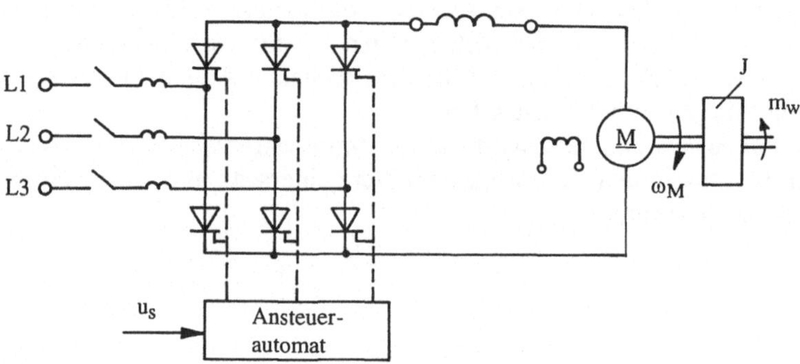

Abb. 3.2. Grundschaltung des Gleichstromantriebes

3.2 Betriebsverhalten bei ununterbrochener Stromführung

Für die Untersuchung des ungestörten Betriebsverhaltens wird der Stromrichter als symmetrisch arbeitend vorausgesetzt. Er wirkt in Bezug auf den Gleichstrommotor als Spannungsquelle (Abb. 3.4) mit der Quellenspannung.

$$u_d(t) = U_{do} \cdot \cos\alpha + \sum_{k=1}^{\infty} \hat{U}_{kp} \cos\ (kp\omega_1 t + \varphi_k) \qquad (3.1.)$$

U_{do} : innere Spannung des Stromrichters bei Vollaussteuerung

α : Steuerwinkel des Stromrichters

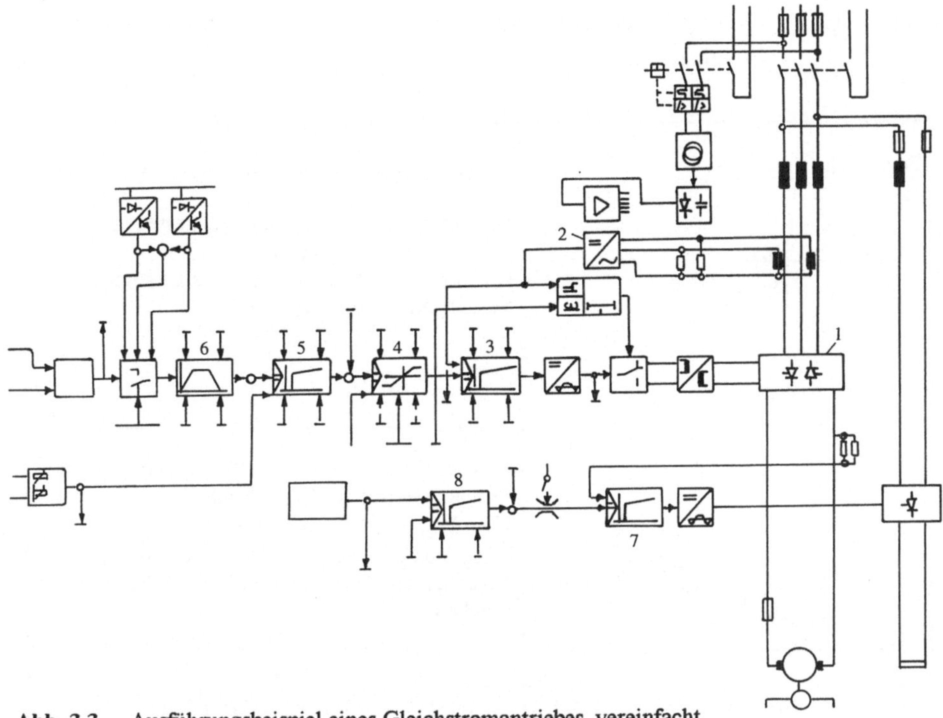

Abb. 3.3. Ausführungsbeispiel eines Gleichstromantriebes, vereinfacht

1: Stromrichter
2: Strommeßglied
3: Stromregler
4: Strombegrenzung
5: Drehzahlregler
6: Führungsgrößengenerator
7: Feldstromregler
8: aut. Feldschwächung

$\hat{U}_{kp}$: Amplitude der Oberschwingung mit kp-facher Netzfrequenz, Scheitelwert

p : Pulszahl des Stromrichters

k : 1; 2; 3; ...

ω_1 : Netzkreisfrequenz

φ_K : Phasenwinkel der Oberschwingung mit kp-facher Netzfrequenz

Die Spannungsquelle gestattet wegen der inneren Ventilwirkung einen Stromfluß nur in positiver Richtung. Dabei tritt der Ventilspannungsabfall U_S auf. Dieser setzt sich aus den Schleusenspannungen der in Reihe durchflossenen Ventile zusammen. Er ist unabhängig vom Strom. Die Gesamtheit der stromabhängigen Verluste im Stromrichter wird mit P_V bezeichnet. Diese Verlustleistung wird für einen bestimmten Mittelwert des Gleichstromes $\bar{I}_d$ angegeben. Daraus kann ein ohmscher Ersatzinnenwiderstand des Stromrichters abgeleitet werden:

$$R_{e1} = \frac{P_V}{\bar{I}_d^2} \tag{3.2}$$

Tafel 3.1. Drehzahlsteuerbare Gleichstromantriebe mit netzkommutierten Stromrichtern

Prinzipschaltung	Bezeichnung, Eigenschaften, Anwendungsbereich
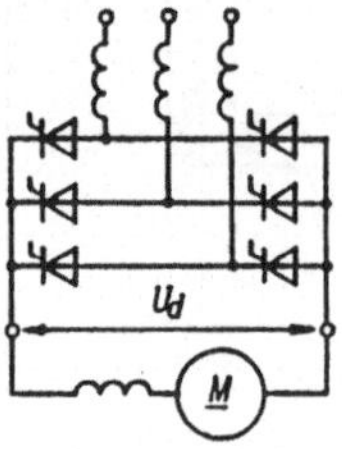 U_d, M	Drehstrombrückenschaltung, vollgesteuert $U_d = U_{dO} \cos\ \alpha$; 6pulsig Universell einsetzbar im gesamten Leistungsbereich, auch als Reversierantrieb
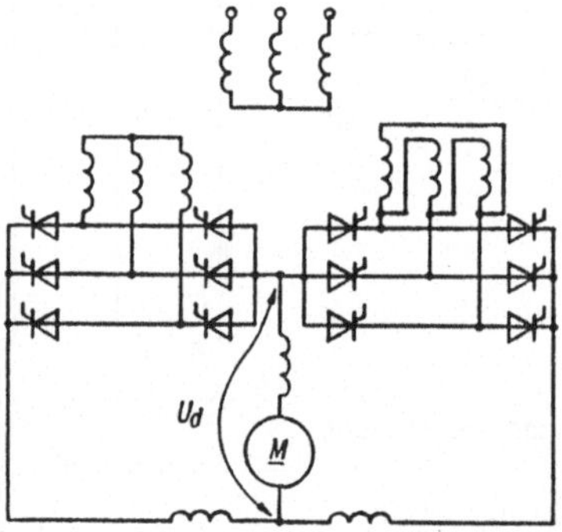 U_d, M	Parallelschaltung zweier, um 30° in der Ausgangsspannung versetzter Drehstrombrücken $U_d = U_{dO} \cos\alpha$; 12pulsig Im Leistungsbereich $P_{dO} > 1{,}5$ MW, auch als Reversierantrieb; auch mit Reihenschaltung der Brücken
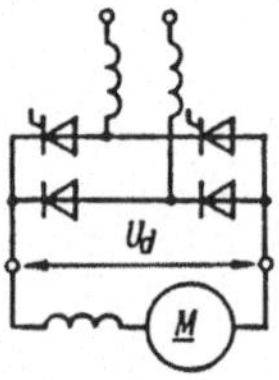 U_d, M	Einphasenbrückenschaltung vollgesteuert: $U_d = U_{dO} \cos\alpha$; halbgesteuert: $U_d = U_{dO} \dfrac{1+\cos\alpha}{2}$ 2pulsig Im Leistungsbereich P < 10 kW, in Bahnantrieben bis zu höchsten Leistungen
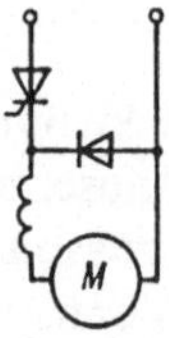 M	Einphasenschaltung, halbgesteuert mit Freilauf 1pulsig Für sehr kleine Leistungen P< 0,5 kW und geringe Ansprüche

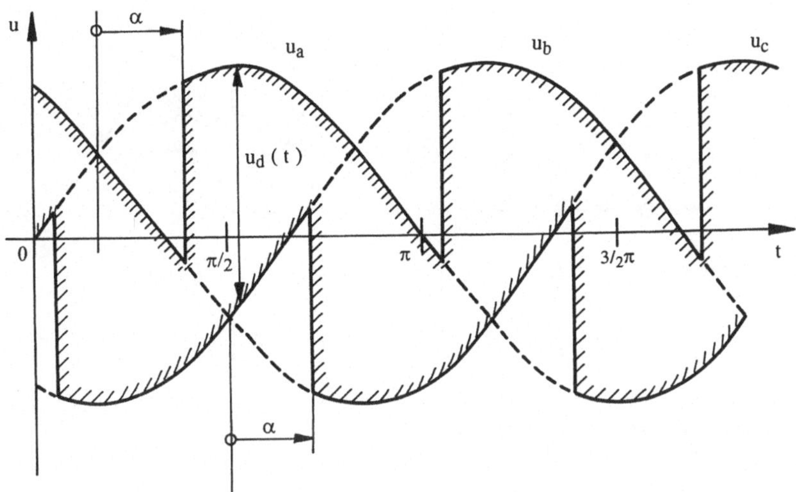

Abb. 3.4. Spannungsbildung im Stromrichter am Beispiel einer Drehstrombückenschaltung

Die überlappende Stromführung aufeinanderfolgender Ventile führt zu einem weiteren stromproportionalen Spannungsabfall

$$R_{e2} = \frac{U_{dx}}{\bar{I}_d} \tag{3.3}$$

$$U_{dx} = U_{do} \cdot X_k \cdot Y \tag{3.4}$$

X_k : Gesamtreaktanz eines Kommutierungszweiges bei Netzfrequenz

Y : Spannungsabfallziffer, für Drehstrombrückenschaltung ist Y = 0,5

Der Stromrichter enthält außerdem eine Induktivität L_e. Diese besteht aus der Induktivität einer gleichstromseitigen Drossel L_D und der auf die Gleichstromseite umgerechneten Induktivität netzseitig vorgeschalteter Induktivitäten bzw. Transformatoren L_T*

$$L_e = L_D + L_T * \tag{3.5}$$

Insgesamt ergibt sich daraus die in Abb. 3.5 dargestellte Ersatzschaltung des Stromrichters. Der Motor wird im gleichen Bild berücksichtigt durch

$$u_M = k_M \varphi_M \omega_M \tag{3.6}$$

innerer Spannungsabfall am Motor

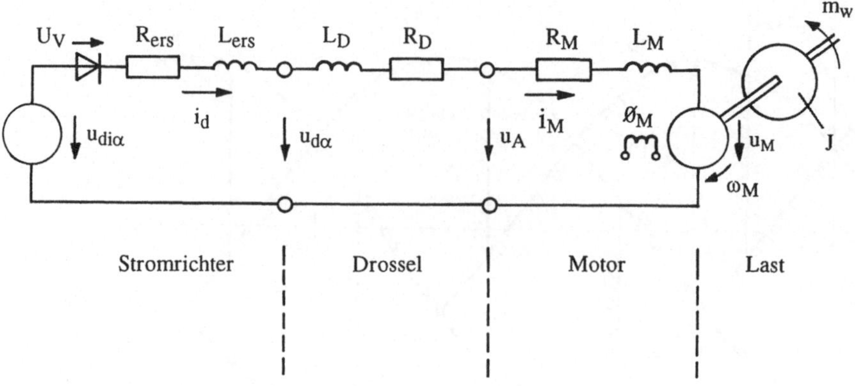

Abb. 3.5. Ersatzschaltung des Gleichstromantriebes

$$\varphi_{\mathrm{M}} = \frac{i_{\mathrm{f}} \cdot w_{\mathrm{f}}}{R_{\mathrm{m}}} \tag{3.7}$$

Erregerfluß des Motors

J	: Gesamtträgheitsmoment des Antriebs
L_{M}	: Induktivität des Ankerkreises
R_{M}	: Widerstand des Ankerkreises
k_{M}	: Motorkonstante
R_{m}	: Magnetischer Widerstand des Feldkreises
R_{f}	: Ohmscher Widerstand der Erregerwicklung
w_{f}	: Windungszahl der Erregerwicklung
ω_{M}	: Winkelgeschwindigkeit des Motors
m_{M}	: Motormoment
m_{W}	: Widerstandsmoment
i_{f}	: Erregerstrom des Motors

Das Betriebsverhalten des Gleichstromantriebes wird zusammenfassend beschrieben durch die Zustandsgleichungen:

Ankerspannungsgleichung

$$u_{\mathrm{d}} = U_{\mathrm{s}} + \left(R_{\mathrm{e1}} + R_{\mathrm{e2}} + R_{\mathrm{M}}\right) \cdot i_{\mathrm{d}} + \left(L_{\mathrm{D}} + L_{\mathrm{M}}\right) \frac{di_{\mathrm{d}}}{dt} + u_{\mathrm{M}} \tag{3.8}$$

Drehmomentgleichung

$$m_{\mathrm{M}} = k_{\mathrm{M}} \cdot \varphi_{\mathrm{M}} \cdot i_{\mathrm{M}} = m_{\mathrm{W}} + J \cdot \frac{d\omega_{\mathrm{M}}}{dt} \tag{3.9}$$

Erregerspannungsgleichung

$$u_{\mathrm{f}} = i_{\mathrm{f}} \cdot R_{\mathrm{f}} + w_{\mathrm{f}} \cdot \frac{d\varphi_{\mathrm{M}}}{dt} \tag{3.10}$$

In vielen Anwendungen arbeitet der Motor mit konstanter Erregung. Es ist dann

$$\varphi_{\mathrm{M}} = \Phi_{\mathrm{M}} = \text{konst.} \tag{3.11}$$

In Motoren kleiner Leistung, insbesondere in Stellmotoren, wird das Erregerfeld mit Hilfe von Permanentmagneten aufgebaut.

Die innere Spannung des Stromrichters enthält neben dem Gleichanteil eine Summe von Oberschwingungen. Die innere Spannung des Motors dagegen ist frei von Oberschwingungen. Die Motordrehzahl wird ausschließlich durch den Gleichanteil der Motorspannung bestimmt. Der Motoranker kann wegen seiner mechanischen Trägheit den Oberschwingungen nicht folgen. Für den Gleichanteil gilt die Spannungsgleichung

$$U_{\mathrm{do}} \cdot \cos\alpha = U_{\mathrm{s}} + \left(R_{\mathrm{e1}} + R_{\mathrm{e2}} + R_{\mathrm{M}}\right) \cdot \bar{I}_{\mathrm{d}} + k_{\mathrm{M}} \cdot \Phi_{\mathrm{M}} \cdot \Omega_{\mathrm{M}} \tag{3.12}$$

Daraus ergibt sich die stationäre Motordrehzahl Ω_{M}

$$\Omega_{\mathrm{M}} = \frac{U_{\mathrm{do}} \cdot \cos\alpha - U_{\mathrm{s}} - \left(R_{\mathrm{e1}} + R_{\mathrm{e2}} + R_{\mathrm{M}}\right) \cdot \bar{I}_{\mathrm{d}}}{k_{\mathrm{M}} \cdot \Phi_{\mathrm{M}}} \tag{3.13}$$

Mit der Drehmomentgleichung des Motors für den Ankerstrommittelwert

$$\overline{M} = \bar{I}_{\mathrm{d}} \cdot k_{\mathrm{M}} \cdot \Phi_{\mathrm{M}} \tag{3.14}$$

ergibt sich die in Abbildung 3.6 dargestellte Belastungskennlinie des Gleichstromantriebs. Die ideelle Leerlaufdrehzahl ist

$$\Omega_{\mathrm{Mo}} = \frac{U_{\mathrm{do}} \cdot \cos\alpha}{k_{\mathrm{M}} \cdot \Phi_{\mathrm{M}}} \tag{3.15}$$

Bereits bei geringer Belastung fällt die Motordrehzahl bedingt durch den Ventilspannungsabfall um

$$\Delta\Omega_{\mathrm{M}} = \frac{U_{\mathrm{s}}}{k_{\mathrm{M}} \cdot \Phi_{\mathrm{M}}} \tag{3.16}$$

ab. Der weitere Verlauf der Kennlinie ist gegenüber der Horizontalen geneigt. Die Neigung wird bestimmt durch

$$\frac{R_{\mathrm{e1}} + R_{\mathrm{e2}} + R_{\mathrm{M}}}{k_{\mathrm{M}}^{2} \cdot \Phi_{\mathrm{M}}^{2}} \qquad (3.17),$$

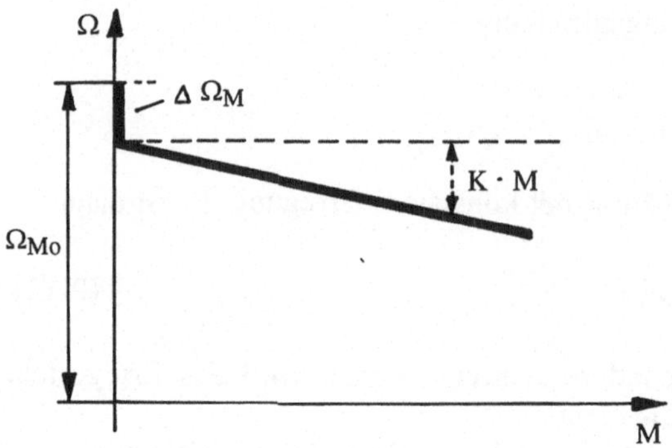

Abb. 3.6. Stationäre Kennlinie des Gleichstromantriebes bei kontinuierlicher Stromführung

d. h. durch die Gesamtheit der im Ankerkreis wirksamen Widerstände und die Motorkonstante.

Aus (3.1) und (3.8) folgt auch das Spannungleichgewicht der Oberschwingungen zu

$$\sum_{k=1}^{\infty} \hat{U}_{kp} \cos\left(kp\omega_1 t + \varphi_k\right) = \left(L_D + L_M\right) \frac{d}{dt} \sum_{k=1}^{\infty} \hat{I}_{kp} \cos\left(kp\omega_1 t + \psi_k\right) \qquad (3.18)$$

Der ohmsche Widerstand des Ankerkreises kann bei Oberschwingungsbetrachtungen gegenüber der Induktivität vernachlässigt werden. Für die Amplituden der Oberschwingungsströme und der Oberschwingungsspannungen gilt

$$I_{kp} \cdot \left(L_D + L_M\right) \cdot k \cdot p \cdot \omega_1 = U_{kp} \qquad (3.19)$$

Die Oberschwingungsanteile des Stromes führen zu erhöhten Stromwärmeverlusten im Ankerkreis und damit zu einer erhöhten Erwärmung. Auch treten vor allem bei Motoren mit ungeblechten Wendepolen Kommutierungsschwierigkeiten auf. Als Kenngröße wird die Effektivwertwelligkeit des Stromes eingeführt.

$$W_{ieff} = \frac{\sqrt{\sum_k I_{kp}^{\;2}}}{I_d} \qquad (3.20)$$

Diese berechnet sich zu

$$W_{ieff} = \frac{U_{do}}{\bar{I}_d \left(L_D + L_M\right)} \cdot f_w \qquad (3.21)$$

Dabei ist f_w ein von der Schaltung des Stromrichters und von der Aussteuerung abhängiger Welligkeitsfaktor. Der Welligkeitsfaktor

$$f_w = \frac{1}{\omega_1} \cdot \sqrt{\sum_k \frac{(U_{kp})^2}{(U_{do} \cdot k \cdot p)^2}} \tag{3.22}$$

wurde allgemein berechnet und in Abbildung 3.7 dargestellt.

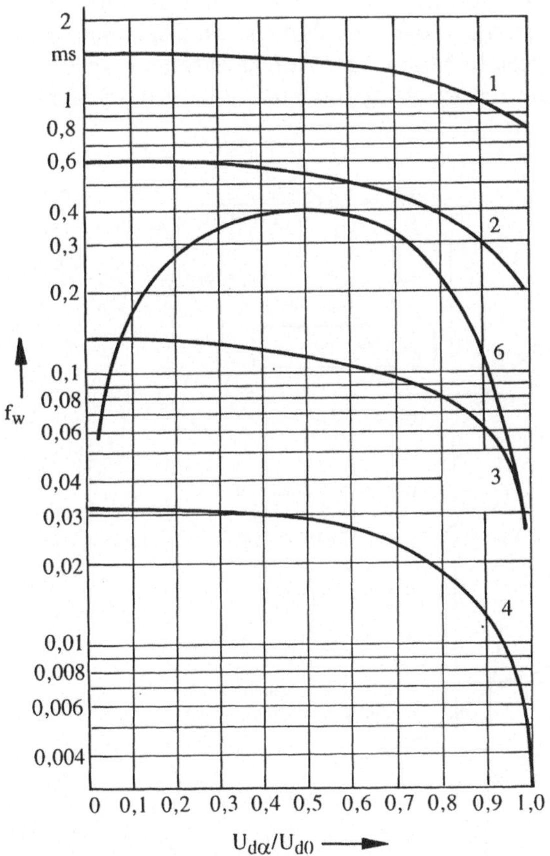

Abb. 3.7. Welligkeitsfaktor f_w in Millisekunden in Abhängigkeit von der Aussteuerung des Stromrichters $U_{d\alpha}/U_{d0}$. Das Diagramm gilt für Netzfrequenz 50 Hz.

1 Zweipulsstromrichter
2 Dreipulsstromrichter
3 Sechsppulsstromrichter
4 Zwölfpulsstromrichter
6 Halbgesteuerte Dreiphasenbrücke mit Nullventil

Es besteht die Aufgabe, den Antrieb so zu dimensionieren, daß bei allen Drehzahlen die vom Stromrichter aufgebaute Stromwelligkeit kleiner ist als die für den Motor zulässige Stromwelligkeit. Abbildung 3.8 zeigt die Zusammenhänge in Abhängigkeit vom Aussteuerungsgrad des Stromrichters und in Abhängigkeit von der Drehzahl des Motors. Ist diese Forderung nicht erfüllt, muß in den Ankerkreis eine zusätzliche Drossel zur Glättung eingeschaltet werden.

Die zulässige Welligkeit im Nennarbeitspunkt liegt für übliche Motoren bei

$$W_{i\,eff} = 0{,}1 \ldots 0{,}15$$

Das dynamische Übertragungsverhalten des Gleichstromantriebs (Abb. 3.9) wird durch das Zusammenwirken von Stromrichter und Motor bestimmt. Der Stromrichter als Einheit von Ansteuergerät und Ventilsatz ist ein diskontinuierliches Übertragungsglied; der nachgeschaltete Motor unterdrückt aufgrund seines Tiefpaßverhaltens die höheren Frequenzen im Ausgangssignal des Stromrichters und

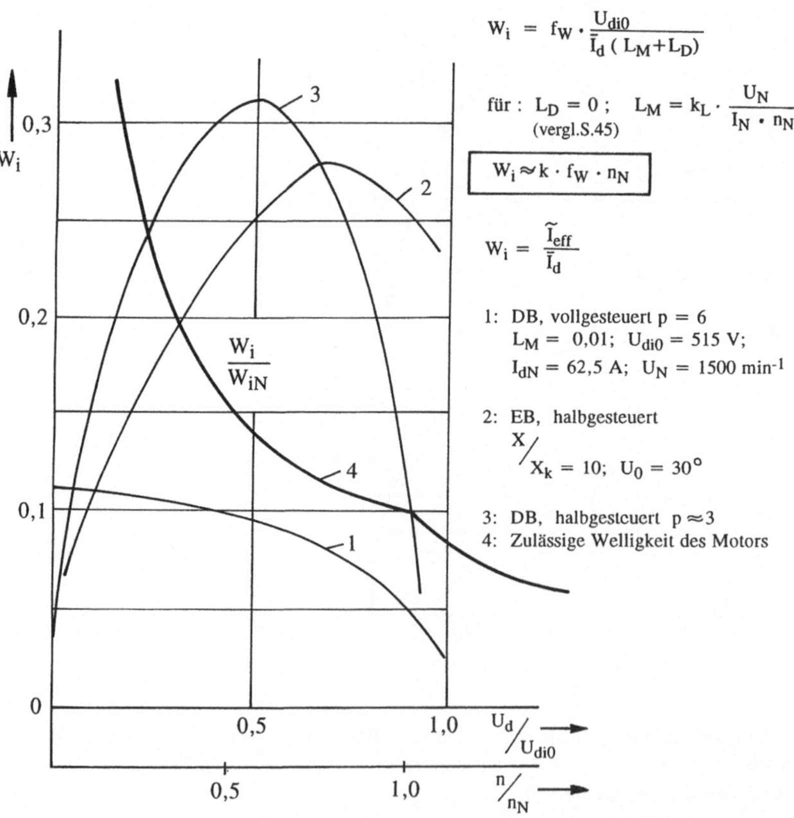

Abb.3.8. Stromwelligkeit des Stromrichters ohne Glättungsdrossel und zulässige Stromwelligkeit des Motors in Abhängigkeit vom Aussteuerungsgrad und von der Motordrehzahl

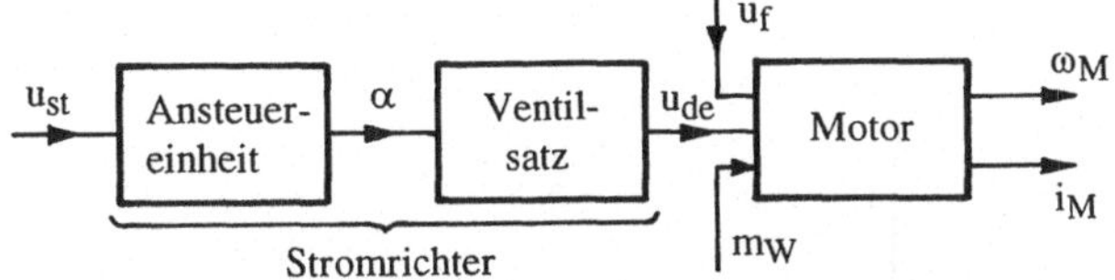

Abb. 3.9. Gleichstromantrieb als Übertragungsglied

ermöglicht dadurch die angenäherte Beschreibung des gesamten Antriebs als kontinuierliches System.

Eingangsgröße des Stromrichters ist die Steuerspannung Δu_{st}. Diese wird im Ansteuergerät mit einer intern erzeugten, netzsynchronen Sägezahnspannung verglichen (Abb. 3.10). Zum Zeitpunkt des Schnittes der Steuerspannung mit der Sägezahnspannung werden Zündimpulse ausgegeben. Zwischen der Änderung der Steuerspannung Δu_{st} und der Änderung des Zündverzögerungswinkels besteht ein proportionaler Zusammenhang

$$\Delta\alpha = \Delta u_{st}(-k_{st}). \tag{3.23}$$

Abb. 3.11 veranschaulicht das Übertragungsverhalten des Stromrichters. Dargestellt ist die Änderung der Ausgangsspannung eines p-pulsigen Stromrichters als Funktion der Änderung der Steuerspannung u_{st}. Die Änderung der Ausgangsspannung besteht in einer Folge von Pulsen, die benachbart zum Zündzeitpunkt auftreten und die Spannungszeitfläche

$$\Delta u_f = 2U\Delta\alpha \sin\frac{\pi}{p}\cos\left(\alpha_0 + \frac{\pi}{2}\right) \tag{3.24}$$

haben. Damit ist der Stromrichter als Abtastglied gekennzeichnet. Im Grenzfall kleiner Abweichungen des Steuerwinkels sind die Impulse unendlich schmal und haben gleichen Abstand $\vartheta_p=2\pi/2$. In diesem Fall ist der Stromrichter ein lineares Abtastglied mit der Abtastperiode

$$T = \frac{2\pi}{p\omega_{Netz}} = \frac{2\pi}{\Omega_{Puls}} \tag{3.25}$$

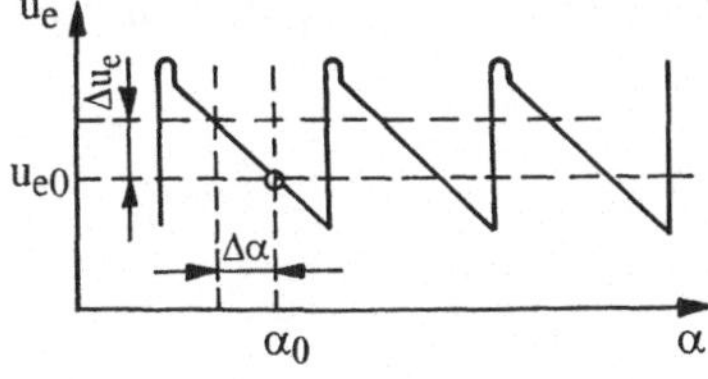

Abb. 3.10. Zur Übertragungsfunktion des Ansteuergerätes

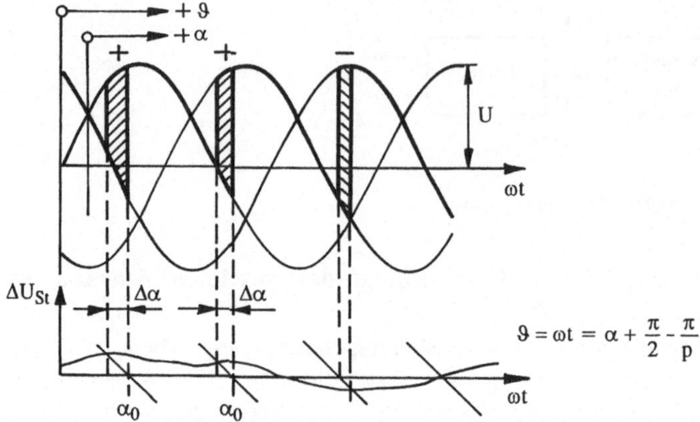

Abb. 3.11. Übertragungsverhalten eines p-pulsigen Stromrichters

und dem Proportionalverstärkungsfaktor

$$V_{st} = \frac{\Delta u_{de}/U_{do}}{\Delta\alpha/\vartheta_p} = 2\sin\frac{\pi}{p}\cos\left(\alpha_0 + \frac{\pi}{2}\right) \tag{3.26}$$

Δu_{de} : Änderung der inneren Spannung des Stromrichters
U_{do} : Bezugswert der Spannung

$$U_{do} = U\frac{p}{\pi}\sin\frac{\pi}{p}$$

U : Amplitude der Wechselspannung
ϑ_p : Bezugswert des Steuerwinkels

$$\vartheta_p = \frac{2\pi}{p}$$

Ω_p : Pulskreisfrequenz

$$\Omega_p = \omega_{Netz}p.$$

Aus (3.23) und (3.26) folgt der in Abb. 3.12 dargestellte Signalflußplan. Für große Änderungen des Eingangssignals kann eine geschlossene Übertragungsfunktion nicht angegeben werden.

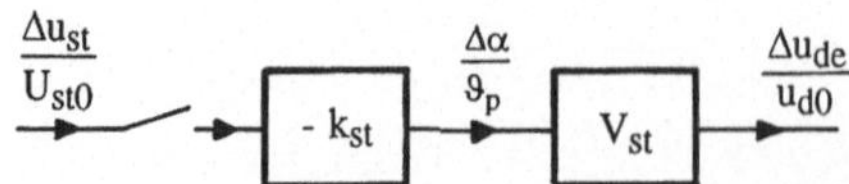

Abb. 3.12. Signalflußplan des Stromrichters für kleine Signaländerungen

Eingangsgröße des Motors ist die innere Ersatzgleichspannung des Stromrichters u_{de}, d. h., die Widerstände und Induktivitäten des Stromrichters, an denen stromabhängige Spannungsabfälle auftreten, werden dem Ankerkreis des Motors zugeordnet. Weitere Eingangsgrößen sind das Widerstandsmoment der Last m_w und die Erregerspannung u_f. Ausgangsgrößen des Motors sind die Winkelgeschwindigkeit ω_M, der Ankerstrom i_M und der Erregerstrom i_f.

Unter Nutzung geeigneter Bezugsgrößen ergibt sich aus den Zustandsgleichungen (3.8) bis (3.10) der in Abb. 3.13 dargestellte normierte Signalflußplan des Motors. Der Signalflußplan kennzeichnet den Gleichstrommotor als nichtlineares System mit zwei Multiplikationsstellen. Die charakteristischen Konstanten sind

U_{di0}	ideelle Ausgangsspannung des Stromrichters bei Vollaussteuerung und Leeslauf
$\Omega_0 = \dfrac{U_{di0}}{k_M \Phi_{M0}}$	ideelle Leerlaufwinkelgeschwindigkeit bei Nenn - ausgangsspannung U_{di0} und Nennerregung Φ_{M0}
$I_{St} = \dfrac{U_{di0}}{R_{er} + R_{ex} + R_M}$	ideeller Stillstandsstrom
$M_{St} = \dfrac{U_{di0} k_M \Phi_{M0}}{R_{er} + R_{ex} + R_M}$	ideelles Stillstandsmoment bei Nennerregung Φ_{M0}
$U_{St0} = \dfrac{U_{di0}}{V_{St0}}$	Nennwert der Eingangsspannung des Stellgliedes
U_{f0}	Nennwert der Erregerspannung

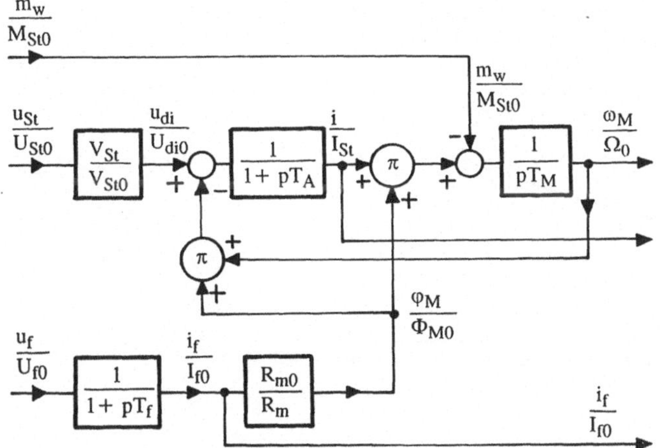

Abb. 3.13. Signalflußplan des Gleichstromantriebs

$I_{f0} = \dfrac{U_{f0}}{R_i}$ Nennwert des Erregerstromes

$\Phi_{M0} = \dfrac{I_{f0} w_f}{R_{m0}}$ Nennwert des Motorfeldes

R_{m0} magnetischer Widerstand des Feldkreises im Normierungspunkt

V_{St0} Verstärkungsfaktor des Stellgliedes im Normierungspunkt

$T_A = \dfrac{L_e + L_M}{R_{e1} + R_{e2} + R_M}$ elektrische Zeitkonstante des Ankerkreises

$T_M = \dfrac{J\Omega_{M0}}{M_{st0}}$ mechanische Zeitkonstante des Antriebs

$T_f = \dfrac{w_f^2}{R_{mo} R_f}$ Feldzeitkonstante des Motors im Normierungspunkt.

Die Zeitkonstanten charakterisieren den gesamten Antrieb, schließen also das Trägheitsmoment der Motorlast, die Widerstände der Zuleitungen usw. ein. Sie sind orientierend aus den Parametern des Motors, des Stromrichters, der Last, der Leitungen berechenbar. Als Grundlage für eine genaue Regelkreisoptimiterung ist eine Nachmessung wünschenswert. Richtwerte für die Parameter des Motors können den in den Abb. 3.14, 3.15 , 3.16 dargestellten Diagrammen entnommen werden.

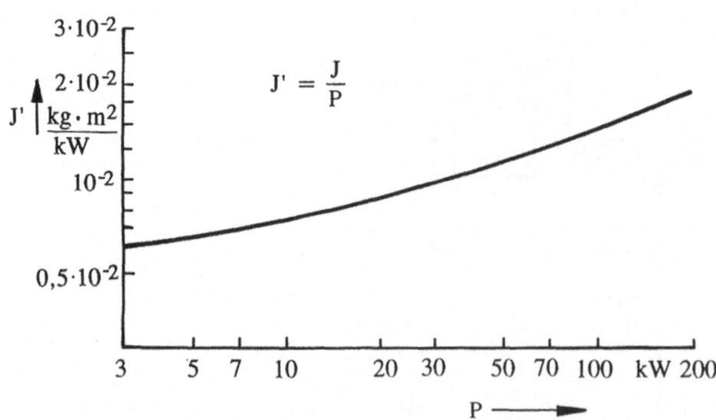

Abb. 3.14. Bezogenes Trägheitsmoment von Gleichstrommaschinen
Nenndrehzahl $u_n = 1500$ min $^{-1}$
Schutzgrad IP 23

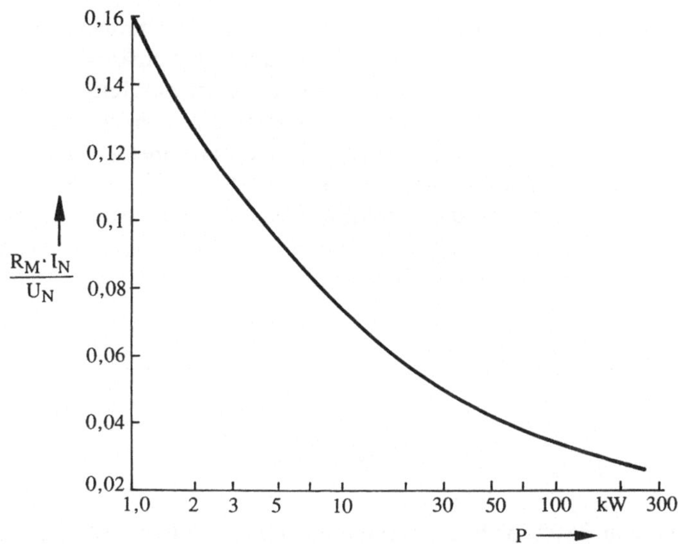

Abb. 3.15. Bezogener Ankerwiderstand von Gleichstrommotoren
I_n : Nennstrom
U_n: Nennspannung

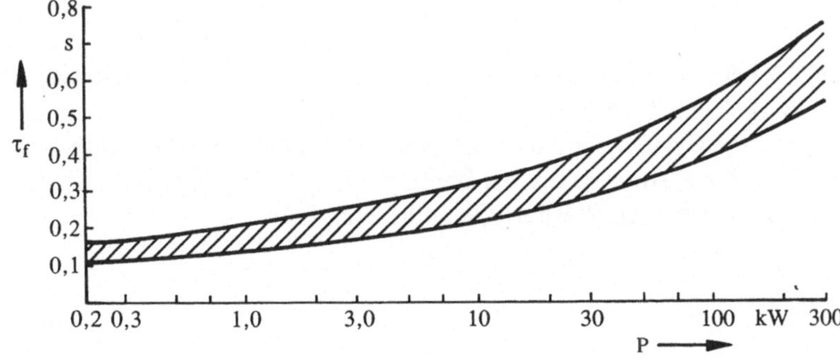

Abb. 3.16. Feldzeitkonstante von Gleichstrommaschinen

Für die Ankerinduktivität moderner Gleichstrommaschinen gilt als Richtwert

$$L_M \approx k_L \frac{U_n}{I_n \cdot n_n}$$

U_n : Nennspannung des Motors
I_n : Nennstrom des Motors
n_n : Nenndrehzahl des Motors
k_L : Induktivitätsfaktor, $k_L \approx 0{,}02 \ldots 0{,}03$

Besondere Aufmerksamkeit erfordert das Zusammenwirken des Stromrichters mit dem Motor. Die vom Stromrichter erzeugte Pulsfolge wirkt auf den Ankerkreis des Motors. Der Motor arbeitet als Tastglied, das Gesamtverhalten ist mit dem Abtastfrequenzgang, Abtastperiode T zu beschreiben. Im interessierenden Frequenzbereich wirkt der Ankerkreis des Motors als I-Glied, für das Zusammenwirken von Stromrichter und Motor gilt der Signalflußplan nach Abb. 3.17.
Der Abtastfrequenzgang charakterisiert das Übertragungsverhalten des Systems. Die Unterschiede zum kontinuierlichen Frequenzgang eines I-Gliedes sind deutlich sichtbar. Insbesondere ergibt sich für die Signalfrequenz

$$\omega = \frac{\Omega_p}{2}$$

$$\Omega_p = \frac{2\pi}{T} \qquad : \text{Pulskreisfrequenz}$$

eine Phasenrückdrehung von 180°, d. h. die Stabilitätsgrenze. Entsprechend dem Abtasttheorem können höhere Frequenzen nicht übertragen werden. Bei Einhaltung des notwendigen Abstands von der Stabilitätsgrenze kann maximal bis

$$\omega \leq \frac{\Omega_p}{\pi} \tag{3.27}$$

gearbeitet werden. Der Stromrichter begrenzt durch seine abtastende Arbeitsweise die mögliche Schnelligkeit des Stromregelkreises.

Innerhalb des zulässigen Arbeitsbereichs ist mit einer üblichen Näherung das Übertragungsverhalten des Stromrichters als kontinuierliches Laufzeitglied mit der Laufzeit entsprechend einer halben Pulsperiode zu beschreiben:

$$T_L = \frac{T}{2} \tag{3.28}$$

Dieser quasikontinuierlichen Betrachtungsweise entspricht der Signalflußplan nach Abb. 3.17 b. Der Stromrichter wird also durch die Übertragungsfunktion

$$G(p) = \frac{\Delta\bar{u}_{de}/U_{do}}{u_{st}/U_{sto}} = -k_{st}V_{st}e^{-pT/2} \tag{3.29}$$

$T \qquad$: Abtastzeit des Stromrichters

beschrieben. Diese ist in den durch (3.27) gegebenen Grenzen für kleine Abweichungen vom Arbeitspunkt gültig.

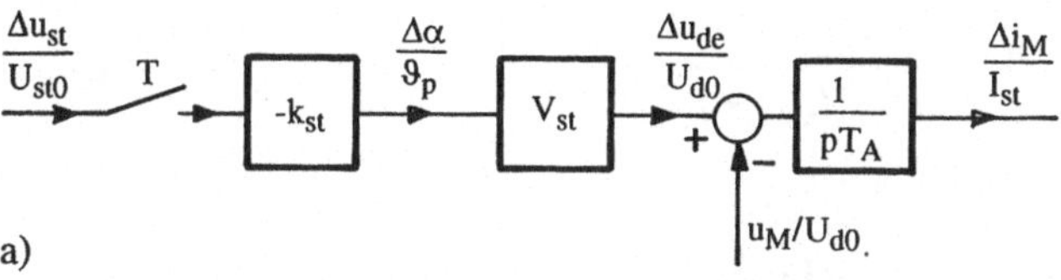

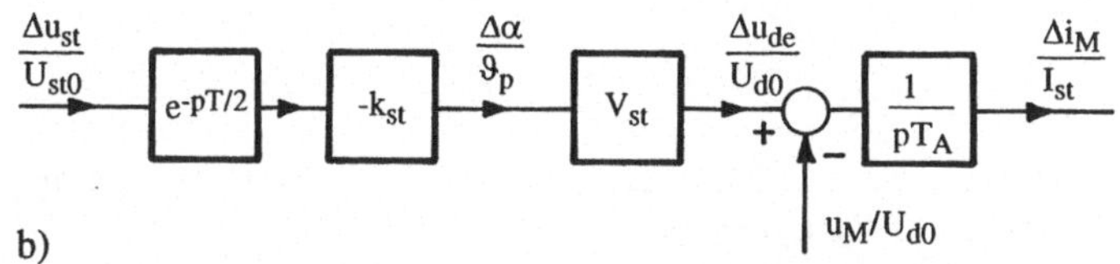

Abb. 3.17. Zusammenwirken des Stromrichters mit dem Motor
a) Exakte Beschreibung des Stromrichters; Motor als kontinuierliches I-Glied genähert
b) Angenäherte Beschreibung des Stromrichters als Laufzeitglied, Motor als kontinuierliches I-Glied angenähert

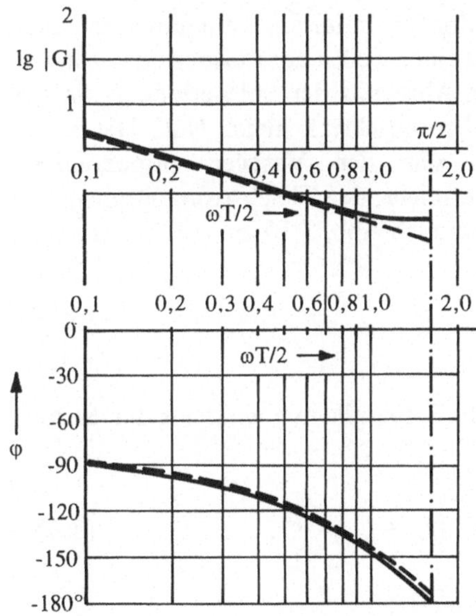

Abb. 3.18. Abtastfrequenzgang für das System Stromrichter-Motor entsprechend Abb. 3.17a —— und als kontinuierlicher Frequenzgang entsprechend der Näherung nach Abb. 3.17b — — —

Resultierend ergeben sich für den Gleichstromantrieb mit konstant erregtem Motor bei kontinuierlicher Stromführung und kleinen Signaländerungen folgende Übertragungsfunktionen:

$$\frac{\omega_{\mathrm{M}}/\Omega_{\mathrm{M0}}}{u_{\mathrm{st}}/U_{\mathrm{sto}}} = \frac{-k_{\mathrm{st}}V_{\mathrm{st}}\mathrm{e}^{-pT/2}}{1+pT_{\mathrm{M}}\left(1+pT_{\mathrm{A}}\right)} \tag{3.30}$$

$$\frac{i_{\mathrm{M}}/I_{\mathrm{st}}}{u_{\mathrm{st}}/U_{\mathrm{sto}}}=\frac{-k_{\mathrm{st}}V_{\mathrm{st}}\mathrm{e}^{-pT/2}}{1+pT_{\mathrm{M}}(1+pT_{\mathrm{A}})} \tag{3.31}$$

$$\frac{\omega_{\mathrm{M}}/\Omega_{\mathrm{M0}}}{m_{\mathrm{w}}/M_{\mathrm{st}}}=\frac{-(1+pT_{\mathrm{A}})}{1+pT_{\mathrm{M}}(1+pT_{\mathrm{A}})} \tag{3.32}$$

$$\frac{i_{\mathrm{M}}/I_{\mathrm{st}}}{m_{\mathrm{w}}/M_{\mathrm{st}}}=\frac{1}{1+pT_{\mathrm{M}}(1+pT_{\mathrm{A}})} \tag{3.33}$$

3.3 Betriebsverhalten bei lückender Stromführung

Betrieb mit diskontinuierlicher bzw. lückenhafter Stromführung ist dadurch gekennzeichnet, daß ein positiver Strom nur während eines Teiles der Pulsperiode, von der Zeit t_1 bis zur Zeit t_2 fließt. Im verbleibenden Abschnitt der Pulsperiode T_{p} ist der Strom, bedingt durch die Ventilwirkung des Stromrichters, gleich Null. Die anstehende Spannung wird als Sperrspannung von den Ventilen aufgenommen (Abb. 3.19). Für t_2-t_1=T wird die Lückgrenze erreicht; der Gleichstrommittelwert an der Lückgrenze ergibt sich mit dem Lückfaktor nach Abb. 3.10 zu

$$\bar{I}_{\mathrm{dl}}=\frac{U_{\mathrm{do}}}{L_{\mathrm{e}}+L_{\mathrm{M}}}f_1. \tag{3.34}$$

Die Zustandsgleichung des Ankerkreises (Bild 3.10) gilt nur während der Stromflußdauer

$$u_{\mathrm{de}}-u_{\mathrm{M}}=i_{\mathrm{M}}(R_{\mathrm{el}}+R_{\mathrm{M}})+(L_{\mathrm{e}}+L_{\mathrm{M}})\frac{di_{\mathrm{M}}}{dt}. \tag{3.35}$$

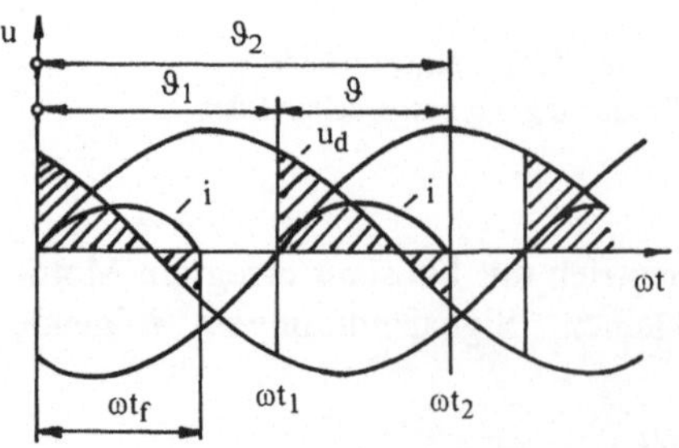

Abb. 3.19. Spannungs- und Stromverlauf bei Lückbetrieb

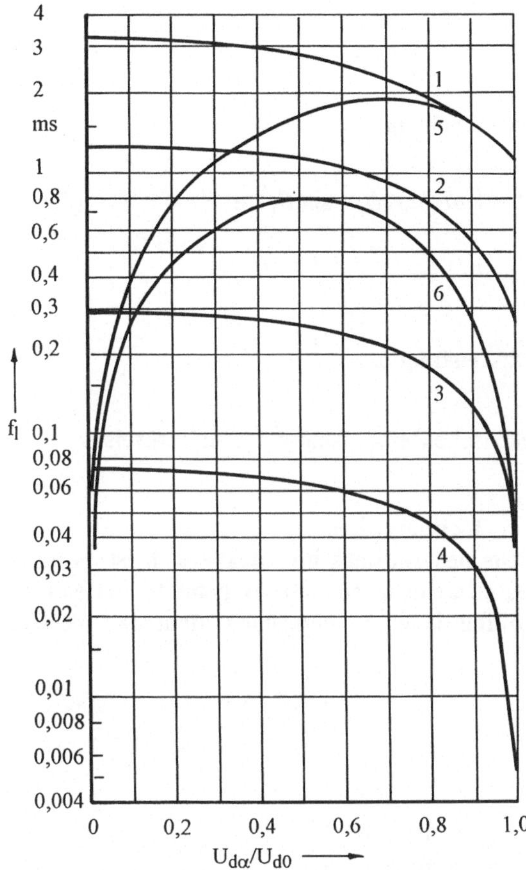

Abb. 3.20. Lückfaktor f_l in ms bei Netzfrequenz 50 Hz
1: Zweipulsstromrichter
2: Dreipulsstromrichter
3: Sechspulsstromrichter
4: Zwölfpulsstromrichter
5: Halbgesteuerte Einphasenbrücke mit Nullventil
6: Halbgesteuerte Dreiphasenbrücke mit Nullventil

Da eine Überlappung der Ströme aufeinanderfolgender Ventile nicht eintritt, ist R_{e2} im Lückbereich gleich Null. Ferner bleibt der Durchlaßspannungsabfall der Ventile U_s in der Regel unberücksichtigt; es ist

$$u_{de} = u_d = U \sin(\omega t + \vartheta_1); \tag{3.36}$$

U: Scheitelwert der Wechselspannung am Stromrichter, bei Drehstrombrückenschaltung der verketteten Spannung.

Für die Stromflußdauer

$$t_f = t_2 - t_1 \tag{3.37}$$

ergibt sich aus (3.35) die transzendente Gleichung

$$0 = \sin \vartheta_2 - \omega T_A \cdot \cos \vartheta_2 + \left(\omega T_A \cos \vartheta_1 - \sin \vartheta_1\right) \cdot e^{-t_f / T_A} - \frac{u_M}{U}\left(1 + \omega^2 T_A^2\right)\left(1 - e^{-t_f / T_A}\right); \tag{3.38}$$

ω : Netzkreisfrequenz

$T_A = \dfrac{L_e + L_M}{R_{el} + R_M}$: elektrische Zeitkonstante des Ankerkreises.

Die Lösung dieser Gleichung ist in Abb. 3.21 dargestellt.
Zur Bestimmung des Betriebsverhaltens des Antriebs im Lückbereich ist es nicht erforderlich, den Verlauf des Stromes zu kennen, sondern es genügt, den Mittelwert des Stromes während der Stromflußdauer zu berechnen, dem das mittlere Drehmoment des Motors entspricht.

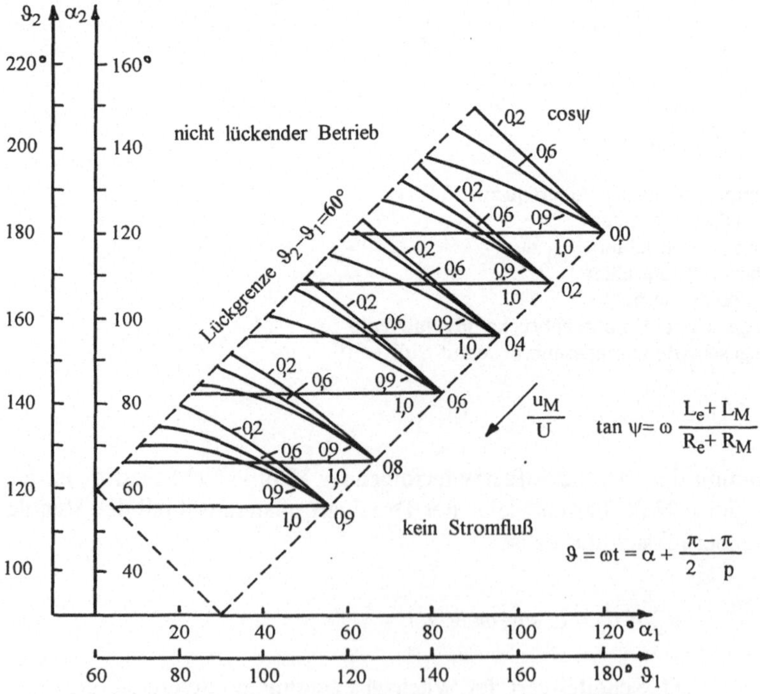

Abb. 3.21. Stromflußdauer $\vartheta_2 - \vartheta_1$ im Lückbereich einer Sechspulsschaltung

Durch Integration von (3.35) über die Stromflußdauer erhält man

$$\int_{i_1}^{i_2} di = \frac{1}{(L_e + L_M)}\left[\int_0^{t_f} U \sin(\omega t + \vartheta_1)\, dt - u_M t_f - (R_e + R_M)\int_0^{t_f} i\, dt\right]. \quad (3.39)$$

Wegen $i_1 = i_2 = 0$ wird, bezogen auf die Pulsperiode T/p,

$$0 = \frac{1}{T/p}\int_0^{t_f} U \sin(\omega t + \vartheta_1)\, dt - u_M \frac{t_f}{T/p} - (R_e + R_M)\frac{\int_0^{t_f} i dt}{T/p}. \quad (3.40)$$

Der Ausdruck

$$\frac{\int_0^{t_f} i dt}{T/p} = \bar{I}$$

entspricht dem Mittelwert des Stroms während einer Pulsperiode, ist damit dem Drehmoment des Motors proportional.

Zur übersichtlicheren Darstellung wird 3.40 normiert. Es sind:

$U_{d0} = U \frac{p}{\pi} \sin \frac{\pi}{p}$: idelle Ausgangsspannung des Stromrichters bei $\alpha = 0$ und nichtlückendem Betrieb

$I_{St} = \frac{U_{d0}}{R_e + R_M}$: Stillstandsstrom des Antriebs

$M_{St} = k_M \Phi_M I_{St}$: Stillstandsmoment des Antriebs

$\Omega_0 = \frac{U}{k_M \Phi_M}$: Motordrehzahl entsprechend dem Maximal - wert der Stromrichterausgangsspannung.

Die Drehzahlgleichung im Lückbereich ergibt sich damit zu

$$0 = \frac{Up}{U_{d0} 2\pi}(\cos\vartheta_1 - \cos\vartheta_2) - \frac{\Omega}{\Omega_0}\frac{U}{U_{d0}}\frac{t_f}{T/p} - \frac{\bar{I}}{I_{St}} \quad (3.41)$$

$$\frac{\Omega}{\Omega_0} = \frac{T/p}{t_f}\left[\frac{p}{2\pi}(\cos\vartheta_1 - \cos\vartheta_2) - \frac{U_{d0}}{U}\frac{M}{M_{St}}\right].$$

Der charakteristische Kennlinienverlauf für Stromrichter ohne Nullventil kann mit Abb. 3.21 bestimmt werden und ist in Abb. 3.22 dargestellt. Charakteristisch ist die stärkere Kennlinienneigung im Lückbereich gegenüber dem nichtlückenden Arbeits-

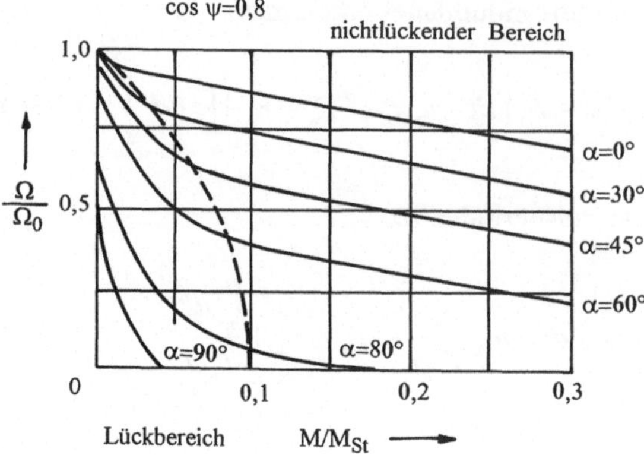

Abb. 3.22. Normierte Belastungskennlinie des Gleichstromantriebs
Normierungsgrößen:

$\Omega_0 = U/k_M \cdot \Phi_M$ Winkelgeschwindigkeit des Motors entsprechend dem höchsten Momentanwert der Gleichspannung U bei Nennerregung

$M_{St} = \dfrac{U_{dio} k_M \cdot \Phi_M}{R_{e1} + R_{e2} + R_M}$ Stillstandsmoment bei Vollaussteuerung und Nennerregung

$\tan \psi = \dfrac{L_e + L_m}{R_{e1} + R_M}$

— — — Lückgrenze

bereich. Die regelungstechnischen Schwierigkeiten, die daraus resultieren, sind mit adaptiven Regelungen zu beherrschen, so daß heute der Lückbereich praktisch genutzt werden kann.

Die spezifische Beanspruchung des Motors im Lückbereich ist gegeben durch die relativ hohe Stromanstiegsgeschwindigkeit, die vor allem bei niedrigen Drehzahlen auftritt. Aus (3.35) wird deutlich, daß die maximale Stromanstiegsgeschwindigkeit am Anfang eines Strompulses auftritt. Man erhält im Stillstand des Motors

$$\left(\frac{di}{dt}\right)_{max} = \frac{U_{d\,max}}{L_e + L_M}. \tag{3.42}$$

Wird die Stromanstiegsgeschwindigkeit nur durch die Induktivität des Motors begrenzt, kann mit $u_{d\,max} = U$ und $U_N \approx 0{,}85\ U_{d0}$ abgeschätzt werden:

$$\left(\frac{di}{dt}\right)_{max} = \frac{I_N n_N}{k_L\, 0{,}85}. \tag{3.43}$$

In einem Motor mit Nenndrehzahl $n_N = 1500$ min $^{-1}$ und $k_L = 0{,}03$ tritt im Stillstand eine bezogene Stromanstiegsgeschwindigkeit von 1000 I_N/s auf. Dieser Wert liegt höher als die üblichen Stromanstiegsgeschwindigkeiten bei Regelvorgängen, bei denen 200 I_N/s allgemein nicht überschritten wird. Die Kommutierungsbeanspruchung des Motors ist offensichtlich im Lückbereich höher als im nichtlückenden Bereich. Obwohl die berechneten Stromanstiegsgeschwindigkeiten nur während sehr kurzer Zeit auftreten, müssen die Motoren mit entdämpftem Wendefeldkreis, d. h. mit geblechten Wendepolen und geblechtem Joch, ausgeführt werden, um im Lückbereich ohne Glättungsdrossel arbeiten zu können.

Im Lückbereich besteht keine rückwirkungsfreie Trennstelle zwischen Stromrichter und Motor. Das Übertragungsverhalten des Antriebs muß insgesamt untersucht werden. Eingangsgröße ist die Steuerspannung des Stromrichters. Diese wird durch Vergleich mit einer im Ansteuergerät intern erzeugten Sägezahnspannung abgetastet und bewirkt in den Abtastpunkten eine proportionale Verstellung des Steuerwinkels (Abb.3.23)

$$\Delta\alpha = u_{st}(-k_{st}). \tag{3.44}$$

Ausgangsgröße ist die Änderung der Stromzeitfläche des Ankerstromes in der dem Zündpunkt folgenden Pulsperiode ΔI_f, bezogen auf die Dauer der Pulsperiode. Unter Voraussetzung kleiner Änderungen wird damit der Zusammenhang zwischen Steuerwinkel $\Delta\alpha$ und Motorstrom $\Delta i_M = i_f/T$ durch ein Halteglied beschrieben:

$$\frac{\Delta i_M / I_{st}}{\Delta \alpha / \vartheta_p} = V_{1\alpha} \frac{1-e^{-pT}}{pT} \tag{3.45}$$

Dabei ist V_{la} der Verstärkungsfaktor des Antriebs im Lückbetrieb für Steuerwinkeländerungen. Die Ausgangsgröße $\Delta i_M/I_{st}$ ist auch von der Gegenspannung des Motors $\Delta u_M/U$ abhängig, die innerhalb einer Pulsperiode als konstant angesehen wird. Dieser Zusammenhang wird für kleine Änderungen beschrieben durch V_{le}, den Verstärkungsfaktor des Antriebs im Lückbetrieb für Gegenspannungsänderungen.

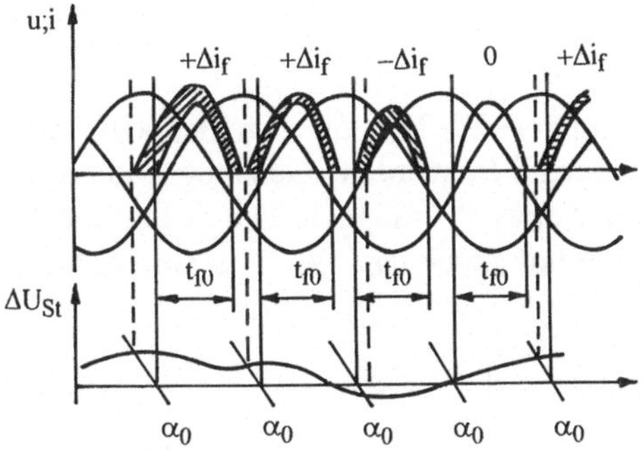

Abb. 3.23. Übergangsverhalten eines p-pulsigen Stromrichters im Lückbereich

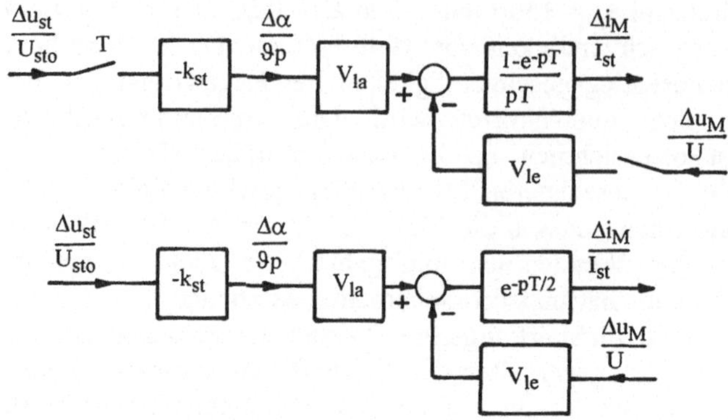

Abb. 3.24. Signalflußplan des Gleichstromantriebs im lückenden Arbeitsbereich
a) exakte Beschreibung für kleine Abweichungen von einem Arbeitspunkt
b) angenäherte Beschreibung als kontinuierliches Übertragungsglied für $\omega < \frac{\Omega_p}{\pi}$

Insgesamt wird dieser Sachverhalt durch den Signalflußplan in Abb. 3.24a beschrieben. Im Vergleich zum Signalflußplan für kontinuierliche Stromführung im Abb. 3.28 wird deutlich, daß die durch die Induktivität des Ankerkreises bedingte Zeitkonstante T_A nicht mehr auftritt. Die Ankerkreisinduktivität wirkt lediglich innerhalb einer Pulsperiode und wird so zur physikalischen Ursache des angegebenen Haltegliedes. Für Signalfrequenzen unterhalb

$$\omega \leq \frac{\Omega_p}{\pi} \tag{3.46}$$

kann wie bei kontinuierlicher Stromführung die diskontinuierliche Arbeitsweise unbeachtet bleiben. Der Abtaster mit nachgeschaltetem Halteglied wird angenähert als Laufzeitglied mit der Laufzeit

$$T_L = \frac{T}{2} \tag{3.47}$$

beschrieben (Abb. 3.24b). Für große Änderungen des Eingangssignales kann eine geschlossene Übertragungsfunktion nicht angegeben werden. Genauere Aussagen sind dann nur auf der Basis der Simulation des Antriebs möglich. Durch Integration der Zustandsgleichung (3.35) über die Stromflußdauer $\omega t_f = \vartheta_2 - \vartheta_1$ ergibt sich die Stromzeitfläche des Pulses zu

$$i_f R = U(\cos\vartheta_1 - \cos\vartheta_2) - \overline{u}_M(\vartheta_2 - \vartheta_1); \tag{3.48}$$

$\overline{u}_M$: Mittelwert der Motorgegenspannung während des betrachteten Stromimpulses.

Die Stromflußdauer ϑ_2-ϑ_1, die auf der Grundlage von (3.38) in Abb. 3.21 dargestellt ist, wird im praktisch interessierenden Arbeitsbereich

$$45° \leq \Psi \leq 85° \quad \text{und} \quad 0{,}0 \ldots 0{,}2 \leq \frac{u_M}{U} \leq 0{,}6 \ldots 0{,}8$$

$$\tan\Psi = \omega \frac{L_e + L_M}{R_e + R_M} \tag{3.49}$$

durch die leicht handhabbare Näherungsbeziehung

$$\vartheta_2 = 180° - arc\ \sin\frac{u_M}{U} + \left(\frac{\Psi}{90°}\right)\left(180° - arc\ \sin\frac{u_M}{U} - \vartheta_1\right) \tag{3.50}$$

beschrieben. Mit (3.48) und 3.50) können für kleine Abweichungen von einem Arbeitspunkt die Verstärkungsfaktoren $V_{L\alpha}$ und V_{Le} berechnet werden.

Wesentlich für die Dimensionierung des Stromregelkreises ist der Verstärkungsfaktor $V_{L\alpha}$. Dieser ändert sich beim Übergang in den Lückbereich sprunghaft. Theoretisch günstige dynamische Eigenschaften der Stromregelung sowohl im nichtlückenden als auch im lückenden Bereich sind daher nur mit adaptiven Regelungen zu erreichen. Für die Dimensionierung kann die Beziehung

$$V_{l\alpha} \approx \frac{1-(\Psi/90°)}{2{,}2} \cdot \frac{1-u_M/U}{0{,}6} \cdot \frac{\vartheta_2 - \vartheta_1}{60°} \tag{3.51}$$

verwendet werden, die für $45° \leq \Psi \leq 85°$ und $0 \leq u_M/U \leq 0{,}8$ mit hinreichender Genauigkeit gültig ist.

Der Verstärkungsfaktor V_{Le} ist im Lückbereich ebenfalls wesentlich kleiner als im nichtlückenden Bereich.

3.4 Gleichstromreversierantriebe

Umkehrantriebe mit geringer Umschalthäufigkeit und geringen dynamischen Anforderungen können durch Umpolen der Zuordnung von Stromrichter und Motoranker mit Hilfe mechanischer Umschalter realisiert werden. Die Umschaltung erfolgt im stromlosen Zustand. Für eine volle Drehmomentumkehr werden 0,2 ... 0,3 s benötigt. Echte Umkehrschaltungen (Abb. 3.25) verwirklichen die Umkehr der Stromrichtung kontaktlos mit Hilfe antiparalleler Ventilgruppen. In weniger als 0,1 s kann eine volle Drehmomentumkehr realisiert werden. Notwendig ist die koordinierte Steuerung der Stromrichter *I* und *II*, so daß der Strom beim Nulldurchgang stufenlos von einem Stromrichter zum anderen übergeht und kein Kreisstrom auftritt.

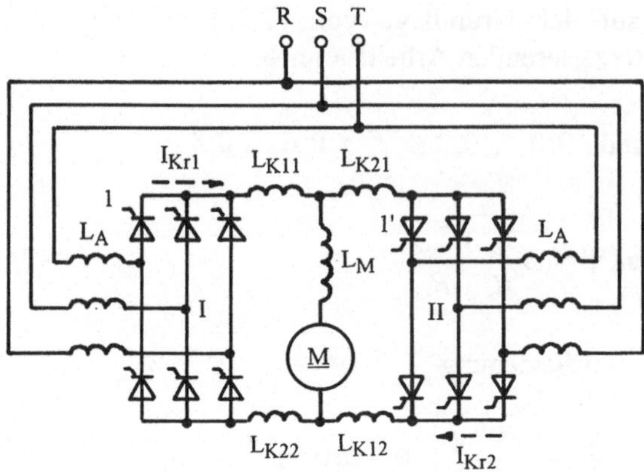

Abb. 3.25. Umkehrantrieb in Drehstrombrückenschaltung (B6Ca)

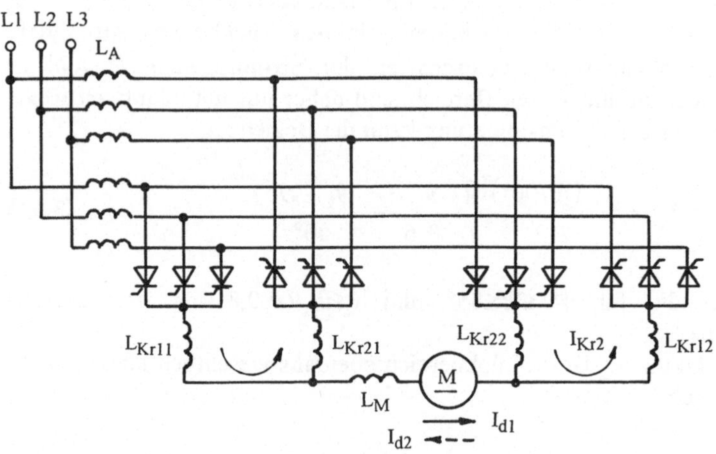

Abb. 3.26. Umkehrantrieb in Drehstrombrückenschaltung, umgezeichnet aus Abb. 3.25.

Wie Abb. 3.26 zeigt, kann die Drehstrombrückenschaltung in zwei Dreiphasenmittelpunktschaltungen zerlegt werden, die im Fall einer Umkehrschaltung aus jeweils antiparallelen Ventilpaaren bestehen. Neben dem Strom durch den Motor in Richtung 1 oder dem Strom durch den Motor in Richtung 2 kann prinzipiell in jeder Brückenhälfte ein Kreisstrom $I_{\mathrm{Kr1}};I_{\mathrm{Kr2}}$ fließen, der sich als Kurzschlußstrom über das Netz schließt und nicht über den Motor. Um den Kreisstrom zu Null zu machen, muß die Spannungssumme in jeder Kreisstrommasche Null sein. Für die Spannungsmittelwerte gilt

$$U_{\mathrm{d1}} + U_{\mathrm{d2}} = 0. \tag{3.52}$$

Daraus folgt das Steuergesetz für die koordinierte Steuerung der zwei Stromrichter zu

$$U_{do} \cos\alpha_1 + U_{do} \cos\alpha_2 = 0 \qquad (3.53)$$

$$\alpha_{\mathrm{I}} + \alpha_{\mathrm{II}} = \pi. \qquad (3.54)$$

Beim Stromnulldurchgang gilt für die Motorspannung

$$U_{do} \cos\alpha_1 = U_{\mathrm{M}} = -U_{do} \cos\alpha_2 \qquad (3.55)$$

$$U_{\mathrm{M}} = k_{\mathrm{M}} \Theta_{\mathrm{M}} \Omega_{\mathrm{M}}, \qquad (3.56)$$

d. h., das Steuergesetz (3.54) gewährleistet den stufenlosen Übergang der Drehzahl-Drehmoment-Kennlinie über die Ordinatenachse für Drehmoment $M = 0$. Abb. 3.27 erläutert diesen Übergang für einen Bremsvorgang von Arbeitspunkt P_1 auf Arbeitspunkt P_2 und einen Reversiervorgang von Arbeitspunkt P'_1 auf Arbeitspunkt P'_2 durch Verstellen des Steuerwinkels α_{I1} auf α_{I2} bzw. α_{I3} auf α_{I4}, wobei die Bedingung (3.54) eingehalten wird. Die Grenzlinie $\alpha_{\mathrm{I}}=\alpha_{\mathrm{II}}=90°$ trennt Gleichrichter- und Wechselrichterarbeitsbereich der Stromrichter.

Werden die Stromrichter so gesteuert, daß

$$\alpha_{\mathrm{I}} + \alpha_{\mathrm{II}} > \pi \qquad (3.57)$$

ist, ergibt sich eine Stufe der Belastungskennlinie $\Omega = f(M)$ beim Übergang vom Arbeitsbereich eines Stromrichters zum Arbeitsbereich des anderen Stromrichters (Abb. 3.27b).

Stellt man den tatsächlichen Verlauf der Spannungen $u_1(t)$ und $u_2(t)$ für $\alpha_1+\alpha_2=\pi$ gegenüber (Abb.3.28), dann wird deutlich, daß zwar die Summe der Mittelwerte

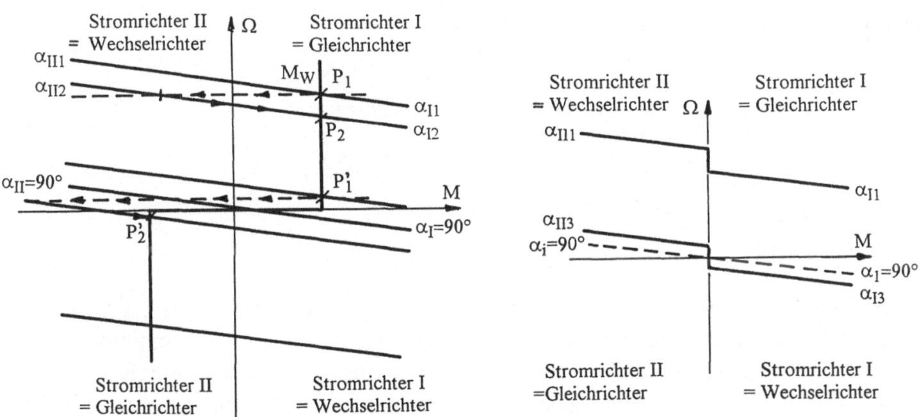

Abb. 3.27. Stationäre Betriebskennlinien des Umkehrantriebs

a) $\alpha_{\mathrm{I}} + \alpha_{\mathrm{II}} = \pi$

b) $\alpha_{\mathrm{I}} + \alpha_{\mathrm{II}} > \pi$

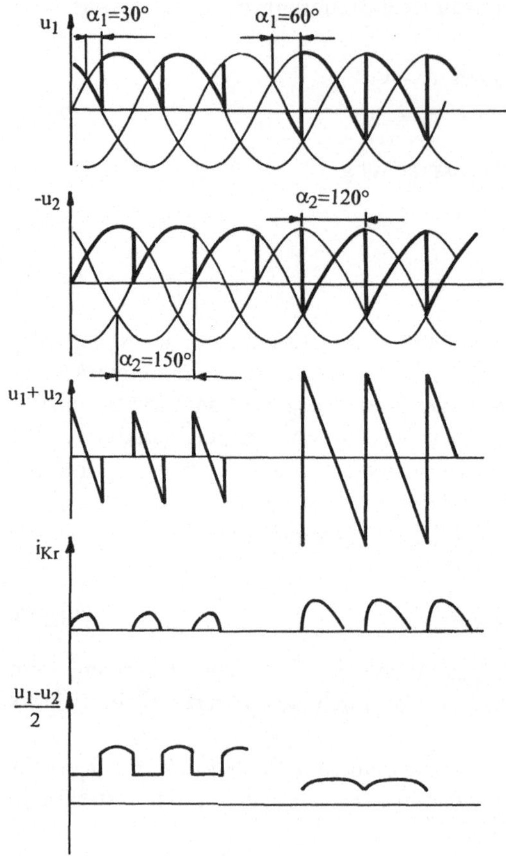

Abb. 3.28. Spannungsverläufe bei Antiparallelschaltung

u_1	Spannung des Stromrichters I
u_2	Spannung des Stromrichters II
$u_1{+}u_2$	Summenspannung im Kreisstromkreis
i_{kr}	Kreisstrom (qualitativ)
$\dfrac{u_1 - u_2}{2}$	Spannung an der Last

der Spannungen Null ist, nicht aber die Summe der Augenblickswerte. Für $u_1 + u_2$ ergibt sich eine vom Ausgangssteuerwinkel abhängige Wechselsspannung, die im Bild für zwei charakteristische Fälle konstruiert wurde. Da sich in der Kreisstrombahn Ventile befinden, treibt diese Wechselspannung einen pulsierenden Gleichstrom an. Es fließt also ein Kreisstrom, obwohl die Steuerbedingung (3.54) eingehalten wurde.

Der Kreisstrom wird durch die Induktivität L_{K1}; L_{K2} des Kreisstromkreises begrenzt. Er ist außerdem von der Induktivität L_M des Motorkreises abhängig. Zur Berechnung des Kreisstroms dient das in Abb. 3.29 dargestellte Diagramm, das für

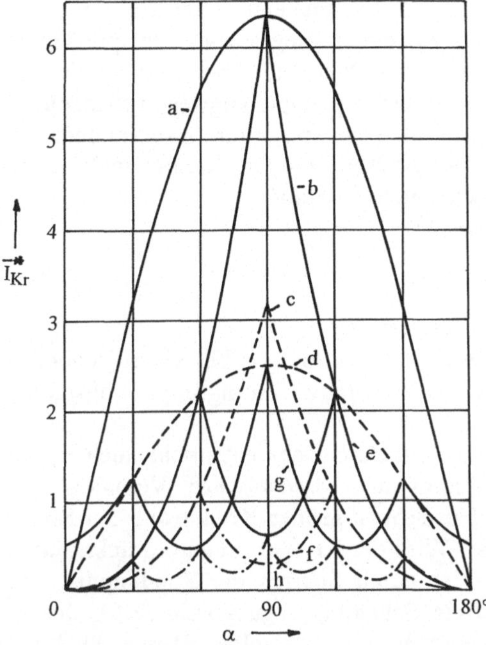

Abb. 3.29. Bezogener Kreisstrom I_{Kr} für $\alpha_1 + \alpha_2 = \pi$
Kurve a: Zweiphasenmittelpunktschaltung; $L_M = 0$; $L_{k1} = L_{k2}$
Kurve b: Zweiphasenmittelpunktschaltung; $L_M = \infty$
Kurve c: Zweiphasenbrückenschaltung;$L_M = \infty$
Kurve d: Dreiphasenmittelpunktschaltung; $L_M = 0$; $L_{k1} = L_{k2}$
Kurve e: Dreiphasenmittelpunktschaltung; $L_M = \infty$
Kurve f: Dreiphasenbrückenschaltung;
Kurve g: Dreiphasenmittelpunktschaltung als Kreuzschaltung; $L_M = \infty$, gespeist aus getrennten Sekundärwicklungen des Transformators
Kurve h: Sechsphasenmittelpunktschaltung; Dreiphasenbrückenpunktschaltung, gespeist aus getrennten Ständerwicklungen des Transformators; $L_M = \infty$

charakteristische Grenzfälle

$$L_M \rightarrow 0 \quad \text{und} \quad L_M \rightarrow \infty$$

und für Netzfrequenz f_N=50 Hz aufgestellt wurde. Der Mittelwert des Kreisstroms I_{Kr} ergibt sich aus dem dargestellten normierten Kreisstrom I^*_{Kr} zu

$$\bar{I}_{Kr/A} = \bar{I}*_{Kr} \frac{U_{d0/V}}{L_{K/mH}}; \tag{3.58}$$

U_{d0} : ideelle Ausgangsspannung des Stromrichters
$L_K = L_{K1} + L_{K2}$: Gesamtinduktivität einer Kreisstrombahn.

In Brückenschaltungen treten, wie Abb. 3.25 am Beispiel einer Drehstrombrückenschaltung zeigt, zwei Kreisströme auf, zu deren Begrenzung entsprechende Induktivitäten in beiden Kreisstrombahnen vorzusehen sind. Die Dimensionierung der Kreisstromdrosseln so, daß der Kreisstrom am ungünstigsten Arbeitspunkt einen festgelegten Wert, z. B. 0,1 I_N nicht überschreitet, führt insbesondere bei zwei- und dreipulsigen Schaltungen zu unvertretbar großen Kreisstromdrosseln. Spezielle steuerungstechnische Maßnahmen sind notwendig.

Durch unsymmetrische Ansteuerung gemäß

$$\alpha_{\mathrm{I}} + \alpha_{\mathrm{II}} = 180° + x; \qquad x > 0 \tag{3.59}$$

kann der Drosselaufwand wesentlich reduziert werden.

Der Stromrichter arbeitet kreisstromfrei, wenn mit Hilfe einer schnellen elektronischen Steuerung die jeweils nicht benötigte Ventilgruppe vollständig gesperrt wird.

Das dynamische Betriebsverhalten eines Umkehrantriebs entspricht auch in der Nähe des Nulldurchgangs des Motorstroms dem dynamischen Verhalten des Einrichtungsantriebs, wenn infolge eines hinreichend großen Kreisstroms der Strom durch die Stromrichtergruppen nicht lückt. Wird der Kreisstrom unterdrückt, durch Anwendung des Steuergesetzes (3.57) oder durch Sperren der Zündimpulse des antiparallelen Stromrichters (kreisstromfreie Schaltung, vgl. Abschn. 3.5), durchläuft der Strom den Lückbereich; es entsteht eine stromlose Pause. Dadurch verschlechtert sich die Dynamik des Umkehrantriebs in der Nähe des Nulldurchgangs des Motorstroms wesentlich. Eine gute Dynamik kann auch im Lückbereich durch Einsatz einer adaptiven Regelung erzwungen werden.

Bei großen Änderungen des Steuersignals kann wegen der Unsymmetrie des Stromrichters ein dynamischer Kreisstrom auftreten.

3.5 Stromregelung und Drehmomenteinprägung

Mit Ausnahme von Antrieben sehr kleiner Leistung ist eine Stromregelung notwendig. Sie hat die Aufgabe, dem Antrieb ein definiertes Drehmoment einzuprägen, unabhängig von Störgrößen und den Strom auf zulässige Werte zu begrenzen. Damit übernimmt die Stromregelung auch eine sehr wichtige Schutzfunktion. Das natürliche Betriebsverhalten des Gleichstrommotors geht durch die Stromregelung verloren. Zur Führung der Motordrehzahl muß der Stromregelschleife eine Drehzahlregelschleife überlagert werden. Die Stellgröße der Drehzahlregelung ist die Führungsgröße der Stromregelschleife (Abb. 3.30). Damit entsteht das Prinzip der "Kaskadenregelung", das sich in der antriebstechnischen Praxis außerordentlich bewährt hat. Der "unterlagerte" Stromregelkreis ist ein Glied des "überlagerten" Drehzahlregelkreises und wird von diesem geführt. Die Führungsgröße der Stromregelschleife wird begrenzt, üblicherweise auf den 1,6 ... 2,0fachen Motornennstrom. Damit wird bei großen Änderungen des Drehzahlsollwertes ein Anfahren und Bremsen mit konstantem Moment gewährleistet. Ferner ergibt sich daraus im Havariefall die gewünschte Schutzfunktion.

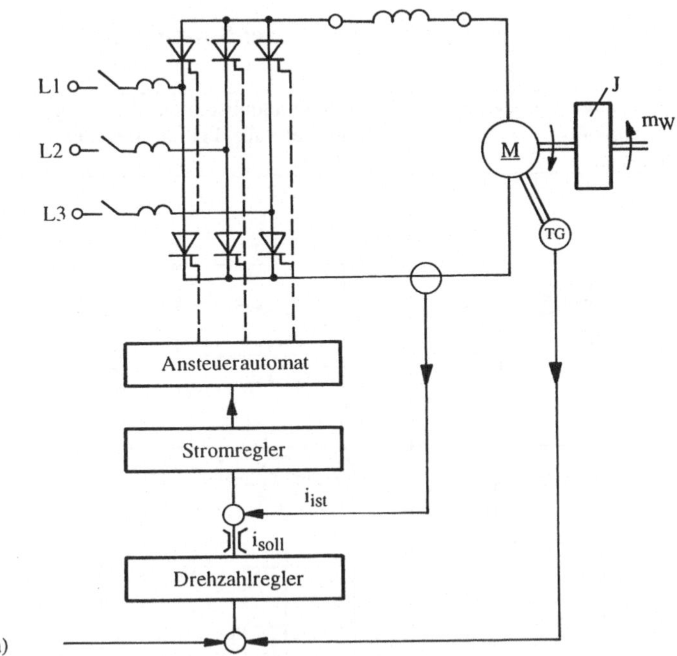

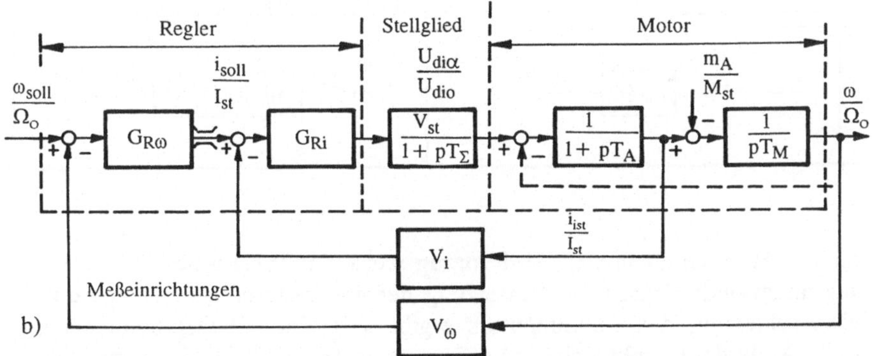

Abb. 3.30. Stromregelung mit überlagerter Drehzahlregelung nach dem Kaskadenprinzip
a) Blockschaltbild
b) Signalflußplan

Die Regelstrecke des Stromregelkreises besteht aus Ansteuerautomat und Ventilsatz des Stromrichters sowie aus dem Ankerkreis des Gleichstromantriebs. Ansteuerautomaten tasten das Eingangssignal ab und bilden aus der Abtastung die Zündimpulse der Ventile. (Tafel 3.2). Nach dem Prinzip des Momentanwertvergleichs wird das Eingangssignal mit einer Sägezahnfolge verglichen. Die Ansteuerimpulse werden unmittelbar aus den Schnittpunkten abgeleitet. Die Abtastung des Eingangssignals erfolgt nicht äquidistant, kann jedoch bei kleinen Abweichungen von einem Arbeitspunkt als annähernd äquidistant angesehen werden.

Tafel 3.2. Prinzipien der Ansteuerung netzkommutierter Stromrichter

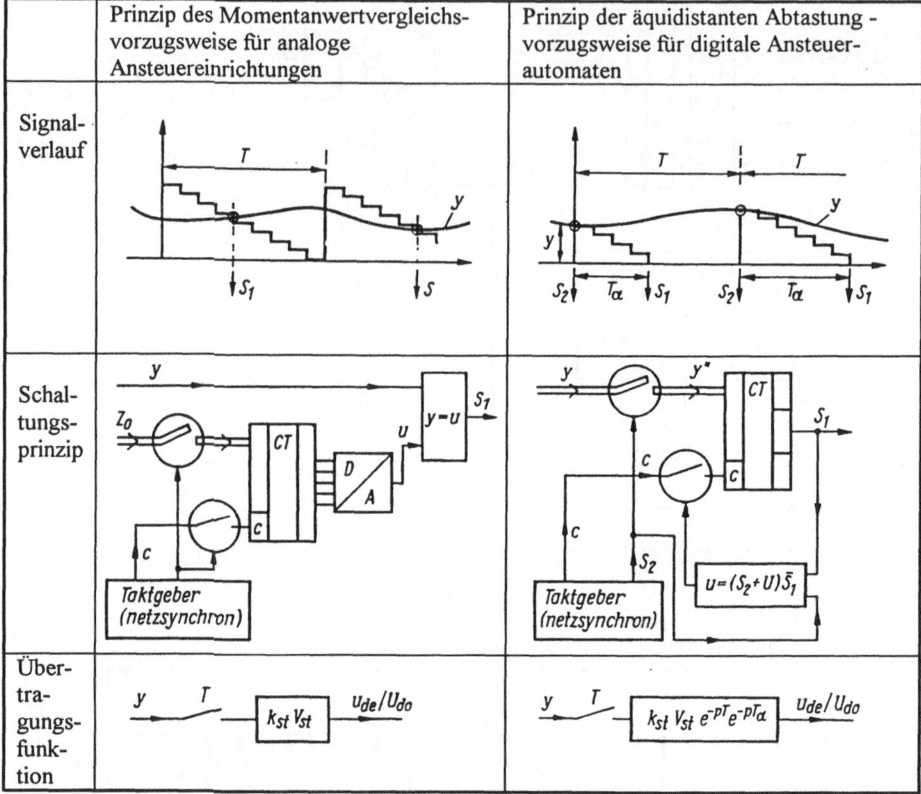

	Prinzip des Momentanwertvergleichs-vorzugsweise für analoge Ansteuereinrichtungen	Prinzip der äquidistanten Abtastung - vorzugsweise für digitale Ansteuer-automaten
Signal-verlauf		
Schal-tungs-prinzip		
Über-tra-gungs-funk-tion		

In digitalen Ansteuerautomaten wird vorzugsweise das Prinzip der äquidistanten Abtastung angewandt. Durch die Umsetzung der abgetasteten Singalamplitude in eine Zeitverschiebung des Zündimpulses ergibt sich eine arbeitspunktabhängige Laufzeit T_α. Außerdem ergibt sich die Laufzeit eines Taktes T aus der Arbeitsweise des Rechners.

Für den Ankerkreis gelten unterschiedliche Übertragungsfunktionen im Bereich der kontinuierlichen und der lückenden Stromführung (Abschn. 3.2 und 3.3). Eine Zusammenstellung der Übertragungsfunktionen der Stromregelstrecke enthält Tafel 3.3. Das Übertragungsverhalten des Strommeßgliedes wird, im Fall kontinuierlicher Signalverarbeitung durch den Verstärkungsfaktor V_M, gegebenenfalls auch die Zeitkonstante T_M berücksichtigt. Im Falle diskontinuierlicher Regelungen ist die Art der Messung des Stromes genauer zu berücksichtigen. In jedem Fall ist die Stromregelstrecke als ein zeitdiskretes System zu betrachten.

Digitale Signalverarbeitung und Stromrichter arbeiten synchron und mit gleicher Abtastzeit oder die Abtastzeit der Signalverarbeitung ist wesentlich kleiner als die des Stromrichters. In beiden Fällen bestimmt schließlich der Stromrichter das

Tafel 3.3. Übertragungsfunktionen der Stromregelstrecke

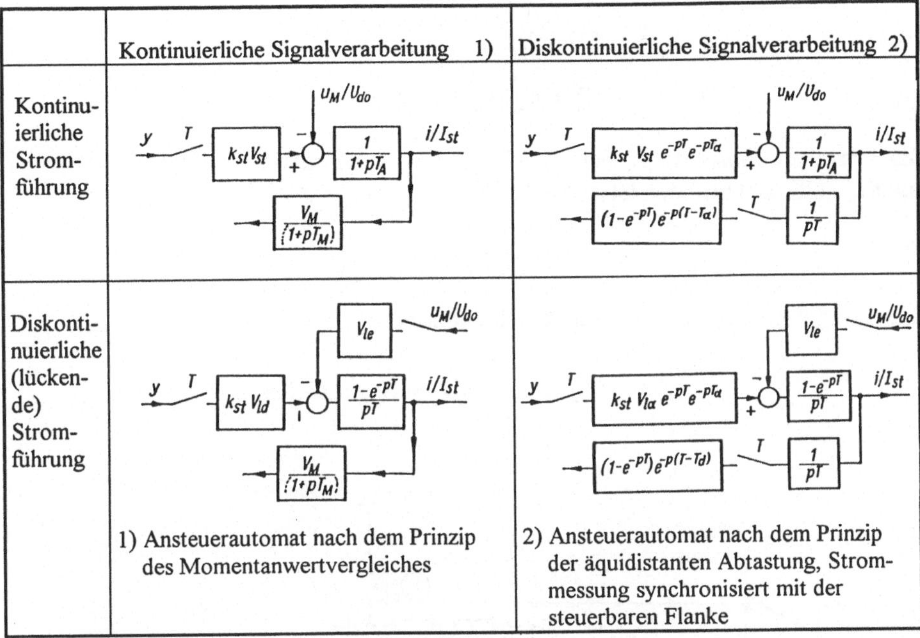

Zeitverhalten des Systems. Für einen sechspulsigen Stromrichter am 50 Hz-Netz ist die Abtastzeit T=3,3 ms. Die Pulsfrequenz Ω_p ist

$$\Omega_p = \frac{2\pi}{T} \tag{3.60}$$

Nach der im Abschnitt 3.2 und 3.3 gegebenen Abschätzung kann die Regelstrecke des Stromes bis zu einer Signalfrequenz

$$\omega \leq \frac{\Omega_p}{\pi} = \frac{2}{T} = 600 \text{ s}^{-1} \tag{3.61}$$

als kontinuierlich arbeitend betrachtet werden. Die diskontinuierliche Arbeitsweise des Stromrichters wird durch eine Ersatzlaufzeit

$$T_L = T/2 = 1{,}67 \text{ ms}$$

berücksichtigt.
Als Regler im Stromregelkreis findet ein PI-Regler bzw. im Falle digitaler Signalverarbeitung ein PI-ähnlicher Regler Anwendung.

$$G_R(p) = \frac{1 + pT_1}{pT_0} \tag{3.62}$$

Die Anpassung an die Regelstrecke erfolgt nach dem Betragsoptimum. Bei kontinuierlicher Stromführung ergibt sich

$$T_1 = T_A$$

$$T_0 = K_{St} \cdot V_{St} \cdot V_M \cdot 2 \cdot T_e$$

Die Ersatzzeitkonstante T_e berücksichtigt die Ersatzlaufzeit des Stromrichters T_L und die Zeitkonstante des Istwertfilters T_M

$$T_e = T_L + T_M$$

Die Anregelzeit des Stromes ergibt sich damit zu

$$T_{an} = (3\ \ldots\ 6)T_e = 10\ \ldots\ 20\ \text{ms}$$

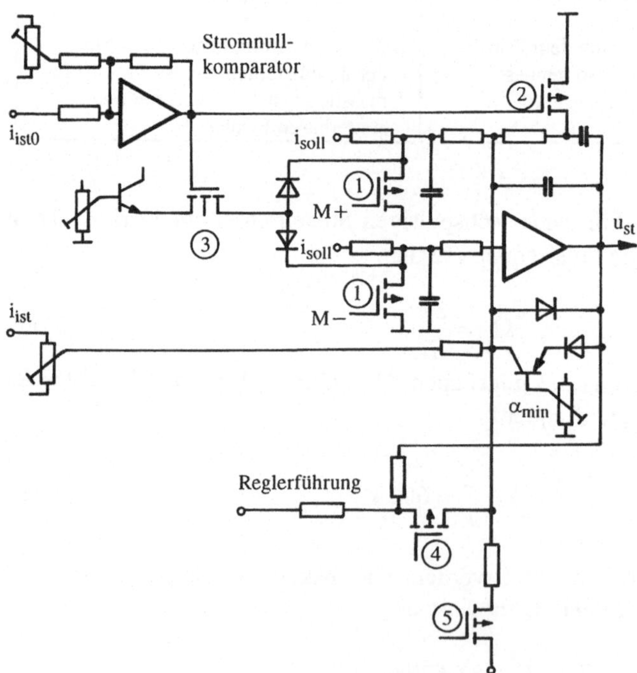

Abb. 3.31. Ausführungsbeispiel eines analogen adaptiven Ankerstromreglers für einen Reversierantrieb

1 Sollwertumschaltung, gesteuert durch Umschaltlogik
2 Adaption der Reglerparameter
3 Stromsollwertbegrenzung während der stromlosen Pause
4 Arbeitspunkteinstellung während der stromlosen Pause
5 Wechselrichterzwangssteuerung

Beim Übergang aus dem Bereich der kontinuierlichen Stromführung in den Bereich der lückenden Stromführung vergrößert sich die Anregelzeit aufgrund der geringeren Streckenverstärkung wesentlich. Vergleichbar gutes dynamisches Verhalten ist nur mit einem adaptiven Regler möglich. Beim Übergang in den Lückbereich wird die Struktur des Reglers von PI auf I-Regler umgeschaltet und der Verstärkungsfaktor angepaßt. Abbildung 3.31 zeigt als Ausführungsbeispiel einen analogen adaptiven Regler. Eine vergleichbare Funktion kann auch mit einem digitalen Regler realisiert werden, der zeitgleich die Funktion des Drehzahl- und Lagereglers übernimmt. Die gerätemäßige Ausführung wird in Abschnitt 6 erläutert.

In Gleichstromreversierantrieben erfolgt in Verbindung mit der Stromregelung die Steuerung der antiparallelen Ventilgruppen. In der klassischen Schaltung mit Kreisstromregelung hat jede Stromrichtergruppe einen eigenen Stromregelkreis (Abb. 3.32). Der Stromsollwert wird mit einer Diodenschaltung der jeweils arbeitenden Ventilgruppe zugeordnet. Die nichtarbeitende Ventilgruppe erhält einen Kreisstromsollwert I_{kr}, der diese Ventilgruppe so der arbeitenden nachführt, daß ein konstanter Kreisstrom eingehalten wird. Der Strom durch die Ventilgruppen wird

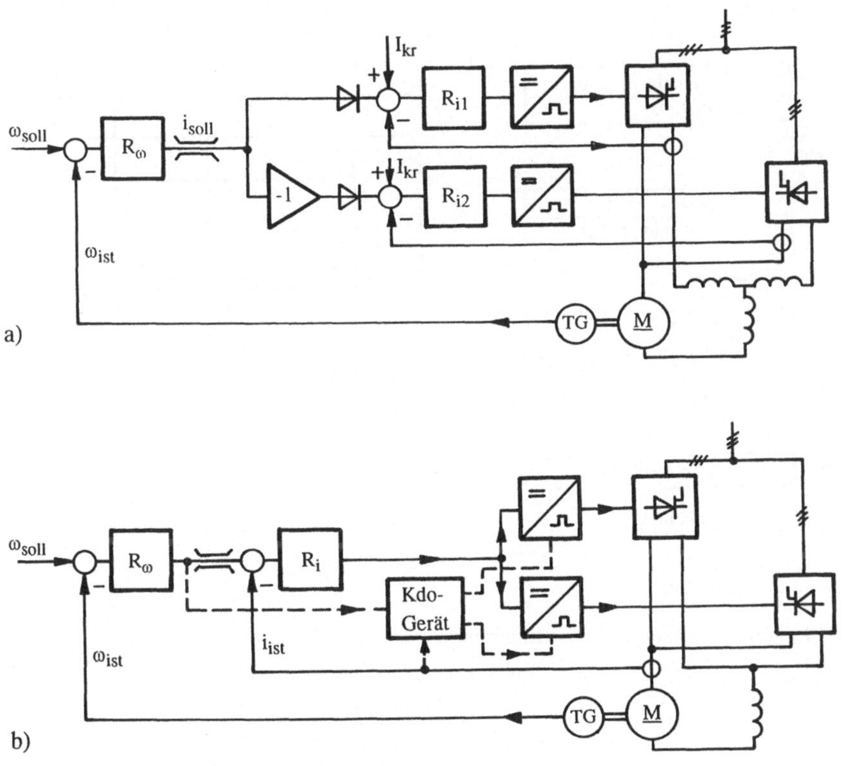

Abb. 3.32. Regelung von Gleichstromreversierantrieben
a) Schaltung mit Kreisstromregelung
b) Kreisstromfreie Schaltung

niemals Null. Das Durchfahren des Lückbereichs kann vermieden werden. Der Kreisstrom ist ein Kurzschlußstrom. Er verursacht eine Blindbelastung des Netzes.

Heute wird vorzugsweise die kreisstromfreie Schaltung verwendet. Die jeweils nicht benötigte Ventilgruppe wird vollständig gesperrt. Bevor eine Ventilgruppe gesperrt werden darf, muß aber der Strom auf Null geregelt werden. Die Ventilgruppe muß dann eine gewisse Zeit von Strom freigehalten werden, damit die Ventile ihre Sperrfähigkeit zurückerlangen. Erst danach wird die zweite Ventilgruppe freigegeben. Die Freihaltezeit ist bei modernen Antrieben < 1 ms. Der genaue Ablauf ist aus dem Funktionsplan und dem Zeitablaufdiagramm in Abb. 3.33 zu ersehen. Da keinerlei Kreisstrom fließt, können die Kreisstromdrosseln bei dieser Schaltung entfallen.

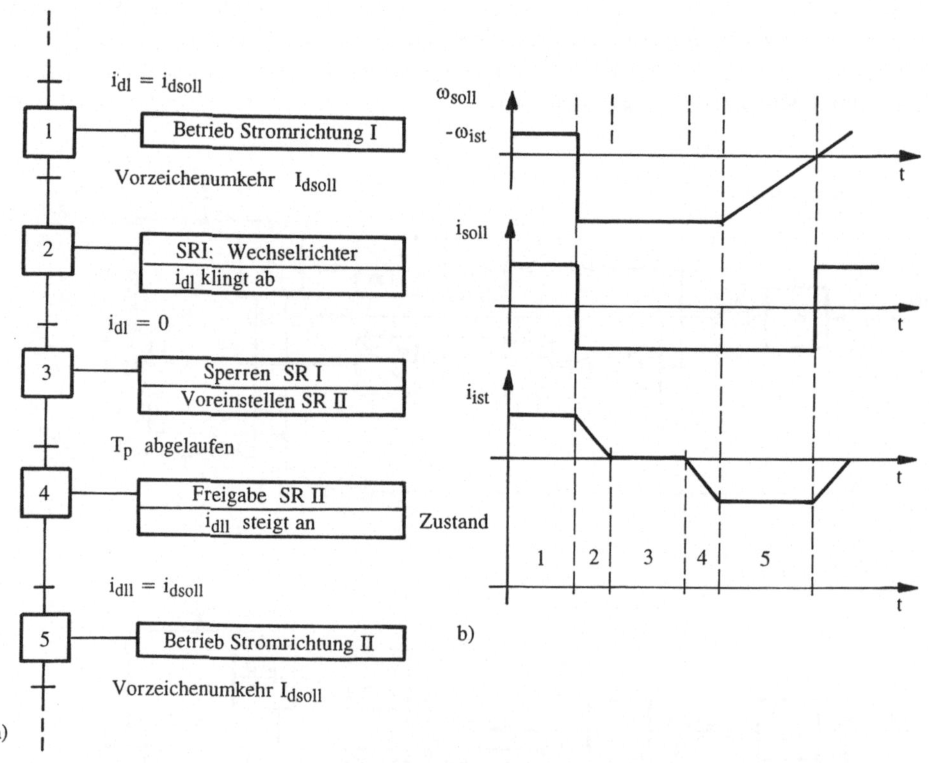

Abb. 3.33. Stromumsteuerung bei kreisstromfreien Reversierantrieben
a) Funktionsplan
b) Zeitablaufdiagramm

3.6 Einsatzbedingungen von Stromrichterantrieben

Unter Einsatzbedingungen versteht man die Gesamtheit der vom Errichter des Antriebs zu beachtenden Besonderheiten des Aufstellungsortes sowie der netzseitigen und lastseitigen Anschlußbedingungen. Zu beachten sind also

- die von der Last geforderte zeitlich veränderliche Belastung des Motors und des Stromrichters
- die Kurzschlußleistung und die Resonanzfähigkeit des Drehstromnetzes im Anschlußpunkt
- die Umgebungsbedingungen wie Aufstellungshöhe, Kühllufttemperatur, Luftfeuchtigkeit.

Die Normen DIN 41756 Stromrichter und DIN VDE 0558 Halbleiter-Stromrichter enthalten entsprechende Festlegungen. Die unterschiedlichen Formen der Belastung von Stromrichterantrieben führten zur Festlegung von Belastungsklassen, für die Stromrichter vorzugsweise geliefert werden (Tafel 3.4). Eine angepaßte Dimensionierung der Motoren erfolgt auf der Grundlage der Verlustleistungsbilanz entsprechend Abschnitt 2.

Schutzeinrichtungen schützen den Antrieb vor Überströmen und Überspannungen, die bei betriebsmäßigen Überlastungen sowie bei Schaltvorgängen und Havarien auftreten können. (Abb. 3.34). Vor Stromüberlastungen schützen Sicherungen F1 und Leistungsschalter F2 auf der Drehstromseite sowie auch die Stromregelung und Wechselrichterzwangssteuerung, die unmittelbar auf die Ventile wirkt. Bisweilen werden auch Sicherungen im Gleichstromkreis eingesetzt bzw. bei Antrieben sehr großer Leistung Gleichstromschnellschalter. Die Schutzeinrichtungen sollen selektiv so zusammenarbeiten, daß gefährliche Überströme durch Einwirkung auf den Stromrichter begrenzt werden und nötigenfalls der Antrieb durch den netzseitigen Leistungsschalter vom Netz getrennt wird. Sicherungen sollen möglichst nicht ansprechen. Das selektive Zusammenwirken der Schutzeinrichtungen wird in Überstrom-Zeitdiagrammen studiert.

Zum Überspannungsschutz werden Induktivitäten mit nichtlinearen Widerständen beschaltet. Die genaue Berechnung von Schalt- und Havarievorgängen ist mit Hilfe von Simulationsmodellen möglich. Zur Abschätzung der Größenordnung kann man Grenzfälle berechnen. Der symmetrische Kurzschluß vor der Glättungsdrossel entspricht dem dreiphasigen Netzkurzschluß. Im ungünstigsten Kurzschlußzeitpunkt ist

$$i_{\mathrm{K}} = \hat{I}_{\mathrm{K}\infty}(1 - \cos \omega t) \tag{3.63}$$

mit $\hat{I}_{\mathrm{K}\infty} = \dfrac{2 I_{\mathrm{N}}}{\sqrt{3} U_{\mathrm{K}}}$: Scheitelwert des Netzkurzschlußstromes

Tafel 3.4. Belastungsklassen von Stromrichtern

Belast.-klassen	Grenzwerte I/I_n	Zeit	Typischer Anwendungsbereich	Typisches Belastungsdiagramm
0	nach Vereinbarung		-	-
I	1,5	dauernd	Elektrochemische Prozesse	2,0 I/I_N; 1,0; 0; t/h; 2,4
II	1,0	dauernd		2,0 I/I_N; 1min; 1,0; 0; t/h; 2,4
	1,5	1 min		
III	1,0	dauernd	Leichter Industriebetrieb oder leichter Traktionsbetrieb	I/I_N; 2,0; 10s; 1min; 1,0; 0; t/h; 2,4
	1,5	1 min		
	2,0	10 s		
IV	1,0	dauernd	Industriebetrieb o. Nahverkehrs-Traktionsbetrieb	2,0; 10s; 2h; 2h; 1,0; 1,25; 0; t/h; 2,4
	1,25	2 h		
	2,0	10 s		
V	1,0	dauernd	Mittlerer Traktionsbetrieb Förderanlagen	2,0; 30s; 1,0; 2min; 0
	1,5	2 h		
	2,0	1 min		
VI	1,0	dauernd	Schwerer Traktionsbetrieb	3; 1min; 2; 1; 0
	1,5	2 h		
	3,0	1 min		

u_K	: relative Kurzschlußspannung am Netzpunkt
I_N	: Nenngleichstrom, entsprechend dem Leiternennstrom I_{lN}.

Der Kurzschlußstrom bei einem Kurzschluß hinter der Glättungsdrossel kann mit der Spannungsgleichung des Gleichstromkreises

$$u_d = U_S + (R_{e1} + R_{e2} + R_M) \cdot i_d + (L_D + L_M) \cdot \frac{di_d}{dt} + u_M \tag{3.8}$$

abgeschätzt werden. Zu beachten ist eine Erhöhung des Ersatzwiderstandes R_{e2} bei Mehrfachkommutierung um den Faktor 3 sowie eine durch Sättigung verminderte Induktivität (L_D+L_M).

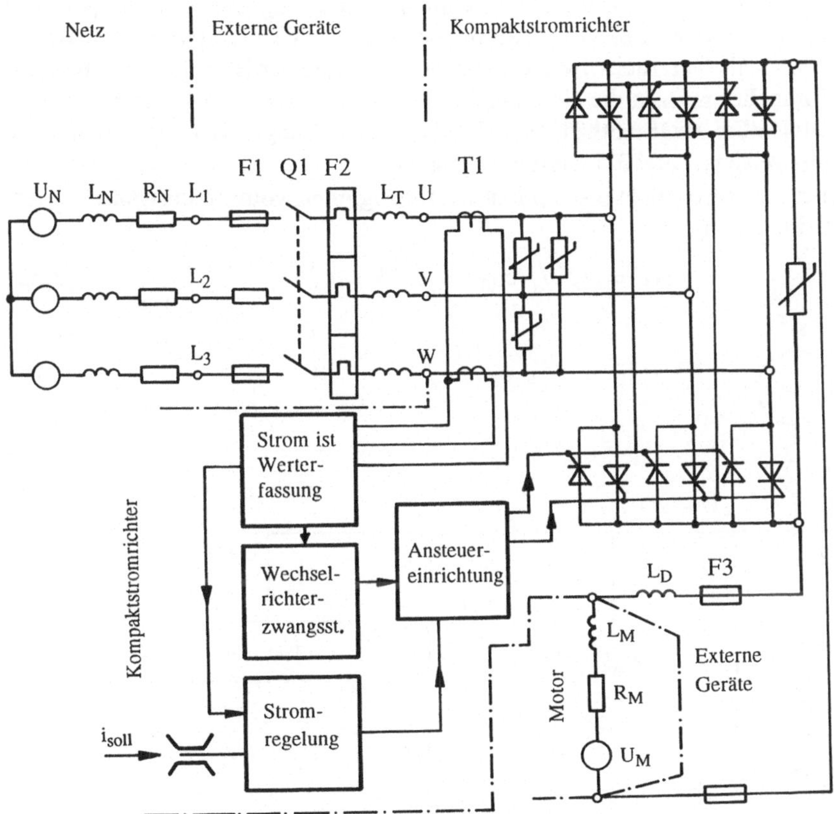

Abb. 3.34. Schutzkonzeption eines Gleichstromantriebs

3.7. Betrieb von Gleichstromantrieben am Drehstromnetz

An einem Anschlußpunkt des Drehstromnetzes AP arbeitet ein steuerbarer Gleichstromantrieb parallel mit rotierenden Maschinen und sonstigen Verbrauchern. (Abb. 3.35). Es wird vorausgesetzt, daß der Anschlußpunkt AP mit einem starren Netzpunkt der Nennspannung U_N über die resultierende Netzinduktivität L_N verbunden ist. Das Netz wird damit als resonanzfrei vorausgesetzt. Es wird charakterisiert durch die transiente Kurzschlußleistung

$$s_K'' = \frac{U_{Nn}^2}{X_N} \tag{3.64}$$

U_{Nn} : Netznennspannung
$X_N = L_N \cdot \omega_N$: Netzreaktanz

Durch den Anschluß des Stromrichters wird die Spannung am Anschlußpunkt in ihrer Amplitude und in ihrer Kurvenform beeinflußt. Die Gesamtheit der Beeinflussungen wird als Netzrückwirkung bezeichnet. Wegen der Beeinflussung benachbarter Verbraucher müssen die Netzrückwirkungen in bestimmten Grenzen gehalten werden. DIN VDE 0838 enthält dazu Festlegungen. Einige wichtige Grenzwerte sind auszugsweise in Tafel 3.5 zusammengestellt.

Der steuerbare Stromrichter entnimmt in Abhängigkeit vom Steuerwinkel α dem Netz die Wirkleistung

$$p(t) = U_{do} \cdot i_d \cdot \cos\alpha = \sqrt{3} \cdot U_N \cdot i_{sRw} \tag{3.65}$$

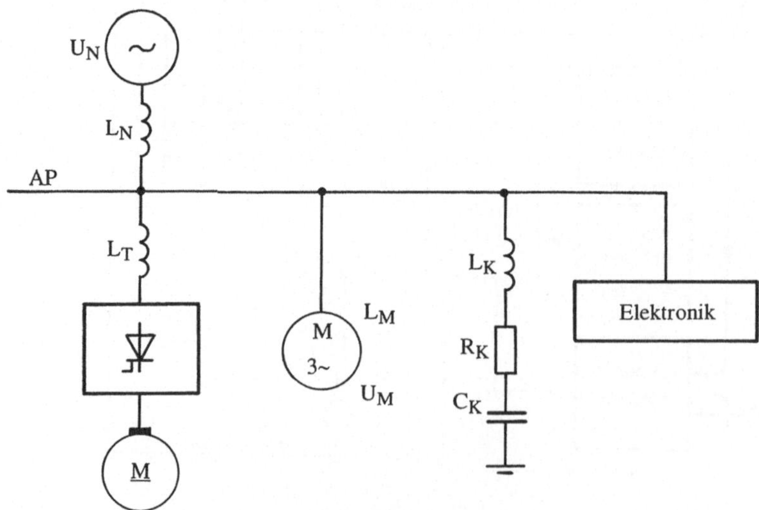

Abb. 3.35. Anschlußstruktur eines Gleichstromantriebs am Drehstromnetz

Tafel 3.5. Grenzwerte der Netzrückwirkungen von Stromrichterantrieben

öffentliche Netze	5 %	< 3 %	20 %	5 %	Niederspannungsnetze
	4 %	< 2 %	20 %	3 %	Mittelspannungsnetze
Industrienetze	10 %	< 8 %	30 %	7 %	Niederspannungsnetze
	7 %	< 5 %	20 %	5 %	Mittlespannungsnetze
	k(<25)	k_v	Q_{max}	Δu Δu_1	

und die Grundschwingungsblindleistung

$$q(t) = U_{do} \cdot i_d \cdot \sin\alpha = \sqrt{3} \cdot U_N \cdot i_{sRb} \tag{3.66}$$

i_d : Gleichstrom des Stromrichters

i_{sRw} : Netzstrangstrom des Stromrichters, Wirkanteil

i_{sRb} : Netzstrangstrom des Stromrichters, Blindanteil

Der Blindanteil des Netzstrangstromes verursacht an der Netzreaktanz X_N einen Wirkspannungsabfall der Grundschwingung

$$\Delta U_1 = X_N \cdot i_{sRb} \tag{3.67}$$

Die Kommutierungsvorgänge im Stromrichter bewirken einen weiteren Blindleistungsanteil, die sogenannte Kommutierungsblindleistung. Die Auswirkung der Kommutierungsvorgänge auf die Grundschwingungsamplitude ist gering, es entsteht aber eine wesentliche Beeinträchtigung der Kurvenform der Spannung am Anschlußpunkt. Während der Kommutierungsvorgänge besteht Kurzschluß zwischen den kommutierenden Ventilen (Abb. 3.36). Dieser bewirkt einen Einbruch der Spannung am Anschlußpunkt. Die Dauer des Spannungseinbruches entspricht der Kommutierungsdauer t_μ

$$t_\mu = \frac{10\ \mathrm{ms}}{180°}\left[arc\cos\left(\cos\alpha - \frac{\sqrt{2} I_d}{U_N}(L_N + L_T)\omega_N \right) - 2 \right] \tag{3.68}$$

α : Steuerwinkel des Stromrichters

L_N : Netzinduktivität

L_T : Stromrichterinduktivität

ω_N : Netzkreisfrequenz

U_N : Netzspannung

I_d : Gleichstrom

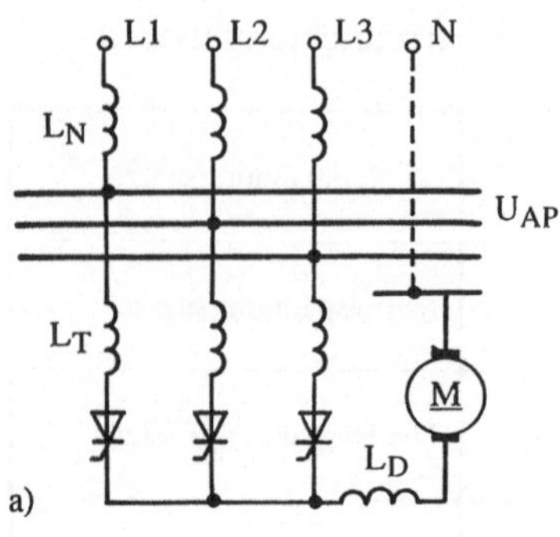

L_N : Transiente Induktivität des Netzes

L_T : Transiente Induktivität des Stromrichtertrafos bzw. der Drosseln

L_D : Induktivität des Gleichstromkreises $L_D > L_T$; L_N

Drehstromseite :

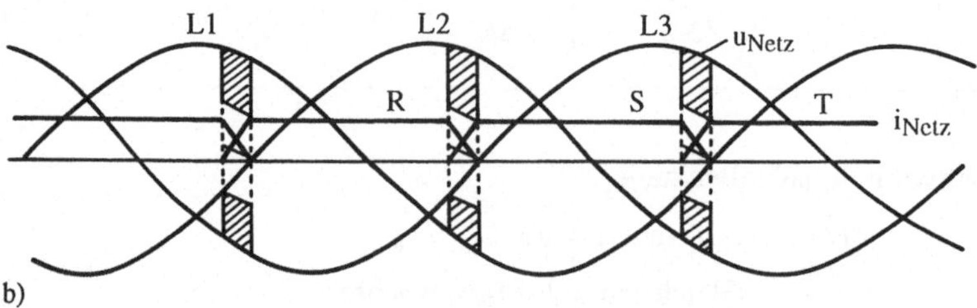

Gleichstromseite :

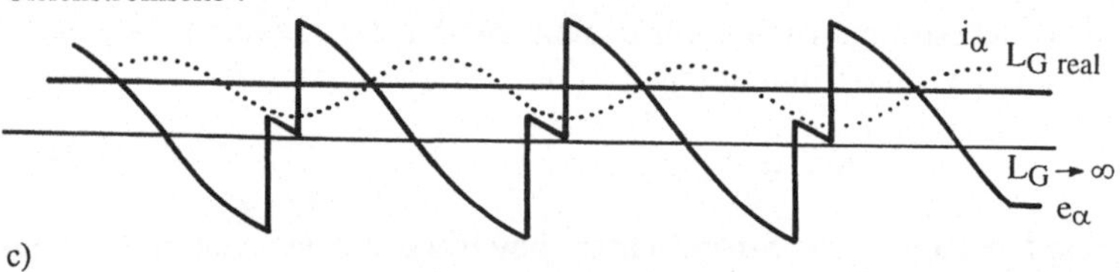

Abb. 3.36. Einbrüche der Netzspannung infolge der Kommutierungsvorgänge im Stromrichter
a) Anschlußstruktur, positiver Zweig einer Drehstrombrückenschaltung
b) Spannung und Strom auf der Drehstromseite bei idealer Glättung
c) Spannung und Strom auf der Gleichstromseite bei idealer Glättung

Die relative Tiefe des Kommutierungseinbruches l_d ergibt sich aus dem Induktivitätsverhältnis

$$l_d = \frac{L_N}{L_N + L_T} \tag{3.69}$$

Parallele Verbraucher beeinflussen den Kommutierungsvorgang. Drehfeldmaschinen werden bezüglich ihres Verhaltens gegenüber Spannungseinbrüchen durch ihre transiente Induktivität L'_M

$$L'_M = L_s - \frac{L_h^2}{L_r} \tag{3.70}$$

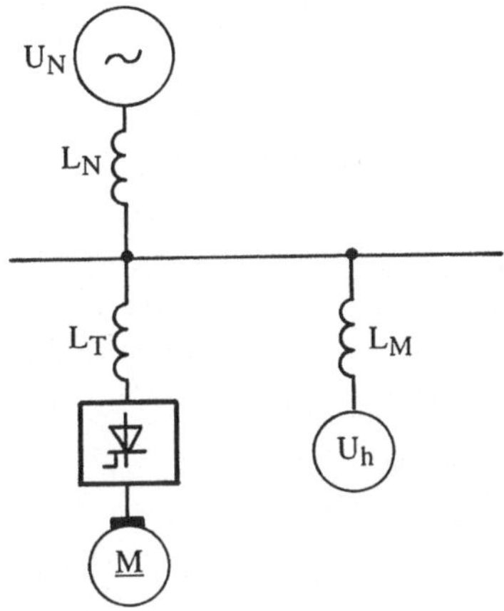

Abb. 3.37. Impulsersatzschaltbild für Parallelbetrieb eines Stromrichters mit einem Asynchronmotor

und die konstante Spannung hinter der transienten Reaktanz U_M, d. h. die mit der Rotorflußverkettung verknüpfte Spannung beschrieben (Abb. 3.37) vgl. Abschnitt 4. Die Asynchron- bzw. Synchronmotoren wirken in Bezug auf den Kommutierungsvorgang wie ein Parallelzweig zum Netz. Die transiente Induktivität verkleinert die wirksame Netzinduktivität und damit die relative Tiefe der Kommutierungseinbrüche.

Parallele Stromrichterantriebe am Anschlußpunkt arbeiten unabhängig voneinander, solange die Kommutierungsvorgänge nicht zeitgleich ablaufen. Fallen jedoch die Kommutierungsvorgänge paralleler Stromrichter zeitlich aufeinander, vergrößert sich Breite und Tiefe der Kommutierungseinbrüche, es liegt praktisch eine Parallelschaltung der Stromrichterinduktivitäten L_T vor (Abb. 3.38). Arbeitet eine größere Anzahl von Stromrichterantrieben an einer Sammelschiene parallel, dann gelten für die Überlagerung statistische Gesetzmäßigkeiten.

Stromrichterantriebe sind wesentliche Verbraucher von Blindleistung. In Anlagen größerer Leistung werden daher Blindstromkondensatoren zur Blindleistungskompensation eingesetzt und nach der im Mittel zu kompensierenden Blindleistung dimensioniert. Im Zusammenwirken der Kondensatoren mit dem Stromrichter können aber, angeregt durch die Kommutierungsspannungseinbrüche, Oberschwingungen der Netzspannung auftreten, die die Kondensatoren thermisch überlasten und in ungünstigen Fällen einen ordnungsgemäßen Betrieb der Anlage unmöglich machen. Den Kondensatoren werden deshalb Induktivitäten in Reihe geschaltet, d. h. sie werden zu Saugkreisen erweitert (Abb. 3.39). Zur Unterdrückung der 5.;7.;11.;13.; Oberschwingung der Netzspannung werden die Saugkreise auf die entsprechenden Frequenzen bzw. auf eine um 10 % niedrigere Frequenz eingestellt. Im Bereich großer Leistung werden Schaltungen mit 12pulsiger Netzrückwirkung eingesetzt. Abb. 3.40 zeigt ein Beispiel.

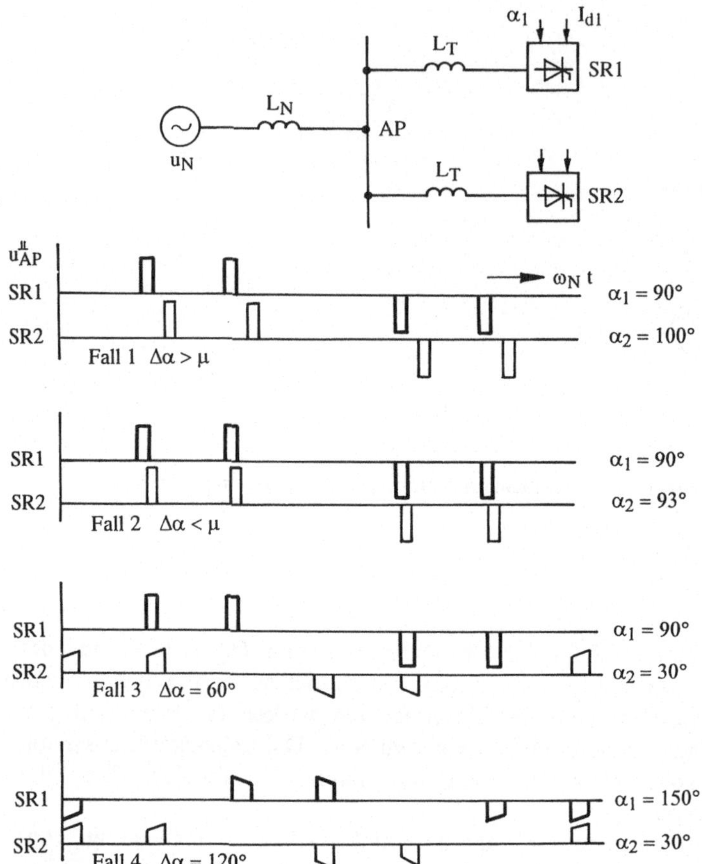

Abb. 3.38. Parallelbetrieb zweier Stromrichterantriebe, Beeinflussung der Kommutierungsvorgänge

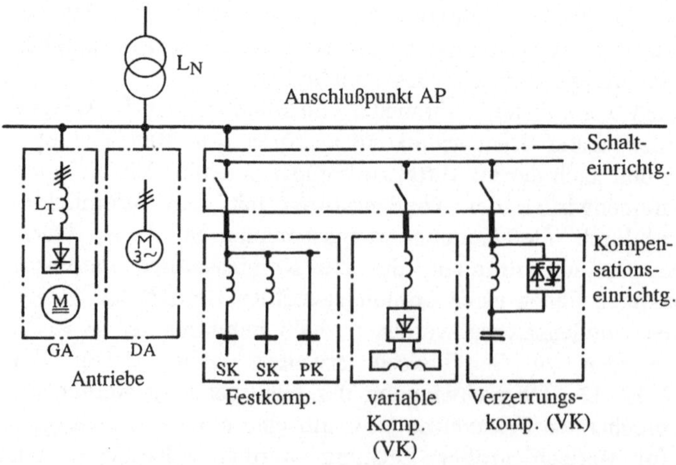

Abb. 3.39. Blindleistungskompensation mit Blindstromkondensatoren und Saugkreisen

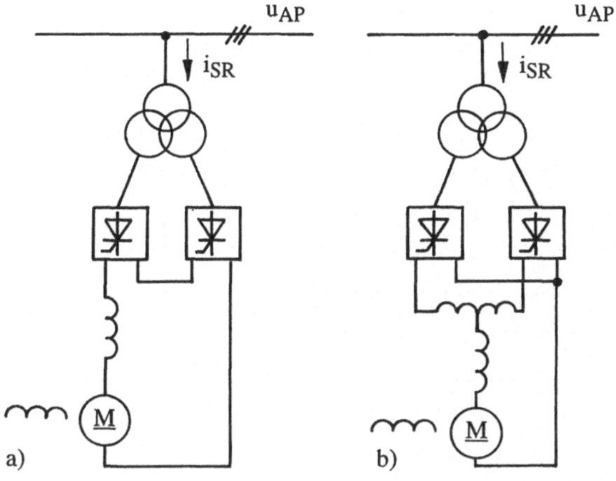

Abb. 3.40. Antrieb mit zwölfpulsigem Stromrichter
a) Reihenschaltung zweier Brücken
b) Parallelschaltung zweier Brücken mit Saugdrossel

Netzrückwirkungsarme Antriebe verwenden Stromrichterschaltungen mit Selbstkommutierung. (Abb. 3.41). Eine nahezu vollständige Lösung des Problems bieten Pulsstromrichter, bei denen ein durch Pulsbreitenmodulation verwirklichtes sinusförmiges Übersetzungsverhältnis zwischen Drehstrom- und Gleichstromseite verwirklicht wird. (a) Der Stromrichterstrom enthält nur noch pulsfrequente Anteile, die relativ einfach zu dämpfen sind und kann eine nahezu beliebige Phasenlage annehmen. Der hohe schaltungstechnische Aufwand für dreiphasige Pulsstromrichter beschränkt den Einsatz auf Sonderfälle. Kombinationsstromrichter (b) bieten die Möglichkeit, mit einfacheren Mitteln Netzrückwirkungen zu vermeiden. Die ungesteuerte Drehstrombrückenschaltung entnimmt dem Netz keine Steuerblindleistung, sie bietet aber keine Energie-Rückspeisungsmöglichkeit. Das für den Betrieb des Pulsstellers notwendige L-C-Filter bewirkt eine charakteristische Verzerrung von Stromrichterstrom und Anschlußspannung. Durch Synchronisation von Pulssteller und Netz sowie Aussteuerung des Pulsstellers mit netzrückwirkungsorientierten Zündmustern bieten sich Möglichkeiten, die Verzerrungen wesentlich zu verringern.

3.8 Gleichstromantriebe am Gleichstromnetz

Selbstkommutierte Stromrichter ermöglichen die verlustfreie Steuerung der Gleichspannung durch periodisches Ein- und Ausschalten. Sie arbeiten unabhängig von der Netzfrequenz, also auch an Gleichspannungsnetzen und an Netzen niedriger Frequenz (16 2/3 Hz-Netz) und verbrauchen keine Steuerblindleistung. Haupt-

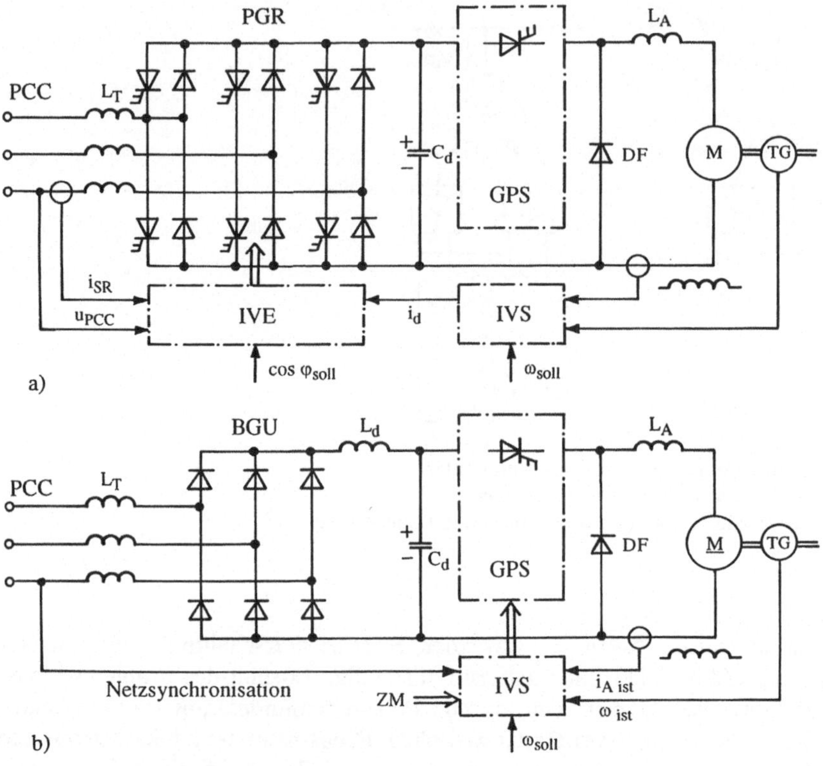

Abb. 3.41. Gleichstromantriebe mit verminderten Netzrückwirkungen
a) mit Pulsgleichrichter für konstante Zwischenkreisspannung und Pulssteller
b) mit ungesteuerter Drehstrombrücke und Pulssteller
PGR Pulsgleichrichter
GPS Gleichstrom-Pulssteller
IVE Informationsverarbeitung Pulsgleicnrichter
IVS Informationsverarbeitung Pulssteller
DF Freilaufdiode
ZM Zündmuster

anwendungsgebiete sind

- hochdynamische Stellantriebe
- Antriebe von Triebfahrzeugen.

Dynamisch hochwertige Gleichstromstellantriebe (Abb. 3.42) werden mit einem Vierquadrantensteller realisiert, der über eine Diodenbrücke aus dem Netz gespeist wird. Die Arbeitsweise wird durch Abb. 3.43 näher beschrieben. Die Ventile, Transistoren bzw. IGBTs legen periodisch positive oder negative Spannung an den Lastkreis. Antiparallele Dioden zu den Hauptventilen, sogenannte Freilaufdioden, ermöglichen den Stromfluß jeweils in Gegenrichtung. In Abhängigkeit vom Schaltzustand der Ventile und von der Stromflußrichtung kann der Vierquadrantensteller vier Zustände annehmen.

Zustand 1: Die Hauptventile T_1 und T_4 sind leitfähig. Der Stromfluß durch den Lastkreis ist positiv. Es gilt die Spannungsgleichung

$$U_N = i_M(R_M + R_e) + (L_M + L_e)\frac{di_M}{dt} + U_M. \tag{3.71}$$

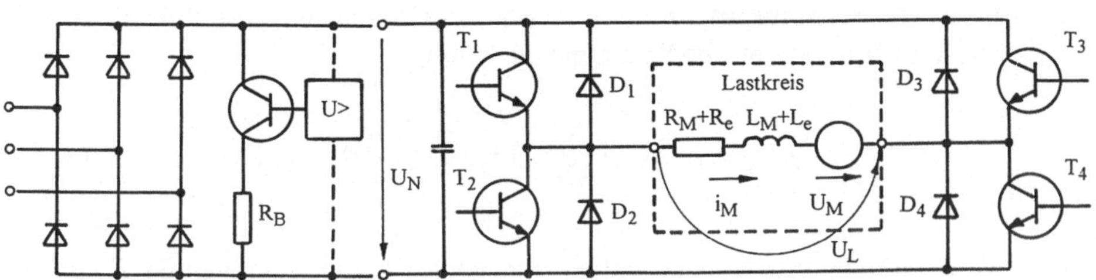

Abb. 3.42. Gleichstromstellantrieb mit Vierquadrantensteller

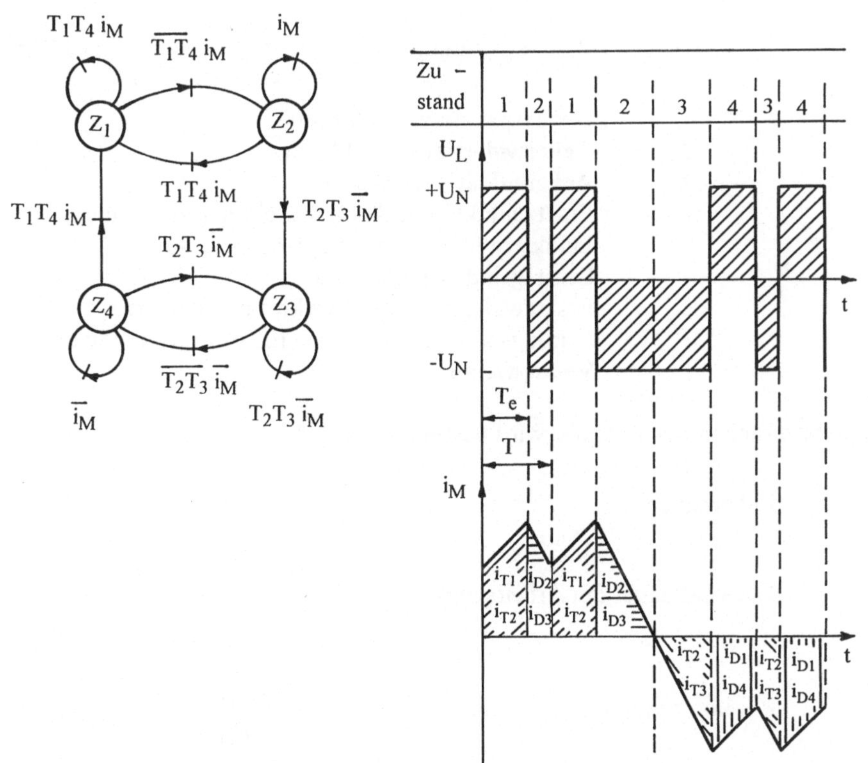

Abb. 3.43. Wirkungsweise des Vierquadrantenstellers
a) Zustandsgraph
b) zeitlicher Verlauf der Spannung am Lastkreis u_L und des Motorstroms i_M

Zustand 2: Die Hauptventile T_1 und T_4 sind gesperrt, die Hauptventile T_2 und T_3 sind leitfähig. Die Stromflußrichtung ist weiterhin positiv; der Strom fließt deshalb durch die Dioden D_2 und D_3. Es gilt die Spannungsgleichung

$$-U_{\mathrm{N}} = i_{\mathrm{M}}(R_{\mathrm{M}} + R_{\mathrm{e}}) + (L_{\mathrm{M}} + L_{\mathrm{e}})\frac{di_{\mathrm{M}}}{dt} + U_{\mathrm{M}}. \tag{3.72}$$

Zustand 3: Die Hauptventile T_2 und T_3 sind leitfähig. Der Stromfluß durch den Lastkreis ist negativ. Es gilt die Spannungsgleichung

$$-U_{\mathrm{N}} = i_{\mathrm{M}}(R_{\mathrm{M}} + R_{\mathrm{e}}) + (L_{\mathrm{M}} + L_{\mathrm{e}})\frac{di_{\mathrm{M}}}{dt} + U_{\mathrm{M}}. \tag{3.73}$$

Zustand 4: Die Hauptventile T_2 und T_3 sind gesperrt, die Hauptventile T_1 und T_4 sind leitfähig. Die Stromflußrichtung ist weiterhin negativ; der Strom fließt deshalb durch die Dioden D_1 und D_4. Es gilt die Spannungsgleichung

$$+U_{\mathrm{N}} = i_{\mathrm{M}}(R_{\mathrm{M}} + R_{\mathrm{e}}) + (L_{\mathrm{M}} + L_{\mathrm{e}})\frac{di_{\mathrm{M}}}{dt} + U_{\mathrm{M}} \tag{3.74}$$

U_{M} : Gegenspannung des Motors
R_{M} : Ankerwiderstand des Motors
L_{M} : Ankerinduktivität des Motors
L_{e} : Ersatzinduktivität des Lastkreises; schließt die Induktivität der Glättungsdrossel L_{D} sowie Leitungsinduktivitäten ein
R_{e} : Ersatzwiderstand des Lastkreises; schließt Leitungswiderstände sowie Ersatzwiderstände der Ventilzweige ein.

Das Betriebsverhalten des Antriebs wird bestimmt durch die

Pulsfrequenz $$f_{\mathrm{p}} = \frac{1}{T} \tag{3.75}$$

Einschaltdauer am Arbeitspunkt $$\ddot{u} = T_{\mathrm{e}}/T \tag{3.76}$$

Zeitkonstante des Lastkreises $$T_{\mathrm{L}} = \frac{L_{\mathrm{e}} + L_{\mathrm{M}}}{R_{\mathrm{e}} + R_{\mathrm{M}}} \tag{3.77}$$

Das Drehmoment des Motors ist dem Strom proportional

$$m_{\mathrm{M}} = k_{\mathrm{M}}\Phi_{\mathrm{M}}i_{\mathrm{M}} \tag{3.78}$$

und unterliegt wie der Strom pulsfrequenten Schwankungen. Die Pulsfrequenz wird so gewählt, daß die Motordrehzahl den Drehmomentschwankungen nicht folgt. Damit entspricht die stationäre Drehzahl dem Mittelwert der Netzspannung $U_N T_e/T$:

$$\Omega = \frac{U_N \frac{T_e}{T} - I_M (R_e + R_M)}{k_M \Phi_M}. \tag{3.79}$$

Die Schwankungsbreite des Stroms kann für $T < T_L$ abgeschätzt werden zu

$$\Delta I_M = I_{M\,max} - I_{M\,min} = \frac{2U_N \left(1 - \frac{T_e}{T}\right) \frac{T_e}{T}}{(L_M + L_e) f_p} \tag{3.80}$$

Im allgemeinen wird aus Gründen einer arbeitspunktunabhängigen Dynamik und aus Gründen definierter Netzrückwirkungen mit konstanter Pulsfrequenz gearbeitet. Die Schwankungsbreite des Stroms ist dann vom Arbeitspunkt $\ddot{u} = T_e/T$ abhängig.

Dynamisch arbeitet der Pulssteller als nichtlineares Abtastglied. Für kleine Abweichungen in der Nähe eines Arbeitspunktes gilt die Abtastübertragungsfunktion (Abb. 3.44)

$$G_s^*(p) = \frac{\Delta u_L(p)}{\Delta y(p)} = k_{st} V_{st}; \tag{3.81}$$

Δu_L : Änderung der Ausgangsspannung

Δy : Änderung der Stellgröße

$k_{st} = \frac{\Delta t}{\Delta y}$: Verstärkungsfaktor der Ansteuereinrichtung

$V_{st} = \frac{\Delta u_L}{\Delta t}$: Verstärkungsfaktor des Stellers.

Im Zusammenhang mit dem Motor als nachgeschaltetes kontinuierliches Übertragungsglied kann der Steller angenähert durch die kontinuierliche Übertragungsfunktion

$$G_s(p) = k_{st} V_{st} e^{-pT/2}$$

T: Pulsperiode des Stellers

beschrieben werden.

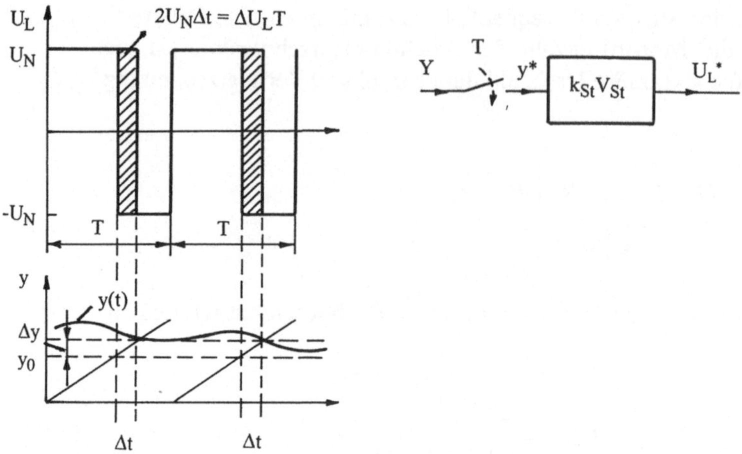

Abb. 3.44. Zum Übertragungsverhalten des Vierquadrantenstellers
a) Zeitverlauf der Ausgangsspannung u_L und der Eingangsgröße y
b) Übertragungsfunktion

Anstelle des Vierquadrantenstellers kann ein Einquadrantensteller eingesetzt werden, wenn nur selten ein Umkehren der Stromrichtung gefordert wird und dabei eine stromlose Pause zugelassen werden kann .

Die Vierquadrantensteller werden mit IGBT bzw. mit integrierten Bauelementen realisiert. Die Pulsfrequenz liegt im Bereich 1 ... 20 kHz. Eine hohe Pulsfrequenz gewährleistet hohe Dynamik führt aber auch zu hohen Schaltverlusten. Beim Schaltungsentwurf ist eine Kompromißlösung zu finden, die bei größeren Leistungen zu niedrigen Pulsfrequenzen tendiert.

Entsprechend den an Stellantriebe zu stellenden Anforderungen ist der Steller für 2- bis 3fache Motornennspannung und für 2,5 ... 4fachen Motornennstrom auszulegen. Eine Anpassung an die Netzspannung ist gegebenenfalls über Transformatoren zu realisieren.

Die Bremsenergie wird vom Zwischenkreiskondensator aufgenommen, der nach Erreichen eines bestimmten Spannungsgrenzwertes über einen Bremswiderstand R_B entladen wird. Zwischenkreiskondensator und Entladungswiderstand dienen zugleich als Überspannungsschutz. Häufig arbeiten mehrere Antriebe an einem gemeinsamen Gleichspannungszwischenkreis, so daß sich ein Belastungsausgleich ergibt. Der Transistorsteller ist kurzschlußfest, d. h., er schaltet sich bei entsprechenden Überströmen unverzögert selbst aus.

Triebfahrzeuge, die am Gleichspannungs-Fahrleitungsnetz betrieben oder aus einer Batterie gespeist werden, sind mit Einquadrantensteller und Gleichstromfahrmotor auszurüsten. Die Fahrleitungs- oder Batteriespannung wirkt über ein Netzfilter L_d, C_d auf den Einquadranten-Gleichspannungssteller. Dieser arbeitet über die Induktivität L_M auf den Motor mit Reihenschlußfeld L_F. Die Schaltkreiszustände des Gleichstromstellers zeigt Abb. 3.45 für das Fahren und Abb. 3.46 für das Bremsen. Der Gleichstromsteller enthält neben dem Hauptsteller (Hauptthyri-

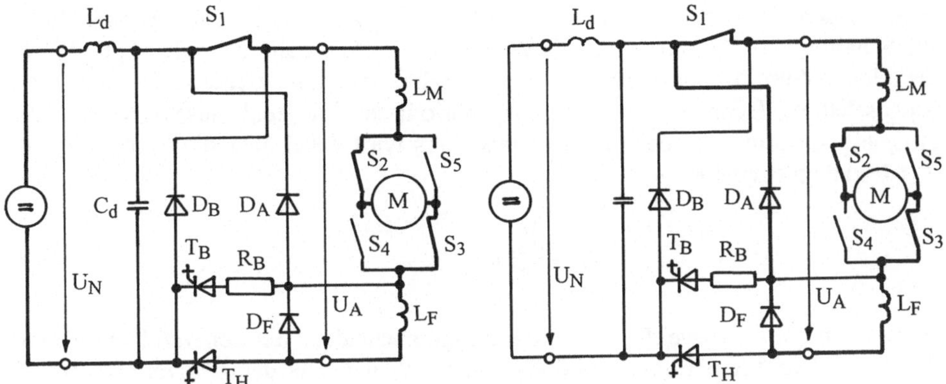

Abb. 3.45. Gleichstromtraktionsantrieb-Schaltzustände beim Fahren
a) Arbeit am Netz
b) Freilauf

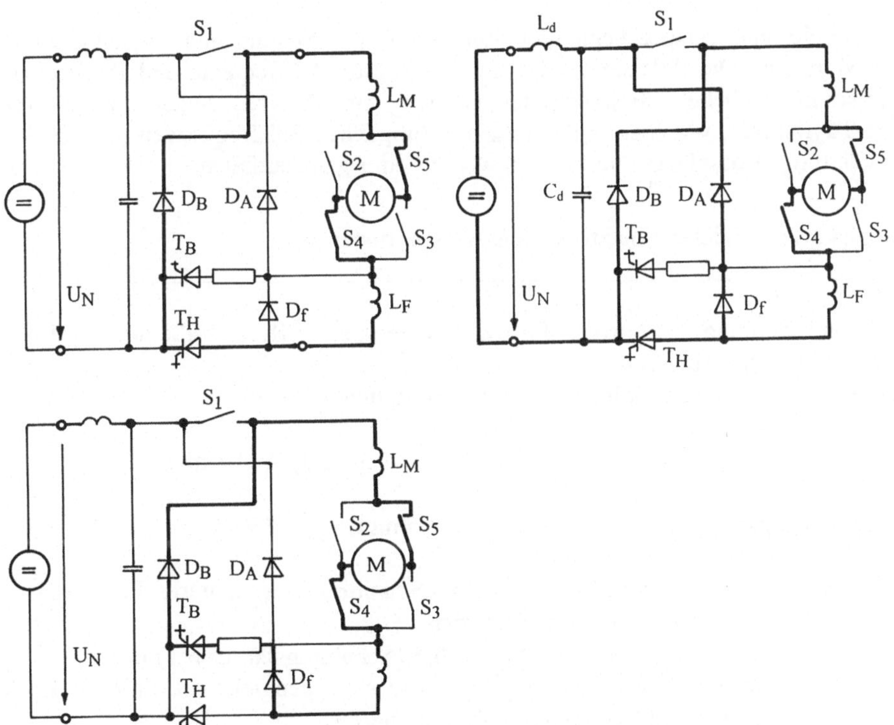

Abb. 3.46. Gleichstromtraktionsantrieb-Schaltzustände beim Bremsen
a) Kurzschluß über Hauptthyristor
b) Rückspeisung in das Netz
c) Widerstandsbremsung

stor T_H) den Bremssteller (Bremsthyristor T_B). S_1 arbeitet als Fahr-/Bremsschütz, die Schalterpaare S_2/S_3 und S_4/S_5 als Wendeschütz. Zum Fahren werden S_1 und S_2/S_3 eingelegt. Zum Bremsen wird S_1 ausgeschaltet und das Wendeschütz auf S_4/S_5 umgeschaltet. Beim Fahren wird T_H periodisch ein- und ausgeschaltet. Die Ausgangsspannung U_A des Gleichstromstellers wird dabei über die Einschaltdauer T_{eH} des Hauptthyristors gesteuert;

$$U_A = \frac{T_{eH}}{T} U_N. \tag{3.82}$$

Beim Bremsen sind zwei Betriebsarten zu unterscheiden: Bei der *Netzbremse* wird der Hauptthyristor periodisch ein- und ausgeschaltet. Bei der *Widerstandsbremse* ist abwechselnd entweder der Hauptthyrisotor oder der Bremsthyristor, in dessen Zweig der Bremswiderstand R_B liegt, eingeschaltet. Widerstandsbremse muß angewendet werden, wenn das Netz nicht aufnahmefähig ist. Für die Einschaltdauer des Bremsthyristors muß gelten

$$T_{eB} + T_{eH} = T \tag{3.83}$$

Die Ventile sind entsprechend dem Zeitverlauf der Ströme und Spannungen zu dimensionieren. Die Pulsung erfolgt mir konstanter Pulsfrequenz und Pulsbreitenmodulation. Übliche Thyristorsteller arbeiten mit Pulsfrequenzen um 250 Hz. GTO-Thyristoren, wie hier angenommen, ermöglichen Pulsfrequenzen um 500 Hz. Die Glättungsdrossel kann verkleinert werden oder ganz entfallen.

Beispiel 3.1: Gleichstromantrieb eines Walzgerüstes

Die Grundschaltung des Antriebs für ein Walzgerät einer Drahtstraße mit Thyristorstromrichter zeigt Abb. 3.47.
Aus dem Projekt können folgende Daten entnommen werden:

Netz: $U_{Nn} = 380$ V; $S''_k = 15$ MVA, $L_N = 34$ µH, R_N 0 3 mΩ

Kommutierungsdrossel: $L_{Dr} = 150$ µH, $R_{Dr} = 5$ mΩ, $I_{Dm} = 500$ A

Stromrichter: Stromrichterschrank mit B6C-Schaltung, ungesteuerter Feldgleich richter für Einrichtungsantrieb
$U_n = 440$ V, $\eta_n = 98$ %, $Y = 0{,}5$ (Schaltungsfaktor bei Dreh strombrückenschaltung), I_{dn}) 400 A (Typengleichstrom), $U_F = 1{,}5$ V pro Ventil (Ventildurchlaßspannung)

Motor: Gleichstrommotor (fremdbelüftet)
$P_n = 133$ kW, $U_n = 440$ V, $N_N = 1520$ min^{-1}, $\eta_n = 89$ %,
$L_M = 1{,}30$ mH, $R_M = 47$ mΩ, $P_{En} = 1{,}85$ kW, $W_{in\,zul} = 15$ %
(zulässige Stromwelligkeit im Bemessungsarbeitspunkt)

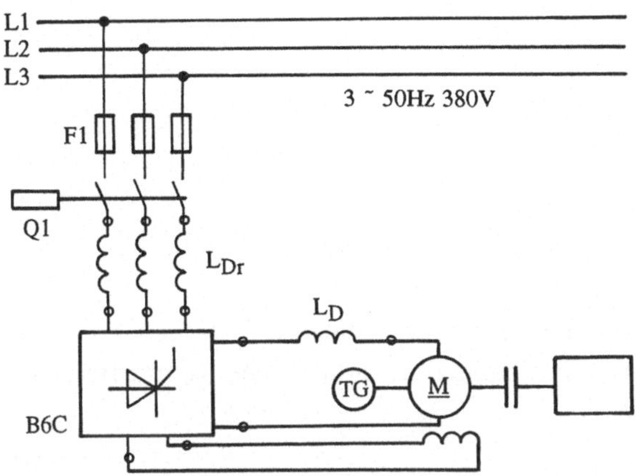

Abb. 3.47. Gleichstrom-Einrichtungsantrieb eines Walzgerüsts

1. Aufstellen des Gleichstromersatzschaltbildes für den stationären Betrieb, Berechnung der Parameter

$$U_{\mathrm{M}} = k_{\mathrm{m}} \Phi_{\mathrm{m}} 2\pi N$$
$$U_{\mathrm{de}} = U_{\mathrm{d0}} \cos\alpha - \sum U_{\mathrm{F}}$$
$$\sum U_{\mathrm{F}} = 2U_{\mathrm{F}}$$
$$U_{\mathrm{do}} = 1{,}35 U_{\mathrm{Nn}} \quad \text{(bei B6C)}$$
$$R_{\mathrm{e}} = R_{\mathrm{e1}} + R_{\mathrm{e2}}$$
$$dI_{\mathrm{d}}/dt = 0$$

R_{e1} - Widerstand, der die auf die Gleichstromseite des Stromrichters umgerechnete Gesamtverlustleistung von Netz, Kommutierungsdrossel oder Trafo sowie Stromrichter darstellt. Bei B6C-Schaltungen werden i. a. Kommutierungsdrosseln verwendet.

Zunächst ist die Umrechnung des gleichstromseitigen Nennstromes (arithmetischer Mittelwert) auf die Drehstromseite (Effektivwert) notwendig. Durch jedes Ventil fließt bei guter Glättung ein rechteckförmiger Strom i_{v} mit der Amplitude I_{da}, der Stromflußdauer 2/3 π und dem Mittelwert $I_{\mathrm{va}} = I_{\mathrm{da}}/3$. Die Ströme durch jeweils eine ventilseitige Phase ergänzen sich zu einem Wechselstrom I_{v} mit dem Effektivwert

$$I_{\mathrm{v}} = \left[\frac{1}{\pi} \int_{\vartheta=-\frac{\pi}{3}}^{\frac{\pi}{3}} I_{\mathrm{da}}^2 \, d\vartheta \right]^{1/2} = 0{,}82 I_{\mathrm{da}}$$

$$R_{\mathrm{e1}} = \frac{\sum P_{\mathrm{VLn}}}{I_{\mathrm{dn}}^2} \; ; \quad \sum P_{\mathrm{VLn}} = P_{\mathrm{VL\,Netz}} + P_{\mathrm{VL\,Drossel}} + P_{\mathrm{VL\,Stromr.}}$$

$$\sum P_{\mathrm{VLn}} = 3 \cdot 0{,}82^2 I_{\mathrm{dn}}^2 (R_N + R_{\mathrm{Dr}}) + U_{\mathrm{dn}} I_{\mathrm{dn}} \left(\frac{1}{\eta_n} - 1 \right)$$

$$= 3 \cdot 0{,}82^2 \cdot 400^2 (0{,}003\Omega + 0{,}005\Omega) + 440 \text{ V} \cdot 400 \text{ A} \left(\frac{1}{0{,}98} - 1 \right) = 6{,}174 \text{ kW}$$

$$R_{\mathrm{e1}} = \frac{6{,}174 \text{ kW}}{(400 \text{ A})^2} = 38{,}6 \text{ m}\Omega$$

R_{e2} - fiktiver Ersatzwiderstand, der die stromproportionale Minderung der Ausgangsspannung durch Überlappung der Ventilströme infolge der Kommutierungsinduktivität $L_{\mathrm{N}} + L_{\mathrm{Dr}}$ berücksichtigt.

$$R_{\mathrm{e2}} = u_{\mathrm{kx}} Y \frac{U_{\mathrm{d0}}}{I_{\mathrm{dn}}} \quad ;$$

u_{kx} - induktive Komponente der bezogenen Kurzschlußspannung

$$u_{\mathrm{kx}} = \frac{U_{\mathrm{x}}}{U_{\mathrm{e1}}} = \frac{X_{\mathrm{k}} 0{,}82 I_{\mathrm{dn}}}{\frac{U_{\mathrm{Nn}}}{\sqrt{3}}} = \frac{\omega_{\mathrm{N}} (L_{\mathrm{N}} + L_{\mathrm{Dr}}) 0{,}82 I_{\mathrm{dn}} \sqrt{3}}{U_{\mathrm{Nn}}}$$

$$= \frac{2\pi 50 s^{-1} (0{,}034 \text{ mH} + 0{,}150 \text{ mH}) 0{,}82 \cdot 400 \text{ A} \sqrt{3}}{380 \text{ V}} = 0{,}086$$

$$R_{\mathrm{e2}} = 0{,}086 \cdot 0{,}5 \frac{1{,}35 \cdot 380 \text{ V}}{400 \text{ A}} = 55 \text{ m}\Omega$$

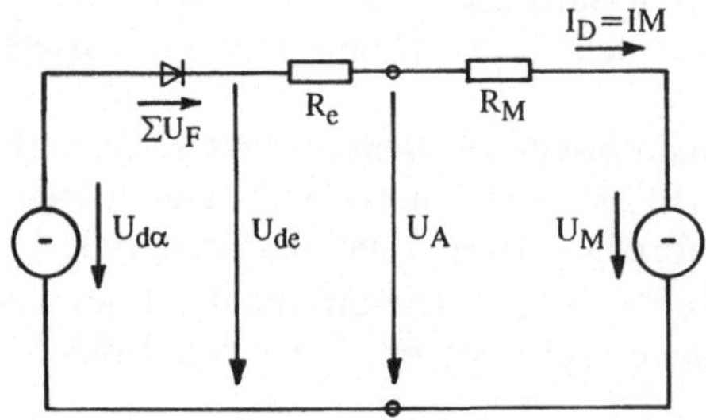

Abb. 3.48. Gleichstromersatzschaltung für den stationären Betrieb

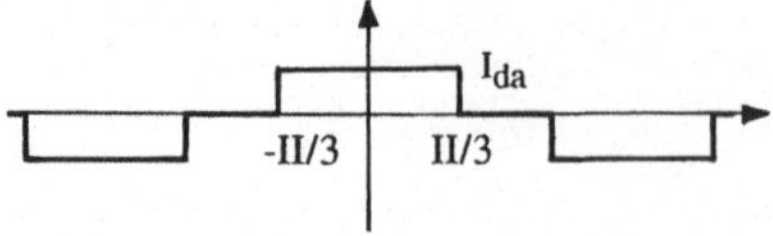

Abb. 3.49. Ventilstrom im Strang *a*

Berechnung der fehlenden Motordaten:

$$P_{\mathrm{An}} + P_{\mathrm{En}} = \frac{1}{\eta_{\mathrm{n}}} P_{\mathrm{n}} \;;\; P_{\mathrm{An}} = U_{\mathrm{n}} I_{\mathrm{n}} \;;\; I = \frac{\frac{P_{\mathrm{n}}}{\eta_{\mathrm{n}}} - P_{\mathrm{En}}}{U_{\mathrm{n}}} = \frac{\frac{133\ \mathrm{kW}}{0{,}89} - 1{,}85\ \mathrm{kW}}{440\ \mathrm{V}} = 335{,}4\ \mathrm{A}$$

$$M_{\mathrm{n}} = \frac{P_{\mathrm{n}}}{2\pi N_{\mathrm{n}}} = 835{,}6\ \mathrm{Nm};\; k_{\mathrm{m}}\phi_{\mathrm{m}} = \frac{U_{\mathrm{n}} - R_{\mathrm{m}} I_{\mathrm{n}}}{2\pi N_{\mathrm{n}}} = 2{,}67\ \mathrm{Vs}$$

2. Berechnung der stationären Kennlinien für den nichtlückenden Betrieb

Spannungsgleichung normieren und nach N/N_{n} auflösen

$$1{,}35\ U_{\mathrm{Nn}} \cos\alpha - \sum U_{\mathrm{F}} = I_{\mathrm{d}}\left(R_{\mathrm{e1}} + R_{\mathrm{e2}} + R_{\mathrm{M}}\right) + k_{\mathrm{M}}\phi_{\mathrm{M}} 2\pi N$$

$$I_{\mathrm{d}} = \frac{M}{k_{\mathrm{M}}\phi_{\mathrm{M}}}$$

$$\frac{N}{N_{\mathrm{n}}} = \frac{1{,}35 U_{\mathrm{Nn}} \cos\alpha}{2\pi\ N_{\mathrm{n}} k_{\mathrm{M}}\phi_{\mathrm{M}}} - \frac{\sum U_{\mathrm{F}}}{2\pi\ N_{\mathrm{n}} k_{\mathrm{M}}\phi_{\mathrm{M}}} - \frac{M_{\mathrm{n}}\left(R_{\mathrm{e1}} + R_{\mathrm{e2}} + R_{\mathrm{M}}\right)}{2\pi\ N_{\mathrm{n}}\left(k_{\mathrm{M}}\phi_{\mathrm{M}}\right)^2}\left(\frac{M}{M_{\mathrm{n}}}\right)$$

$$N^* = k_1 \cos\alpha - k_2 - k_3 M^* \mathrm{mit}\ k_1 = 1{,}207;\ k_2 = 0{,}007;\ k_3 = 0{,}104$$

Grafische Darstellung im Diagramm Abb. 3.50 für α = 0°, 30°, 45°, 60° und M* = 0 und 1.

3. Bei welchem Steuerwinkel wird der Bemessungsarbeitspunkt des Motors erreicht?

$$\cos\alpha_{\mathrm{n}} = \frac{1 + k_2 + k_3}{k_1} = 0{,}9205;\ \alpha_{\mathrm{n}} = 23°$$

4. Welche Spannungsreserve besitzt das Stellglied im Bemessungsarbeitspunkt, wenn das Ansteuergerät minimal 5° Steuerwinkel erreicht?

$$\Delta U = 1{,}35 U_{\mathrm{Nn}}\left(\cos\alpha_{\mathrm{min}} - \cos\alpha_{\mathrm{n}}\right) = 1{,}35 \cdot 380\ \mathrm{V}\left(\cos(5°) - \cos(23°)\right) = 38{,}8\ \mathrm{V}$$

5. Ist bei der Auslegung der Betrieb ohne Glättungsdrossel L_{Dr} möglich? Der Nachweis soll für Motorbemessungsstrom und die Drehzahlen N_{n}, 0, $5N_{\mathrm{n}}$ und 0 erfolgen. Die zulässige Welligkeit $W_{\mathrm{i\ zul}}$ beträgt an diesen Arbeitspunkten 0,15; 0,23 bzw. 0,90.

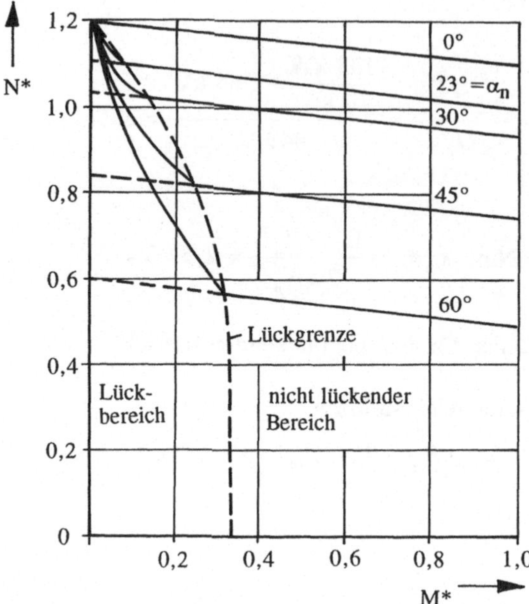

Abb. 3.50. Normierte Drehzahl-Drehmomentkennlinie

Die Effektivwelligkeit w_i des Ankerstromes berechnet sich aus der Beziehung

$$w_i = \frac{U_{d0} f_w}{I_n \left(L_M + L_{Dr}\right)},$$

wobei der Welligkeitsfaktor f_w nach dem Diagramm in Abb. 3.7 nur vom Aussteuerungsgrad und von der Stromrichterschaltung abhängig ist. Die zulässige Welligkeit $w_{i\,zul}$ ist zusätzlich noch von der Drehzahl abhängig und wird hier vorgegeben. Für die Ankerkreisinduktivität L_A muß gelten:

$$L_A \geq \frac{U_{d0} f_w}{I_n w_{i\,zul}} = \frac{513\ \mathrm{V} \cdot f_w}{335{,}4\ \mathrm{A} \cdot w_{i\,zul}}$$

N/N_n	$U_{d\alpha}/U_{d0}$	$w_{i\,zul}$	f_w/ms	$L_{A\,min}$/mH
1	≈ 0,90	0,15	0,060	0,61
0,5	≈ 0,45	0,23	0,120	0,80
0	0	0,90	0,130	0,22

Die Bedingung $L_M + L_{Dr} > L_{A\,min}$ ist jederzeit erfüllt. Es braucht keine Zusatzinduktivität eingesetzt werden.

6. Berechnung des Lückgrenzstromes

Der Lückgrenzstrom berechnet sich aus der Beziehung

$$I_{dl} \geq \frac{U_{d0} f_w}{L_m} = \frac{513\ \mathrm{V} \cdot f_l}{1{,}3\ \mathrm{mH} \cdot},$$

wobei der Lückfaktor f_l nach dem Diagramm in Abb. 3.20 nur vom Aussteuerungsgrad und von der Stromrichterschaltung abhängig ist.

N/N_n	$U_{d\alpha}/U_{d0}$	f_w/ms	I_{dl}/A	I_{dl}/I_n
1	≈ 0,90	0,12	47,7	0,14
0,5	≈ 0,45	0,28	110,5	0,33
0	0	0,29	114,4	0,34

Die berechneten Kennlinienpunkte wurden in das Diagramm in Abb. 3.50 eingezeichnet.

Beispiel 3.2: Blindstromkompensationsanlage eines Schachtförderantriebs

---

Die gewählte Schachtförderanlage wird in einem 6-kV-Industrienetz betrieben. Abb. 3.51 zeigt den Anschluß des Förderantriebs sowie des für die Bewetterung der Grube vorgesehenen Drehstrom-Asynchronmotors, für den Dauerbetrieb bei Nennlast vorausgesetzt sei.

Zur Kompensation der Blindleistung der Antriebe ist eine zweistufige Kompensationseinrichtung vorzusehen, die in Abb. 3.51 zunächst als Parallelkompensation gezeichnet wurde. Alle Nenndaten der Betriebsmittel und für die Berechnung notwendige Daten wurden eingetragen. Vom Förderantrieb wird im Extremfall die dauernde Wiederholung des in Abb. 3.52 dargestellten Förderspiels verlangt. Die Beschleunigungskräfte wurden bereits eingerechnet. Die Treibscheibe (D_T - Durchmesser) ist ohne Getriebe mit dem Motor verbunden. Die angegebene Kurzschlußleistung beinhaltet bereits den Beitrag der Asynchronmaschine zum Kurzschlußstrom.

Zunächst wird das Spieldiagramm der elektrischen Kenngrößen berechnet und in Abb. 3.53 dargestellt.

Motorstrom:

$$I_d(t) = \frac{D_T}{2k_M \cdot \Phi_M} \cdot F(t) = \frac{4m}{2 \cdot 86{,}54Vs} \cdot F(t)$$

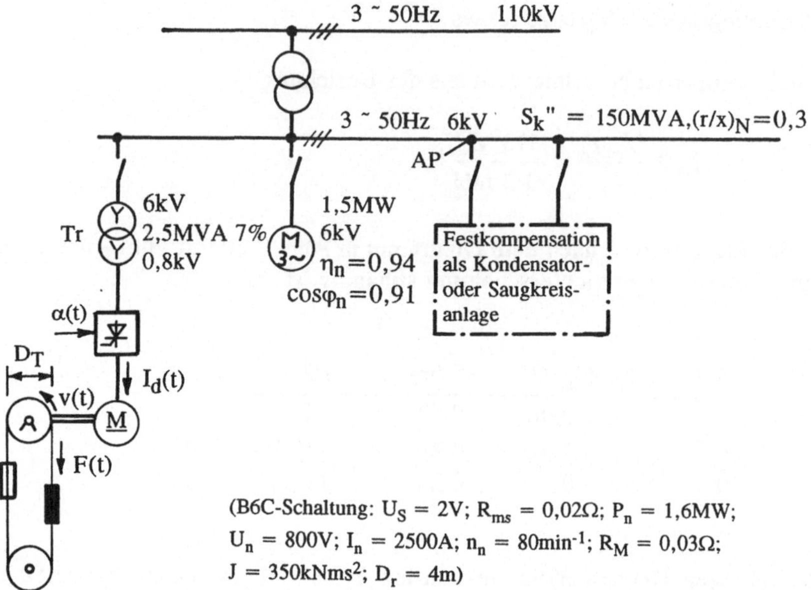

Abb. 3.51. Anschlußstruktur der Schachtförderanlage mit Nenn- und Eingangsdaten

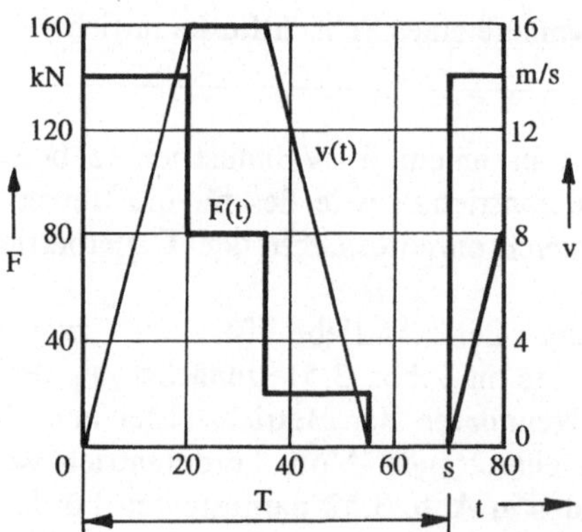

Abb. 3.52. Spieldiagramm des Fördermotors (Translation)

Motorspannung:

$$U_{\mathrm{M}}(t) = \frac{2k_{\mathrm{ri}} \cdot \Phi_{\mathrm{M}}}{D_{\mathrm{T}}} \cdot V(t) = \frac{2 \cdot 86{,}54Vs}{4m} \cdot V(t)$$

Ideelle Stromrichterspannung:

$$U_{\mathrm{d}} = U_{\mathrm{dio}} \cdot \cos\alpha(t) \quad ; \quad U_{\mathrm{dio}} = 1{,}35 \cdot 800\ V = 1080\ V$$

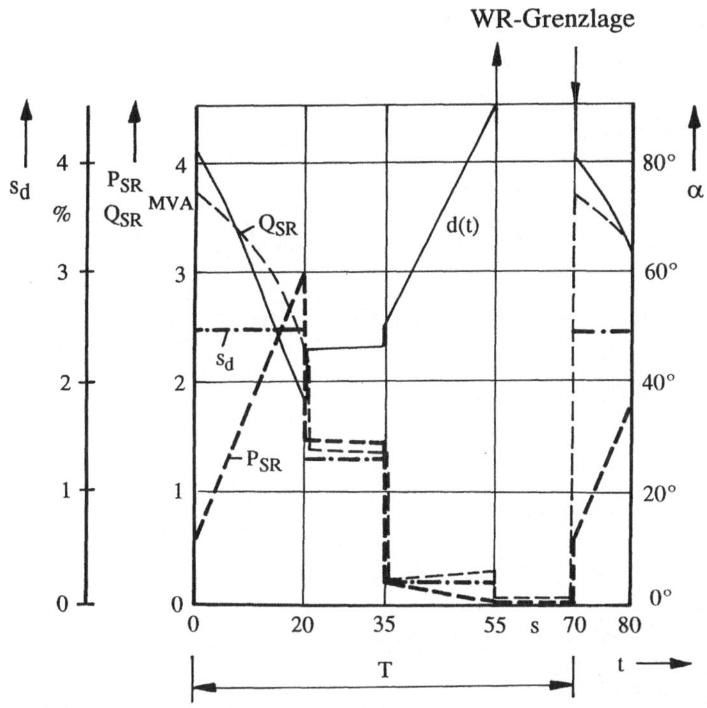

t/s	0	5	10	15	20	30	35	40	45	50	55	60
v/ms^{-1}	0	4	8	12	16	16	16	12	8	4	0	0
F/kN	150	150	150	150	150	80	10	10	10	10	10	0
cosα	0,164	0,324	0,485	0,645	0,805	0,729	0,654	0,493	0,333	0,173	0,013	0
α/ °	80,7	71,1	61,0	49,8	36,4	43,2	49,2	60,4	70,5	80,1	89,3	150
P_{d0}/MW	3,742					1,996	0,249					
P_{SR}/MW	0,605	1,212	1,814	2,415	3,012	1,454	0,163	0,123	0,083	0,043	0,037	0
Q_{SR}/MVar	3,693	3,540	3,273	2,858	2,221	1,367	0,189	0,217	0,235	0,245	0,249	0
I_d/kA	3,465					1,848	0,231					

Abb. 3.53. Spieldiagramm des Fördermotors (elektrische Kenngrößen)

Ventilspannungsabfall:

$$U_s = 2\ V$$

Steuerwinkel des Stromrichters:

$$\alpha(t) = arc\ \cos\left\{\frac{U}{U} + \frac{(R_M + R_e)\cdot D_T}{2k_M\Phi_M U_{dio}} F(t) + \frac{2k_M\Phi_M}{D_T \cdot U_{dio}} \cdot V(t)\right\}$$

$$\alpha(t) = arc\ \cos\left\{0,00185 + 0,00107 \cdot F/_{k_N} + 0,04006 \cdot \frac{V}{ms^{-1}}\right\}$$

Wirkleistungsaufnahme des Stromrichters:

$$P_{SR} = I_d(t) \cdot U_{dio} \cdot \cos\alpha(t)$$

Blindleistungsaufnahme des Stromrichters:

$$Q_{SR} = I_d(t) \cdot U_{dio} \cdot \sin\alpha(t)$$

Stromrichter-Leistungsverhältnis:

$$s_d = \frac{P_{do}}{S_K^{"}} = \frac{I_d(t) \cdot U_{dio}}{S_K^{"}}$$

Induktivitätenverhältnis am Anschlußpunkt:

$$l_d = \frac{L_N}{L_N + L_T}$$

Zur Entscheidung, ob die Schachtförderanlage ohne Kompensation bzw. nach Ausfall der Kompensation weiterbetrieben werden darf, dient das in Abb. 3.54 dargestellte Anschlußdiagramm. Es enthält Grenzkennlinien für Stromrichter-Netzrückwirkungen, welche die l_d-s_d-Ebene in Gebiete zulässigen und unzulässigen Stromrichterbetriebes teilen.

Für Mittelspannungs-Energienetze gilt

- Klirrfaktor der Anschlußspannung $k_{AP}^{u} \leq 7\ \%$
- Augenblickswertabweichung $a_{max} \leq 20\ \%$
  (Schaltgruppe des Transformators beachten!)
- Grundschwingungsschwankung beim Anlauf $\Delta u^{(1)} \leq 5\ \%$

Für ein Induktivitätsverhältnis

$$l_d \leq 0,2$$

darf der vorliegende Antrieb am Netz betrieben werden. Die Eingangsinduktivitäten L_T des Stromrichters sind entsprechend zu dimensionieren.

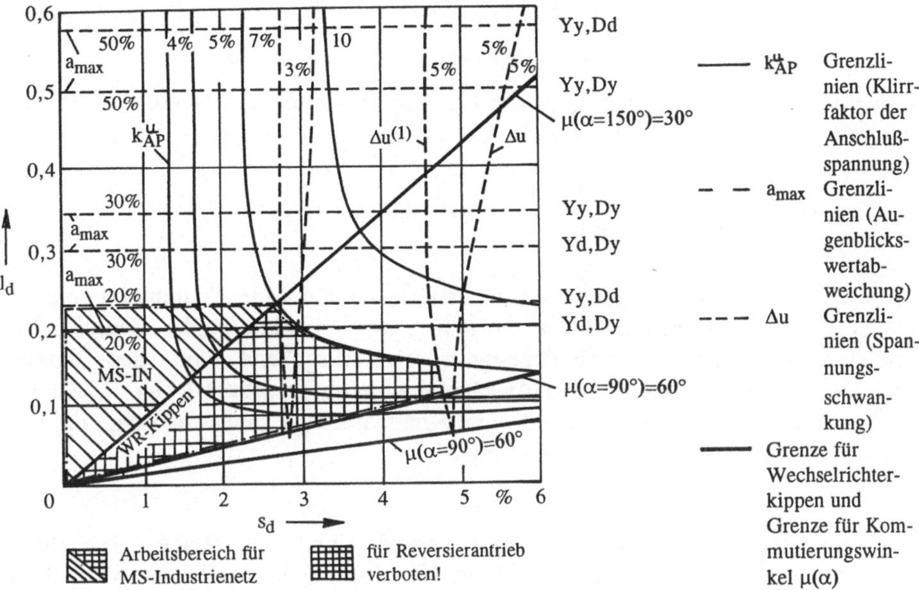

Abb. 3.54. Anschlußdiagramm für Stromrichter ohne Kompensation

Der Stromrichterantrieb entnimmt dem Netz eine mittlere Wirkleistung von

$$\overline{P}_{SR} = 0{,}85 \text{ MW}$$

und eine mittlere Blindleistung von

$$\overline{Q}_{SR} = 1{,}26 \text{MVAr}$$

Dazu entnimmt der Asynchronmotor eine Wirkleistung von

$$P_{ASM} = \frac{P_n}{\eta_n} = 1{,}60 \text{ MW}$$

und eine Blindleistung von

$$Q_{ASM} = \frac{P_n}{\eta_n \cdot \cos\varphi_n} \cdot \sin\varphi_n = 0{,}73 \text{ MVAr}$$

Aus einem vorgebenen zulässigen Leistungsfaktor von cos φ_{zul} = 0,95 ergibt sich eine zulässige Blindleistung der Anlage von

$$Q_{zul} = \left(\overline{P}_{SR} + P_{ASM}\right) \cdot \tan\varphi_{zul} = \\ 2{,}45 \text{ MW} \cdot \tan 18{,}2° = 0{,}81 \text{ MVAr}$$

Eine Blindleistungskompensation ist notwendig. Es müßte eine Blindleistung von

$$Q_K = Q - Q_{zul} = (1{,}99 - 0{,}81)\ \text{MVAr} = 1{,}18\ \text{MVAr}$$

kompensiert werden. Bezogen auf die Kurzschlußleistung des Netzes ergibt sich ein mittleres Kondensator-Leistungsverhältnis

$$S_c = \frac{Q_K}{S_K^{"}} = \frac{1{,}18\ \text{MVAr}}{150\ \text{MVA}} = 0{,}79\ \%$$

Durch den Einsatz einer Kondensatorenbatterie parallel zum Stromrichterantrieb entstehen Oberschwingungen der Spannung am Anschlußpunkt. Durch den Kondensator fließen Oberschwingungsströme. Ausgehend von den daraus resultierenden Grenzen wurde ein Anschlußdiagramm berechnet (Abb. 3.55). Im vorliegenden Fall ist der Anschluß von Kondensatoren nicht zulässig, da der Anschlußfaktor des Stromrichters im Bereich

$$s_d = 0 \ldots 2{,}5$$

liegt. Es ist notwendig, die Kondensatoren durch in Reihe geschaltete Induktivitäten zu Saugkreisen zu ergänzen. Dafür gelten die in Abb. 3.56 angegebenen Anschlußdiagramme. Sowohl für einen Saugkreis, abgestimmt auf 4,4fache Netzfrequenz als auch für zwei parallele Saugkreise, abgestimmt auf 4,4fache und auf 6,2fache Netzfrequenz ist der Anschluß des Stromrichters zulässig.

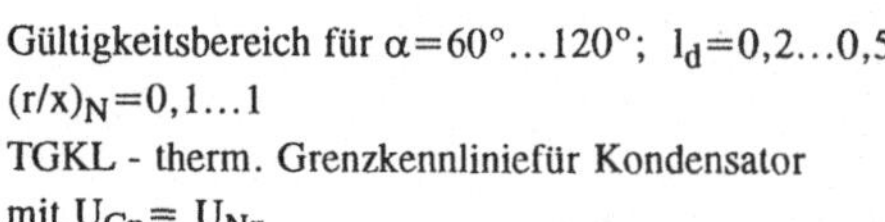

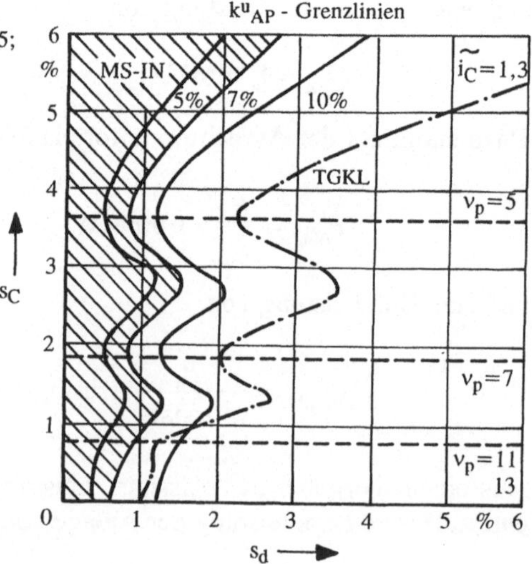

Abb. 3.55. Anschlußdiagramm Parallelkompensation, Arbeitsbereich für Mittelspannungs-Industrienetz ist schraffiert dargestellt.

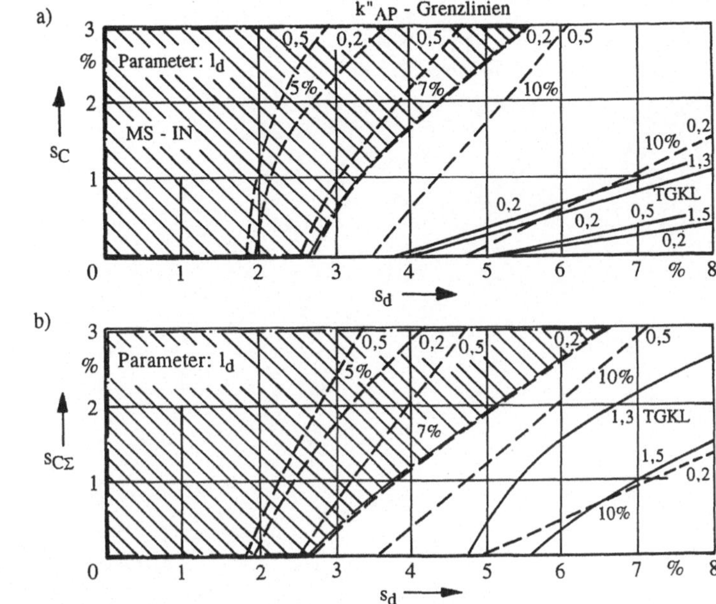

Gültigkeitsbereich:
$\alpha = 60°...120°$; $(r/x)_N = 0{,}1...1$; $U_N = 1{,}1U_{Nn}$

a) eine Abstimmfrequenz $\nu_{SK} = 4{,}4$

b) zwei Abstimmfrequenzen $\nu_{SK1} = 4{,}4$; $\nu_{SK2} = 6{,}2$; $s_C^{(5)}/s_C^{(7)} = 2$.

Abb. 3.56. Anschlußdiagramm für Parallelsaugkreise, Arbeitsbereich für Mittelspannungs-Industrienetz ist schraffiert dargestellt.

4 Drehstromantriebe am Netz

4.1 Wirkungsweise und Betriebsverhalten

4.1.1 Zustandsgleichungen der Drehfeldmaschine

Die Wicklungsstränge einer symmetrischen, dreisträngigen Wicklung sind räumlich um 120° versetzt. (Abb. 4.1) Sie werden von Strömen durchflossen, die zeitlich um 120° phasenverschoben sind.

$$
\begin{aligned}
i_a &= \hat{i} \cdot \cos \omega t \\
i_b &= \hat{i} \cdot \cos(\omega t - 120°) \\
i_c &= \hat{i} \cdot \cos(\omega t - 240°)
\end{aligned}
\tag{4.1}
$$

Die von den Strömen aufgebauten Durchflutungen überlagern sich. Legt man als Beschreibungshilfe eine komplexe Ebene in den Raum, so daß sie von den Wicklungen senkrecht durchstoßen wird, kann man die räumliche Lage der Wicklungsstränge durch die Faktoren

$$e^{j0°}; e^{j120°}; e^{j240°}$$

kennzeichnen. Die Durchflutungen lassen sich zu einer resultierenden Durchflutung zusammenfassen.

$$\underline{i} = \frac{2}{3}\left(i_a + i_b \cdot e^{j120°} + i_c \cdot e^{j240°}\right) \tag{4.2}$$

Die resultierende Durchflutung hat Vektorcharakter

$$\underline{i} = |\underline{i}| \cdot e^{j\omega \cdot t} \tag{4.3}$$

Sie ist gekennzeichnet durch Betrag $|\underline{i}|$ und Umlauffrequenz ω. Man bezeichnet diesen Vektor als komplexen Raumzeiger. Der Vektor $\underline{i}$ ist die mathematische Beschreibung der Drehdurchflutung. Physikalisch betrachtet ist die Durchflutung sinusförmig über den Wicklungsstrang verteilt.

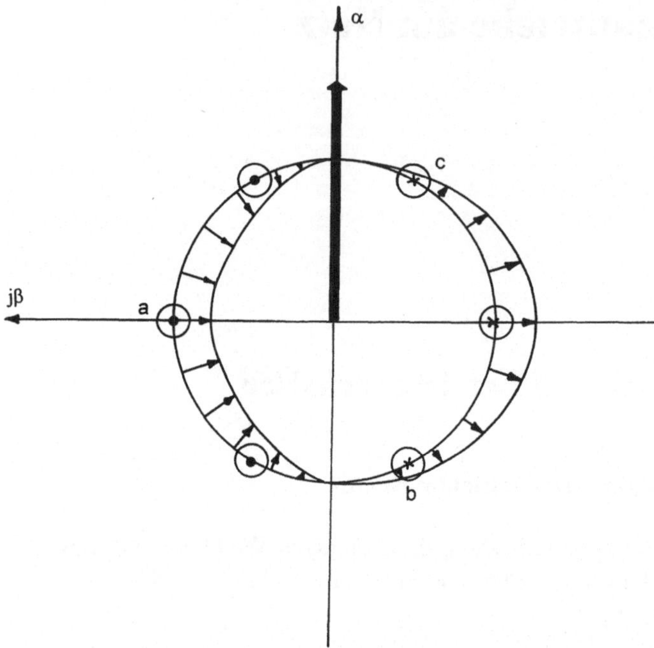

Abb. 4.1. Zur Beschreibung der resultierenden Durchflutung einer symmetrischen, dreisträngigen Wicklung *a*, *b*, *c* als räumlich umlaufender Zeiger

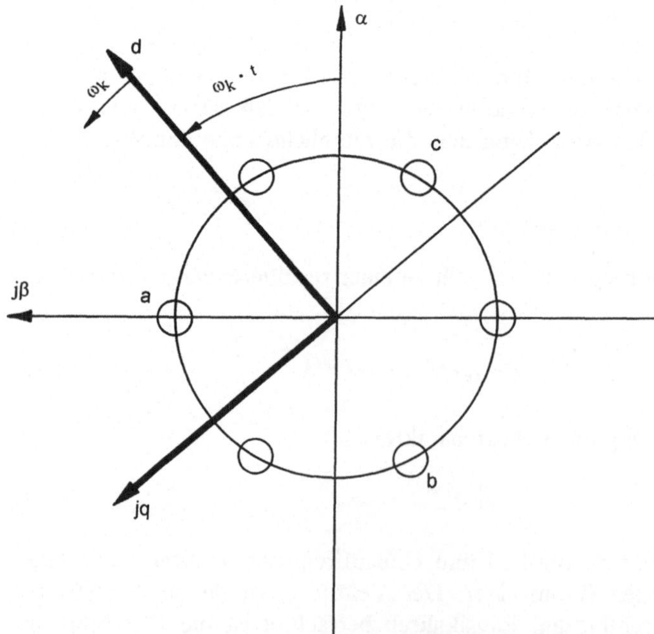

Abb. 4.2. Zum Übergang aus einem räumlich feststehenden in ein umlaufendes Koordinatensystem

Der Faktor 2/3 entspricht einer sinnvollen Definition. So ergibt sich die Durchflutung des Wicklungsstranges a als Projektion des Vektors $\underline{i}$ auf die reelle Achse

$$\hat{i}_a = |\underline{i}| \tag{4.4}$$

Wie die Ströme, so können auch die Spannungen und Flußverkettungen der drei Stränge zu Raumzeigern zusammengefaßt werden. Für eine symmetrische, dreisträngige Wicklung gilt

$$\underline{u} = \underline{i} \cdot R + \frac{d\,\underline{\psi}}{dt} \tag{4.5}$$

Die Größen $\underline{u}; \underline{i}; \underline{\psi}$ sind Raumzeiger.

Die Spannungsgleichung (4.5) gilt in einem "raumfesten" Koordinatensystem, d.h. im Koordinatensystem der Wicklung. In der Regel entspricht die Wicklungsachse des Stranges "a" der reellen Achse des Koordinatensystems.

Die Raumzeiger können aber auch in einem mit der Winkelgeschwindigkeit ω_K umlaufenden Koordinatensystem beschrieben werden.

$$\begin{aligned} \underline{u}^K &= \underline{u} \cdot e^{-j\omega_K t} \\ \underline{i}^K &= \underline{i} \cdot e^{-j\omega_K t} \\ \underline{\psi}^K &= \underline{\psi} \cdot e^{-j\omega_K t} \end{aligned} \tag{4.6}$$

Das Koordinatensystem wird durch ein hochgestelltes "K" gekennzeichnet.

In einem mit ω_K gegenüber der Wicklungsachse umlaufenden Koordinatensystem gilt die Spannungsgleichung (4.5) in der Form

$$\underline{u}^K = \underline{i}^K \cdot R + \frac{d\,\underline{\psi}_K}{dt} + \underline{\psi}^K \cdot j\omega_K \tag{4.7}$$

Darin kennzeichnen

$\underline{i}^K \cdot R$	: Spannung am ohmschen Widerstand
$\frac{d\,\underline{\psi}_K}{dt}$	: transformatorisch induzierte Spannung
$\underline{\psi}^K \cdot j\omega_K$	: rotatorisch induzierte Spannung

Der Asynchronmotor besitzt ein Wicklungssystem im Ständer und ein Wicklungssystem im Rotor. (Abb. 4.3) Die Größen beider Wicklungssysteme müssen im gleichen Koordinatensystem angeschrieben werden. Für Asynchronmaschinen, die am Netz arbeiten, wird sinnvollerweise ein Koordinatensystem gewählt, das netzsynchron umläuft.

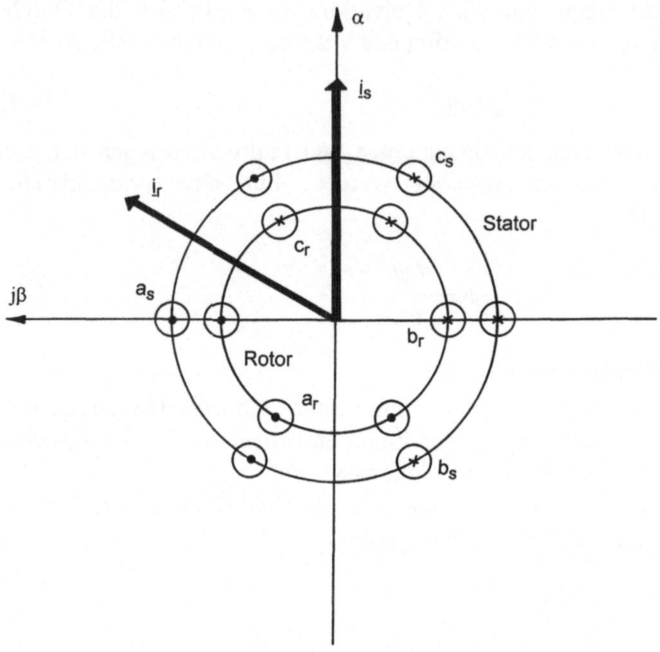

Abb. 4.3. Wicklungssystem im Ständer und im Rotor einer Asynchronmaschine

Für den Ständer gilt

$$\omega_K = \omega_s$$

$$\omega_s = 2\pi f_s \qquad \text{: Ständerkreisfrequenz}$$

$$\underline{u}_S^N = \underline{i}_S^N \cdot R_S + \frac{d\,\underline{\psi}_r^N}{dt} + j\omega_S\,\underline{\psi}_S^N \quad {}^1 \tag{4.8}$$

Für den Rotor gilt

$$\omega_K = \omega_r$$

$$\omega_r = 2\pi f_r \qquad \text{: Rotorkreisfrequenz}$$

$$\underline{u}_r^N = \underline{i}_s^N \cdot R_r + \frac{d\,\underline{\psi}_r^N}{dt} + j\omega_r \cdot \underline{\psi}_r^N \tag{4.9}$$

---

[1]Die Kennzeichnung der Vektoren mit einem hochgestellten N zur Kennzeichnung des netzsynchronen Koordinatensystems entfällt in der Regel.

Entsprechend dem Wirkungsprinzip der Asynchronmaschine ist

$$\omega_s = \omega_r + \omega \tag{4.10}$$

$\omega = 2\pi f_n$: mechanische Umlaufwinkelgeschwindigkeit bei Polpaarzahl z_p=1

$f_n =$: Drehfrequenz

Die Flußverkettung der Ständerwicklung $\underline{\psi}_s$ und die Flußverkettung der Rotorwicklung $\underline{\psi}_r$ werden von den Durchflutungen des Ständers und des Rotors gemeinsam aufgebaut. Statordurchflutung $\underline{i}_s$ und Rotordurchflutung $\underline{i}_r$ laufen wegen (4.10) in Bezug auf das Koordinatensystem K mit gleicher Winkelgeschwindigkeit um. Es gilt

$$\underline{\psi}_s = \underline{i}_s \cdot L_s + \underline{i}_r \cdot L_m \tag{4.11}$$

$$\underline{\psi}_r = \underline{i}_r \cdot L_r + \underline{i}_s \cdot L_m \tag{4.12}$$

Die Verknüpfung der Flußverkettungen mit den Durchflutungen wird durch Induktivitäten beschrieben. Es ist

$L_s = L_m + L_{s\sigma}$: Ständerinduktivität

$L_r = L_m + L_{r\sigma}$: Rotorinduktivität

L_m : Koppelinduktivität

$L_{s\sigma}$: ständerseitige Streuinduktivität

$L_{r\sigma}$: rotorseitige Streuinduktivität.

Gebräuchlich sind Koppelfaktoren und Streuziffern.

$k_s = \frac{L_m}{L_s}$: ständerseitiger Koppelfaktor

$k_r = \frac{L_m}{L_r}$: rotorseitiger Koppelfaktor

$\sigma = k_s \cdot k_r = \frac{L_m^2}{L_s \cdot L_r}$: resultierende Streuziffer

Eine anschauliche Beschreibung der Zusammenhänge gibt das Raumzeiger-Ersatzschaltbild in Abb. 4.4.

Die Raumzeiger der elektrischen und magnetischen Größen können wie alle Zeiger in Realteil und Imaginärteil zerlegt werden. Im netzsynchronen Koordinaten-

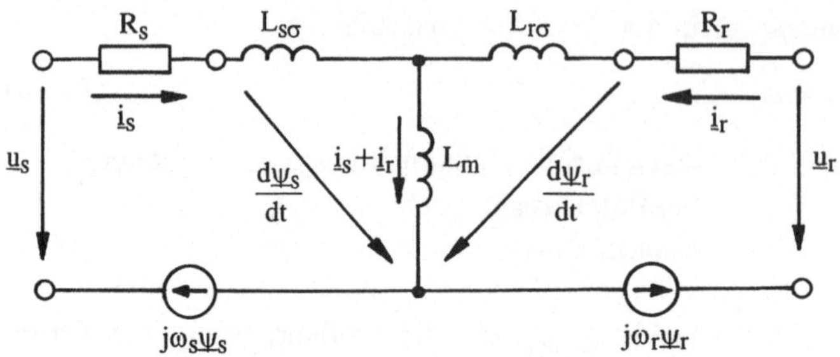

Abb. 4.4. Raumzeiger - Ersatzschaltbild der Asynchronmaschine im netzsynchronen umlaufenden Koordinatensystem

system werden die α-β-Komponenten eingeführt

$$\underline{i}_{s}^{N} = i_{s\alpha} + j \cdot i_{s\beta} \tag{4.13}$$

Die in einer dreisträngigen, symmetrischen Wicklung umgesetzte Leistung ergibt sich damit zu

$$p = \frac{3}{2}\left(u_{\alpha} \cdot i_{\alpha} + u_{\beta} \cdot i_{\beta}\right) \tag{4.14}$$

Sie ist gleich dem Produkt gleichgerichteter Spannungs- und Stromkomponenten. Der Faktor 3/2 gilt, wenn *u* und *i* als Scheitelwerte der Stranggrößen verstanden werden.

Das Drehmoment entsteht durch die Wechselwirkung aufeinander senkrecht stehender Komponenten von Flußverkettung und Strom einer Wicklung. (Abb. 4.5) Integration der Kraftwirkung über dem Luftspaltumfang führt auf

$$\begin{aligned} m &= \frac{3}{2} z_{p} \left|\underline{\psi}_{s}\right| \cdot \left|\underline{i}_{s}\right| \cdot \sin\left(\varphi_{i} - \varphi_{\psi}\right) \\ &= \frac{3}{2} z_{p} \left(\psi_{s\alpha} \cdot i_{s\beta} - \psi_{s\beta} \cdot i_{s\alpha}\right) \end{aligned} \tag{4.15}$$

$$\begin{aligned} m &= -\frac{3}{2} z_{p} \left|\underline{\psi}_{r}\right| \cdot \left|\underline{i}_{r}\right| \cdot \sin\left(\varphi_{i} - \varphi_{\psi}\right) \\ &= +\frac{3}{2} z_{p} \left(\psi_{r\beta} \cdot i_{r\alpha} - \psi_{r\alpha} \cdot i_{r\beta}\right) \end{aligned} \tag{4.16}$$

z_p: Polpaarzahl der Maschine

Der Faktor 3/2 gilt, wenn *u* und *i* als Scheitelwerte der jeweiligen Größen verstanden werden.

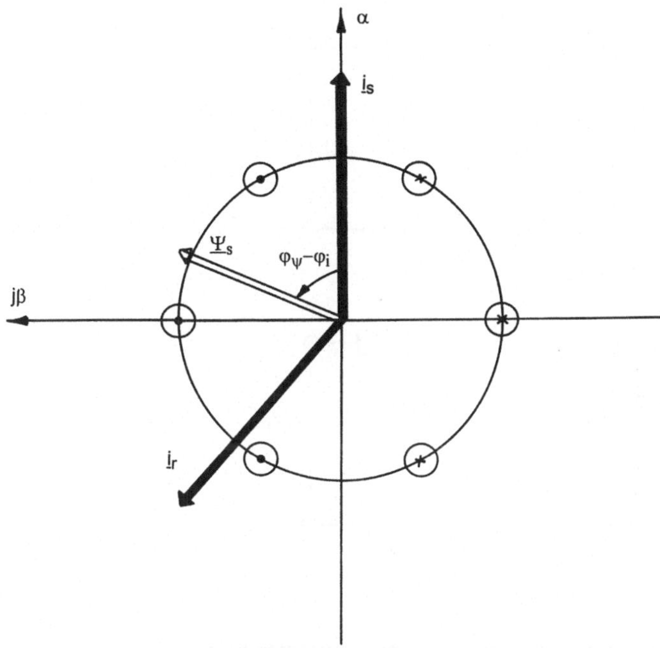

Abb. 4.5. Zur Drehmomentbildung in Drehfeldmaschinen

4.1.2 Vereinfachte Zustandsgleichungen des Asynchronmotors für den stationären Betrieb

In vielen Betriebsvorgängen kann vorausgesetzt werden, daß die Flußverkettungen der Wicklungen der Asynchronmaschine konstant sind oder sich nur langsam ändern. In diesen Fällen kann die transformatorische Spannungsinduktion unberücksichtigt bleiben. Man erhält die Spannungsgleichung des Ständers im Netzkoordinatensystem

$$\underline{U}_s = \underline{I}_s \cdot R_s + j\omega_s \cdot \underline{\psi}_s \tag{4.17}$$

Die Spannungsgleichung des Rotors im Netzkoordinatensystem

$$\underline{U}_r = \underline{I}_r \cdot R_r + j\omega_r \cdot \underline{\psi}_r \tag{4.18}$$

Unter Berücksichtigung der Beziehungen für die Flußverkettungen (4.11) (4.12) folgt daraus das Ersatzschaltbild der Asynchronmaschine für den stationären Betrieb. (Abb. 4.6)
Die Verkopplung zwischen Ständer und Rotorwicklung wird durch die Hauptfeldspannung

$$U_h = jX_m \cdot I_\mu \tag{4.19}$$

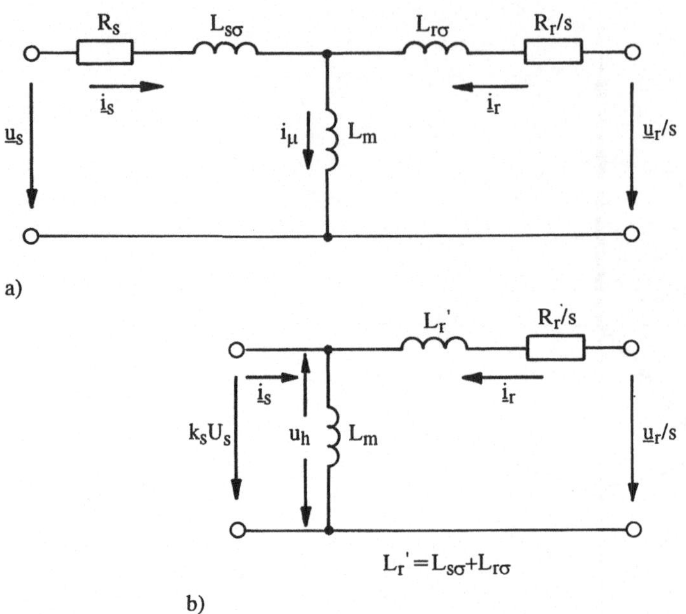

Abb. 4.6. Ersatzschaltbild der Asynchronmaschine für den stationären Betrieb
a) vollständiges Ersatzschaltbild
b) vereinfachtes Ersatzschaltbild

ausgedrückt. Dabei ist

$$X_m = j\omega_s \cdot L_m \quad : \text{Koppelreaktanz bei Netzfrequenz}$$

$$I_\mu = \underline{I}_s + \underline{I}_r \quad : \text{Magnetisierungsstrom}$$

Die Rotorgrößen werden auf den Schlupf

$$S = \frac{\Omega_s - \Omega_r}{\Omega_s} \tag{4.20}$$

bezogen.

In Motoren mit einer Leistung größer P=1 kW wird das Betriebsverhalten nur wenig durch den Ständerwiderstand bestimmt. Dagegen ist die Gesamtstreureaktanz, unabhängig von ihrer physikalischen Repräsentation im Ständer oder Läufer, für das Betriebsverhalten sehr wesentlich. Aus dieser Wertung ergibt sich, mit geringen Vernachlässigungen, die vereinfachte Ersatzschaltung des Asynchronmotors, die in Abb. 4.6 dargestellt ist. Daraus resultiert die Spannungsgleichung des Rotors

$$\frac{\underline{U}_r}{S} = \underline{I}_r \cdot \frac{R_r}{S} + jX_r{}' \underline{I}_r + k_s \cdot \underline{U}_s \tag{4.21}$$

Alle Größen sind "stationäre Zeiger". Die Ständerspannnung $\underline{U}_s$ wird üblicherweise in die reelle Achse der komplexen Ebene gelegt.

$$\underline{U}_s = U_{s\alpha}; U_{s\beta} = 0 \tag{4.22}$$

Die transiente Reaktanz

$$X_r' = X_{\sigma s} + X_{\sigma r} = \Omega_s \cdot L_\sigma' = X_\sigma \tag{4.23}$$

berücksichtigt die ständer- und die läuferseitigen Anteile der Streuinduktivität. Vom Ständer her wird die Hauptflußverkettung aufgebaut.

$$\underline{\psi}_h = \frac{k_s \cdot U_s}{j\Omega_s} = \frac{\underline{U}_h}{j\Omega_s} \tag{4.24}$$

Der Hauptflußverkettung entspricht die Hauptfeldspannung

$$U_h = j\Omega_s \cdot \psi_h \tag{4.25}$$

Sie ist im stationären Betrieb unabhängig von der Belastung.
Damit ergibt sich das Drehmoment des Motors zu

$$M = -\frac{3}{2} z_p \frac{k_s \cdot U_s}{\Omega_s} \cdot I_{r\alpha} \quad ^{2)} \tag{4.26}$$

$I_{r\alpha}$: Komponente des Rotorstromes in Richtung $\underline{U}_s$

z_p : Polpaarzahl

Die Ströme und Spannungen sind als Scheitelwerte sinusförmiger Größen vorausgesetzt.

Für Kurzschlußläufermotoren ist die extern in den Rotorkreis einzuschaltende Rotorspannung

$$\underline{U}_r = 0 \tag{4.27}$$

Daraus folgt die allgemeine Drehmomentgleichung

$$M = -\frac{3}{2} z_p \cdot \frac{k_s \cdot U_s}{\Omega_s} \cdot \frac{-k_s \cdot U_s \cdot \frac{R_r}{S}}{\left(\frac{R_r}{S}\right)^2 + X_\sigma^2} \tag{4.28}$$

---

[2]) Das Drehmoment des Motors ist positiv bei positiver Energieaufnahme des Motors, d. h. für $U_s \cdot I_{s\alpha} > 0$ Bei der gewählten Zählpfeilrichtung der elektrischen Größen ist $I_{r\alpha} = -I_{s\alpha}$.

mit

$$M_{\mathrm{K}} = \frac{3}{4} z_{\mathrm{p}} \cdot \frac{k_{\mathrm{s}}^{2} \cdot U_{\mathrm{s}}^{2}}{\Omega_{\mathrm{s}} \cdot X_{\sigma}}$$ [3]) : Kippmoment (4.29)

$$S_{\mathrm{K}} = \frac{R_{\mathrm{r}}}{X_{\sigma}}$$: Kippschlupf (4.30)

$$M = \frac{2 M_{\mathrm{K}}}{S/S_{\mathrm{K}} + S_{\mathrm{K}}/S} \tag{4.31}$$

Die Kennlinie ist in Abb. 4.7 dargestellt. Sie gilt nur für Motoren mit konstantem Rotorwiderstand, d. h. für stromverdrängungsfreie Maschinen.

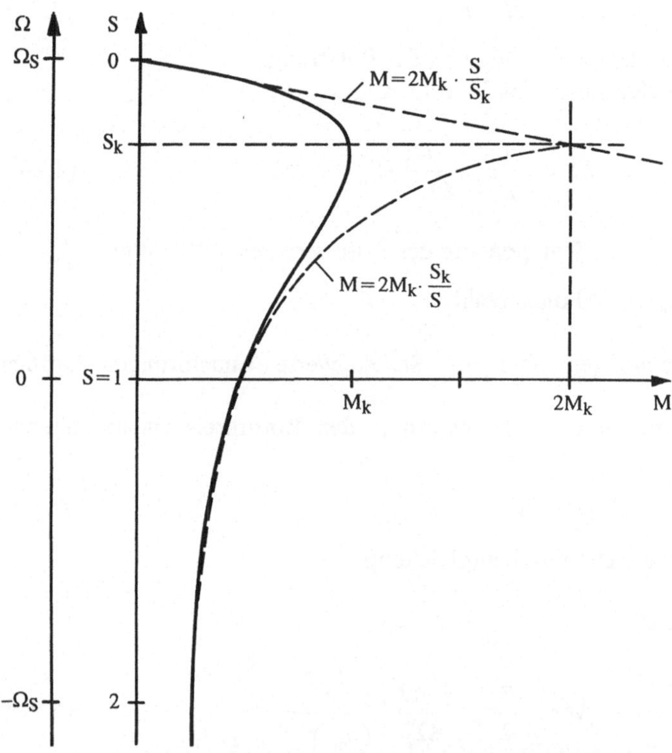

Abb. 4.7. Drehzahl-Drehmomentenkennlinie der Asynchronmaschine mit konstantem Wider stand des Läuferkreises; Konstruktion aus den Asymptoten für $S/S_k \ll 1$ und $S/S_k \gg 1$

---

[3]) Die Ständerstrangspannung U_{s} wird als Scheitelwert vorausgesetzt.

4.1.3 Vereinfachte Zustandsgleichungen des Synchronmotors für den stationären Betrieb

Synchronmotoren haben eine magnetische Vorzugsrichtung. Es ist deshalb zweckmäßig, die reelle Achse des Koordinatensystems in der komplexen Ebene in Richtung kleinsten magnetischen Widerstandes zu legen. Man bezeichnet diese Achse als "Längsachse" oder d-Achse. Die Achse größten magnetischen Widerstandes steht darauf senkrecht und wird als "Querachse" oder q-Achse bezeichnet. (Abb. 4.8) Die Induktivitäten in Längs- und Querrichtung sind unterschiedlich. Für die Rotordurchflutung gilt

$$\underline{I}_{\mathrm{r}} = I_{\mathrm{rd}}; I_{\mathrm{rq}} = 0 \tag{4.32}$$

Damit gilt für die Flußverkettungen des Ständers

$$\psi_{\mathrm{sd}} = L_{\mathrm{sd}} \cdot I_{\mathrm{sd}} + L_{\mathrm{md}} \cdot I_{\mathrm{rd}} \tag{4.33}$$

$$\psi_{\mathrm{sq}} = L_{\mathrm{sq}} \cdot I_{\mathrm{sq}} \tag{4.34}$$

Die von der Rotordurchflutung aufgebaute Spannung wird als Polradspannung $\underline{U}_{\mathrm{p}}$ bezeichnet. Solange die Erregung des Motors konstant ist, ist die Polradspannung konstant. Sie ist insbesondere unabhängig von der Belastung der Maschine und entspricht somit etwa der Hauptfeldspannung der Asynchronmaschine.

$$U_{\mathrm{p}} = jL_{\mathrm{md}} \cdot I_{\mathrm{rd}} \tag{4.35}$$

Die Komponenten der Ständerspannung sind, ohne Berücksichtigung des ohmschen Widerstandes

$$U_{\mathrm{sd}} = -\Omega_{\mathrm{s}} \psi_{\mathrm{sq}} = U_{\mathrm{s}} \cdot \sin \vartheta \tag{4.36}$$

$$U_{\mathrm{sq}} = \Omega_{\mathrm{s}} \psi_{\mathrm{sd}} = U_{\mathrm{s}} \cdot \cos \vartheta \tag{4.37}$$

ϑ : Polradwinkel, Winkel zwischen dem Zeiger der Ständerspannung und dem Zeiger der Polradspannung

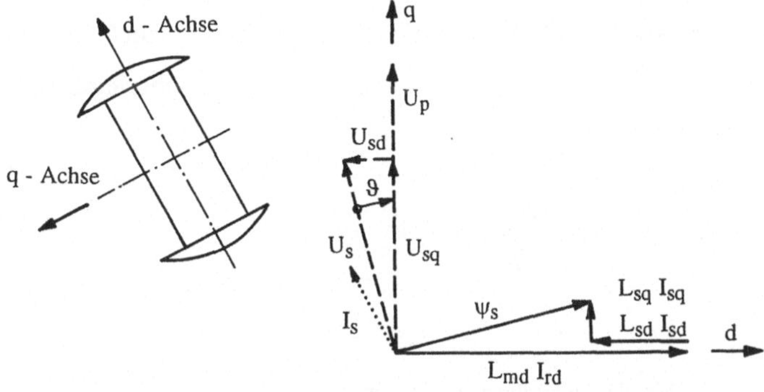

Abb.4.8. Zeigerbild des Synchronmotors und Definition der "d" und "q"-Achse

Das Drehmoment ergibt sich zu

$$M = -\frac{3}{2} k_s I_{rd} \cdot \frac{U_s \cdot \sin \vartheta}{\Omega_s} \cdot z_p \quad ^{4)} \tag{4.38}$$

z_p : Polpaarzahl der Maschine

4.1.4. Drehfeldmaschine bei raschen Änderungen der Ständerspannung

Schaltvorgänge führen zu raschen Änderungen der Ständerspannung der Drehfeldmaschine. Das können Schaltvorgänge sein, die im Wechselrichter betriebsmäßig auftreten, aber auch Schaltvorgänge in benachbarten Stromrichtern, deren Auswirkungen über das Netz an den Motor gelangen. Diese Schaltvorgänge verlaufen so rasch, daß die Rotorflußverkettung der Maschine darauf nicht reagiert. Die Rotorflußverkettung wird durch die kurzgeschlossene Rotorwicklung festgehalten.
Das gilt auch für die Synchronmaschine, in der die Rotorflußverkettung durch einen Dämpferkäfig oder durch massive Eisenteile festgehalten wird. In einer Spannungsgleichung des Ständers, die in einem an die Rotorflußverkettung angebundenen Koordinatensystem aufgeschrieben wird [5]) ist die zeitliche Veränderung der Rotorflußverkettung Null.

Ersetzt man in der Spannungsgleichung (4.8) die Ständerflußverkettung $\underline{\psi}_s$ erhält man im feldorientierten Koordinatensystem

$$\underline{u}_s^{\varphi} = \underline{i}_s^{\varphi} \cdot R_s + L_s' \cdot \frac{d\underline{i}_s^{\varphi}}{dt} + j\omega_s k_r \cdot \underline{\psi}_r^{\varphi} + j\omega_s \cdot \underline{i}_s^{\varphi} \cdot L_s' \tag{4.39}$$

$L_s' = L_{s\sigma} + L_{r\sigma}$: Transiente Induktivität
Gesamtstreuinduktivität

Die Spannungsgleichung gilt sowohl für die Grundschwingungen als auch für die Oberschwingungen. Die Rotorflußverkettung $\underline{\psi}_r$ ist frei von Oberschwingungen. Deshalb gilt für die ν. Oberschwingung einfacher

$$\underline{u}_{s\nu}^{\varphi} = \underline{i}_{s\nu}^{\varphi} \cdot R_s + L_s' \cdot \frac{d\underline{i}_{s\nu}^{\varphi}}{dt} + j\omega_s \cdot \underline{i}_{s\nu}^{\varphi} \cdot L_s' \tag{4.40}$$

---

[4]) Die Spannungen und Ströme werden als Scheitelwert vorausgesetzt.

[5]) Zur genauen Erläuterung vergl. Abschnitt 5.3

und nach Rücktransformation in das raumfeste, ständerorientierte Koordinatensystem

$$\underline{u}_{sv} = \underline{i}_{sv} \cdot R_s + L_s' \cdot \frac{di_{sv}}{dt} \tag{4.41}$$

Dem entspricht die in Abb. 4.9 gezeichnete Ersatzschaltung. Das transiente Verhalten des Motors bei raschen Spannungsänderungen wird durch die transiente Induktivität L_s' und in zweiter Hinsicht durch den Ständerwiderstand bestimmt. Da die Rotorflußverkettung frei von Oberschwingungen ist, kompensieren sich die Oberschwingungsanteile des Ständerstromes und die Oberschwingungsanteile des Rotorstromes. Aus (4.12) folgt

$$0 = \underline{i}_{sv} \cdot L_m + \underline{i}_{rv} \cdot L_r \tag{4.42}$$

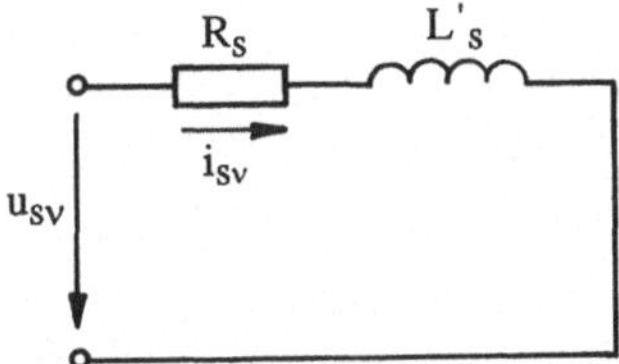

Abb. 4.9. Oberschwingungsersatzschaltbild der Drehfeldmaschine

4.2. Anlauf- und Bremssteuerungen

4.2.1. Anlaufsteuerungen

Der Anlaufvorgang eines Asynchronmotors kann im Drehzahl-Drehmoment-Diagramm studiert werden. (Abb. 4.10) Der Motor wird durch seine stationäre Kennlinie $m_M(\omega)$ beschrieben. Nur bei sehr schnellen Anlaufvorgängen wird die Kennlinie durch elektromagnetische Ausgleichsvorgänge deformiert. Die Last wird durch ihre Kennlinie $m_W(\omega)$ beschrieben. Neben den Drehmomentanteilen, die durch den eigentlichen Bearbeitungsprozeß entstehen, wird die Kennlinie auch durch Reibmomente bestimmt. Im allgemeinen sind Motorkennlinie und Lastkennlinie nur angenähert bekannt. Es genügt deshalb eine grobe iterative Berechnung des Anlaufvorganges. Im *i*ten Intervall sind Motormoment M_{Mi}, Widerstandsmoment M_{Wi} und Trägheitsmoment J_i konstant. Aus der Bewegungsgleichung (2.1) wird

$$M_{Mi} = M_{Wi} + J_i \cdot \frac{\Delta\Omega_i}{\Delta t_i} \tag{4.43}$$

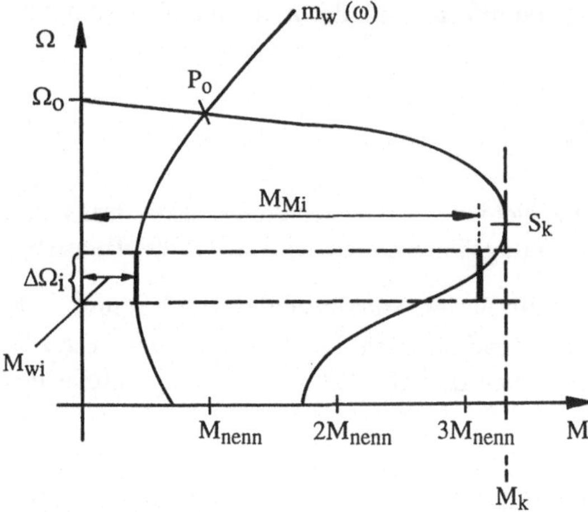

Abb. 4.10. Anlaufvorgang eines Asynchronmotors mit Kurzschlußläufer

Die Winkelgeschwindigkeit des *i*ten Abschnittes ist

$$\Omega_i = \sum_{i=0}^{i} \Delta\Omega_i \ , \tag{4.44}$$

die Anlaufzeit bis zum stationären Arbeitspunkt umfaßt *n* Intervalle

$$t_A = \sum_{i=0}^{n} \Delta t_i \tag{4.45}$$

Die Steuerung des Anlaufvorganges erfolgt durch Verstellen der Ständerspannung. Die klassische Stern-Dreieck-Anlaufschaltung ermöglicht, die Ständerstrangspannung im Verhältnis $1/\sqrt{3}$ gegenüber Dreieckschaltung herabzusetzen. Das Motormoment während des Anlaufs vermindert sich auf 1/3. Auch mit einem vorgeschalteten Transformator oder mit vorgeschalteten Widerständen im Ständerkreis kann eine Sanftanlaufschaltung erreicht werden. Eine elektronische Schaltung in Verbindung mit einer Ständerstromregelung ermöglicht einen steuerbaren Sanftanlauf. Das Prinzip beruht auf Anschnittsteuerung der Ständerspannung (vgl. Abschn. 4.3).

Mit allen angegebenen Schaltungen ist eine Steuerung des Anlaufmomentes nur im Sinne einer Verkleinerung möglich. Reicht das natürliche Anlaufmoment nicht aus, ist ein größerer Motor oder ein Asynchronmotor mit Schleifringläufer einzusetzen. Ein Asynchronmotor mit Schleifringläufer kann günstigenfalls mit seinem Kippmoment anfahren. Durch sinnvolle Stufung des Läufer-Anlaßwiderstandes von dem Maximalwert R_n auf den Minimalwert R_0 kann das Anlaufmoment zwischen einem maximalen Anzugsmoment M_A und einem unteren Grenzmoment M_G gehalten

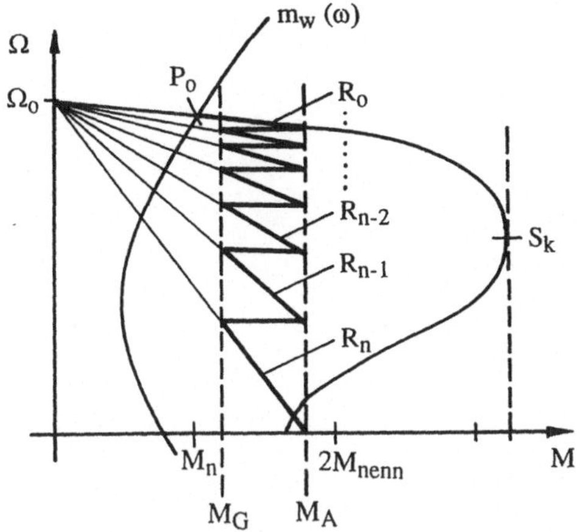

Abb. 4.11. Anlaufvorgang eines Asynchronmotors mit Schleifringläufer

werden (Abb. 4.11). Soweit der Anlaufvorgang sich auf den geradlinigen Teil der Motorkennlinie beschränkt, kann für das Verhältnis aufeinanderfolgender Widerstände das Schaltverhältnis

$$\lambda = \frac{R_n}{R_{(n-1)}} = \frac{M_A}{M_G} \tag{4.46}$$

angegeben werden.

Der Anlasser habe z Stufen. Dann ist

$$\lambda^z = \frac{R_n}{R_{(n-1)}} \cdot \frac{R_{(n-1)}}{R_{(n-2)}} \cdot \ldots \cdot \frac{R_1}{R_0} \tag{4.47}$$

$$z = \frac{\lg R_n / R_0}{\lg \lambda} \tag{4.48}$$

Je größer die Stufenzahl z des Anlassers ist, desto kleiner ist das Schaltverhältnis λ. Mit einer stufenlosen Steuerung des Anlaßwiderstandes, beispielsweise nach Abb. 4.12 kann

$$\lambda = \frac{M_A}{M_G} = 1$$

erreicht werden.

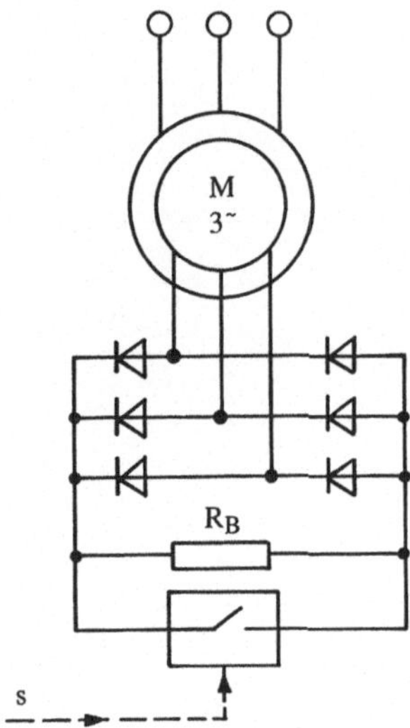

Abb. 4.12. Stufenlose Steuerung des Anlaufvorganges durch Pulssteuerung des Widerstandes im Rotorkreis

4.2.2. Bremssteuerungen

Der Asynchronmotor arbeitet im Bremsbetrieb, wenn das Produkt aus Drehmoment und Winkelgeschwindigkeit negativ wird (Abb. 4.13), die Kennlinie des Motors als Bremse muß also im 2. oder 4. Quadranten des Kennlinienfeldes verlaufen. Durch Umschalten der Umlaufrichtung des Drehfeldes kann man erreichen, daß im 2. und im 4. Quadranten eine Bremswirkung auftritt. Die "Gegenstrombremsung" im 2. Quadranten bewirkt das Abbremsen der Last auf Null, dort muß der Motor vom Netz getrennt werden. Er würde anderenfalls in Gegenrichtung anlaufen. In Verbindung mit einer "aktiven Last" ergibt sich im 4. Quadranten ein stabiler Arbeitspunkt. Die abgebremste Energie wird in das Netz zurückgespeist. Es liegt "Generatorische Bremsung" vor, die Maschine arbeitet übersynchron.
Ein Abbremsen aktiver Lasten wir auch möglich im 4. Quadranten. Ein stabiler Arbeitspunkt P_4 ergibt sich nur, wenn erhebliche Zusatzwiderstände in den Läuferkreis eingeschaltet werden. Die gesamte abgebremste Energie wird als Verlustleistung umgesetzt.

Ein bremsendes Moment im untersynchronen Bereich wird bei einphasigem Netzanschluß des Motors erreicht, wenn zugleich mit Hilfe von Widerständen im Läuferkreis der Kippschlupf $s_k>1$ gemacht wird. Bei der in Abb. 4.14 vorausgesetzten Schaltung ergibt sich die Amplitude der Strangspannung des Mitsystems und des Gegensystems je zu 1/3 der verketteten Netzspannung.

$$U_{s1} = U_{s2} = \frac{1}{3} U_N \tag{4.49}$$

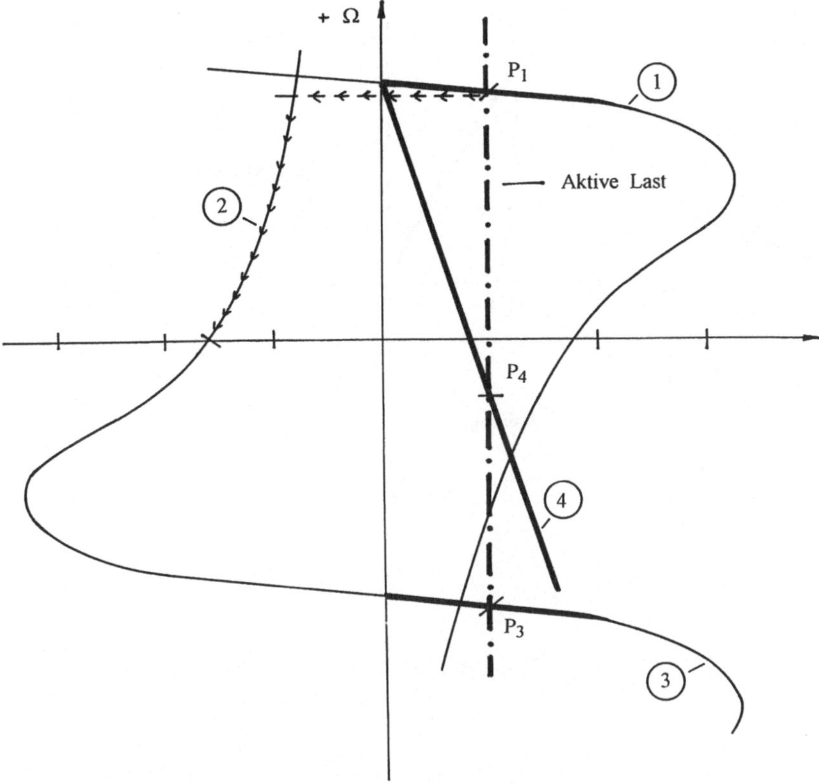

Abb. 4.13. Bremsbetrieb eines Asynchronmotors

1. : Motorische Kennlinie; Arbeitspunkt P1

2. : Gegenstrombremskennlinie
2 > S > 1, Drehfeldrichtung geändert gegenüber **1:**

3. : Generatorische Bremskennlinie, Arbeitspunkt P3
S < 0, Drehfeldrichtung geändert gegenüber **1:**

4. : Gegenstrombremskennlinie, Arbeitspunkt P4
S > 1

Das Drehmoment des Mitsystems und das Drehmoment des Gegensystems überlagern sich zum resultierenden Moment

$$M = \frac{2M_K}{3\left(S/S_K + S_K/S\right)} - \frac{2M_K}{3\left(\frac{2-S}{S_K} + \frac{S_K}{2-S}\right)} \tag{4.50}$$

M_K : Kippmoment im dreiphasigen Motorbetrieb, Gleichung (4.26)

S : Schlupf des Mitsystems

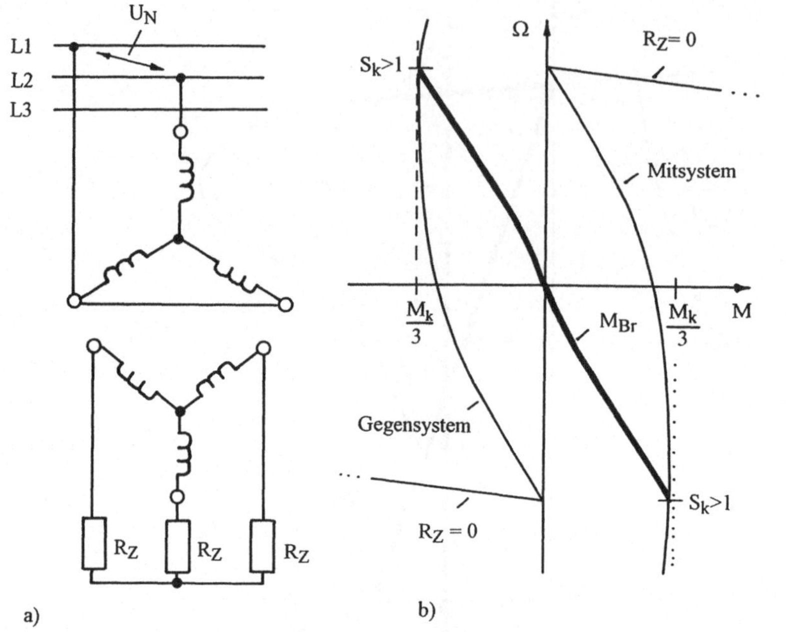

Abb. 4.14. Untersynchrone Bremsung, Schaltung (a) und Kennlinienfeld (b)

Durch Steuerung des Läuferzusatzwiderstandes R_z kann die Kennlinienneigung eingestellt werden.

Ein bremsendes Moment kann in einer rotierenden Asynchronmaschine auch dadurch erreicht werden, daß der Ständer vom Netz getrennt und mit Gleichstrom erregt wird. In der Maschine wird ein räumlich feststehendes Feld als Grenzfall eines Drehfeldes aufgebaut, das in den rotierenden Wicklungen des Rotors Spannungen induziert. Das Wirkungsprinzip entspricht einer Synchronmaschine mit feststehendem Polrad und rotierender Dreiphasenwicklung (Außenpolmaschine). Für gleiche Relativgeschwindigkeit des Rotors gegenüber dem Feld ergibt sich aus einer Leistungsbetrachtung die Proportion

$$\frac{M_{\text{Brems}}}{M_{\text{Motor}}} = \frac{I_{\text{s Brems}}}{I_{\text{s Motor}}} \tag{4.51}$$

$I_{\text{s Brems}}$: äquivalenter Ständerstrom bei Gleichstrombremsung

$\underline{I}_{\text{s}} = k \cdot I_{\text{g}}$

I_{g} : eingespeister Gleichstrom

k : Schaltungsfaktor, Tafel 4.1

$I_{\text{s Motor}}$: Ständerstrom bei Motorbetrieb

Tafel 4.1. Schaltungsmöglichkeiten der Ständerwicklung bei Gleichstrombremsung

Schaltung der Ständerwicklung bei Gleichstrombremsung	I_g, R_1, R_1, R_1	I_g, R_1, R_1, R_1	I_g, R_1, R_1, R_1	I_g, R_1, R_1, R_1	I_g, R_1, R_1, R_1
Gesamt – widerstand R_g	$2R_1$	$3/2\,R_1$	$3R_1$	$2/3\,R_1$	$1/2\,R_1$
K	$\sqrt{2/3}$	$1/\sqrt{2}$	$2/3\sqrt{2}$	$\sqrt{2}/3$	$1/\sqrt{6}$

Daraus kann das Bremsmoment der Maschine bei Gleichstrombremsung aus dem Motormoment konstruiert werden. Die Relativgeschwindigkeit der Rotorwicklung gegenüber dem Feld wird mit Ω_r gekennzeichnet. In den Rotorkreis der Maschine sind erhebliche Widerstände einzubauen (das 10 - 50fache des natürlichen Rotorwiderstandes) damit über einen größeren Drehzahlbereich ein hinreichendes Bremsmoment auftritt. Die in Abb. 4.15 dargestellte Konstruktion ist unabhängig von der Sättigung der Maschine gültig.

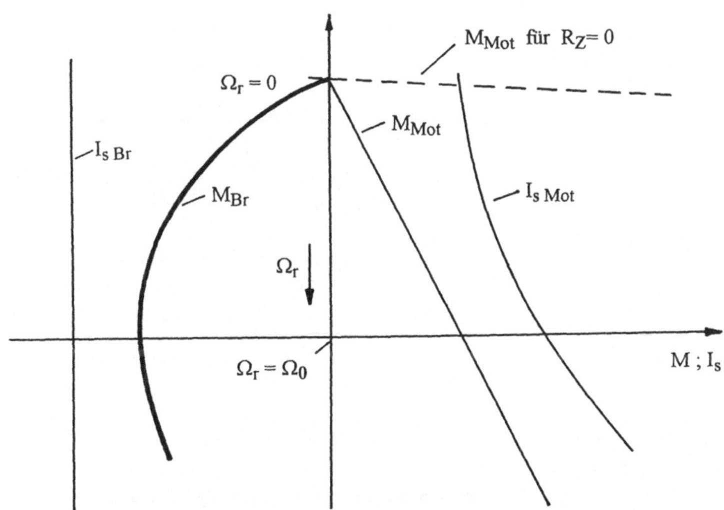

Abb. 4.15. Konstruktion der Bremskennlinie für Gleichstrombremsung aus der Motorkennlinie. Für jede Relativgeschwindigkeit Ω_{rv} gilt

$$\frac{M_{\mathrm{Br}\nu}}{M_{\mathrm{Mot}\nu}} = \frac{I^2_{\mathrm{SBr}\nu}}{I^2_{\mathrm{SMot}\nu}}$$

4.2.3 Gerätetechnische Realisierung der Anlauf- und Bremssteuerung

Anlauf- und Bremssteuerungen werden klassisch als Schützen- und Relaissteuerung realisiert. Die Grundschaltungen sind genormt. Die Abbildungen 4.16 und 4.17 zeigen typische Beispiele.

Speicherprogrammierbare Steuerungen können neben anderen Steuerungsaufgaben auch die Aufgabe der Anlauf- und Bremssteuerungen übernehmen. Speicherprogrammierbare Steuerungen sind Rechner, die aus Eingangsinformationen auf der Grundlage eines eingeschriebenen Programms Ausgangsinformationen berechnen. Sie benötigen dazu eine endliche Zeit, die Zykluszeit t_z.

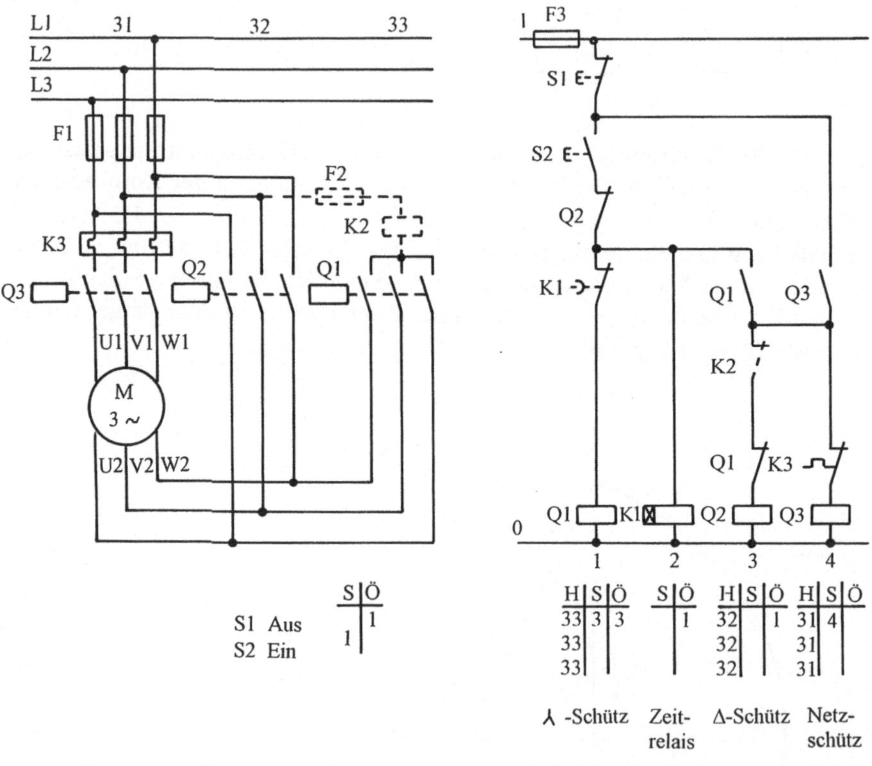

Abb. 4.16. Stern-Dreieck-Anlaßautomatik, Beispiel für eine standardisierte Antriebsgrundschaltung
Wirkungsweise: Über *S2* erhalten das Sternschütz *Q1* und das Zeitrelais *K1* Spannung. Danach schaltet der Schließer selbst. Nach Ablauf der Einstellzeit wird *Q1* durch den Öffner *K1* abgeschaltet. Dadurch erhält das Dreieckschütz *Q2* über Öffner *Q2* Spannung und schaltet mit seinem Öffner im Stromweg *1* das Zeitrelais ab.
Bei Motorleistungen über 10 kW kann ein Lichtbogenschutz (Relais *K2*) vorgesehen werden.

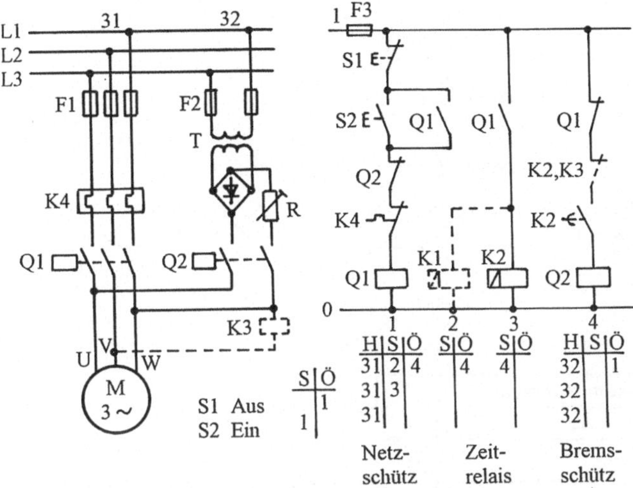

Abb. 4.17. Automatische Gleichstrom-Bremsschaltung
Wirkungsweise: Mit *S2* wird über Schütz *Q1* der Motor direkt eingeschaltet, im Strompfad *2* die Selbsthaltung von *Q1* veranlaßt, Stromweg *4* unterbrochen, *K2* erregt und damit im Stromweg *4* über Schließer K2 die Bremsung vorbereitet. Beim Abschalten von *Q1* wird *K2* stromlos und über Öffner *Q1* im Stromweg *4* der Bremsvorgang eingeleitet. Nach Ablauf der Abfallverzögerung wird durch Schließer *K2* im Stromweg *4* der Bremsvorgang beendet. Die Bremswirkung läßt sich über *R* variieren. Zum Schutz der Gleichrichter gegen zu hohe Spannungs beanspruchung können zusätzlich die Relais *K1* oder *K3* vorgesehen werden.

Diese ist vom Umfang der Informationsverarbeitung abhängig. Abb. 4.18 erläutert das Wirkungsprinzip. Die Programmierung erfolgt mit einem Programmier- und Inbetriebnahmegerät auf der Grundlage eines Kontaktplanes in Analogie zu Schützen- und Relaissteuerungen. Die Programmierung kann auch über eine Anweisungsliste erfolgen, wie in Abb. 4.18 angedeutet wurde. Zur Programmierung umfangreicher Steuerungen eignet sich der Funktionsplan nach DIN 40719 (vgl. Abschn. 1).

4.2.4 Motorauswahl bei zeitlich veränderlicher Belastung

Anlauf- und Bremsvorgänge verursachen Stromwärmeverluste, zusätzlich zur stationären Belastung. Sie sind direkt berechenbar, soweit ein Zusammenhang zwischen Anlaufmoment bzw. Bremsmoment und Strom quantitativ bekannt ist. Bei ungesteuertem Anlauf und Bremsung von Asynchronmotoren ist ein solcher Zusammenhang nicht bekannt. Es ist jedoch möglich, die Verlustarbeit beim einmaligen Anlauf, Bremsen oder Reversieren abzuschätzen und bei der Motorenauswahl zu berücksichtigen.

Unter Annahme eines während des Anlaufs konstanten Motormomentes $M{=}M_A$ und eines konstanten Widerstandsmomentes M_W (Abb. 4.19) erhält man für einen

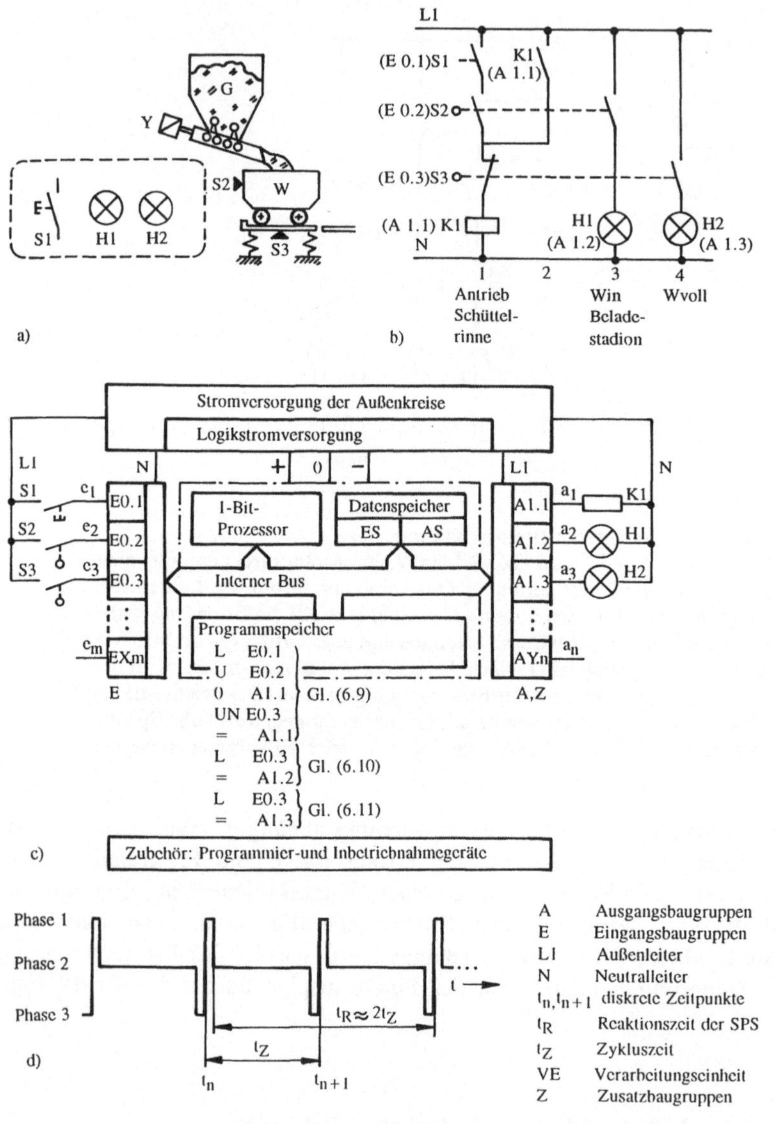

Abb. 4.18. Zur Erläuterung des Prinzips und der Arbeitsweise einer speicherprogrammier baren Steuerung
a) Steuerobjekt (Beladestation)
Funktion: Sobald *E0.2* geschlossen ist, befindet sich ein Wagen *W* in der Belade station. *A1.2* meldet diesen Sachverhalt. Nunmehr kann der Schüttelrinnenantrieb *Y* durch Betätigen der Starttaste *E0.1* über den Schütz *A1.1* eingeschaltet werden. Dadurch wird *W* mit dem Schüttgut *G* gefüllt. Sobald der Wagen voll ist, spricht *E0.3* an. Dies bewirkt, daß *Y* über *K1* wieder abgeschaltet und der Zustand *"W voll"* durch *A1.3* gemeldet wird.
b) verbindungsprogrammierte,
c) speicherprogrammierbare Steuereinrichtung zur Steuerung der Beladestation
d) Dreiphasen-Taktzyklus der speicherprogrammierbaren Steuerung

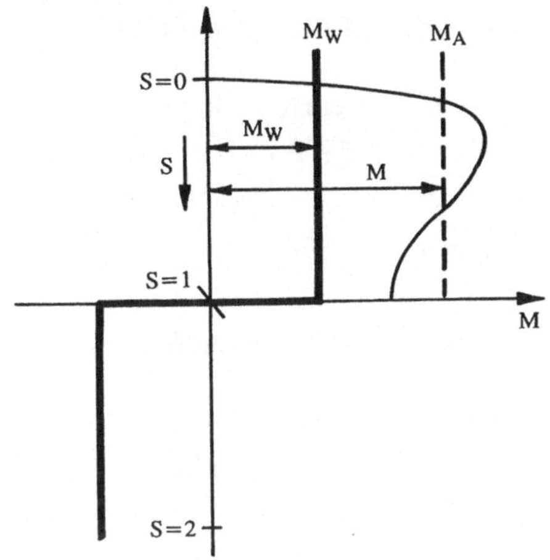

Abb. 4.19. Zur Abschätzung der Verlustarbeit beim Anlauf und bei Bremsung von Asynchronmotoren

einmaligen Anlaufvorgang von Schlupf $S = 1$ auf Schlupf $S = 0$ die Verlustarbeit

$$Q_\mathrm{A} = \left(1 + \frac{R_\mathrm{s}}{R_\mathrm{s}'}\right) \cdot \frac{M_\mathrm{A}}{M_\mathrm{A} - M_\mathrm{W}} \cdot \frac{J \cdot \Omega_0^{\;2}}{2} \tag{4.52}$$

Entsprechend ergibt sich für Gegenstrombremsbetrieb für ein konstantes bremsendes Motormoment $M = -M_\mathrm{A}$ und ein konstantes Widerstandsmoment M_W zwischen dem Anfangsschlupf $S = 2$ und dem Endschlupf $S = 1$

$$Q_\mathrm{B} = \left(1 + \frac{R_\mathrm{s}}{R_\mathrm{r}'}\right) \cdot \frac{-M_\mathrm{A}}{-M_\mathrm{A} - M_\mathrm{W}} \cdot 3 \frac{J \cdot \Omega_0^{\;2}}{2} \tag{4.53}$$

Für den Fall vernachlässigbaren Widerstandsmomentes $M_\mathrm{W} \approx 0$ ergibt sich die Verlustarbeit eines Reversiervorganges zu

$$Q_\mathrm{0R} = \left(1 + \frac{R_\mathrm{s}}{R_\mathrm{r}'}\right) \cdot 4 \frac{J \cdot \Omega_0^{\;2}}{2} \tag{4.54}$$

Die Gleichungen (4.52), (4.53), (4.54) geben nur eine grobe Orientierung. Zu bedenken ist, daß das Widerstandsverhältnis $R_\mathrm{s}/R_\mathrm{r}'$ die Stromverdrängung im Rotorkäfig einschließt, die meist nicht genau bekannt ist, und daß weitere Fehler durch den nicht konstanten Magnetisierungsstrom des Motors und durch nichtkonstante Streureaktanzen entstehen.

Unter Berücksichtigung der Verluste bei Anlauf- und Bremsvorgängen erweitert sich die Verlustleistungsbilanz des Motors gegenüber Gleichung (2.10)

$$p_V(t) = (P_{V0} + p_{V2}(t) + (z_A \cdot Q_A + z_B \cdot Q_B)\, J/J_{Mot} \qquad (4.55)$$

P_{vo}	: konstanter Verlustanteil, Leerlaufverluste
$p_{v_2}(t) = k_2 \cdot m_M^{\ 2}$	: Verlustanteil, der quadratisch von der Belastung abhängt, Lastverluste
z_A	: Anlaufhäufigkeit
z_B	: Bremshäufigkeit
J/J_{Motor}	: Trägheitsmoment der gesamten zu beschleunigenden Massen, bezogen auf das Trägheitsmoment des Motors
$z_A \cdot Q_A \cdot J/J_{Motor}$	: Verlustleistung infolge der Anlaufvorgänge
$z_B \cdot Q_B \cdot J/J_{Motor}$	: Verlustleistung infolge der Bremsvorgänge

Wenn die Schwankungen der Verlustleistung rasch gegenüber den thermischen Zeitkonstanten der Maschine verlaufen, kann der Motordimensionierung der Mittelwert der Verlustleistung zu Grunde gelegt werden (vgl. Abschn. 2.3).

$$\overline{p_v} = \frac{1}{T}\int_{\delta}^{T} p_v(t)dt \qquad (4.56)$$

4.2.5 Motorschutz

Der Motorschutz hat die Aufgabe, den Motor vor unzulässigen Überlastungen zu schützen, betriebsmäßige Überlastungen jedoch zuzulassen.

Das entscheidende Dimensionierungskriterium ist die Übertemperatur der Wicklungen. Durch Einbau von Temperaturfühlern kann die Wicklungstemperatur direkt erfaßt werden. Beim Erreichen von Grenzwerten erfolgt eine Gefahrmeldung und schließlich eine Abschaltung des Motors.

Die Wicklungsübertemperatur kann indirekt aus dem Ständerstrom abgeleitet werden. In rechnergesteuerten Antrieben findet ein "thermisches Modell" Anwendung, impliziert in den Rechner. In klassischen Antrieben finden weiterhin thermische Relais auf Basis von Bimetallen oder auch Sicherungen Anwendung. Überstrom-Zeit-Diagramme ermöglichen, das Zusammenwirken von Motor und

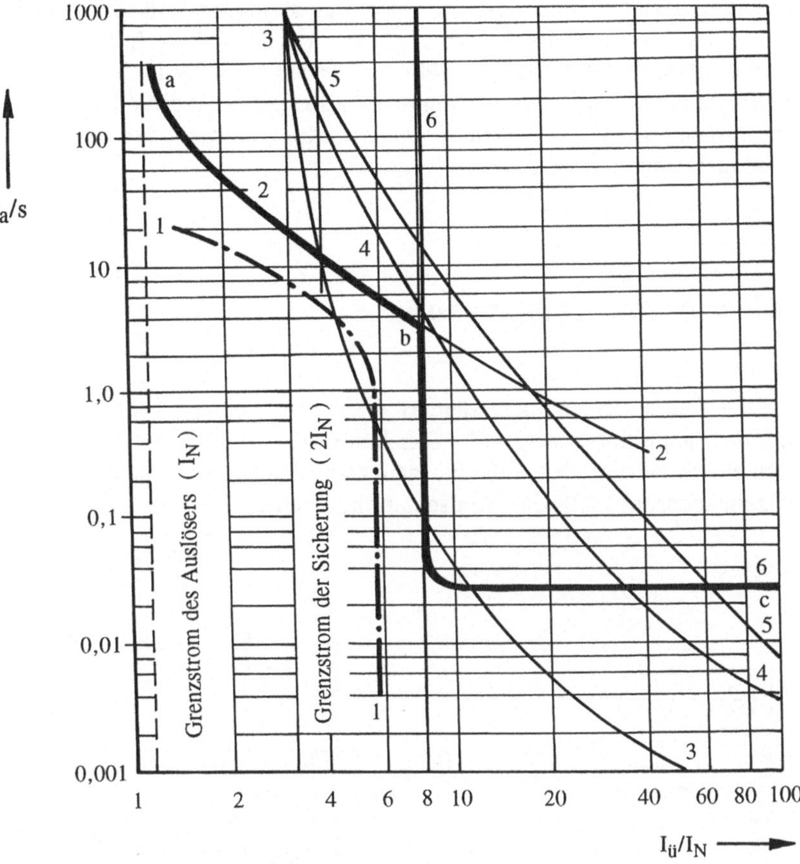

Abb. 4.20. Überstromzeitdiagramm des Anlaufvorganges eines Asynchronmotors und angepaßter Schutzglieder
t_a: Ansprechzeit des Schutzgliedes
$I_ü$: konstanter Überstrom

1 Wärmeäquivalente Motoranlaufkennlinie: $I_{M,\,eff} = f(t)$
2 Kennlinie des Auslösers
3 Kennlinie einer flinken Sicherung
4 Kennlinie einer kurzträgen Sicherung $t_a = f(I_ü)$
5 Kennlinie einer vollträgen Sicherung
6 Kennlinie eines magnetischen Schnellauslösers

Schutzgliedern zu studieren. In Abb. 4.20 wird der Anlaufvorgang eines Asynchronmotors durch seinen Effektivwert

$$i_{eff}(t) = \sqrt{\frac{1}{t}\int_0^t i_{Anlauf}(t)^2\,dt} \tag{4.57}$$

beschrieben. Die Überstrom-Zeit-Kennlinie der Schutzglieder soll die Anlaufkennlinie des Motors gut umschließen, darf sie aber nicht schneiden. In klassischen Antrieben werden meist Bimetallauslöser und magnetische Auslöser kombiniert.

Da in Industrieanlagen häufig Unterspannungen auftreten, die bei voll belasteten Motoren Überströme zur Folge haben, enthalten Motorschutzgeräte auch eine Unterspannungsauslösung.

4.3 Ständerspannungssteuerung

Verminderung der Ständerspannung verändert die Motorkennlinie im Sinne einer Verkleinerung des Kippmomentes, vgl. Gleichung (4.29). Dieser Effekt kann genutzt werden zur Steuerung des Anlaufvorganges im Sinne eines "Sanftanlaufes" oder zur Drehzahlsteuerung, falls der Kippschlupf hinreichend groß ist. (Abb. 4.21)

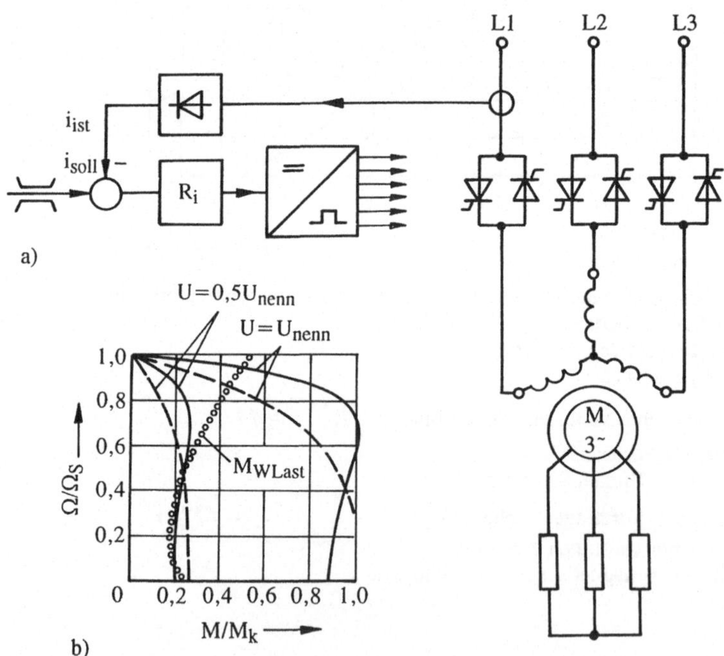

Abb. 4.21. Symmetrische Spannungssteuerung von Asynchronmaschinen
a) Prinzipschaltung mit Stromregelung und Strombegrenzung
b) Drehzahl-Drehmoment-Kennlinienfeld
———— Motor ohne Rotorzusatzwiderstand
— — — Motor mit Rotorzusatzwiderstand bzw. Widerstandsläufer
ooooooo Widerstandsmoment der Last (Lüfter)

Diese Art der Drehzahlsteuerung ist im Grunde eine "Schlupfsteuerung". Im Rotor der Maschine treten, schlupfabhängig, erhebliche Verluste auf

$$P_{\mathrm{rv}} = P_{\delta} \cdot S = M \cdot \Omega_0 \cdot S \tag{4.58}$$

Wegen der erhöhten Verluste und wegen der verschlechterten Abkühlungsbedingungen kann der Motor nur vermindert belastet werden. Schlupfabhängig kann etwa folgende Verlustleistung zugelassen werden

$$\frac{P_{\mathrm{v\,zul}}}{P_{\mathrm{v\,nenn}}} \approx 0,6\left(1 + s_{\mathrm{nenn}} - s\right) + 0,4 \tag{4.59}$$

Wegen der hohen Verluste ist diese Art der Steuerung heute nur im Bereich sehr kleiner Leistung gebräuchlich oder bei nur kurzzeitig betriebenen Antrieben.

Die Steuerung der Ständerspannung erfolgt durch antiparallele Ventile in den Netzzuleitungen oder im Sternpunkt des Motors. Einige, rechnerisch zu ermittelnde Belastungskenngrößen sind in Tafel 4.2 zusammengestellt.

Von praktischer Bedeutung ist die Ständerspannungssteuerung für Stellantriebe sehr kleiner Leistung. Mit einer unsymmetrischen Spannungssteuerung eines Zweiphasenasynchronmotors (Abb. 4.22a) läßt sich das in Abb. 4.22b gezeigte Kennlinienfeld realisieren. Es gilt für eine Phasenverschiebung der Spannung $\underline{U}_2$ gegenüber $\underline{U}_1$ um $\pi/2$ und für ein Amplitudenverhältnis

$$k = \frac{|U_2|}{|U_1|}$$

bei einer symmetrischen Maschine mit zwei gleichen, räumlich um 90° versetzten Wicklungen.

Das Betriebsverhalten sehr kleiner Stellmotoren wird ganz wesentlich durch den Wicklungswiderstand bestimmt. Die Grundgleichungen nach Abschn. 4.1 sind nicht gültig. Zur Beschreibung des Drehzahl-Drehmoment-Verhaltens dient die Gleichung

$$\frac{M}{M_{\mathrm{St}}} = 1 + q \cdot \frac{\Omega}{\Omega_{\mathrm{s}}} + r\left(\frac{\Omega}{\Omega_{\mathrm{s}}}\right)^2 \tag{4.60}$$

die sich aus einer Taylorentwicklung um den Stillstandspunkt ergibt. Für $k<1$ folgt aus der Summe aus mitlaufendem und gegenlaufendem Moment

$$\frac{M}{M_{\mathrm{St}}} = k + q \cdot \frac{\Omega}{\Omega_{\mathrm{s}}}\left(\frac{1+\mathrm{k}^2}{2}\right) + r\left(\frac{\Omega}{\Omega_{\mathrm{s}}}\right)^2 \cdot k \tag{4.61}$$

Für kleine Abweichungen um den Arbeitspunkt gilt der in Bild 4.22c dargestellte Signalflußplan.

Tafel 4.2. Spannungssteuerung von Asynchronmaschinen

Prinzipschaltung (auch mit Schleifringläufern und Zusatzwiderständen)	TT 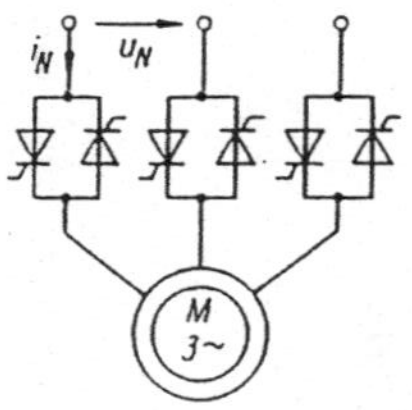	TD 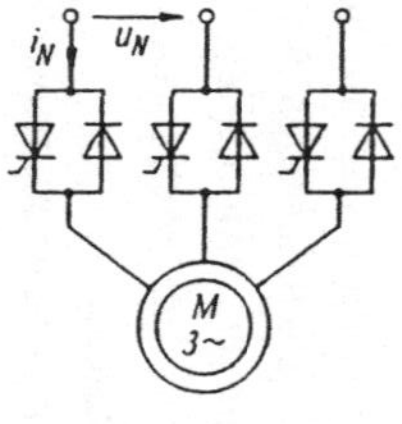	TU1 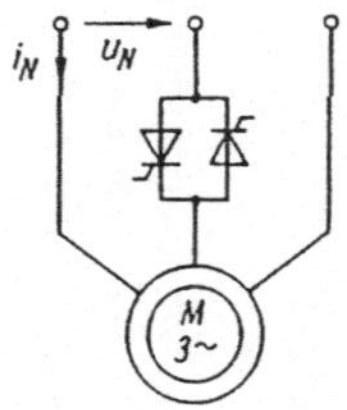
Ventilbelastung u. -aufwand			
$\hat{U}_{Th}/U_N$	1,22	2,12	1,22
$\bar{I}_F/I_n$ [1]	0,45 (0,9)	0,45	0,45 (0,9)
$\tilde{I}_F/I_N$ [1]	0,71 (1)	0,71	0,71 (1)
$\hat{I}_F/I_N$	1,41	1,41	1,41
$A = \frac{nU_{RM}\bar{I}_F}{\sqrt{3}U_N I_N}$	1,90	2,20	0,63
Oberschwingungen im Netzstrom	5; 7; 11; 13 mit Sternpunktverbindungen auch 3; 9; 15	2; 4; 5; 7;	3; 5; 7; 11; 13
Anwendung	$P_M = 3 \dots 50$ kW für Reversierbetrieb erweiterbar	$P_M = 1 \dots 10$ kW nur Einrichtungsantriebe Motorausnutzung ungünstig	zum Hochlauf mit geregelterBeschleunigung

Bezeichnungen:

n	Anzahl der Ventile	$\hat{U}_{th}$	Thyristorsperrspannung, Scheitelwert	I_N	Netzstrom, Strangstrom
U_N	Netzspannung (verkettet)	A	Aufwandskennziffer	$\bar{I}_F$	Ventilstrom, Mittelwert
		[1]	Klammerwerte gelten für Triacs	$\tilde{I}_F$	Ventilstrom, Effektivwert
				$\hat{I}_F$	Ventilstrom

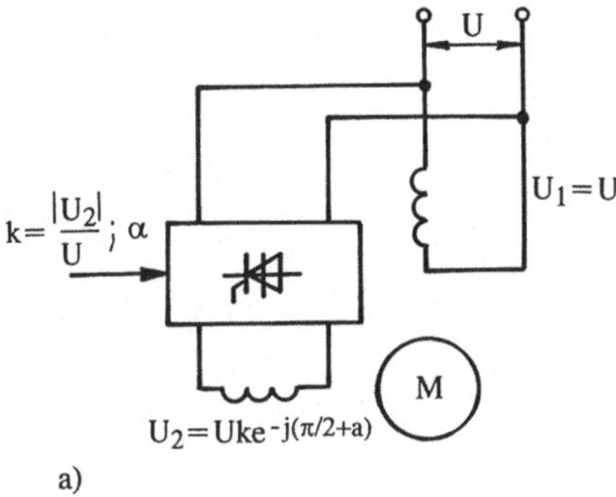

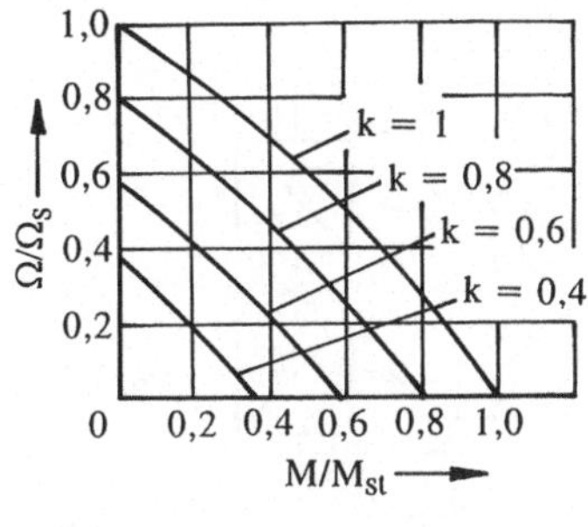

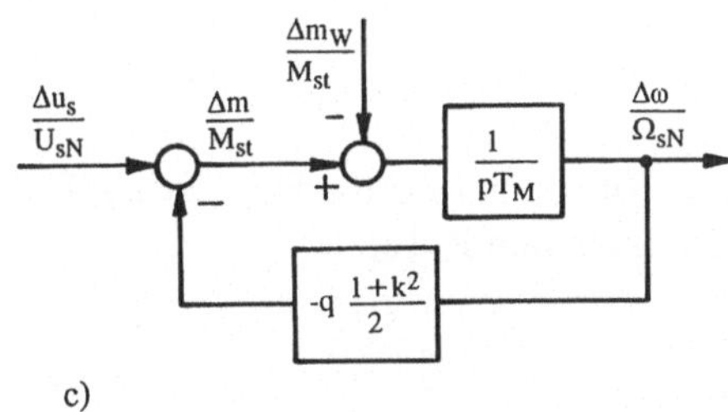

Abb.4.22. Unsymmetrische Spannungssteuerung eines Zweiphasenasynchronmotors
a) Prinzipschaltung
b) Kennlinienfeld
c) Singnalflußplan

$$T_M = \frac{J\Omega_s}{M_{st}}$$

4.4 Rotorspannungssteuerung

Die Asynchronmaschine ist im Ständer und im Läufer symmetrisch aufgebaut. Soweit die Enden der Läuferwicklungsstränge an Schleifringe geführt sind, kann sowohl ständerseitig als auch läuferseitig eine Spannung eingespeist werden. Man spricht von einer "Doppeltgespeisten Asynchronmaschine". (Abb. 4.23)
Die Maschine arbeitet ständerseitig an einem Netz konstanter Spannung und Frequenz, d. h. mit konstanter Ständerflußverkettung.
Es gilt die Ständerspannungsgleichung

$$\underline{U}_s = \underline{I}_s(R_s + jX_{\sigma s}) + \underline{U}_h \tag{4.62}$$

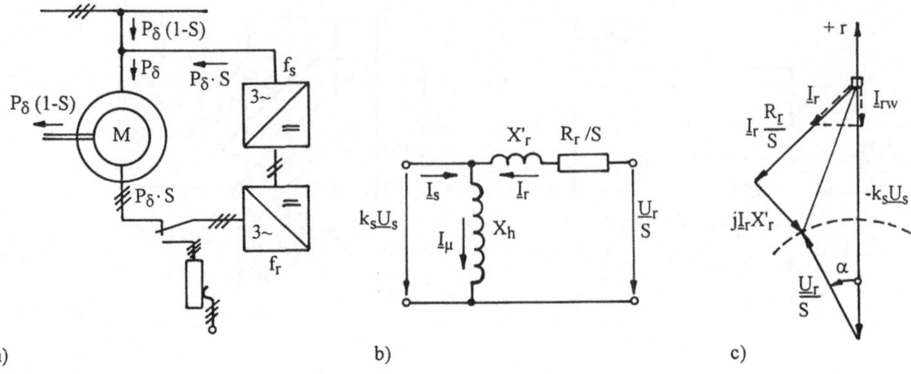

Abb. 4.23. Doppeltgespeiste Asynchronmaschine

Die Hauptfeldspannung U_h wird auch im Rotor wirksam. Der Schlupf s kennzeichnet die Relativbewegung zwischen Drehfeld und Rotor

$$S = \frac{\Omega_s - \Omega}{\Omega_s} \tag{4.63}$$

Die elektrischen Größen des Rotorkreises haben Rotorfrequenz.

$$f_r = S \cdot f_s \tag{4.64}$$

Unter Berücksichtigung einer "Frequenztransformation" kann die Rotorspannungsgleichung in Analogie zur Ständerspannungsgleichung geschrieben werden

$$\underline{U}_r = \underline{I}_r \left(R_r + jsX_{\sigma r} \right) + U_h \cdot s \tag{4.65}$$

Die Rotorspannung wird auf die reduzierte Ständerspannung bezogen

$$\underline{U}_r = k_s \cdot U_s \cdot \ddot{u} \cdot e^{j\alpha} \tag{4.66}$$

Dabei kennzeichnet

$\ddot{u}$: das Amplitudenverhältnis der Rotorzusatzspannung, bezogen auf $k_s \cdot U_s$

α : den Phasenwinkel der Rotorzusatzspannung, bezogen auf $k_s \cdot U_s$

Es gilt Ersatzschaltung und Zeigerbild nach Abb. 4.23b;c.

Aus den gegebenen Ansätzen berechnet sich der Rotorstrom zu

$$\underline{I}_{\mathrm{r}} = \frac{k_{\mathrm{s}} \cdot U_{\mathrm{s}} \left(\frac{ü}{S} \cdot e^{\mathrm{j}\alpha} - 1 \right)}{\frac{R_{\mathrm{r}}}{S} + jX_{\sigma}} = \frac{\left(\frac{R_{\mathrm{r}}}{S} - jX_{\sigma} \right) \cdot k_{\mathrm{s}} \cdot U_{\mathrm{s}} \left(\frac{ü}{S} \cdot e^{\mathrm{j}\alpha} - 1 \right)}{\left(\frac{R_{\mathrm{r}}}{S} \right)^2 + \left(X_{\sigma} \right)^2} \tag{4.67}$$

Das Motormoment ergibt sich aus dem Wirkanteil des Motorstromes zu

$$M = \frac{3 \left(k_{\mathrm{s}} \cdot U_{\mathrm{s}} \right)^2}{\Omega_{\mathrm{s}} \cdot X_{\sigma}} \cdot \frac{\left[1 - \frac{ü}{S} \cos\alpha - \frac{ü}{S_{\mathrm{K}}} \cdot \sin\alpha \right]}{\left(\frac{R_{\mathrm{r}}}{S X_{\sigma}} \right) + \left(\frac{X_{\sigma} \cdot S}{R_{\mathrm{r}}} \right)} \tag{4.68}$$

Mit den Kenngrößen

$$S_{\mathrm{K}} = \frac{R_{\mathrm{r}}}{X_{\sigma}}$$: Kippschlupf im natürlichen Betrieb der Asynchronmaschine

$$M_{\mathrm{K}} = \frac{3 \left(k_{\mathrm{s}} \cdot U_{\mathrm{s}} \right)^2}{2 X_{\sigma} \cdot \Omega_{\mathrm{s}}}$$: Kippmoment im natürlichen Bereich der Asynchronmaschine

schreibt man übersichtlicher

$$M = \frac{2 M_{\mathrm{K}}}{S/S_{\mathrm{K}} + S_{\mathrm{K}}/S} \left(1 - \frac{ü}{S} \cdot \cos\alpha - \frac{ü}{S_{\mathrm{K}}} \cdot \sin\alpha \right) \tag{4.69}$$

Damit ist das Drehzahl-Drehmoment-Verhalten der Asynchronmaschine mit Läuferzusatzspannung gekennzeichnet, unabhängig davon, mit welchen technischen Mitteln die Zusatzspannung erzeugt wird. Für M=0 erhält man den Leerlaufschlupf S_0 zu

$$S_0 = \frac{ü \cdot \cos\alpha}{1 - \frac{ü}{S_{\mathrm{K}}} \cdot \sin\alpha} \tag{4.70}$$

Der Leerlaufschlupf wird für $\alpha \approx 0$ hauptsächlich durch die Amplitude der Rotorzusatzspannung bestimmt. Elektrische Antriebe mit Rotorspannungssteuerung sind technisch nur mit relativ großem Aufwand zu realisieren, da eine Rotorzusatzspannung mit veränderlicher Rotorfrequenz erzeugt werden muß.

Von wesentlich größerer praktischer Bedeutung ist ein Sonderfall, die untersynchrone Stromrichterkaskade. Bestimmendes Element ist der rotorseitige Gleich-

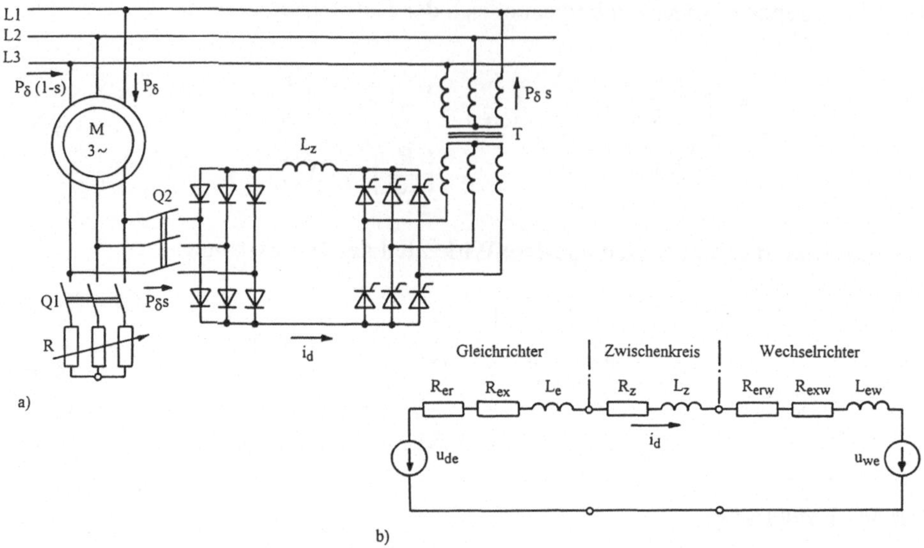

Abb. 4.24. Untersynchrone Stromrichterkaskade

spannungszwischenkreis. (Abb. 4.24) Der Gleichspannungszwischenkreis wird von der Rotorspannung des Motors über einen ungesteuerten Gleichrichter gespeist. Die Gegenspannung wird über einen steuerbaren, netzgelöschten Wechselrichter aufgebaut. Diese Anordnung ermöglicht prinzipiell nur Energiefluß vom Motor zum Netz, d. h. eine Drehzahlsteuerung ist nur untersynchron möglich. Die veränderliche Frequenz der Rotorspannung bringt keine Probleme, da die Rotorspannung von einem ungesteuerten Gleichrichter gleichgerichtet wird. Durch Steuerung der vom Wechselrichter aufgebauten Gegenspannung wird es möglich, den Schlupf des Motors und damit seine Drehzahl zu steuern.

Mit den Bezeichnungen entsprechend Abb. 4.24 gilt

$$u_{de} = i_d\left(R_{er} + R_{ex} + R_z + R_{erw} + R_{exw}\right) + \frac{di_d}{dt}\left(L_e + L_z + L_{ew}\right) + u_{we} \qquad (4.71)$$

$u_{de} = SU_h \cdot 2{,}34 - nU_{dv0}$: Ausgangsspannung des ungesteuerten Gleichrichters im Leerlauf

U_h : Hauptfeldspannung der Asynchronmaschine, Strangspannung des Motors, im Stillstand des Motor

S : Schlupf

U_{dv0} : Durchlaßspannungsabfall eines Stromrichterventils (stromunabhängiger Anteil)

n : Anzahl der in Reihe geschalteten Ventile eines Stromrichters (mindestens n=2)

$R_{er} = 3R_e I_e^2 / I_d^2 = R_e \cdot 1{,}8$	: Ersatzwiderstand infolge des ohmschen Widerstandes der Läuferwicklung
R_r	: Läuferwiderstand eines Strangs der Asynchronmaschine
$R_{ex} = (3/\pi) L_r{}' \Omega_S S$	: Ersatzwiderstand infolge der Gesamtstreuung der Asynchronmaschine
R_z	: ohmscher Widerstand des Gleichstromkreises
$L_e = L_r{}' \cdot 1{,}8$	: Ersatzinduktivität infolge der Gesamtstreuung der Asynchronmaschine
L_z	: Induktivität des Gleichstromkreises
$u_{we} = -U_{wo} \cos\alpha + nU_{dvo}$	: Eingangsspannung des Wechselrichters im Leerlauf
α	: Steuerwinkel des Wechselrichters, $90° \leq \alpha \leq 150°$
U_{dw0}	: Durchlaßspannungsabfall eines Wechselrichterventils
R_{erw}	: Ersatzwiderstand des Wechselrichters infolge der Gesamtheit der Verluste (vgl. Abschn. 3.2)
R_{exw}	: Ersatzwiderstand des Wechselrichters infolge des induktiven Gleichspannungsabfalls (vgl. Abschn.3.2)

Durch Umformung von (4.71) erhält man die Gleichung der Belastungskennlinie der untersynchronen Stromrichterkaskade zu

$$S = \frac{-U_{wo} \cos\alpha + nU_{dvo} + nU_{dwo} + I_d (R_{er} + R_{ex} + R_z + R_{erw} + R_{exw})}{U_h \cdot 2{,}34} \tag{4.72}$$

Der Leerlaufschlupf

$$S_0 = \frac{-U_{w0} \cos\alpha + nU_{dv0} + nU_{dw0}}{U_h \cdot 2{,}34} \tag{4.73}$$

kann durch Verstellen des Wechselrichtersteuerwinkels eingestellt werden.

Der Schlupf vergrößert sich bei Belastung (Abb. 4.25). Für $M > 0{,}6 M_K$ gelten kompliziertere Gesetzmäßigkeiten. Die untersynchrone Stromrichterkaskade ermöglicht nicht, die Richtung des Drehmoments im Motor umzukehren. Bremsbetrieb erfordert zusätzliche Aufwendungen, zum Beispiel ist Gleichstrombremsung möglich. Die Auslegung des Rückspeiseaggregats erfolgt entsprechend den techni-

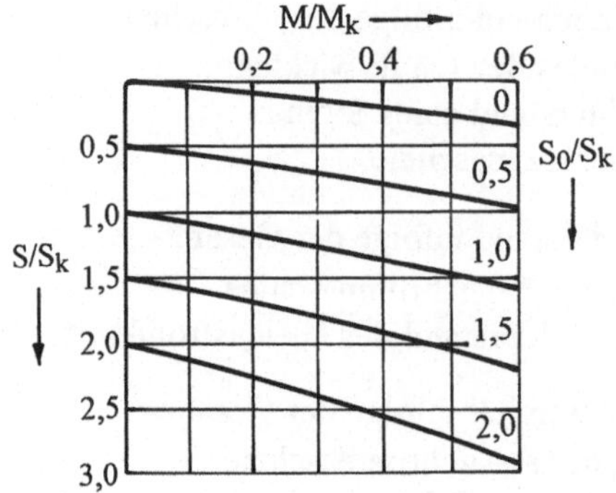

Abb. 4.25. Normierte Belastungskennlinie der untersynchronen Stromrichterkaskade für $R_z = R_{erw} = R_{exw} = 0$, bezogen auf Kippmoment M_K und Kippschlupf S_K des Asynchronmotors

schen Anforderungen häufig so, daß nur ein begrenzter Schlupfbereich realisiert werden kann, z. B. $S_0 = 0...0{,}3$. Eine Steuerung des Anlaufs vom Stillstand aus ist dann nicht möglich. Anlaufwiderstände (R im Abb. 4.24a) sind zur Steuerung des Anlaufs notwendig. Nachdem der Arbeitsbereich der Kaskadenschaltung erreicht ist, erfolgt eine Umschaltung mit Hilfe der Schalter Q_1 und Q_2.

Für Arbeitspunkte im Gültigkeitsbereich der Gleichung (4.72), d. h. für $M<0{,}6M_K$ läßt sich ein einfacher Signalflußplan der untersynchronen Stromrichterkaskade angeben. Für die Betrachtung von Änderungen um einen Arbeitspunkt genügt es, R_{ex} als konstant entsprechend dem Arbeitspunkt und $U_{dvo} = U_{dwo} = 0$ anzunehmen.

Die Normierung erfolgt mit

$U_{dio} = U_h \cdot 2{,}34$: ideelle Ausgangsgleichung des Läufergleichrichters bei Schlupf S = 1 (Stillstand des Läufers)

$$I_{st} = \frac{U_{di0}}{R_{er} + R_{ex} + R_z + R_{erw} + R_{exw}}$$: Stillstandsstrom

$$M_{St} = \frac{U_{dio} k_M \Phi_M}{R_{er} + R_{ex} + R_z + R_{erw} + R_{exw}}$$: Stillstandsmoment , gültig im gerad - linigen Teil der Motorkennlinie und bei Betrieb an Ständernennspannung

Ω_0 : ideelle Leerlaufwinkelgeschwindigkeit des Motors bei $u_w = 0$ (Winkelgeschwindigkeit des Drehfeldes)

$$S = \frac{\Omega_0 - \omega_M}{\Omega_0}$$: Schlupf

$$T_z = \frac{L_e + L_z + L_{ew}}{R_{ew} + R_{ex} + R_z + R_{erw} + R_{exw}}$$: elektrische Zeitkonstante des Antriebs

$$T_M = \frac{J\Omega_0}{M_{St}}$$: mechanische Zeitkonstante des Antriebs

Damit erhält man den im Abb. 4.26 angegebenen Signalflußplan. Offensichtlich besteht eine weitgehende Analogie zum Signalflußplan des Gleichstromantriebs.

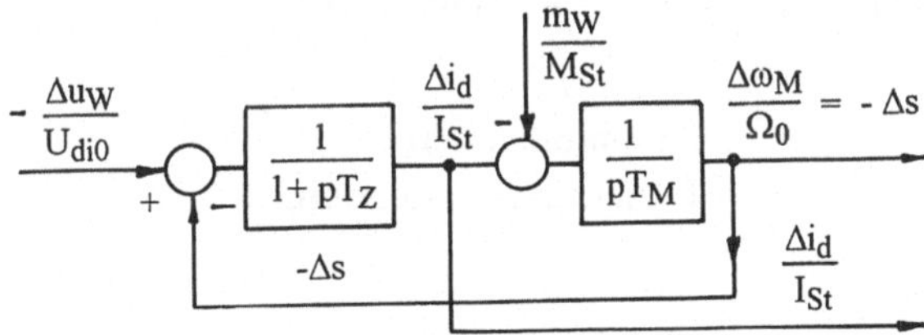

Abb. 4.26. Signalflußplan der untersynchronen Stromrichterkaskade

4.5 Schaltvorgänge und Störungen, Schutz

Beim Einschalten und Ausschalten von Asynchron- und Synchronmotoren, sowie beim Auftreten innerer Kurzschlüsse und Unterbrechungen können Überströme und Überspannungen auftreten, die die Wicklungen der Maschine und auch die Schalter stärker beanspruchen als im stationären Betrieb. Kurzgeschlossene Wicklungen halten die mit ihnen verketteten Flüsse fest und ermöglichen nur ein allmähliches Abklingen entsprechend ihrer Eigenzeitkonstante. Dieser Umstand führt in anderen, magnetisch gekoppelten Wicklungsteilen zur Spannungsinduktion. Genauere Unterzeichnungen der Vorgänge beim Schalten erfolgen rechentechnisch auf der Grundlage der Zustandsgleichungen (4.8) ... (4.12). Hier sollen lediglich einige charakteristische Grenzfälle vorgestellt werden.

Der Einschaltvorgang eines Asynchronmotors verläuft so rasch, daß der Motor für diese Zeit als feststehend betrachtet werden kann.
Bei Zeit $t = 0$ wird die Spannung

$$\underline{u}_s = U_s \cdot e^{j\alpha}$$

zugeschaltet. Der Winkel α kennzeichnet die Phasenlage der Spannung gegenüber der Wicklungsachse des Stranges a im Einschaltzeitpunkt.

Der Beschreibung wird ein mit der Netzspannung synchron umlaufendes Koordinatensystem zu Grunde gelegt. Es ist also

$$\omega_K = \omega_s$$

und die Ständerspannungsgleichung lautet

$$\underline{u}_s = \underline{i}_s \cdot R_s + \frac{d\underline{\psi}_s}{dt} + j\omega_s \underline{\psi}_s \qquad (4.74)$$

entsprechend Gleichung (4.8).

Die Berechnung des Schaltvorganges führt auf

$$\underline{i}_s = \hat{I}_K \cdot \left[e^{(\alpha - \varphi_K + \omega_s t)} - e^{j(\alpha - \varphi_K) - t/T_r'} \right] \qquad (4.75)$$

für den Ständerstrom in einem raumfesten Koordinatensystem. Es ist

$\hat{I}_K = \frac{\hat{U}_s}{\sqrt{R_s^2 + X_\sigma^2}}$: Amplitudenwert des Dauerkurzschlußstromes

$\varphi_K = arc\ \tan \frac{X_\sigma}{R_s}$: Phasenwinkel des Dauerkurzschlußstromes

$X_\sigma = \Omega_s \cdot T_r' \cdot R_s = \Omega_s \cdot L_s'$: Gesamtstreureaktanz der Asynchronmaschine

$L_s' = L_{s\sigma} + L_{r\sigma}$: Transiente Induktivität der Asynchronmaschine

Der Ständerstrom besteht aus zwei Komponenten; einer in der Amplitude konstanten, mit ω_s umlaufenden Komponente

$$\hat{I}_K \cdot e^{j(\alpha - \varphi_K + \omega_s \cdot t)} \qquad (4.76)$$

und einer in der Ebene der Wicklungsstränge feststehenden, mit der transienten Zeitkonstante

$$T_s' = \frac{L_s'}{R_s} \qquad (4.77)$$

abklingenden Komponente. Abb. 4.27 zeigt die Raumzeiger in einem raumfesten, auf den Wicklungsstrang a orientierten Koordinatensystem sowie den Strom durch den Wicklungsstrang a, der sich daraus durch Projektion des resultierenden Raumzeigers auf die Achse "a" ableiten läßt. Der Verlauf des Ständerstromes ist vom Schaltzeitpunkt der Spannung abhängig. Im ungünstigsten Fall kann der Scheitelwert des Stromes die doppelte Amplitude des Scheitelwertes des Dauerkurzschlußstromes erreichen. Das ist bei der Dimensionierung der Geräte und Schutzeinrichtungen zu beachten.

Während des Abschaltvorganges des Asynchronmotors kann ebenfalls vorausgesetzt werden, daß die Motordrehzahl konstant bleibt. Nach Betätigen des Schal-

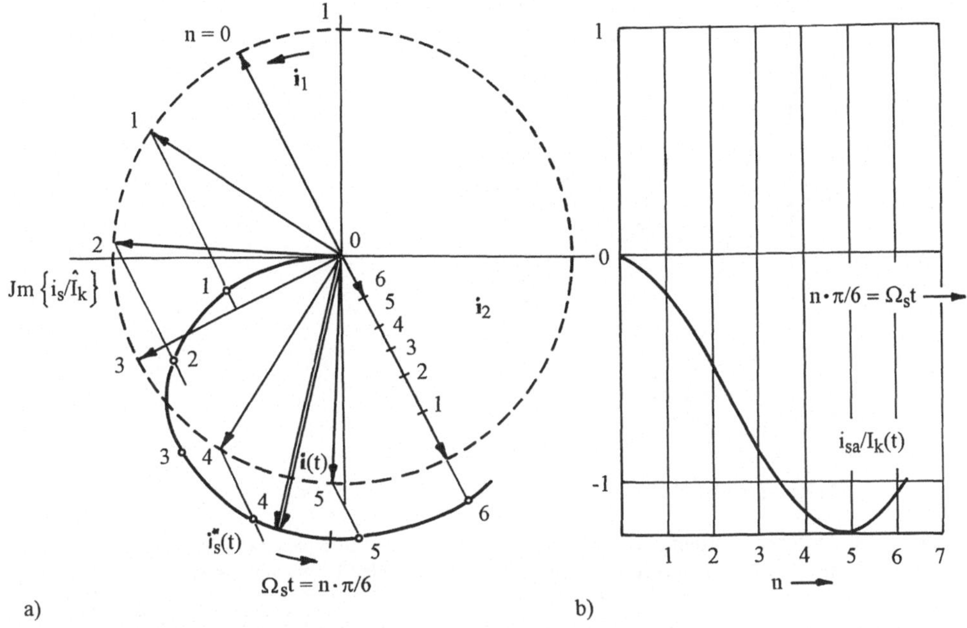

Abb. 4.27. Vektor des Ständerstroms beim Einschalten der stillstehenden Asynchronmaschine (a) und Zeitverlauf des Ständerstroms im Strang *a* der Maschine (b)
———— Ortskurve des Vektors $\boldsymbol{i}_s(t)$
— — — Einheitskreis

ters bzw. nach Sperren der Ventile ist nach etwa 10 ms der Motor vollständig vom Netz getrennt. Die kurzgeschlossene Rotorwicklung hält ihre Flußverkettung aufrecht. Die Amplitude der Rotorflußverkettung ändert sich während dieser "Abtrennphase" nur geringfügig. Das anschließende Abklingen der Rotorflußverkettung wird bestimmt durch die Rotorzeitkonstante

$$T_r = \frac{L_r}{R_r} \tag{4.78}$$

Die Rotorflußverkettung läuft gegenüber der Ständerwicklung mit der mechanischen Winkelgeschwindigkeit

$$\omega = \omega_s(1-s) \tag{4.79}$$

um und induziert dadurch in der Ständerwicklung eine Spannung, die im Ständerkoordinatensystem aufgeschrieben werden kann zu

$$\underline{u}_s = U_{s1}(1-s) \cdot e^{-t/T_r} \cdot e^{j(1-s)\omega_s \cdot t} \tag{4.80}$$

U_{s1} : Ständerspannung vor dem Abtrennen des Motors vom Netz

s : Schlupf (vgl. Gleichung 4.20)

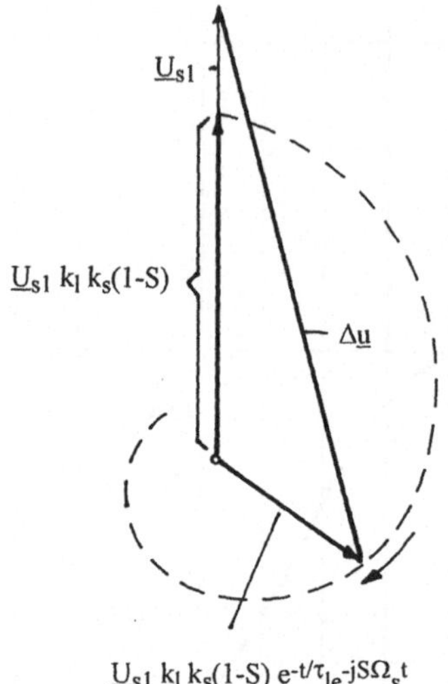

Abb. 4.28. Differenzspannung Δu zwischen Ständerklemmen und Netz beim Abschalten des Motors. (Darstellung im synchron umlaufenden Koordinatensystem)

In Bild 4.28 sind die Ständerspannung $\underline{U}_{s1}$, die der Netzspannung entspricht, und die nach dem Abtrennen im Ständer induzierte Spannung $\underline{U}_s$ im netzsynchron umlaufenden Koordinatensystem dargestellt. Die Spannung $\underline{U}_{s1}$ ist ein feststehender Zeiger, die Spannung $\underline{U}_s$ läuft mit $-s\omega_s t$ um und klingt mit der Zeitkonstante T_r ab. Es tritt an der Schaltstrecke eine Spannungsdifferenz

$$\Delta\underline{u} = \underline{U}_{s1}\left(1-(1-s)e^{-t/T_r}\cdot e^{-js\omega_s\cdot t}\right) \tag{4.81}$$

auf. Im ungünstigsten Fall kann diese das doppelte des Scheitelwertes der Netzspannung erreichen. Die Schaltstrecke muß für diese Sperrspannung isoliert werden.

Beispiel 4.1: Antrieb eines Kranhubwerkes

Ein Kranhubwerk ist mit einem Drehstrom-Asynchronmotor mit Schleifringläufer ausgerüstet. Dem Leistungsschild sind folgende Daten zu entnehmen.

Nennleistung	P_n	=	15 kW
Nenndrehzahl	n_n	=	1440 min-1
Ständernennspannung	U_{sn}	=	380 V
Stillstandsspannung des Rotors	U_{ron}	=	205 V
Ständernennstrom	I_{sn}	=	31,5 A

Kippmoment zu Nennmoment $M_K / M_n = 3$

Relative Einschaltdauer ED = 40 %

Widerstand eines Rotorstranges R_r = 0,06 Ω

Daraus sind folgende weitere Daten berechenbar:

Nennmoment bei 40 % ED:

$$M_n = \frac{P_n}{2\pi \cdot n_n} = \frac{15 \cdot 10^3 \mathrm{W} \cdot 60 \cdot \mathrm{s}}{2\pi \cdot 1440} = 100 \mathrm{Ws} = 100 \mathrm{Nm}$$

Synchrondrehzahl des Drehfeldes: $n_0 = 1500 \,\mathrm{min}^{-1}$

Nennschlupf: $S_n = \frac{n_0 - n_n}{n_0} = 0{,}04$

Übersetzungsverhältnis der Wicklungen: $ü = \frac{U_{sn}}{U_{ron}} = \frac{380\mathrm{V}}{205\ \mathrm{V}} = 1{,}85$

Rotorwiderstand, bezogen auf die Ständerseite:

$$R_r' = R_r \cdot ü^2 = 0{,}06\Omega \cdot 1{,}85^2 = 0{,}205\Omega$$

Abb. 4.29 zeigt die Schaltung des Leistungskreises.

Betrieb im Hubsinne: Q_1 ein; Q_2 ein,
Steuerung des Anlaufvorganges über R_1.

Betrieb im Senksinne, übersynchrone Bremsung: Q_1 ein; Q_3 ein,

Betrieb im Senksinne, untersynchrone Bremsung: Q_1 ein; Q_4 ein,
Steuerung des Senkvorganges über R_1

<u>Berechnung der Betriebskennlinie des Motors:</u>

Der Schleifringläufermotor ist frei von Stromverdrängung, es gilt die Kloß´sche Formel

$$\frac{M}{M_k} = \frac{2}{S/S_k + S_k/S}$$

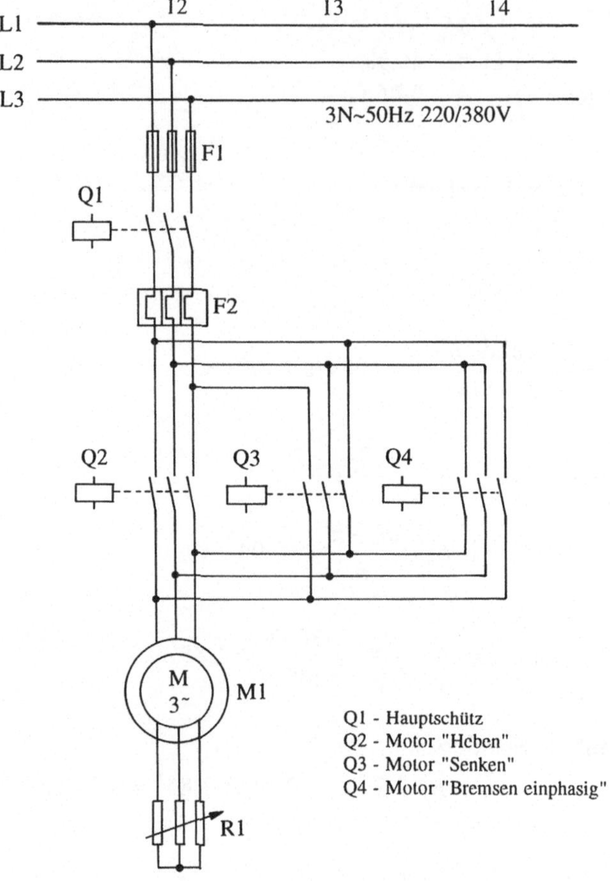

Abb. 4.29. Kranhubwerk, Schaltung des Leistungskreises

Im Betrieb des Nennpunktes ist $S/S_k << S_k/S$, deshalb

$$\frac{M}{M_k} = 2 \cdot \frac{S}{S_k}$$

Daraus ergibt sich der Kippschlupf zu

$$S_k = 2S_n \cdot \frac{M_k}{M_n} = 2 \cdot 0,04 \cdot 3 = 0,24$$

Die Gesamtstreureaktanz, bezogen auf die Ständerseite ist

$$X_\sigma = \frac{R_r'}{S_k} = \frac{0,205\Omega}{0,24} = 0,85\Omega$$

Wegen der Sättigung der Eisenwege ist diese Reaktanz nicht konstant. Die vorliegende Rechnung ist deshalb nicht völlig genau, liefert aber praktisch brauchbare Ergebnisse. Die Motorkennlinie ist in Abb. 4.30 dargestellt.

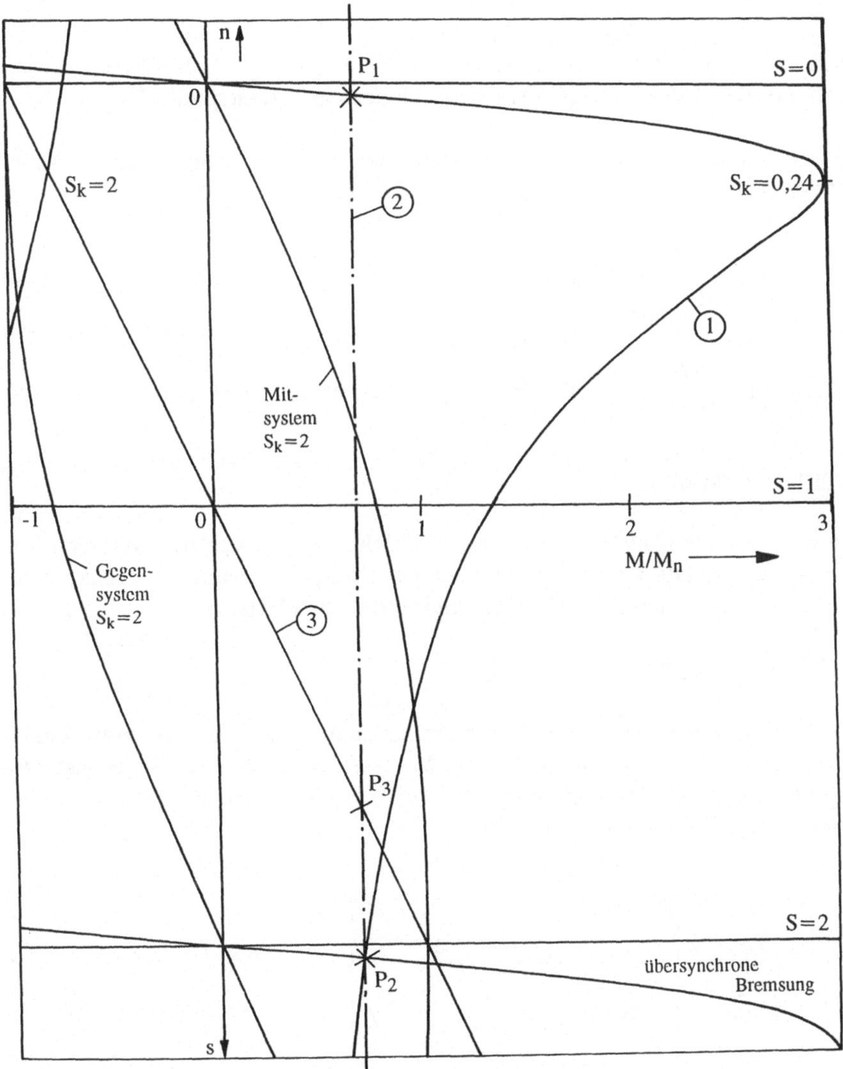

Abb. 4.30. Kennlinien im motorischen und im Bremsbetrieb
①: Motorkennlinie
②: Widerstandsmoment der aktiven Last $M_W = 0{,}7\ M_n$

Berechnung des Anlaufs im Hubsinn:

Der Anlaufvorgang wird gesteuert durch Abschalten von Widerständen im Rotorkreis. Soll der Anlaufvorgang bei Schlupf $S = 1$ mit Motornennmoment beginnen, berechnet sich der maximal erforderliche Rotorwiderstand je Strang zu

$$\frac{R_{\mathrm{rges}}}{R_{\mathrm{r}}} = \frac{1}{S_{\mathrm{n}}} = 25 \; ; \; R_{\mathrm{rges}} = 1{,}5\Omega$$

Dieser Widerstand wird während des Anlaufvorganges auf $R_{\mathrm{r}} = 0{,}06\ \Omega$ verkleinert. Danach arbeitet der Antrieb für die Dauer des Hebens im Arbeitspunkt P1.

Die Verlustleistung, die im Motor während der Hubbewegung auftritt, kann abgeschätzt werden zu

$$\frac{P_{\mathrm{vh}}}{P_{\mathrm{vn}}} = \left(\frac{M}{M_{\mathrm{n}}}\right)^2$$

und beläuft sich für $\dfrac{M}{M_{\mathrm{n}}} = 0{,}7$ auf etwa 0,5 der Nennverlustleistung.

Übersynchrone Bremsung

Durch Umschalten der Umlaufrichtung des Drehfeldes ergibt sich bei aktiver Last der Arbeitspunkt P2. Die Last wird mit übersynchroner Bremsung abgesenkt. Die Verlustleistung erreicht dieselbe Höhe wie im motorischen Betrieb.

Untersynchrone Bremsung

In der Maschine bildet sich eine mitlaufende und eine gegenlaufende Feldkomponente aus. Das Kippmoment des Mitsystems und des Gegensystems reduziert sich auf je 1/3 des Kippmomentes im Normalbetrieb. Es gilt die Drehmomentgleichung

$$\frac{M}{M_{\mathrm{k}}} = \frac{2}{3}\left[\frac{1}{S/S_{\mathrm{k}} + S_{\mathrm{k}}/S} - \frac{1}{\dfrac{2-S}{S_{\mathrm{k}}} + \dfrac{S_{\mathrm{k}}}{2-S}}\right]$$

Durch Einschalten von Widerständen in den Rotorkreis wird der Kippschlupf vergrößert. Für $S_{\mathrm{k}} = 2$ gilt Kennlinie ③. Während des Absenkens der aktiven Last stellt sich der Arbeitspunkt P3 ein. Die Belastbarkeit des Motors als untersynchrone Bremse ist auf 1/3 des Kippmoments im Normalbetrieb begrenzt.

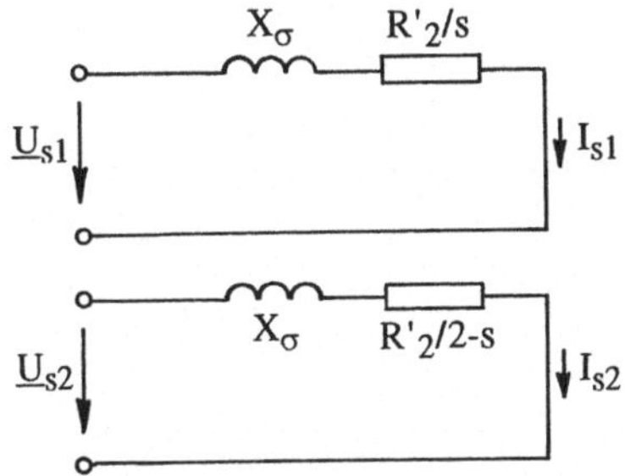

Abb. 4.31. Vereinfachte Ersatzschaltung für untersynchrone Bremsung

Zur Berechnung der Ströme und Verlustleistungen genügt die vereinfachte Ersatzschaltung in Abb. 4.31. Das Mitsystem wird beschrieben durch die Spannung $\underline{U}_{S1}$, das Gegensystem durch die Spannung $\underline{U}_{S2}$.

Für den Strom des Mitsystems folgt,

$$I_{S1} = \frac{U_{Nn}}{3 \cdot \sqrt{\left(\frac{R_r}{S}\right)^2 + X_\sigma^2}}$$

für den Strom des Gegensystems

$$I_{S2} = \frac{U_{Nn}}{3 \cdot \sqrt{\left(\frac{R_r}{2-S}\right)^2 + X_\sigma^2}}$$

Für eine typische Kennlinie wird $S_{Ku} = 2$ gewählt.

Wegen $$\frac{S_{Ku}}{S_K} = \frac{R'_{ru}}{R'_r}$$

stellt sich diese Kennlinie für einen bezogenen Rotorkreisgesamtwiderstand $R'_{ru} = 1{,}72\ \Omega$ ein.

Legt man das Moment der abzusenkenden Last auf $M = 0{,}7\ M_n$ fest, ergibt sich der Schlupf zu $S_{senk} = 1{,}7$.

Man erhält

$$I_{S1} = \frac{380\mathrm{V}}{3 \cdot \sqrt{\left(\frac{1,72}{1,7}\right)^2 + 0,86^2} \cdot \Omega} = 96\mathrm{A}$$

$$I_{S2} = \frac{380\mathrm{V}}{3 \cdot \sqrt{\left(\frac{1,72}{0,3}\right)^2 + 0,86^2} \cdot \Omega} = 21,9\mathrm{A}$$

und daraus die Verlustleistung beim Senken mit untersynchroner Bremsung:

$$\frac{P_{\mathrm{vsenk}}}{P_{\mathrm{vnenn}}} = \left(\frac{I_{\mathrm{S1senk}}}{I_{\mathrm{snenn}}}\right)^2 + \left(\frac{I_{\mathrm{S2senk}}}{I_{\mathrm{snenn}}}\right)^2 = 9,8$$

Diese teilt sich im Verhältnis der Widerstände auf Motor und Rotorwiderstand auf. Im Motor entsteht die bezogene Verlustleistung

$$\frac{P_{\mathrm{vS2}}}{P_{\mathrm{vnenn}}} = 9,8 \cdot \frac{0,207}{1,72} = 1,18$$

Thermische Nachrechnung des Motors

Der thermischen Nachrechnung wird das in Abb. 4.32 dargestellte Lastspiel zugrunde gelegt. Dieses Lastspiel entspricht Erfahrungen, die mit ähnlichen Antrieben gewonnen wurden. Es stellt jedoch nur eine grobe Orientierung dar. Aus der Hubdauer t_h, der Senkdauer t_s und den dazwischenliegenden Pausen ergibt sich die relative Einschaltdauer

$$ED = \frac{t_{\mathrm{h}} + t_{\mathrm{s}}}{t_{\mathrm{h}} + t_{\mathrm{p1}} + t_{\mathrm{s}} + t_{\mathrm{p2}}} = 40\%$$

Das entspricht den Nenndaten des Motors.

Die bezogene mittlere Verlustleistung während der Einschaltdauer ergibt sich zu

$$\frac{P_{\mathrm{vm}}}{P_{\mathrm{vn}}} = \frac{1}{t_{\mathrm{h}} + t_{\mathrm{s}}} \cdot \left[\frac{P_{\mathrm{vh}}}{P_{\mathrm{vn}}} \cdot t_{\mathrm{n}} + \frac{P_{\mathrm{vS1}\cdot}}{P_{\mathrm{vn}}} \cdot t_{\mathrm{S1}} + \frac{P_{\mathrm{vS2}\cdot}}{P_{\mathrm{vn}}} \cdot t_{\mathrm{S2}}\right]$$

$$= \frac{1}{2\,\mathrm{min}} \cdot \left[0,5 \cdot 1\,\mathrm{min} + 0,5 \cdot 0,5\,\mathrm{min} + 1,18 \cdot 0,5\,\mathrm{min}\right]$$

$$\frac{P_{\mathrm{vm}}}{P_{\mathrm{vn}}} = 0,67 \quad < \quad 1$$

Diese mittlere Verlustleistung ist zulässig. Zu beachten sind die erhöhten Verluste während der Zeit der untersynchronen Bremsung.

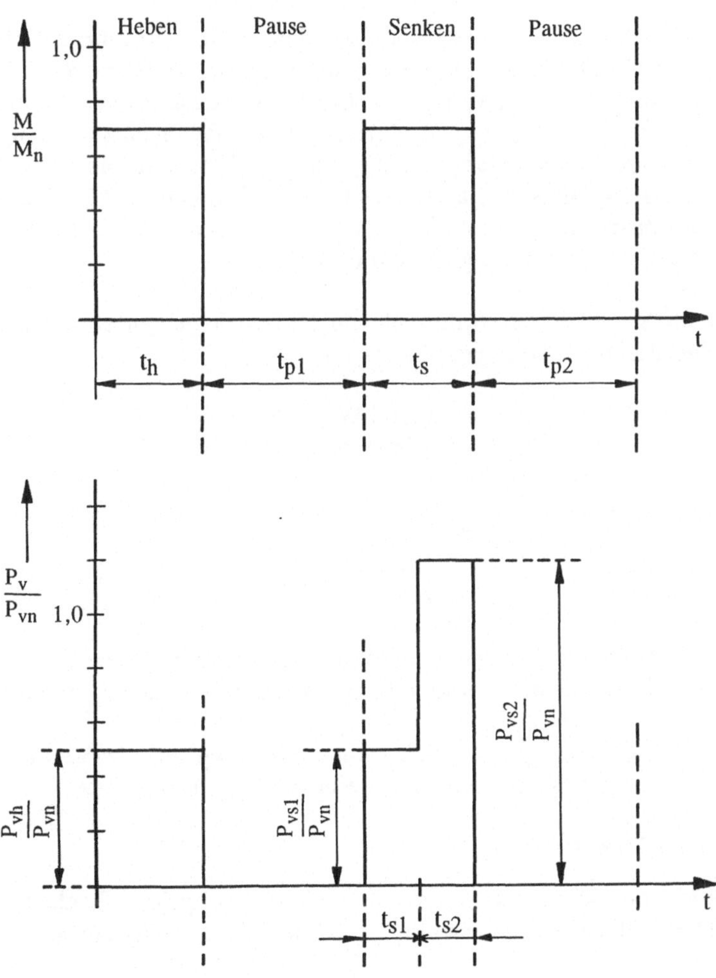

Abb. 4.32. Typisches Beispiel eines Kranhubwerkes
a) Bezogenes Drehmoment
b) Bezogene Verlustleistung
t_n = 1 min Hubdauer
t_{p1} = 1,5 min Pause
ts1 = 0,5 min Senkdauer mit übersynchroner Bremsung
ts2 = 0,5 min Senkdauer mit untersynchroner Bremsung
tp2 = 1,5 min Pause

Beispiel 4.2: Antrieb einer Gewindeschneidmaschine

Der Antriebsmotor einer Gewindeschneidmaschine soll bezüglich seiner thermischen Belastung nachgerechnet werden. Der Motor wirkt wahlweise über den Getriebzug 1 oder den Getriebezug 2 auf die Schneidspindel. Die Arbeitsweise der Maschine ist durch folgende, ständig wiederkehrende Vorgänge gekennzeichnet:

Zu Beginn eines Spieles fährt der Schneidbohrer S aus dem oberen Umkehrpunkt P im Eilgang (Getriebezug G_1, Drehzahl + n_{A1}) bis an das vorgebohrte Werkstück W heran. Dann wird K_1 abgeschaltet und über K_2, G_2 die Spindeldrehzahl auf die technologisch erforderliche Drehzahl ($+n_{A2}$) reduziert, worauf der Schneidvorgang beginnt. Ist die gewünschte Gewindetiefe erreicht, wird der Motor reversiert und das Werkzeug fährt zunächst langsam ($-n_{A2}$), nachdem der Getriebezug G_1 wieder eingelegt ist, mit maximaler Geschwindigkeit ($-n_{A1}$) zum oberen Umkehrpunkt zurück, worauf die geschilderten Vorgänge erneut einsetzen.

Der Motor arbeitet im Schaltbetrieb. Aufgrund von Vorüberlegungen wurde ein Spezialmotor mit folgenden Nenndaten gewählt.

Nennleistung	P_n =	0,18 kW
Nenndrehzahl	n_n =	1360 min-1
Anzugsmoment zu Nennmoment	M_a/M_n	= 3
Trägheitsmoment des Motors	J_M =	2,4 kgcm²
Leerreversierschalthäufigkeit	z_{oR} =	4500 h^{-1}

Die Leerreversierschalthäufigkeit z_{oR} kennzeichnet die thermische zulässige Reversierschalthäufigkeit des leerlaufenden Motors ohne ein zusätzlich angekoppeltes Trägheitsmoment.
Die Leerreversierschalthäufigkeit z_{oR} kennzeichnet in Verbindung mit der Verlustarbeit eines Reversiervorganges Q_{oR} die zulässige Verlustleistung des Motors

$$P_{vzul} = P_{vo} + z_{oR} \cdot Q_{oR}$$

Es muß geprüft werden, ob die unter Belastung und mit angekoppelten Trägheitsmoment auftretende tatsächliche Verlustleistung P_{vtats} kleiner als die zulässige ist

$$P_{vtats} = P_{vo} + z_{tats} \cdot Q_{oR} \cdot \frac{1}{FI} \cdot f_B$$

$$P_{vtats} \le P_{vzul}$$

$$\text{Der Trägheitsfaktor FI} = \frac{\text{Gesamtträgheitsmoment des Antriebs}}{\text{Trägheitsmoment des Motors}}$$

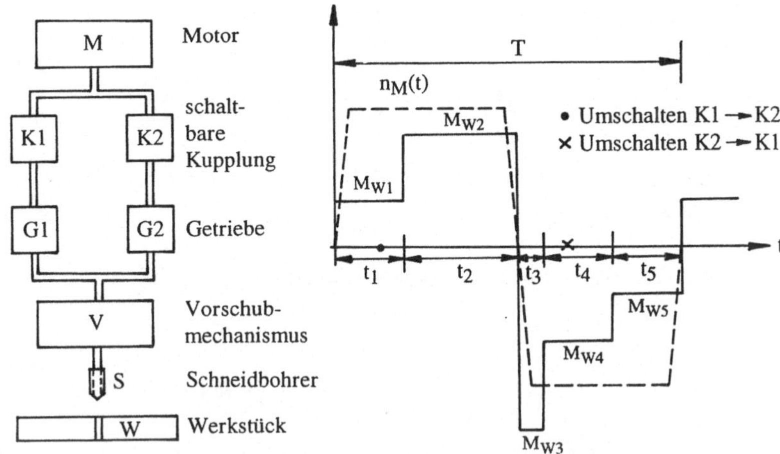

Abb. 4.33. Antriebsschema (a) und zeitliches Ablaufdiagramm (b) einer Gewindeschneidemaschine

und der Belastungsfaktor

$$f_B = \left[1 - \left(\frac{M_{eff}}{M_n}\right)^2\right]$$

berücksichtigen die Belastung des Motors

Der Nachrechnung wird folgendes Lastspiel zugrunde gelegt:

$t_1 = 0{,}40$ s	$M_{W1} = 0{,}45$ Nm
$t_2 = 3{,}20$ s	$M_{W2} = 0{,}55$ Nm
$t_3 = 0{,}40$ s	$M_{W3} = 1{,}60$ Nm
$t_4 = 0{,}56$ s	$M_{W4} = 1{,}35$ Nm
$t_5 = 0{,}40$ s	$M_{W5} = 0{,}45$ Nm

Trägheitsmoment des Getriebezuges 1: $J_{G1} = 1{,}54$ kg cm²
bezogen auf die Motorwelle.
Trägheitsmoment des Getriebezuges 2: $J_{G2} = 1{,}54$ kg cm²
bezogen auf die Motorwelle.

Die Spieldauer beträgt $t_{sp} = t_1 + t_2 + t_3 + t_4 + t_5 = 4{,}96$ s

Innerhalb eines Spiels finden zwei Reversiervorgänge statt.
Die Reversierschalthäufigkeit beträgt

$$z_t = \frac{z}{4{,}96\ \text{s}} \cdot 3600 \frac{\text{s}}{\text{h}} = 1451{,}6 \frac{1}{\text{h}}$$

Der stationären Belastung entspricht ein Effektivmoment

$$M_{\text{eff}} = \sqrt{\frac{1}{t_{\text{sp}}}\left(M_{\text{W1}}^2 t_1 + M_{\text{W2}}^2 t_2 + M_{\text{W3}}^2 t_3 + M_{\text{W4}}^2 t_4 + M_{\text{W5}}^2 t_5\right)}$$

$$M_{\text{eff}} = 0{,}80 \text{ Nm}$$

Aus den Nenndaten des Motors ergibt sich das Nennmoment

$$M_{\text{n}} = \frac{P_{\text{n}}/\text{W}}{0{,}105 \cdot n_{\text{n}}/\text{min}^{-1}} = \frac{180}{o{,}105 \cdot 1360} \text{ Nm} = 1{,}25 \text{ Nm}$$

Die stationäre Belastung wird gekennzeichnet durch den Belastungsfaktor

$$f_{\text{B}} = \left[1 - \left(\frac{M_{\text{eff}}}{M_{\text{n}}}\right)^2\right] = (1 - 0{,}403) = 0{,}6$$

Der Belastungsfaktor gibt an, in welchem Maße die zulässige Schalthäufigkeit infolge der stationären Belastung gesenkt werden muß.

Es wird ferner geprüft, ob der Motor das während des Lastspiels maximal auftretende Moment aufbringen kann. Das Anzugsmoment des Motors ist etwa gleich dem Kippmoment. Es ist

$$M_{\text{a}} = 2{,}1 \cdot M_{\text{n}} = 2{,}65 \text{ Nm}$$

Dieses kann zu etwa 80 % ausgelastet werden. Das Maximalmoment von $M_{\text{max}} = M_{\text{W3}}$ = 1,60 Nm kann in jedem Fall aufgebracht werden.

Die Verlustarbeit beim Reversieren ist dem Gesamtträgheitsmoment des Antriebs proportional. Das berücksichtigt der Trägheitsfaktor

$$FI = \frac{J_{\text{M}} + J_{\text{G}}}{J_{\text{M}}} = \frac{2{,}4 \text{kg cm}^2 + 1{,}54 \text{kg cm}^2}{2{,}4 \text{kg cm}^2} = 1{,}64$$

Die zulässige Reversierschalthäufigkeit des Motors reduziert sich gegenüber der gegebenen Leerreversierschalthäufigkeit z_{oR} um die Faktoren t_{B} und 1/FI

$$z_{\text{zul}} = \frac{1}{FI} \cdot f_{\text{B}} \cdot z_{\text{oR}} = \frac{1}{1{,}64} \cdot 0{,}6 \cdot 4500 \frac{1}{\text{h}} = 1646 \frac{1}{\text{h}}$$

Diese ist größer als die tatsächlich auftretende Schalthäufigkeit von z_t = 1452 1/h, der Motor wurde also richtig ausgewählt.

Die Nachrechnung des Motors hat nur orientierenden Charakter. Einerseits unterliegt das Lastspiel wesentlichen Änderungen, andererseits wurde auch die Verlustarbeit beim Schalten nur orientierend berücksichtigt.

5 Frequenzgesteuerte Drehstromantriebe

Frequenzgesteuerte Drehstromantriebe sind eine Funktionseinheit aus leistungselektronischem Stellglied, elektromagnetisch-mechanischem Energiewandler und Steuereinrichtung. Sie beziehen die elektrische Energie meist über einen Gleichstromzwischenkreis aus dem Netz, arbeiten aber unabhängig von Frequenz und Phasenlage der Netzspannung. Das Betriebsverhalten wird durch die Art der Steuerung bestimmt. Eine theoretische Beschreibung des Betriebsverhaltens der Drehstrommaschine kann sich daher nicht an der Netzspannung orientieren, sondern muß sich auf die inneren Vorgänge in der Asynchronmaschine beziehen. Diese werden bestimmt durch die Durchflutungen und Flußverkettungen.

Zur Beschreibung der Drehfeldmaschine wird ein Koordinatensystem eingeführt, das feldsynchron umläuft, ein feldorientiertes Koordinatensystem. Gegenüber der Wicklungsachse läuft dieses mit Ständerfrequenz ω_s um. Die Ständerfrequenz ist eine veränderliche Größe. Die Spannungsgleichungen der Drehfeldmaschine ergeben sich im feldorientierten Koordinatensystem aus Gleichung 4.7 zu:

$$\underline{u}_s^\varphi = \underline{i}_s^\varphi \cdot R_s + \frac{d\,\underline{\psi}_s^\varphi}{dt} + j\omega_s \underline{\psi}_s^\varphi \tag{5.1}$$

$$\underline{u}_r^\varphi = \underline{i}_r^\varphi \cdot R_r + \frac{d\,\underline{\psi}_r^\varphi}{dt} + j\omega_r \underline{\psi}_r^\varphi \tag{5.2}$$

Unabhängig vom Koordinatensystem gelten die Gleichungen für die Flußverkettung

$$\underline{\psi}_s = \underline{i}_s \cdot L_s + \underline{i}_r \cdot L_m \tag{5.3}$$

$$\underline{\psi}_r = \underline{i}_r \cdot L_r + \underline{i}_s \cdot L_m \tag{5.4}$$

und für das Drehmoment

$$m = \frac{3}{2} z_p \cdot \mathrm{Im}\left\{\underline{\psi}_s^* \cdot \underline{i}_s\right\} = -\frac{3}{2} z_p \cdot \mathrm{Im}\left\{\underline{\psi}_r^* \cdot \underline{i}_r\right\} \tag{5.5}$$

$\mathrm{Im}\{\ \}$: Imaginärteil der Größen in $\{\ \}$

$\underline{\psi}_s^*$: konjugiert - komplexer Vektor zu $\underline{\psi}_s$

$\underline{\psi}_r^*$: konjugiert - komplexer Vektor zu $\underline{\psi}_r$

Ein zeitlich konstantes Drehmoment entsteht nur dann, wenn die Vektoren der Flußverkettung und des Stromes mit gleicher Geschwindigkeit umlaufen, so daß der von beiden eingeschlossene Winkel konstant ist.

5.1 Ständerfrequenzsteuerung über stromeinprägende Wechselrichter

5.1.1 Wirkungsweise und technische Realisierung

Durch Steuerung der elektronischen Schalter $t_1 ... t_6$ wird ein konstanter Gleichstrom so zwischen den Wicklungen der Drehfeldmaschine umgeschaltet, daß in den Wicklungssträngen jeweils um 120 ° zeitlich verschobene Rechteckströme fließen. (Abb. 5.1) Die elektronischen Schalter werden zunächst als ideal vorausgesetzt. Schaltfolgediagramm und Zustandstabelle charakterisieren die Arbeitsweise des Wechselrichters.

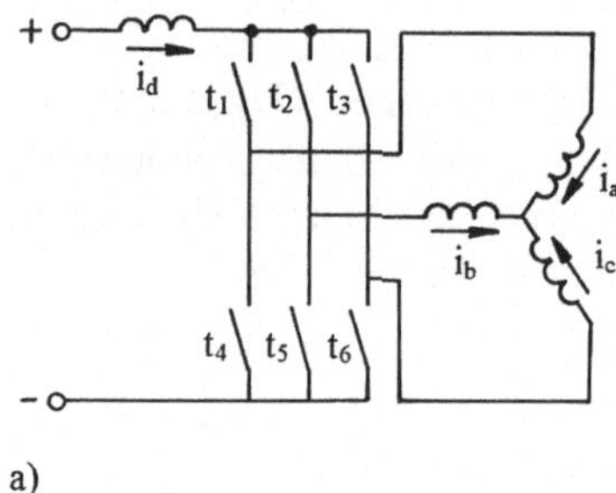

a)

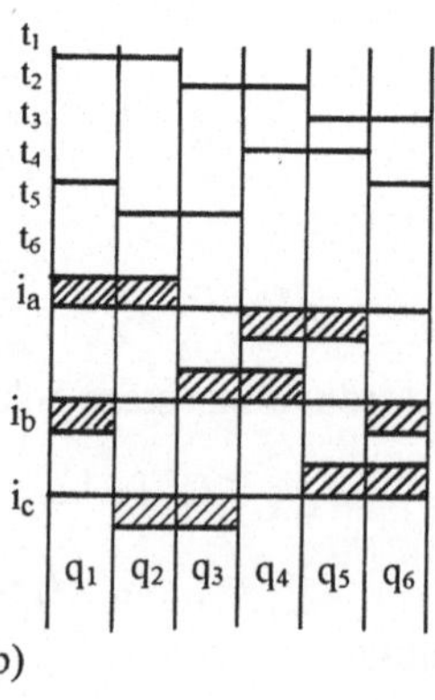

b)

q	1	2	3	4	5	6
t_1	1	1	0	0	0	0
t_2	0	0	1	1	0	0
t_3	0	0	0	0	1	1
t_4	0	0	0	1	1	0
t_5	1	0	0	0	0	1
t_6	0	1	1	0	0	0

c)

Abb. 5.1. Wirkungsprinzip des Stromwechselrichters
a) Schaltermodell der Ventilschaltung
b) Schaltfolgediagramm
c) Zustandstabelle

Die von den Strangströmen aufgebauten Durchflutungen überlagern sich zu einer Drehdurchflutung. Der Raumzeiger der Drehdurchflutung ergibt sich in der komplexen Ebene zu

$$\underline{i}_s = \frac{2}{3}\left(i_{sa} + i_{sb} \cdot e^{j120°} + i_{sc} \cdot e^{j120°}\right) \tag{5.6}$$

mit den Komponenten

$$i_{s\alpha} = \frac{2}{3}\left(i_{sa} - \frac{1}{2}i_{sb} - \frac{1}{2}i_{sc}\right)$$

$$i_{s\beta} = \frac{2}{3}\left(\frac{1}{2}\sqrt{3} \cdot i_{sb} - \frac{1}{2}\sqrt{3} \cdot i_{sc}\right)$$

Entsprechend den rechteckigen Strangströmen durchläuft der Raumzeiger der Drehdurchflutung ein regelmäßiges Sechseck. (Abb. 5.2) Die Eckpunkte des Sechseckes sind den Zuständen des Wechselrichters zugeordnet. Der Raumzeiger springt von Eckpunkt zu Eckpunkt. Der Wechselrichter arbeitet als Vektordreher, wobei der Raumzeiger der Ständerdurchflutung in der Amplitude veränderlich ist und sich in einer Schrittfolge dreht. Für die Grundwelle der Durchflutung gilt

$$\underline{i}_s = \left|i_s(t)\right| \cdot e^{j\vartheta(t)} \tag{5.7}$$

Die technische Realisierung des frequenzgesteuerten Antriebs mit stromeinprägendem Wechselrichter zeigt Abb. 5.3. Ein netzgelöschter Stromrichter speist den Gleichstromzwischenkreis mit i_d.

Der Stromwechselrichter verteilt den Strom auf die drei Stränge der Motorwicklung. Die Drossel L_D dient der Entkopplung von Gleichrichter und Wechselrichter. Der einzuprägende Ständerstrom

$$\underline{i}_s = i_{sd} + ji_{sq} = \left|i_s\right| \cdot e^{j\vartheta(t)}$$

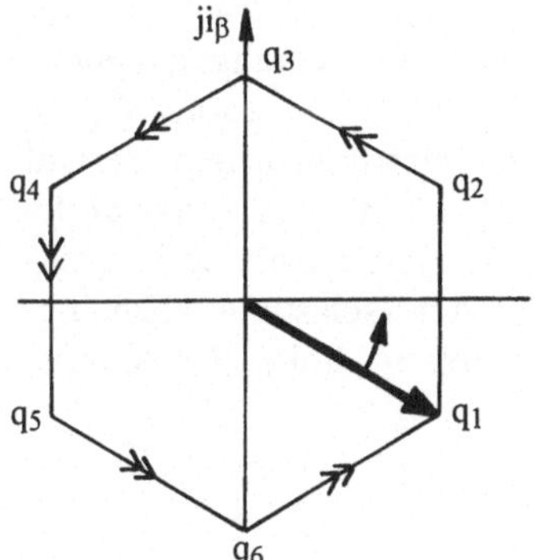

Abb. 5.2. Raumzeiger des Ständerstromes $\underline{i}_s$ in der komplexen Zahlenebene

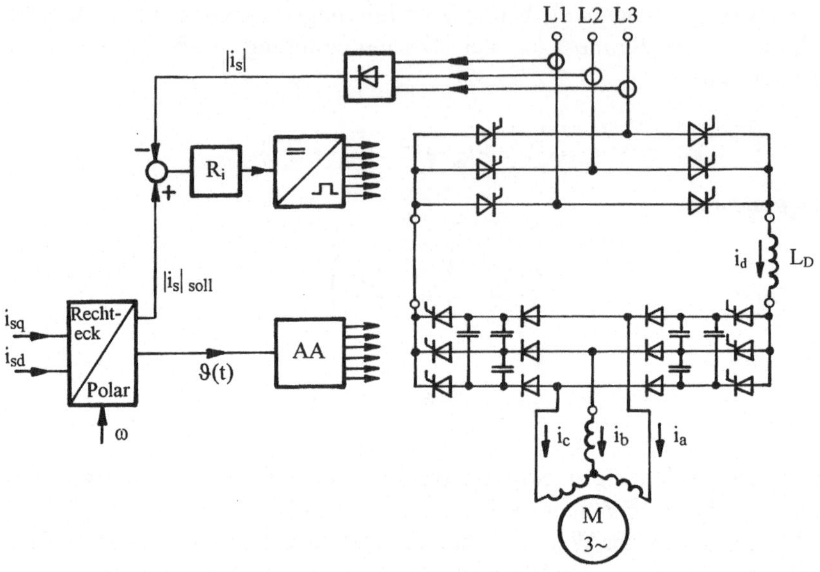

Abb. 5.3. Frequenzgesteuerter Drehstromantrieb mit Stromwechselrichter, Schaltung des Leistungskreises und Prinzip der Stromeinprägung

wird bezüglich seines Betrages durch eine Stromregelung des netzgelöschten Stromrichters und bezüglich seiner Phasenlage durch die Ansteuerung des Wechselrichters gesteuert.

Die Asynchronmaschine kann sowohl motorisch als auch generatorisch arbeiten, Wirkleistung kann über den Gleichstromzwischenkreis vom Netz zum Motor und vom Motor zum Netz fließen. Die Winkelfunktion

$$\vartheta(t) = f(i_{sd}; i_{sq}; \omega)$$

steuert den Wechselrichter so, daß sich motorischer oder generatorischer Betrieb einstellt, wobei die Stromflußrichtung in beiden Fällen gleich ist. Stromrichter und Motor bilden eine Einheit. Der Wechselrichter ist ohne den Motor nicht funktionsfähig. Der Wechselrichter arbeitet nach dem Prinzip der Phasenfolgelöschung. Das Zünden eines Thyristors bewirkt zugleich das Löschen des vorangegangenen Thyristors derselben Brückenhälfte. Die Kommutierungskondensatoren C_K in Verbindung mit transienten Induktivitäten L'_s des Motors bestimmen den Verlauf der Kommutierungsvorgänge. Die Sperrdioden verhindern das ungewollte Abfließen der Kondensatorladung. Die Größe der notwendigen Kommutierungskondensatoren ist von den Motorparametern und von der Belastung abhängig. Durch die Kommutierungsvorgänge ergibt sich eine relativ hohe Spannungsbeanspruchung der Ventile. Sie beträgt für die

Hauptthyristoren	$U_{sp} = 2{,}3\ U_0$	und für die
Sperrdioden	$U_{sp} = 3{,}3\ U_0$	

wenn mit U_0 die Nennspannung im Zwischenkreis bezeichnet wird.

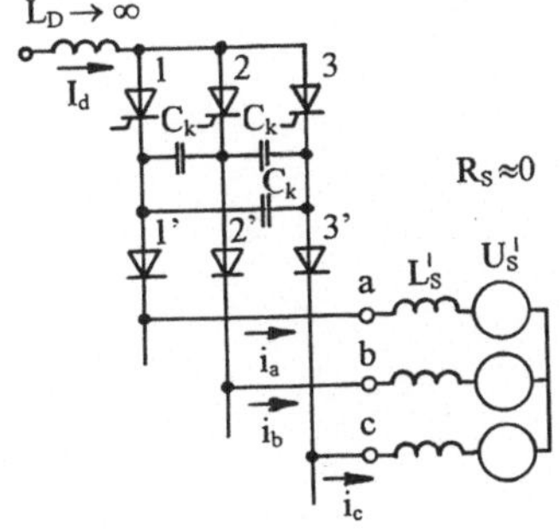

Abb. 5.4. Schaltung einer Ventilgruppe zur Untersuchung der Kommutierungsvorgänge

5.1.2 Betriebsverhalten auf Basis einer Grundschwingungsbetrachtung

Die Asynchronmaschine arbeitet unabhängig vom Netz. Der Raumzeiger des Ständerstromes

$$\underline{i}_{\mathrm{s}} = \left|i_{\mathrm{s}}(t)\right| \cdot e^{\mathrm{j}\vartheta(\mathrm{t})} \tag{5.8}$$

wird bezüglich Amplitude und Umlaufwinkel ϑ vom Wechselrichter vorgegeben und wirkt bezüglich des Motors als Eingangsgröße.

$$\vartheta(t) = \omega_{\mathrm{s}} \cdot t$$

Er bestimmt die Umlauffrequenz der Durchflutungen und Flußverkettungen in der Maschine. Zur Beschreibung der Vorgänge in der Maschine wird deshalb ein "feldorientiertes Koordinatensystem" eingeführt. Die Grundschwingungsanteile der Durchflutungen und Flußverkettungen stehen still im feldorientierten Koordinatensystem. Die reelle Achse, d. h. die d-Achse wird in Richtung der Rotorflußverkettung gelegt. (Abb. 5.5)

$$\underline{\psi}_{\mathrm{r}}^{\varphi} = \psi_{\mathrm{rd}} \ ; \ \psi_{\mathrm{rq}} = 0 \tag{5.9}$$

Aus der Rotorspannungsgleichung

$$0 = \underline{i}_{\mathrm{r}} R_{\mathrm{r}} + \frac{d\psi_{\mathrm{r}}}{dt} + j\omega_{\mathrm{r}}\psi_{\mathrm{r}} \tag{5.10}$$

und der Gleichung für die Rotorflußverkettung

$$\psi_{\mathrm{r}} = L_{\mathrm{r}} \cdot \underline{i}_{\mathrm{r}} + L_{\mathrm{m}} \cdot \underline{i}_{\mathrm{s}}$$

ergibt sich das Steuergesetz für die Rotorflußverkettung zu

$$0 = \frac{\psi_{\mathrm{r}}}{L_{\mathrm{r}}} \cdot R_{\mathrm{r}} - \underline{i}_{\mathrm{s}} \frac{L_{\mathrm{m}}}{L_{\mathrm{r}}} \cdot R_{\mathrm{r}} + \frac{d\psi_{\mathrm{r}}}{dt} + j\omega_{\mathrm{r}} \cdot \psi_{\mathrm{r}} \tag{5.11}$$

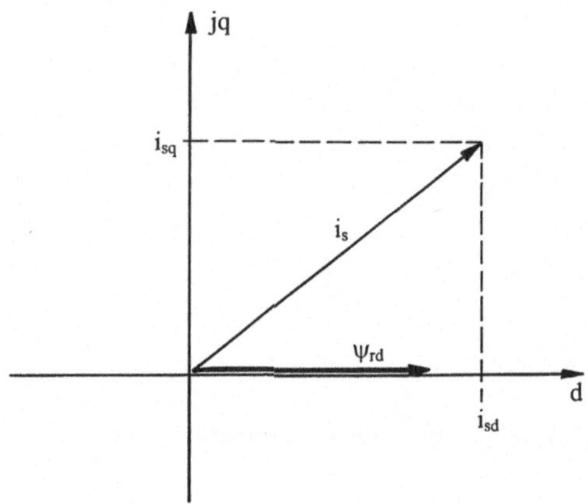

Abb. 5.5. Raumzeigerdiagramm der stromgespeisten Asynchronmaschine im feldorientierten Koordinatensystem

bzw. in Komponentendarstellung

$$0=\frac{\psi_{\mathrm{rd}}}{L_{\mathrm{r}}}\cdot R_{\mathrm{r}}-i_{\mathrm{sd}}\cdot\frac{L_{\mathrm{m}}}{L_{\mathrm{r}}}\cdot R_{\mathrm{r}}+\frac{d\psi_{\mathrm{rd}}}{dt} \tag{5.12}$$

$$0=-ji_{\mathrm{sq}}\cdot\frac{L_{\mathrm{m}}}{L_{\mathrm{r}}}\cdot R_{\mathrm{r}}+j\omega_{\mathrm{r}}\cdot\underline{\psi}_{\mathrm{rd}} \tag{5.13}$$

Die Läuferflußverkettung ist ohne weitere Verkopplungen durch die d-Komponente des Ständerstroms steuerbar.

$$\frac{\psi_{\mathrm{rd}}}{k_{\mathrm{r}}\cdot R_{\mathrm{r}}}=\frac{T_{\mathrm{r}}}{1+pT_{\mathrm{r}}}\cdot i_{\mathrm{sd}}\ ;\ T_{\mathrm{r}}=\frac{L_{\mathrm{r}}}{R_{\mathrm{r}}} \tag{5.14}$$

Die Läuferfrequenz ω_{r} ist der q-Komponente des Ständerstroms direkt und der Läuferflußverkettung umgekehrt proportional, kann also bei konstantem ψ_{rd} direkt durch die q-Komponente des Ständerstromes gesteuert werden:

$$\omega_{\mathrm{r}}=i_{\mathrm{sq}}\cdot\frac{k_{\mathrm{r}}}{\psi_{\mathrm{rd}}}\cdot R_{\mathrm{r}} \tag{5.15}$$

Das Drehmoment ergibt sich mit (5.5) zu

$$m=-\frac{3}{2}z_{\mathrm{p}}\psi_{\mathrm{rd}}\cdot i_{\mathrm{rq}}=\frac{3}{2}k_{\mathrm{r}}\cdot z_{\mathrm{p}}\psi_{\mathrm{rd}}\cdot i_{\mathrm{sq}} \tag{5.16}$$

$$m=m_{\mathrm{w}}+\frac{J}{z_{\mathrm{p}}}\cdot\frac{d\omega}{dt} \qquad (5\text{-}17)$$

Es kann bei konstanter Rotorflußverkettung unverzögert über i_{sq} gesteuert werden.

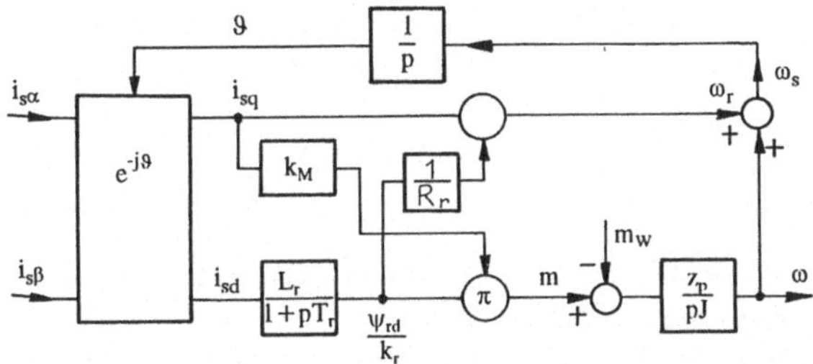

Abb. 5.6. Signalflußplan der stromgesteuerten Asynchronmaschine mit konstanter Rotorflußverkettung

Zusammengefaßt ergibt sich der in Abb. 5.6 dargestellte Signalfußplan der stromgesteuerten Maschine, mit dem Ständerstromvektor $\underline{i}_s$ als Eingangsgröße. Der Eingangsblock ist als maschineninterner Vektordreher zu interpretieren. Er wandelt den physikalisch realen Ständerstromraumzeiger im Ständerkoordinatensystem $\underline{i}_s^s$ in den Ständerstromraumzeiger im feldorientierten Koordinatensystem $\underline{i}_s^\varphi$. Dieser Eingangsblock hat deshalb die Übertragungsfunktion

$$\frac{\underline{i}_s^\varphi}{\underline{i}_s^s} = e^{-j\,\omega_s t} = e^{-j\,\vartheta} \tag{5.18}$$

Das Zusammenwirken des Stromwechselrichters mit dem Motor wird durch Abb. (5.7) veranschaulicht. Ein "wechselrichterinterner Vektordreher" wandelt den Gleichstrom $\underline{i}_s$ in den Raumzeiger $\underline{i}_s^w$ im Wechselrichter-Koordinatensystem. Der "maschineninterne Vektordreher" wandelt den Raumzeiger $\underline{i}_s^s$ im raumfesten Ständerkoordinatensystem in den Raumzeiger $\underline{i}_s^\varphi$ im feldorientierten

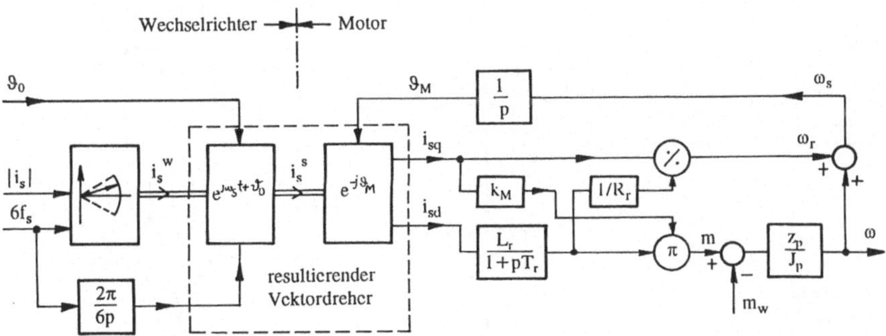

Abb. 5.7. Signalflußplan des frequenzgesteuerten, von einem Stromwechselrichter gespeisten Drehstromantriebes

Koordinatensystem. Aus der Zusammenfassung des dem Wechselrichter zugeordneten Vektordrehers mit dem dem Motor zugeordneten Vektordreher ergibt sich ein resultierender Vektordreher, der mit

$$\vartheta = (\omega_s t + \vartheta_0) - \vartheta_M \tag{5.19}$$

die zeitabhängige Verdrehung des rotorflußorientierten Koordinatensystems gegenüber dem Wechselrichterkoordinatensystem berücksichtigt.

Das beschriebene Betriebsverhalten des frequenzgesteuerten, von einem Stromwechselrichter gespeisten Drehstromasynchronmotors ergibt sich aus dem Verhalten des Gesamtsystems. Die Bedingung der konstanten Rotorflußverkettung muß mit Hilfe einer speziellen Steuerschaltung aufrechterhalten werden. Einen ersten Lösungsansatz dazu bietet die "Strombetragskennliniensteuerung" nach Abb. 5.8. Der Regler des überlagerten Drehzahlregelkreises liefert die Rotorkreisfrequenz ω_r. Der Stromsollwert i_{soll} wird daraus nach der Betragsbedingung

$$i_{soll} = \sqrt{i_{sd}^2 + i_{sq}^2} \tag{5.20}$$

unter Beachtung des konstanten i_{sd} nach Gleichungen (5.14) und (5.15) abgeleitet.

Tatsächlich wird die Rotorflußverkettung dabei nur im stationären Betrieb bzw. bei langsamen Änderungen konstant gehalten. Konstante Rotorflußverkettung auch

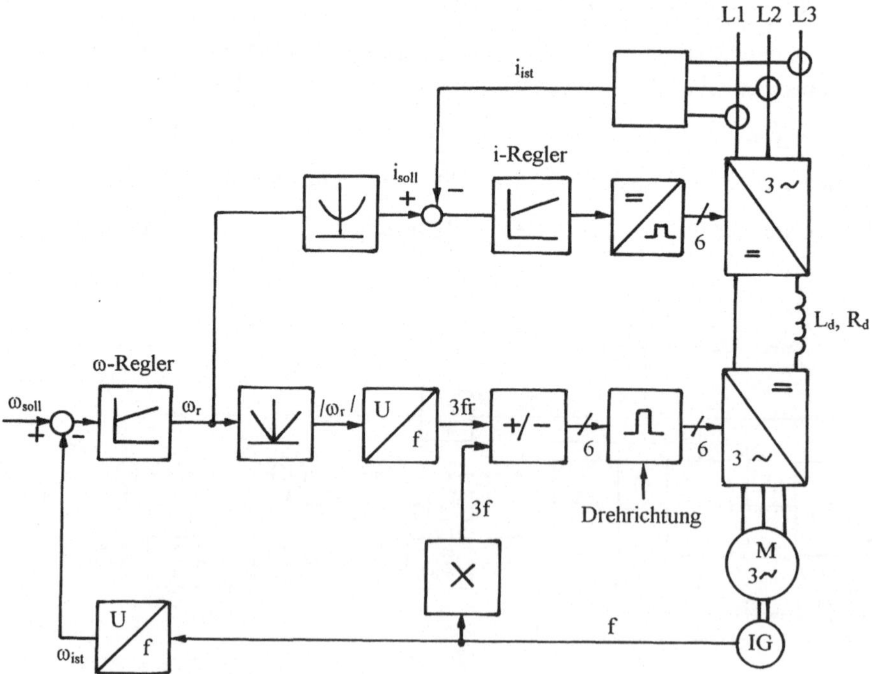

Abb. 5.8. Strombetragskennliniensteuerung eines Stromwechselrichters

bei raschen Änderungen kann nach dem Prinzip der "feldorientierten Regelung" erreicht werden, das in Abschn. 5.3 behandelt wird.

5.1.3 Betriebsverhalten infolge von Stromoberschwingungen

Der Stromwechselrichter prägt der Maschine einen rechteckförmigen Ständerstrom ein. Eine Fourieranalyse des Stromes nach Abb. 5.9 führt für den Strangstrom a auf

$$\begin{aligned} i_{sa} &= \hat{I}_{s1} \cdot \cos\, \omega_s t + \hat{I}_{s5} \cdot \cos 5\omega_s t + \hat{I}_{s7} \cdot \cos 7\omega_s t \\ &+ \hat{I}_{s11} \cdot \cos 11\omega_s t + \hat{I}_{s13} \cdot \cos 13\omega_s t + \ldots \end{aligned} \tag{5.21}$$

mit $\hat{I}_{s1} = 1{,}103$

$$C_{5i} = \frac{\hat{I}_{s5}}{\hat{I}_{s1}} = -0{,}200$$

$$C_{7i} = \frac{\hat{I}_{s7}}{\hat{I}_{s1}} = +0{,}143$$

$$C_{11i} = \frac{\hat{I}_{s11}}{\hat{I}_{s1}} = -0{,}091$$

$$C_{13i} = \frac{\hat{I}_{s13}}{\hat{I}_{s1}} = +0{,}077$$

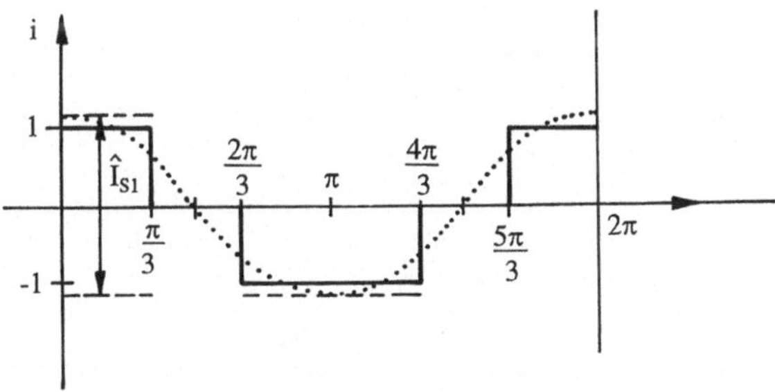

Abb. 5.9. Ständerstrom des Stranges "a"

Aus der Überlagerung der drei Strangströme ergibt sich der Raumzeiger des Ständerstromes im raumfesten Koordinatensystem zu

$$\underline{i}_{\mathrm{s}} = \hat{I}_{\mathrm{s1}} \cdot e^{j\,\omega_{\mathrm{s}} t} + \hat{I}_{\mathrm{s5}} \cdot e^{-j\,5\omega_{\mathrm{s}} t} + \hat{I}_{\mathrm{s7}} \cdot e^{+j7\omega_{\mathrm{s}} t}$$
$$+ \hat{I}_{\mathrm{s11}} \cdot e^{-j11\omega_{\mathrm{s}} t} + \hat{I}_{\mathrm{s13}} \cdot e^{+j13\omega_{\mathrm{s}} t} + \ldots \tag{5.22}$$

Im mit ω_{s} umlaufenden Wechselrichterkoordinatensystem ergibt sich der Ständerstromraumzeiger

$$\underline{i}_{\mathrm{s}}^{\mathrm{w}} = I_{\mathrm{s1}}\big[1 + C_{\mathrm{i5}} \cdot e^{-j6\omega_{\mathrm{s}} t} + C_{\mathrm{i7}} \cdot e^{+j6\omega_{\mathrm{s}} t}$$
$$+ C_{\mathrm{i11}} \cdot e^{-j12\omega_{\mathrm{s}} t} + C_{\mathrm{i13}} \cdot e^{+j12\omega_{\mathrm{s}} t} + \ldots\big] \tag{5.23}$$

In diesem Koordinatensystem ist der Grundschwingungsanteil ein feststehender Zeiger, der gegenüber der Rotorflußverkettung des Motors $\underline{\psi}_{\mathrm{r}} = \underline{\psi}_{\mathrm{rd}}$ um den Winkel γ voreilt. (Abb. 5.10) Zum Grundschwingungszeiger addieren sich Oberschwingungszeiger, die mit 6-, 12-, 18facher Netzkreisfrequenz im positiven und negativen Sinne umlaufen. Resultierend ergibt sich daraus eine elliptische Bahn, die mit 6facher Netzfrequenz durchlaufen wird. Die Achsen der Ellipse haben die Größe $\left(\hat{I}_{\mathrm{s5}} + \hat{I}_{\mathrm{s7}}\right)$ bzw. $\hat{I}_{\mathrm{s5}} - \hat{I}_{\mathrm{s7}}$. Dieser Bahn überlagert sich eine Ellipse, die mit 12facher Netzkreisfrequenz durchlaufen wird, im Bild aber nicht gezeichnet wurde.

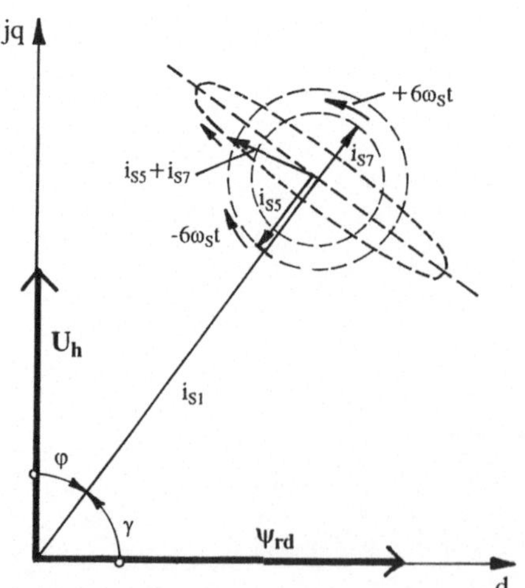

Abb. 5.10. Zeigerbild des Oberschwingungsbehafteten Ständerstromes im feldorientierten Koordinatensystem

Das Drehmoment des Motors wird durch die q-Komponente des Ständerstromes bestimmt

$$m = \frac{3}{2} k_r \cdot z_p \cdot \psi_{rd} \cdot i_{sq} \tag{5.24}$$

$$m = M_{10} \cdot [\sin\gamma + C_{i5} \sin(\gamma - 6\omega_s t) + C_{i7} \sin(\gamma + 6\omega_s t)$$

$$+ C_{i11} \sin(\gamma - 12\omega_s t) + C_{i13} \sin(\gamma + 12\omega_s t) + \ldots]$$

Darin ist $M_1 = M_{10} \cdot \sin\gamma$ das Grundschwingungsmoment am Arbeitspunkt

Daraus ergibt sich die Drehmomentgleichung in bezogener Form zu

$$\frac{m}{M_1} = 1 + (C_{i5} + C_{i7}) \cos 6\omega_s t + (C_{i7} - C_{i5}) \frac{\cos\gamma}{\sin\gamma} \cdot \sin 6\omega_s t$$
$$+ (C_{i11} + C_{i13}) \cos 12\omega_s t + (C_{i13} - C_{i11}) \frac{\cos\gamma}{\sin\gamma} \cdot \sin 12\omega_s t + \ldots \tag{5.25}$$

Dem zeitlich konstanten Grundschwingungsmoment überlagern sich Oberschwingungsdrehmomente mit 6facher, 12facher, 18facher Ständerfrequenz. Diese Oberschwingungsdrehmomente werden als "Pendelmomente" bezeichnet. Sie beeinflussen das Betriebsverhalten des Antriebs. Zwar folgt die Motordrehzahl in der Regel nicht den relativ hohen Frequenzen der Pendelmomente, es können aber Eigenfrequenzen des mechanischen Systems angeregt werden, zumal sich die Frequenz der Pendelmomente proportional zur Frequenz des Ständerstromzeigers ändert. Die Amplitude der Pendelmomente 6facher Ständerfrequenz beträgt 10 - 12 % des Grundschwingungsmoments, die Amplitude der Pendelmomente 12facher Ständerfrequenz beträgt 1 - 2 % des Nennmomentes.

Die Oberschwingungen des Ständerstromes haben auch entsprechende Oberschwingungen des Rotorstromes zur Folge. Wegen der Konstanz der Rotorflußverkettung gilt für die Oberschwingungsströme

$$0 = i_{s\nu} \cdot L_m + i_{r\nu} \cdot L_r \tag{5.26}$$

Die Oberschwingungsströme haben im Ständer und im Rotor erhöhte Stromwärmeverluste zur Folge. Bezogen auf die Verluste der Grundschwingungsströme P_{VL1} gilt für Stator und Rotor

$$\frac{P_{VL}}{P_{VL1}} = \frac{\sum_{\nu=1}^{\infty} \hat{I}_\nu^2}{\hat{I}_1^2} \cdot k_r(\omega_s) \tag{5.27}$$

$k_r(\omega)$: resultierender Stromverdrängungsfaktor der Stator bzw. Rotorwicklung, von der Ständerfrequenz abhängig

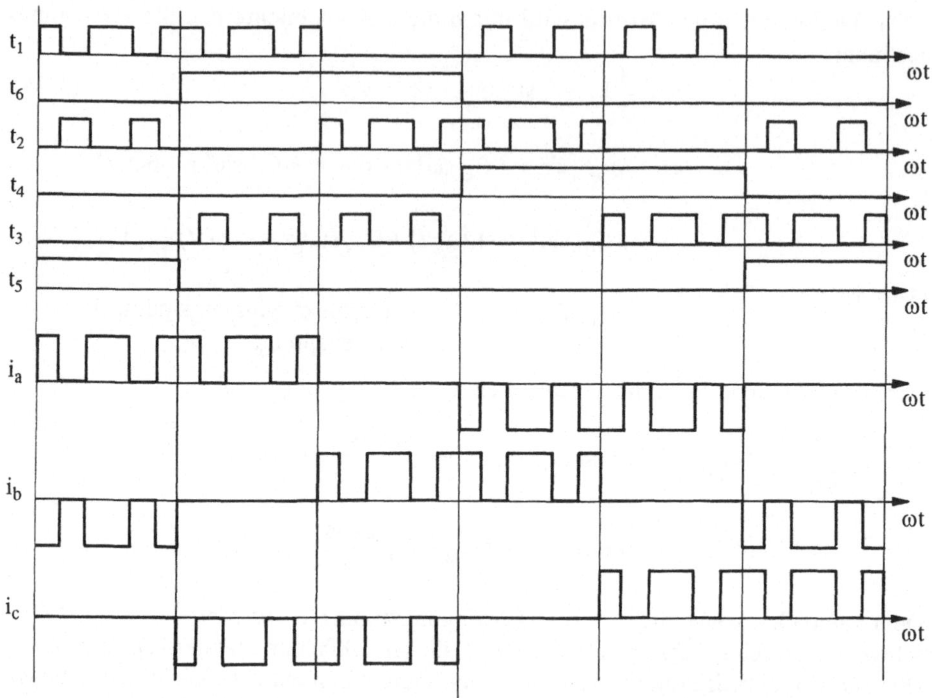

Abb. 5.11. Verlauf des Ständerstromes der Asynchronmaschine bei Zusatzpulsen des Wechselrichters

Pendelmomente und Zusatzverluste können reduziert werden, wenn die Kurvenform des Ständerstromes besser an die Sinusform angepaßt wird. Das ist durch "Zusatzpulsen" des Stromes prinzipiell möglich (Abb. 5.11), allerdings verliert der Stromwechselrichter dann seine Einfachheit und Robustheit.

5.1.4 Netzbelastung und Netzrückwirkungen

Der Umrichter mit Gleichstromzwischenkreis erfordert einen Eingangsstromrichter, der in Verbindung mit einer Stromregelung die geforderte Stromeinprägung gewährleistet. Bei Betrieb am Dreiphasennetz findet die normale Drehstrombrückenschaltung Anwendung (Abb. 5.3), die im Steuerwinkel $\alpha = 0° \ldots 150°$ durchgesteuert wird. Sie ermöglicht im Bereich $\alpha = 0° \ldots 90°$ Energiefluß vom Zwischenkreis in das Netz. Bezüglich der Netzbelastung mit Grundschwingungsblindleistung und Oberschwingungsströmen entspricht die Schaltung einem Gleichstromantrieb.

Beim Betrieb des Stromwechselrichters an einem Gleichspannungsnetz bzw. an einer Batterie übernimmt ein Pulssteller die Aufgabe der Stromeinprägung.

5.2 Ständerfrequenzsteuerung über spannungseinprägende Wechselrichter

5.2.1. Wirkungsweise und technische Realisierung

Durch Steuern der elektronischen Schalter $t_1 ... t_6$ wird eine konstante Gleichspannung so an die Wicklungsstränge der Drehfeldmaschine gelegt, daß bezogen auf einen fiktiven Spannungsmittelpunkt an jedem Strang eine 180°-Rechteckspannung anliegt. Die elektronischen Schalter werden zunächst als ideal vorausgesetzt. Schaltfolgediagramme und Zustandstabelle charakterisieren die Arbeitsweise des Wechselrichters. (Abb. 5.12) Die Spannungsbildung wird genauer durch Abb. 5.13 erläutert. Die verkettete Spannung verbindet Wechselrichter und Motor

$$\begin{aligned} u_{ab} &= u_{ao} - u_{bo} \\ u_{bc} &= u_{bo} - u_{co} \\ u_{ca} &= u_{co} - u_{ao} \end{aligned} \tag{5.28}$$

Die Strangspannung des Motors mit freiem Sternpunkt hat aus Symmetriegründen einen treppenförmigen Verlauf.

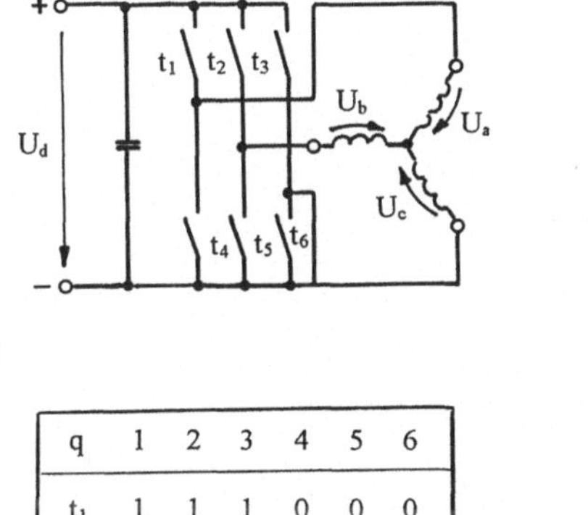

a)

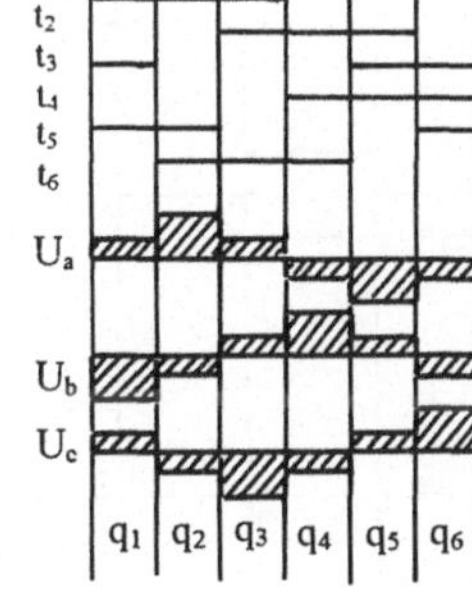

b)

q	1	2	3	4	5	6
t_1	1	1	1	0	0	0
t_2	0	0	1	1	1	0
t_3	1	0	0	0	1	1
t_4	0	0	0	1	1	1
t_5	1	1	0	0	0	1
t_6	0	1	1	1	0	0

c)

Abb. 5.12. Wirkungsweise des Spannungswechselrichters
a) Schaltermodell der Ventilschaltung
b) Schaltfolgediagramm
c) Zustandstabelle

Der Vektor der Wechselrichterausgangsspannung in der komplexen Ebene ergibt sich zu

$$\underline{u}_s = \frac{2}{3}\left(u_{sao} + u_{sbo} \cdot e^{j120°} + u_{sco} \cdot e^{j240°}\right) \tag{5.29}$$

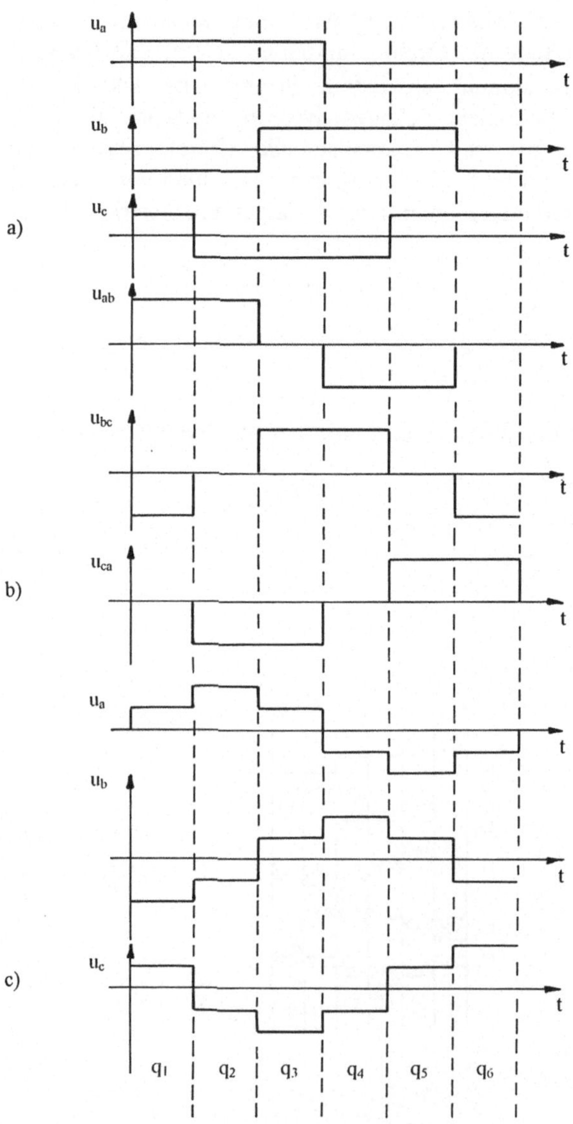

Abb. 5.13. Bildung der Motorspannung
a) Klemmenspannung bezogen auf einen fiktiven Spannungsmittelpunkt
b) Verkettete Spannung an der Motorwicklung
c) Stangspannung des Motors mit freiem Sternpunkt

mit den Komponenten

$$u_{s\alpha} = \frac{2}{3}\left(u_{sao} - \frac{1}{2}u_{sbo} - \frac{1}{2}u_{sco}\right)$$

$$u_{s\beta} = \frac{2}{3}\left(\frac{1}{2}\sqrt{3}\,u_{sbo} - \frac{1}{2}\sqrt{3}\,u_{sco}\right)$$

Der Raumzeiger der Ausgangsspannung durchläuft in der komplexen Zahlenebene ein regelmäßiges Sechseck. Die sechs Zustände q_1 --- q_6 bilden die Eckpunkte des Sechseckes. Der Raumzeiger springt von Eckpunkt zu Eckpunkt. Der Wechselrichter arbeitet als Vektordreher.

Die technische Realisierung des Wechselrichters erfolgt heute mit Leistungs-Schalttransistoren bzw. IGBTs im Leistungsbereich bis etwa 300 kW und mit GTO-Thyristoren im darüberliegenden Leistungsbereich. Diese Ventile gestatten Pulsbetrieb des Wechselrichters. Durch Pulsbreitenmodulation kann die Amplitude der Wechselrichterausgangsspannung gesteuert werden.

Übliche Pulsfrequenzen liegen bei 1 - 20 kHz für IGBT-Wechselrichter sowie bei 200 - 500 Hz für GTO-Wechselrichter. Die Pulsverluste begrenzen die realisierbaren Pulsfrequenzen.

Die Freilaufdioden antiparallel zu den Hauptventilen ermöglichen das Fließen des Motorblindstromes. Dadurch entsteht eine Ausgangsspannung des Wechselrichters,

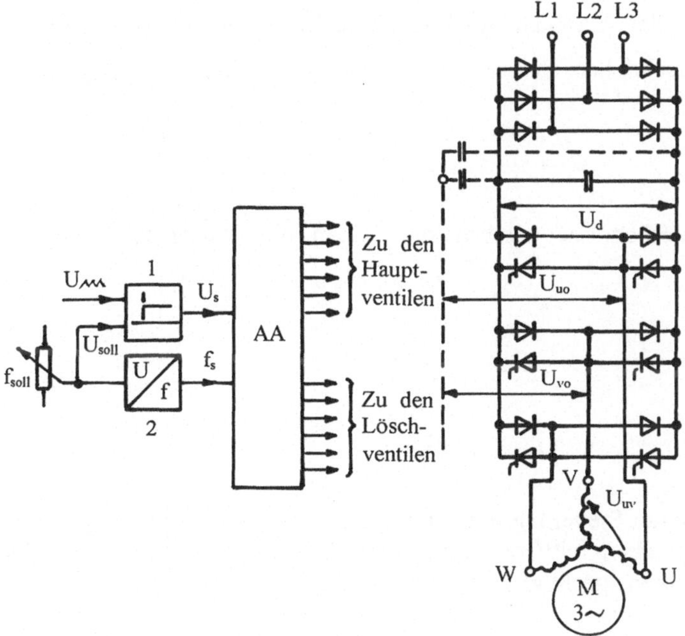

Abb. 5.14. Frequenzgesteuerter Drehstromantrieb mit Spannungswechselrichter

die von der Last unabhängig ist. Motor und Stromrichter können rückwirkungsfrei getrennt werden. Parallelbetrieb mehrerer Motoren an einem Wechselrichter ist möglich, auch das Zu- und Abschalten einzelner Motoren einer Motorgruppe. Abb. 5.14 zeigt ein Ausführungsbeispiel eines Antriebs mit Spannungswechselrichter.

5.2.2 Betriebsverhalten auf Basis einer Grundschwingungsbetrachtung

Eingangsgröße der Asynchronmaschine ist der Raumzeiger der Ständerspannung

$$\underline{u}_s = |\underline{u}_s(t)| \cdot e^{j\vartheta(t)} \tag{5.39}$$

Unter Vernachlässigung von Oberschwingungen läuft dieser mit der Winkelgeschwindigkeit

$$\omega_s = \frac{d\vartheta}{dt} \tag{5.31}$$

um. Er bestimmt die Umlauffrequenz der Ständerflußverkettung.

$$\underline{u}_s = \underline{i}_s \cdot R_s + \frac{d\underline{\psi}_s}{dt} + j\omega_s \cdot \underline{\psi}_s \tag{5.32}$$

Das Betriebsverhalten der Maschine wird zweckmäßig in einem feldorientierten Koordinatensystem beschrieben, dessen reelle Achse in Richtung $\underline{\psi}_s$ gelegt wird. Dann ist

$$\underline{\psi}_s = \psi_{sd} \; ; \; \psi_{sq} = 0 \tag{5.33}$$

Beste energetische Verhältnisse ergeben sich, wenn die Ständerflußverkettung konstant bleibt.

Für $\frac{d\underline{\psi}_s}{dt}$ gilt

$$\underline{u}_s = \underline{i}_s \cdot R_s + j\omega_s \underline{\psi}_s \tag{5.34}$$

Durch eine entsprechende Steuerung des Antriebs muß dieses Gesetz eingehalten werden. (Abb. 5.15) In einem mittleren Arbeitsbereich II. kann der Widerstand der Ständerwicklung R_s unberücksichtigt bleiben. Dann gilt

$$\underline{u}_s = j\omega_s \underline{\psi}_s \, , \tag{5.35}$$

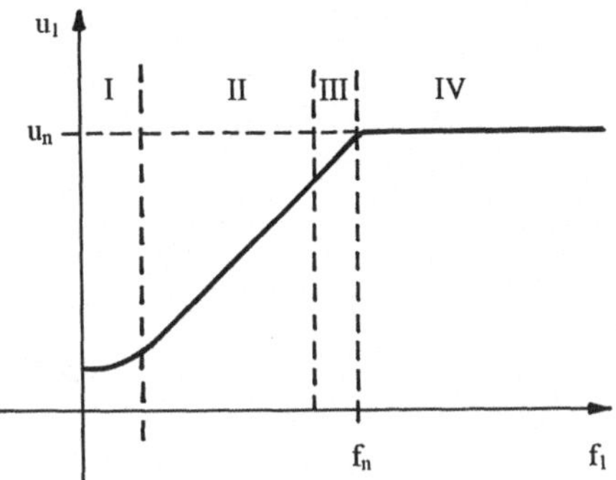

Abb. 5.15. Steuerkennlinie für Spannungs-Frequenz-Steuerung der Asynchronmaschine

die Amplitude der Ständerspannung muß proportional zur Frequenz verstellt werden. Im Bereich sehr niedriger Frequenzen I. erfordert der Ständerwiderstand eine demgegenüber höhere Spannung.

Erhöht man proportional Spannungssollwert und Frequenz, wird schließlich die Grenze der sinusförmigen Aussteuerung des Wechselrichters erreicht. Im Bereich III. ist eine Erhöhung der Ausgangsspannung nur noch möglich, wenn man Oberschwingungen zuläßt. Im Bereich IV. kann die Amplitude der Spannung nicht weiter erhöht werden. Die Proportionalität von Spannung und Frequenz ist nicht mehr einzuhalten. Der Motor arbeitet im Feldschwächbereich.

Der Signalflußplan des Antriebs wird zunächst nur im Bereich konstanter Ständerflußverkettung angegeben. Das Steuergesetz lautet mit (5.33):

$$\underline{u}_s = u_{sq} = \omega_s \cdot \psi_{sd} \; ; \; u_{sd} = 0 \tag{5.36}$$

Wenn im Läuferkreis kein Blindleistungsaustausch erfolgt, gilt ferner:

$$\underline{u}_r = u_{rq} \; ; \; u_{rd} = 0 \tag{5.37}$$

Die Läuferspannungsgleichung

$$\underline{u}_r = \underline{i}_r \cdot R_r + L_r' \cdot \frac{di_{rq}}{dt} + j\omega_r k_s \cdot \psi_s + j\omega_r \underline{i}_r \cdot L_r' \tag{5.38}$$

zerfällt in die skalaren Gleichungen

$$u_{rq} = i_{rq} \cdot R_r + L_r' \frac{di_{rq}}{dt} + \frac{\omega_r}{\omega_s} k_s \cdot u_{sd} + \omega_r \cdot i_{rd} \cdot L_r' \tag{5.39}$$

$$0 = i_{sd} \cdot R_r + L_r' \frac{di_{rd}}{dt} - \omega_r i_{rq} \cdot L_r' \tag{5.40}$$

mit

$$L'_r = (1 - k_r \cdot k_s) \cdot L_r = \sigma \cdot L_r \tag{5.41}$$

= transiente Induktivität eines Stranges,
betrachtet von derRotorseite

Im normalen Arbeitsbereich ist

$$\omega_r^2 \cdot L_r'^2 << \left(R_r + \frac{u_{rq}}{i_{rq}} \right)^2 \tag{5.42}$$

Damit berechnet sich der in Abb. 5.16 dargestellte Signalflußplan für konstante Ständerflußverkettung $\frac{k_s \cdot U_s}{\Omega_s} = \text{konst}$. Das Systemverhalten wird bestimmt durch die transiente Rotorzeitkonstante

$$T'_r = \frac{L'_r}{R_r} \tag{5.43}$$

die sich wegen

$$T'_r = \frac{X'_r}{R_r \Omega_s} = \frac{1}{S_k \Omega_s} \tag{5.44}$$

S_k=Kippschlupf des Motors
Ω_s=$2\pi f_s$ Ständerkreisfrequenz

aus den Nenndaten des Motors leicht ermitteln läßt. Beim Kurzschlußläufermotor ist die Rotorzusatzspannung u_{rq}=0.

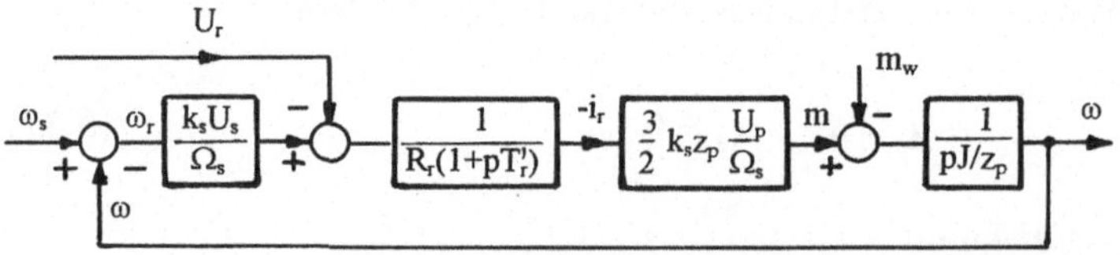

Abb. 5.16. Signalflußplan der Asynchronmaschine bei Spannungs-Frequenz-Steuerung

5.2.3 Pulsbreitenmodulation der Wechselrichterausgangsspannung

Die Amplitude der Wechselrichterausgangsspannung wird durch Pulsbreitenmodulation gesteuert. Kann die Pulsfrequenz hinreichend groß gegenüber der Signalfrequenz gewählt werden, d. h. für

$$f_p / f_{sig} \geq 10$$

können die Ansteuersignale für die Wechselrichterstränge aus den Schnittpunkten einer Dreieckreferenzspannung mit den gewünschten Momentanwerten der Strangspannung u_a, u_b, u_c abgeleitet werden (Abb. 5.17). Daraus ergibt sich eine Sinusmodulation der Wechselrichterausgangsspannung. Die von der Wechselrichterausgangsspannung angetriebenen Ständerströme sind weitgehend frei von Oberschwingungen.

Kann die Pulsfrequenz nicht hinreichend groß gegenüber der Signalfrequenz gemacht werden, treten Schwebungseffekte auf. Um diese zu vermeiden, muß die Wechselrichterpulsung synchronisiert werden mit den Nulldurchgängen der Grundschwingung der Ausgangsspannung. Es können Pulsmuster On-Line vorausberechnet werden, die geeignet sind, ausgewählte Oberschwingungen der Ausgangsspannung des Wechselrichters zu unterdrücken und dadurch auch die entsprechenden Komponenten im Ständerstrom nicht auftreten zu lassen. Auf diese Weise kann die 5. und 7. Oberschwingung des Stromes eliminiert werden.

In Abb. 5.18 ist der Spannungs- und Stromverlauf bei symmetrischer Pulsbreitenmodulation (a) und bei optimierter Pulsmustersteuerung (b) dargestellt. Die Optimierung der Pulsmuster bewirkt eine wesentliche Senkung der Stromwärmeverluste, der Pendelmomente und der Geräusche. Je höher die Ausgangsfrequenz des Wechselrichters, desto weniger wird es möglich, innerhalb einer Halbperiode seiner Ausgangsspannung mehrfach zu pulsen. Die Pulsmuster können in Abhängigkeit von der Ausgangsfrequenz umschaltbar gemacht werden. Bei hohen Ausgangsfrequenzen kann auch mit Rechteckansteuerung gearbeitet werden.

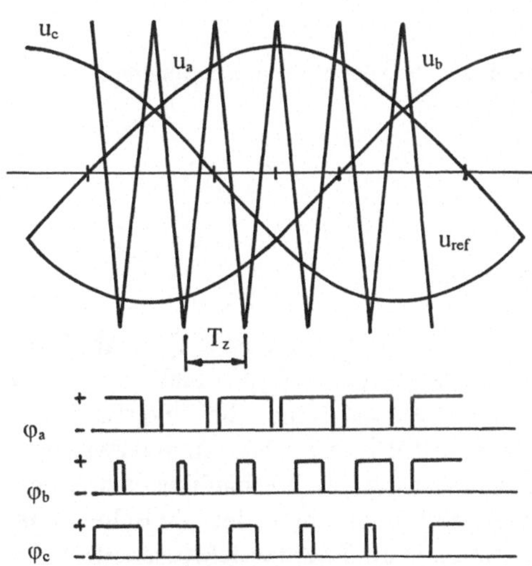

Abb. 5.17. Ansteuerung eines Pulswechselrichters nach dem Sinus-Unterschwingungsverfahren

u_a, u_b, u_c Momentanwerte der Strangspannung

u_{ref} Dreieckreferenzspannung

φ_a, φ_b, φ_c logische Signale des Ansteuerautomaten

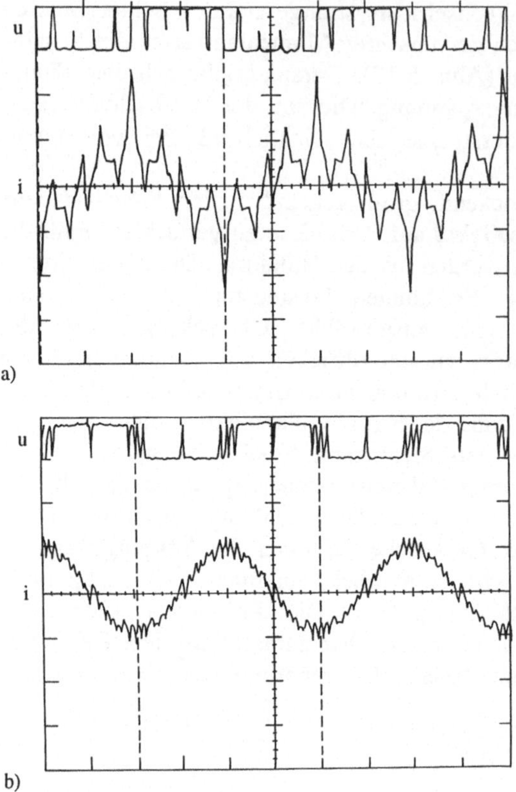

Abb. 5.18. Spannungs- und Stromverlauf bei Pulsbreitenmodulation (a) und optimierter Pulsmustersteuerung (b)

5.2.4 Netzbelastung und Netzrückwirkungen

Umrichter mit Gleichspannungszwischenkreis werden im einfachsten Falle über eine ungesteuerte Brücke aus dem Drehstromnetz gespeist (vgl.. Abb. 5.14).Die Zwischenkreisspannung ergibt sich aus der Netzspannung. Sie unterliegt den Schwankungen der Netzspannung. Der Kondensator im Gleichspannungszwischenkreis ermöglicht kurzzeitig eine Energiespeicherung. In Verbindung mit einem spannungsabhängig zuzuschaltenden Widerstand übernimmt der Zwischenkreiskondensator den inneren Überspannungsschutz. Wird Energierückspeisung in das Netz gefordert, ist anstelle des Diodengleichrichters ein Reversierstromrichter einzusetzen (vgl.. Abschn. 3.4). Die Netzrückwirkungen entsprechen denen eines Gleichstromantriebs.

Pulssteller im Gleichspannungszwischenkreis ermöglichen die Anpassung der Zwischenkreisspannung an die Netzspannung.

5.3 Feldorientierte Steuerung von Drehfeldmaschinen

5.3.1 Stromvektorregelung und Vektormodulation der Wechselrichterausgangsspannung

Die feldorientierte Steuerung von Drehfeldmaschinen erfordert, der Maschine den Ständerstrom als Eingangsgröße einzuprägen. Der Stromwechselrichter bewirkt die Ständerstromeinprägung aufgrund seiner natürlichen Arbeitsweise. Der Spannungs-Pulswechselrichter benötigt dazu eine vektorielle Stromregelung.

Das Prinzip ist in Abbildung 5.19 dargestellt. Der vektorielle Regler $\underline{R}_i$ verarbeitet die Regelabweichung der drei Strangströme und bildet daraus den Vektor der Steuerspannung $\underline{u}_{ss}$. Der Ansteuerautomat leitet daraus die Zündimpulse für den Wechselrichter ab. Dabei soll die Folge und Dauer der Zündungen der Ventile so festgelegt werden, daß der Raumzeiger der Ständerspannung des Motors $\underline{u}_s$ dem Steuervektor $\underline{u}_{ss}$ möglichst weitgehend entspricht.

In Kombination der drei Strangspannungen u, v, w kann die Ausgangsspannung des Wechselrichters acht verschiedene Zustände annehmen, die mit den Standardvektoren $\underline{u}_0 \ldots \underline{u}_7$ bezeichnet werden (Abb. 5.20). Die Sektoren $s_1 \ldots s_6$ der

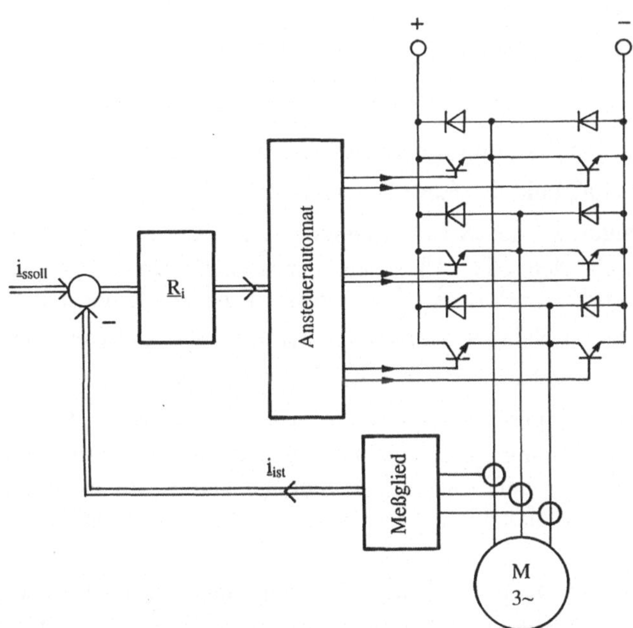

Abb. 5.19. Vektorielle Regelung des Ständerstroms einer Drehfeldmaschine

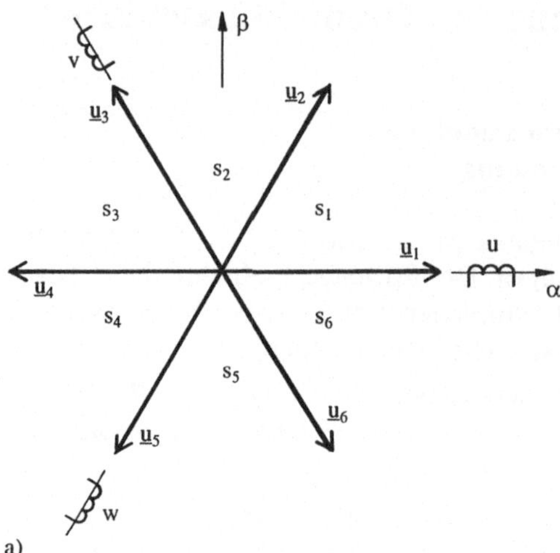

	$\underline{u}_0$	$\underline{u}_1$	$\underline{u}_2$	$\underline{u}_3$	$\underline{u}_4$	$\underline{u}_5$	$\underline{u}_6$	$\underline{u}_7$
u	0	1	1	0	0	0	1	1
v	0	0	1	1	1	0	0	1
w	0	0	0	0	1	1	1	1

b)

Abb. 5.20. Steuerung des Raumzeigers der Ständerspannung im raumfesten α-β-Koordinatensystem
a) Die Standardvektoren $\underline{u}_0 \ldots \underline{u}_7$
b) Schalbelegungstabelle zur Bildung der Standardvektoren

komplexen Ebene sind zwischen den Raumzeigern $\underline{u}_1 \ldots \underline{u}_6$ aufgespannt. Die Zeiger $\underline{u}_0$ und $\underline{u}_7$ entsprechen dem Nullpunkt des Koordinatensystems.

Der umlaufende Raumzeiger $\underline{u}_s$ der Ständerspannung wird durch Pulsen des Wechselrichters, d. h. durch sinnvolles Umschalten zwischen den möglichen Zuständen gebildet. Das wird am Beispiel des Sektors 1 näher demonstriert. (Abb. 5.21) Der Raumzeiger der Ständerspannung $\underline{u}_s$ befindet sich zwischen den Standardvektoren $\underline{u}_1$ und $\underline{u}_2$. Durch Steuern der Schaltzustände $\underline{u}_0$, $\underline{u}_1$, $\underline{u}_2$, $\underline{u}_7$ wird eine Bewegung des Raumzeigers $\underline{u}_s$ bewirkt. Spezielle Überlegungen führen auf optimale Schaltstrategien. Abbildung 5.21c veranschaulicht eine Schaltfolge, bei der jeder Wechselrichterzweig innerhalb einer Pulsperiode nur einmal umgeschaltet wird. Die Steuerung der Schaltzeitpunkte bewirkt das "Drehen" des Ständerstromzeigers $\underline{u}_s$.

Durch Raumzeigermodulation gelingt es, der Maschine einen Ständerstrom einzuprägen, der im wesentlichen frei von Oberschwingungen ist. Dadurch werden die Verluste minimiert, Resonanzerscheinungen durch Pendelmomente ausgeschlossen und die Geräusche minimiert.

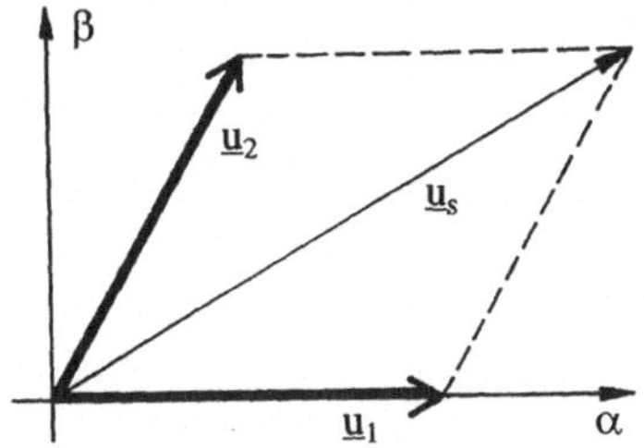

a)

	$\underline{u}_0$	$\underline{u}_1$	$\underline{u}_2$	$\underline{u}_7$
u	0	1	1	1
v	0	0	1	1
w	0	0	0	1

b)

	000	100	110	111	110	100	000	111
u								
v								
w								
	$\underline{u}_0$	$\underline{u}_1$	$\underline{u}_2$	$\underline{u}_7$	$\underline{u}_2$	$\underline{u}_1$	$\underline{u}_0$	$\underline{u}_7$

T

c)

Abb. 5.21. Bildung eines Spannungsvektors aus Standardvektoren, hier im Sektor 1
a) Zeigerbild
b) Schaltzustände im Sektor 1
c) Zeitliche Schaltfolge

Die Regelung des Ständerstromvektors kann als Regelung der drei Strangströme i_{sa}, i_{sb}, i_{sc} oder als Regelung der Komponenten des Ständerstromes ausgeführt werden. Die Vektoren des Ständerstromsollwertes und des Ständerstromistwertes müssen entsprechend aufbereitet werden.

Mit klassischer Regelelektronik arbeitet die Stromregelung im raumfesten Koordinatensystem. (Abb. 5.22) Die Führungsgrößen des Stromes im raumfesten Koordinatensystem

$$i_{s\alpha} + j i_{s\beta}$$

werden mit Hilfe eines Vektordrehers aus den vorgegebenen Komponenten im feldorientierten Koordinatensystem abgeleitet

$$\left(i_{s\alpha} + j i_{s\beta}\right) = \left(i_{sd} + j i_{sq}\right) \cdot e^{j\vartheta} \tag{5.45}$$

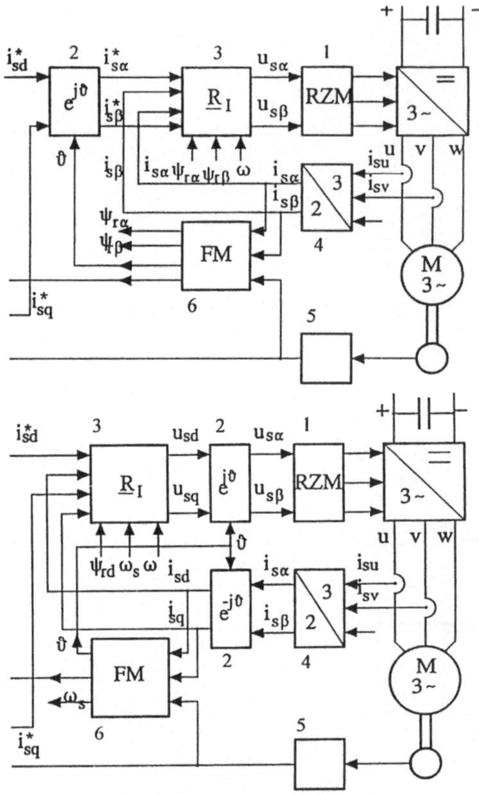

Abb. 5.22. Realisierung der Ständerstromregelung
a) Regler arbeitet im raumfesten Koordinatensystem
b) Regler arbeitet im feldorientierten Koordinatensystem

Die Istwerte des Ständerstromes müssen den sich sinusförmig ändernden Sollwerten nachgeführt werden. Das erfordert "schnelle" Wechselrichter mit Pulsfrequenzen

$$f_\mathrm{p} \geq 1\ \mathrm{kHz}$$

Unter Einsatz leistungsfähiger Mikrocontroler kann die Stromregelung auch im feldorientierten Koordinatensystem verwirklicht werden. Es ist dann notwendig, den Vektor des Stromistwertes in das feldorientierte Koordinatensystem zu transformieren.

$$\left(i_{\mathrm{id}} + j i_{\mathrm{iq}}\right) = \left(i_{\mathrm{i}\alpha} + j i_{\mathrm{i}\beta}\right) \cdot e^{-j\vartheta} \qquad (5.46)$$

Der Soll-Istwert-Vergleich und der Regler arbeiten im feldorientierten Koordinatensystem. Die Stellgröße $\underline{u}_\mathrm{s}$ muß in das raumfeste Koordinatensystem zurücktransformiert werden

$$\left(u_{s\alpha} + ju_{s\beta}\right) = \left(u_{sd} + ju_{sq}\right) \cdot e^{j\vartheta} \tag{5.47}$$

Ein Regler im feldorientierten Koordinatensystem regelt Gleichgrößen. Nachlauffehler, die infolge rasch veränderlicher Sinusgrößen auftreten können, werden vermieden. Das Prinzip ist auch für Wechselrichter niedriger Pulsfrequenz gut geeignet.

Die Güte der Stromregelung wird bestimmt durch die Genauigkeit der Führung von *d*- und *q*-Komponente des Ständerstromes bei raschen Änderungen der Führungsgrößen sowie von der Genauigkeit der Entkopplung der *d*- und *q*-Komponente des Ständerstromes. Eine vollständige Entkopplung ist Voraussetzung dafür, daß Flußverkettung und Drehmoment tatsächlich unabhängig voneinander gesteuert werden können. Abb. 5.23 zeigt die Entkopplung von *d*- und *q*-Komponente.

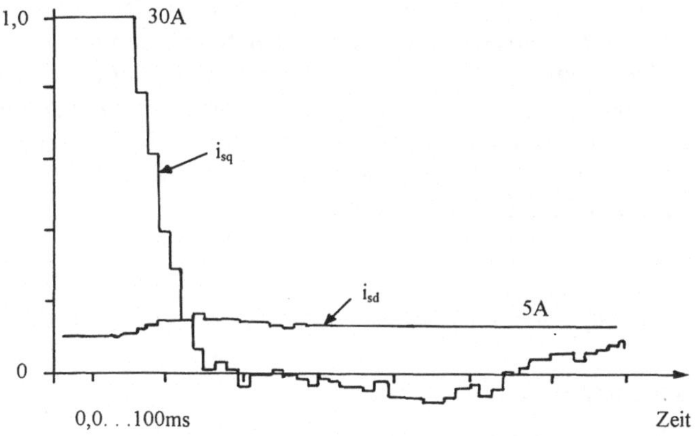

Abb. 5.23. Entkoppelte Regelung der Ständerstromkomponenten i_{sd} und i_{sq} mit Stromvektorregelung während des Drehzahlhochlaufs des Asynchronmotors. Der Sollwert i_{sq}^* wird vom Drehzahlregler, der Sollwert i_{sd}^* vom Flußregler vorgegeben.

5.3.2 Feldorientierte Steuerung des Synchronmotors

Die feldorientierte Steuerung des Synchronmotors erfordert das Einprägen des Ständerstroms als Eingangsgröße. Es wird vorausgesetzt, daß der den Motor speisende Wechselrichter in Verbindung mit einer Stromregelung die vollständige Übereinstimmung des Ständerstromsollwerts mit dem Ständerstromistwert gewährleistet, daß dem geschlossenen Stromregelkreis also das ideale Übertragungsverhalten eines Proportionalgliedes im gesamten Arbeitsbereich zugeschrieben werden kann.

Die Vorgabe der Ständerstromsollwerte erfolgt so, daß die Frequenz der Umlauffrequenz des Polrades entspricht, daß also der Vektor der Ständerdurchflutung in einem auf das Polrad orientierten Koordinatensystem stillsteht.

Die Phasenlage des Ständerstromvektors ist so zu steuern, daß dieser auf dem Vektor der Polraddurchflutung senkrecht steht. Der Vektor des Ständerstroms bzw. der Ständerdurchflutung muß also auf den Vektor der Rotordurchflutung orientiert werden. Da die Rotordurchflutung der Synchronmaschine unmittelbar mit dem Polrad verbunden ist, kann ihre Umlauffrequenz und räumliche Lage unmittelbar mit Hilfe eines Polradlagegebers gemessen werden. Der Polradlagegeber mißt den Verdrehungswinkel ϑ des Polrades gegenüber einer ständerfesten Achse. Das ist zugleich der Winkel zwischen dem Polradkoordinatensystem und einem ständerfesten Koordinatensystem

$$\vartheta = \omega t = \omega_s t \,. \tag{5.48}$$

Die Ständerstromsollwerte der drei Wicklungsstränge a, b, c müssen den natürlichen Verhältnissen entsprechend im Ständerkoordinatensystem vorgegeben werden. Sie werden mit Hilfe eines Koordinatenwandlers aus den α, β-Komponenten des im Ständerkoordinatensystem umlaufenden Ständerstromvektors gebildet. (Abb. 5.24) Die das Drehmoment steuernde Ständerstromkomponente i_{sq} wird vom überlagerten Drehzahlregelkreis in einem feldorientierten Koordinatensystem vorgegeben, die Komponente i_{sd} soll Null sein. Der Vektordreher *VD* hat die Aufgabe, den Vektor des Ständerstromes aus dem feldorientierten Koordinatensystem in das Ständerkoordinatensystem zu transformieren. Gesteuert vom Verdrehungswinkel des Polrades bildet der Vektordreher

$$i_s^s = i_s^\varphi \cdot e^{j\vartheta} \tag{5.49}$$

$$i_s^s = \left(i_{sd} + j i_{sq}\right)\left(\cos\vartheta + j\ \sin\vartheta\right) = i_{s\alpha} + j i_{s\beta} \tag{5.50}$$

Für $i_{sd} = 0$ folgt daraus das Steuergesetz

$$\begin{aligned} i_{s\beta} &= i_{sq} \cos\vartheta \\ i_{s\alpha} &= i_{sq} \sin\vartheta. \end{aligned} \tag{5.51}$$

Der dem Vektordreher nachgeschaltete Koordinatenwandler bildet die Strangstromsollwerte nach dem Steuergesetz

$$\begin{pmatrix} i_{sa} \\ i_{sb} \\ i_{sc} \end{pmatrix} = \begin{pmatrix} 1 & 0 \\ -1/2 & 1/2\ \sqrt{3} \\ -1/2 & -1/2\ \sqrt{3} \end{pmatrix} \begin{pmatrix} i_{s\alpha} \\ i_{s\beta} \end{pmatrix}. \tag{5.52}$$

Deutlicher als die Prinzipschaltung zeigt der Signalflußplan in Abb. 5.24b das Prinzip der feldorientierten Steuerung des Synchronmotors.

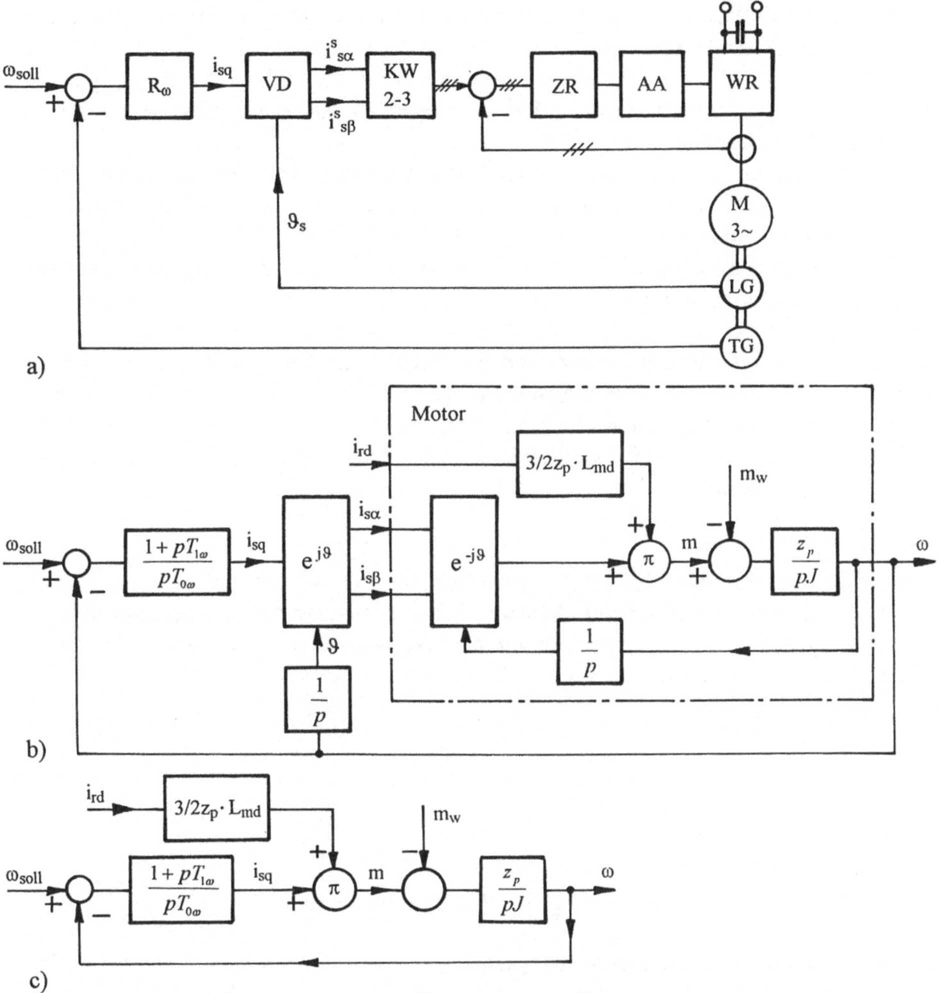

Abb. 5.24. Feldorientierte Steuerung des Synchronmotors (Elektronikmotor).
a) Prinzipschaltung
b) Signalflußplan
c) Zusammengefaßter Signalflußplan unter Annahme verzögerungsfreier Signalverarbeitung

Dieses besteht darin, daß der motorinterne Vektordreher, der den eingeprägten Ständerstrom aus dem Ständerkoordinatensystem in das feldorientierte Koordinatensystem wandelt, durch einen externen Vektordreher, der den feldorientiert vorgegebenen Ständerstromvektor in das Ständerkoordinatensystem wandelt, kompensiert wird. Der Übergang auf die drei Strangkomponenten ist dabei nicht von prinzipieller Bedeutung und wird deshalb ebenso wie die Stromregelung nicht dargestellt. Der Steuerwinkel ϑ wird von der Motorwelle als Integral der

Winkelgeschwindigkeit ω abgeleitet. Unter Voraussetzung idealer Kompensation läßt sich der Signalflußplan zu Abb. 5.24c zusammenfassen. Es wird deutlich, daß das innere Moment des Motors unverzögert durch die Vorgabe von i_{sq} gesteuert werden kann. Es besteht vollständige Analogie zu einem Gleichstromantrieb mit unverzögert wirkender Stromregelung.

Die technische Realisierung erfordert die Messung der Polradlage mit einem Polradlagegeber. Die Messung muß unverzögert, mit hinreichender Genauigkeit und hinreichendem Auflösungsvermögen erfolgen.

Neben absolut kodierten Lagegebern sind auch Resolver und inkrementale Geber mit Nullimpuls zur Ableitung des Signals der Polradlage geeignet; d. h. Lage- oder Drehzahlgeber, die zur Regelung des Antriebs ohnehin notwendig sind.

Die Funktion des Vektordrehers und des nachgeschalteten Koordinatenwandlers, d. h. die Realisierung der Steuergesetze (5.16) und (5.17), wird von einem Rechner übernommen. Die durch den Rechner bedingte Totzeit der Signalverarbeitung T_r soll klein sein; sie muß kleiner sein als die Abtastzeit der überlagerten Drehzahlregelschleife T:

$$T_r \leq T.$$

Der Mikrorechner gibt die Führungsgrößen für die Stromregelschleifen der drei Stränge aus, die entsprechend Abschn. 5.1.4 hardwaremäßig oder mit Rechner realisiert werden. Dem geschlossenen Stromregelkreis ist eine Totzeit T_i zuzuordnen. Es soll auch

$$T_i \leq T$$

sein.

5.3.3 Feldorientierte Steuerung des Asynchronmotors

Die feldorientierte Steuerung des Asynchronmotors erfordert wie die feldorientierte Steuerung des Synchronmotors das Einprägen des Ständerstroms bezüglich Frequenz, Amplitude und Phasenlage als Eingangsgröße. Es wird vorausgesetzt, daß der den Motor speisende Wechselrichter in Verbindung mit einer Stromregelung die vollständige Übereinstimmung des Ständerstromsollwertes mit dem Ständerstromistwert gewährleistet, daß dem geschlossenen Stromregelkreis also das ideale Übertragungsverhalten eines Proportionalgliedes im gesamten Arbeitsbereich zugeschrieben werden kann.

Angepaßt an das Wirkprinzip der Asynchronmaschine wird der Ständerstrom orientiert auf die Rotorflußverkettung gesteuert. Prinzipiell bestehen dazu zwei Möglichkeiten (Abb. 5.25)

- Steuerung des Ständerstroms in offener Kette über ein Entkopplungsnetzwerk und einen Vektordreher, so daß die Amplitude der Rotorflußverkettung und das Drehmoment des Motors voneinander unabhängig verstellt werden können. Die Führungsgröße des Drehmoments wird wie bei Gleichstromantrieben von der

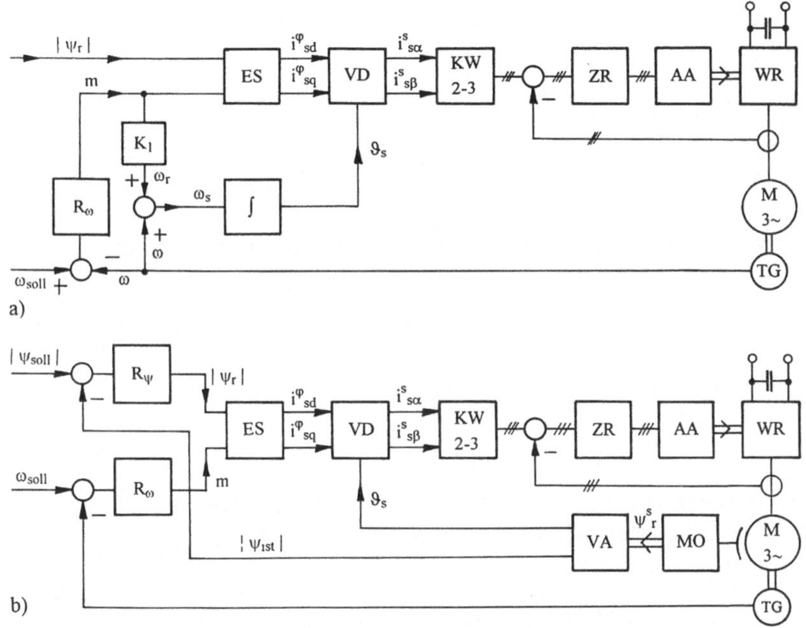

Abb. 5.25. Feldorientierte Steuerung eines Asynchronmotors mit Ständerstromeinprägung

überlagerten Drehzahlregelschleife vorgegeben; die Rotorflußverkettung wird extern gesteuert.

- Steuerung des Ständerstroms über ein Entkopplungsnetzwerk und einen Vektordreher durch zwei getrennte Regelkreise für Rotorflußverkettung und Winkelgeschwindigkeit, wobei der Regelkreis der Winkelgeschwindigkeit die Steuergröße des Drehmoments vorgibt. Die Läuferflußverkettung wird direkt oder indirekt gemessen.

In beiden Fällen wird eine ideale Stromregelung der drei Wicklungsstränge vorausgesetzt. Ein Koordinatenwandler bildet im Ständerkoordinatensystem die Führungsgrößen der Ständerströme aus den α, β-Komponenten des Ständerstromvektors. Einfache Steuergesetze lassen sich nur im feldorientierten Koordinatensystem angeben. Deshalb werden von der Steuer- bzw. Regeleinrichtung zunächst die feldorientierten Komponenten d, q des Ständerstroms im feldorientierten Koordinatensystem berechnet und danach in einem Vektordreher in die α, β-Komponenten des Ständerstroms im Ständerkoordinatensystem umgewandelt. Der Vektordreher wird gesteuert vom Steuerwinkel

$$\vartheta_s = \int \omega_s \, dt \tag{5.53}$$

der im Falle der Steuerung der Rotorflußverkettung aus $\omega_s = \omega + \omega_r$ abgeleitet, im Falle der Regelung der Rotorflußverkettung direkt oder indirekt gemessen wird.

Der Vektordreher realisiert die Funktion

$$i_s^s = i_s^{\varphi} \cdot e^{j\vartheta}$$

$$i_{s\alpha} + j i_{s\beta} = \left(i_{sd} + j i_{sq}\right)\left(\cos\vartheta_s + j\sin\vartheta_s\right) \tag{5.54}$$

Aus der Läuferspannungsgleichung im feldorientierten Koordinatensystem

$$0 = i_r R_r + \frac{d\psi_r}{dt} + j\omega_r \psi_r \tag{5.55}$$

und der Flußverkettungsgleichung

$$\psi_r = L_r i_r + L_m i_s \tag{5.56}$$

ergibt sich der Zusammenhang zwischen Ständerstrom, Läuferflußverkettung und Läuferkreisfrequenz, letztere als Maß für das Drehmoment, zu

$$i_s = \frac{\psi_r}{L_m}\left(1 + pT_r\right) + j\omega_r T_r \frac{\psi_r}{L_m} \;;\quad T_r = \frac{L_r}{R_r} \tag{5.57}$$

Das Koordinatensystem wird in Richtung der Läuferflußverkettung orientiert.

$$\psi_r = \psi_{rd} \;;\quad \psi_{rq} = 0 \tag{5.58}$$

Damit ergeben sich die Komponenten des Ständerstromes zu

$$i_{sd} = \frac{\psi_{rd}}{L_m}\left(1 + pT_r\right) \tag{5.59}$$

$$i_{sq} = \omega_r T_r \frac{\psi_{rd}}{L_m} \tag{5.60}$$

Das ist das Steuergesetz der Entkopplungssteuerung. Der Singalflußplan in Abb. 5.26 zeigt, daß der "innere Vektordreher" der Asynchronmaschine durch den "äußeren Vektordreher" der Steuereinrichtung kompensiert wird., so daß unmittelbar eine Steuerung der feldorientierten Ständerstromkomponenten erfolgt. Die Läuferflußverkettung ψ_{rd} kann unverzögert gesteuert werden, solange hier nicht durch Stellgliedbegrenzung eine Einschränkung auftritt. Das Drehmoment des Motors wird über ω_r unverzögert gesteuert. Aus dem zusammengefaßten Signalflußplan ergibt sich die Übertragungsfunktion für ψ_{rd} = konst. bei kontinuierlicher Betrachtung zu

$$\frac{\omega(p)}{\omega_r(p)} = \psi_{rd}^2 \frac{3}{2} \frac{1}{R_r} z_p^2 \frac{1}{pJ} = \frac{1}{pT_M} \tag{5.61}$$

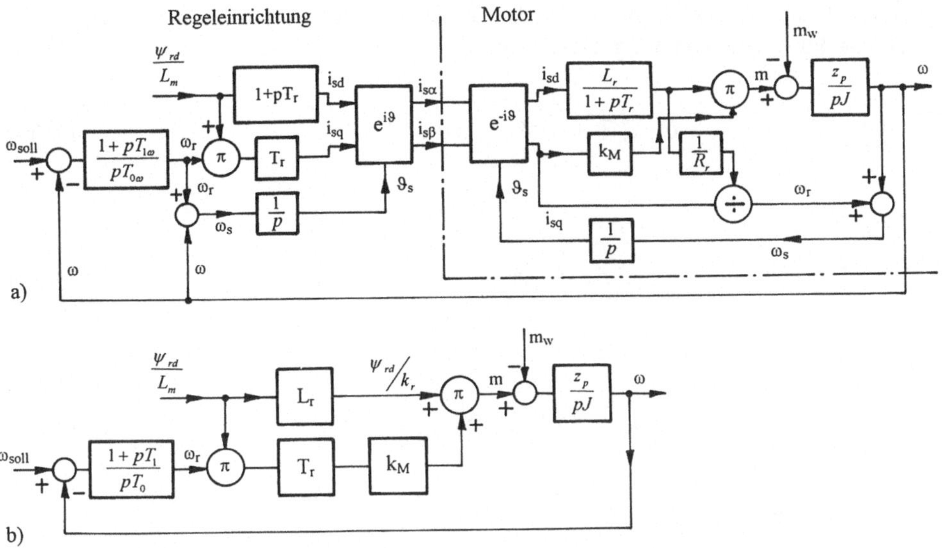

Abb. 5.26. Singnalflußplan der Asynchronmaschine mit Steuerung der Rotorflußverkettung über ein Entkopplungsnetzwerk und Regelung der mechanischen Winkelgeschwindigkeit
a) ausführliche Darstellung
b) zusammengefaßte Darstellung

mit

$$T_M = \frac{2JR_r}{3\psi_{rd}^2 z_p^2} \quad . \tag{5.62}$$

Die Übertragungsfunktion stimmt mit der des Gleichstrommotors überein. Bezüglich der Auslegung der Drehzahlregelung bestehen gegenüber Gleichstromantrieben keine Besonderheiten. Wie bei Gleichstromantrieben ist das spezifische Übertragungsverhalten des Meßgliedes zu berücksichtigen. Abweichungen von der idealen Übertragungsfunktion treten bei Steuerung der Läuferflußverkettung auf, wenn sich die Motorparameter R_r und T_r in Abhängigkeit von der Temperatur und vom Sättigungszustand ändern.

Soll die Läuferflußverkettung durch Regelung konstant gehalten werden, ist dazu in jedem Falle eine Messung notwendig. Da eine direkte Messung der Läuferflußverkettung den Einbau von Meßgliedern in den Motor erfordert und außerdem bei sehr tiefen Drehzahlen keine brauchbaren Meßwerte erhältlich sind, wird im Zusammenhang mit digitalen Regelungen meist eine indirekte Messung der Läuferflußverkettung mit Hilfe eines Maschinenmodells vorgesehen. Gemessen werden der Ständerstrom im Ständerkoordinatensystem und die mechanische Winkelgeschwindigkeit des Motors.

Das Maschinenmodell zur indirekten Erfassung der Läuferflußverkettung ergibt sich aus der Läuferspannungsgleichung im Ständerkoordinatensystem

$$0 = \underline{i}_{\mathrm{r}}^{\mathrm{s}} R_{\mathrm{r}} + \frac{d\,\underline{\psi}_{\mathrm{r}}^{\mathrm{s}}}{dt} - j\omega\,\underline{\psi}_{\mathrm{r}}^{\mathrm{s}} \tag{5.63}$$

mit

$$\underline{i}_{\mathrm{r}}^{\mathrm{s}} = \frac{\underline{\psi}_{\mathrm{r}}^{\mathrm{s}}}{L_{\mathrm{r}}} - \underline{i}_{\mathrm{s}}^{\mathrm{s}} \cdot \frac{L_{\mathrm{m}}}{L_{\mathrm{r}}} \tag{5.64}$$

zu

$$\underline{i}_{\mathrm{s}}^{\mathrm{s}} k_{\mathrm{r}} R_{\mathrm{r}} = \frac{\underline{\psi}_{\mathrm{r}}^{\mathrm{s}}}{T_{\mathrm{r}}}\left(1 + pT_{\mathrm{r}}\right) - j\omega\,\underline{\psi}_{\mathrm{r}}^{\mathrm{s}} \tag{5.65}$$

In Komponentenschreibweise wird

$$i_{\mathrm{s}\alpha} \cdot k_{\mathrm{r}} R_{\mathrm{r}} = \frac{\psi_{\mathrm{r}\alpha}}{T_{\mathrm{r}}}\left(1 + pT_{\mathrm{r}}\right) + \omega\psi_{\mathrm{r}\beta} \tag{5.66}$$

$$i_{\mathrm{s}\beta} k_{\mathrm{r}} R_{\mathrm{r}} = \frac{\psi_{\mathrm{r}\beta}}{T_{\mathrm{r}}}\left(1 + pT_{\mathrm{r}}\right) + \omega\psi_{\mathrm{r}\alpha}\ . \tag{5.67}$$

Dem entspricht das im Abb. 5.27 dargestellte Flußmodell, in dem außerdem der Betrag der Läuferflußverkettung

$$\left|\psi_{\mathrm{r}}\right| = \sqrt{\psi_{\mathrm{r}\alpha}^2 + \psi_{\mathrm{r}\beta}^2} \tag{5.68}$$

und der Winkel ϑ

$$\cos\vartheta = \frac{\psi_{\mathrm{r}\alpha}}{\left|\psi_{\mathrm{r}}\right|} \qquad \sin\vartheta = \frac{\psi_{\mathrm{r}\beta}}{\left|\psi_{\mathrm{r}}\right|} \tag{5.69}$$

gebildet werden. Ein anderes mögliches Flußmodell nach Abb. 5.27b geht davon aus, daß ein Vektordreher zunächst die feldorientierten Komponenten des Ständerstroms bildet, aus denen dann der Flußbetrag ψ_{rd} und der Steuerwinkel ϑ_{s} berechnet werden. Durch Abweichung der Maschinenparameter L_{r} und R_{r} von den im Flußmodell berücksichtigten Werten entstehen Meßfehler, die eine gewisse Abweichung der Läuferflußverkettung vom geforderten konstanten Wert zur Folge haben.

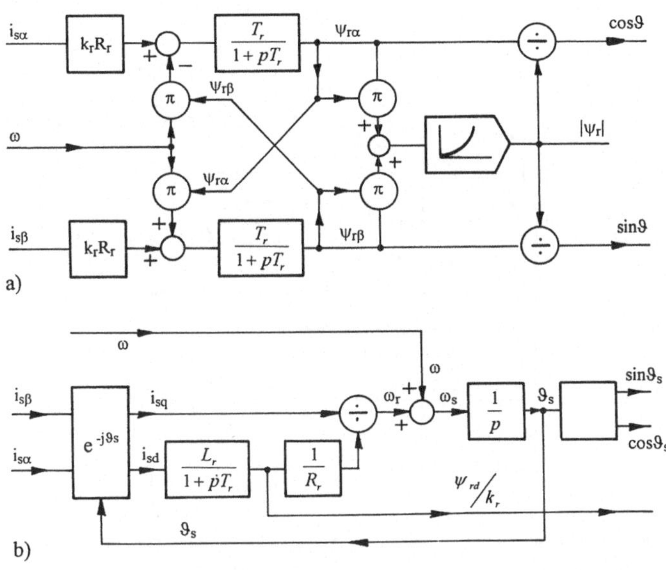

Abb. 5.27. Signalflußplan des Flußmodells einer Asynchronmaschine
a) in Statorkoordinaten
b) in Feldkoordinaten

Dynamisch entspricht der offene Flußregelkreis einem Proportionalglied mit Verzögerung 1. Ordnung mit der Übertragungsfunktion

$$G_\psi(p) = \frac{T_r}{1 + pT_r} \; ; \tag{5.70}$$

die Flußverkettung wird um T_r verzögert gemessen. Um dynamische Fehler klein zu halten, muß jedoch eine möglichst unverzögerte Regelung der Flußverkettung angestrebt werden. Die Flußregelung soll gegenüber der Drehzahlregelung quasikontinuierlich arbeiten. Die Abtastzeit der Signalverarbeitung muß zu 1 ms festgelegt werden. Insbesondere muß der Steuerwinkel ϑ_s möglichst unverzögert bereitgestellt werden.

Die Drehzahlregelung arbeitet gegenüber der Flußregelung langsam. Sie entspricht der Drehzahlregelung von Gleichstromantrieben.
Abb. 5.28 zeigt einen zusammenfassenden Signalflußplan.

5.3.4. Direkte Selbstregelung des Asynchronmotors

Die direkte Selbstregelung nach Depenbrock ist eine Regelung der Ständerflußverkettung im raumfesten Koordinatensystem. Ein Flußmodell auf der Basis der

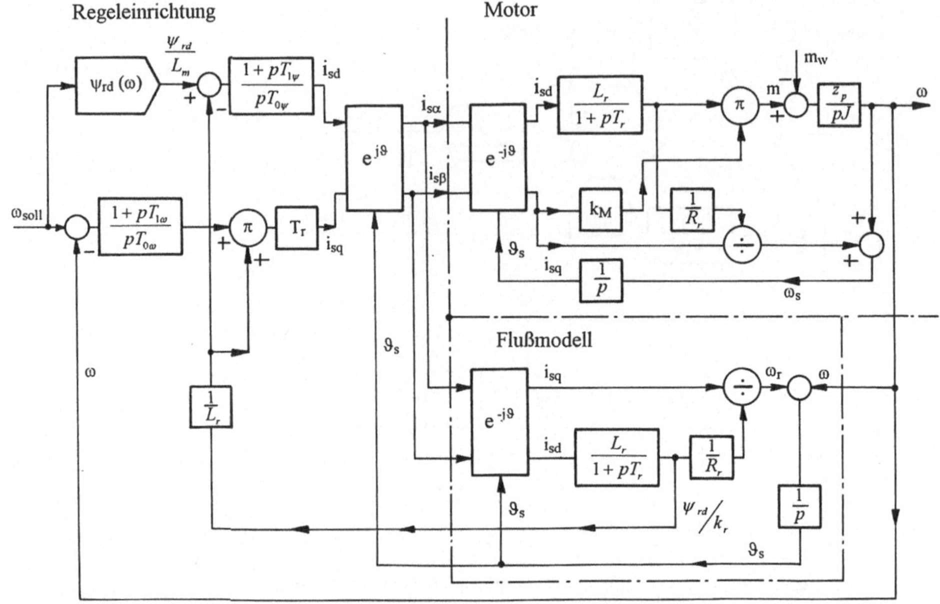

Abb. 5.28. Signalflußplan der Asynchronmaschine mit Regelung der Rotorflußverkettung über ein Flußmodell und Regelung der mechanischen Winkelgeschwindigkeit

Ständerspannungsgleichung

$$\underline{u}_s = \underline{i}_s \cdot R_s + \frac{d\,\underline{\psi}_s}{dt} \tag{5.71}$$

bildet die Strangkomponenten der Ständerflußverkettung ψ_{sa}, ψ_{sb}, ψ_{sc}. Aus einem Vergleich der Amplituden mit dem Sollwert ψ_{soll} lassen sich die Steuersignale S_a, S_b, S_c ableiten, die die Umschaltung der Schaltzustände des Wechselrichters bewirken (Abb. 5.29). Das Verfahren entspricht einer dreiphasigen Zweipunktregelung der Ständerflußverkettung. Es arbeitet weitgehend parameterunabhängig und ist auch auf Synchronmaschinen anwendbar.

Genauer wird die Arbeitsweise durch das Raumzeigerbild in Abb. 5.30 beschrieben. Der Raumzeiger der Ständerspannung kann die Zustände 1 ... 6 oder den Nullzustand annehmen. Vernachlässigt man den Einfluß des ohmschen Ständerwiderstandes, dann bestimmt der Augenblickswert des Spannungsraumzeigers $\underline{u}_s$ eindeutig die Änderung der Lage des Raumzeigers der Ständerflußverkettung

$$\underline{u}_s = \frac{d\,\underline{\psi}_s}{dt}$$

Dem Zustand $\underline{u}_{s1}$ entspricht die Gerade 1der Bahn der Ständerflußverkettung. Der Zeiger der Ständerflußverkettung durchläuft ein gleichseitiges Sechseck mit

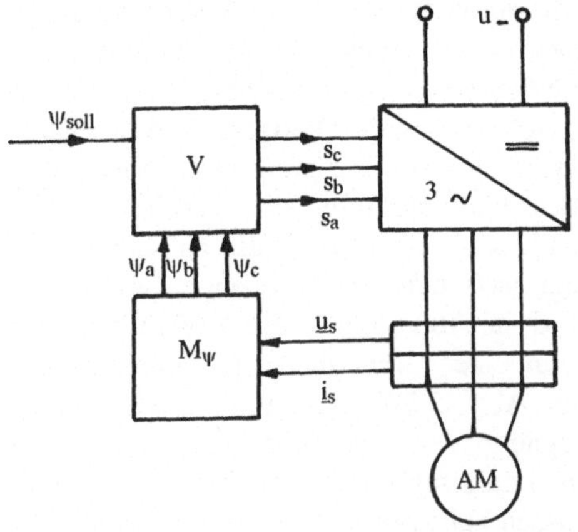

Abb. 5.29. Prinzip der direkten Selbstregelung

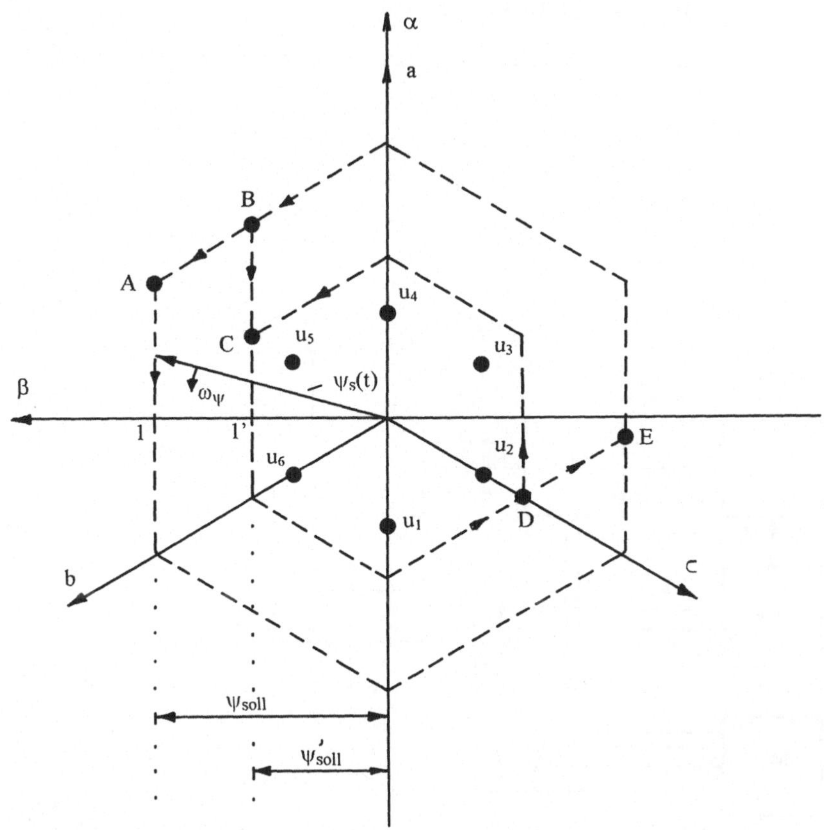

Abb. 5.30. Raumzeiger der Ständerspannung und der Ständerflußverkettung bei direkter Selbstregelung

konstanter Bahngeschwindigkeit und geringfügig pulsierender Winkelgeschwindigkeit. Wenn der Nullzustand des Wechselrichters zunächst ausgeschlossen wird (Grundfrequenztaktung) besteht ein eindeutiger Zusammenhang zwischen Amplitude der Ständerspannung, Amplitude der Flußverkettung und Umlaufgeschwindigkeit der Flußverkettung. Unter Voraussetzung einer konstanten Spannungsamplitude entspricht einer großen Flußamplitude eine vergleichsweise kleine mittlere Winkelgeschwindigkeit des Flusses. Wird durch die Regelung eine kleinere Flußamplitude vorgegeben, bewegt sich der Flußraumzeiger auf einem kleineren Sechseck (Übergang von B auf C in Abb. 5.30), die Umlauffrequenz erhöht sich entsprechend. Der Übergang von einer Umlaufbahn auf eine kleinere (B-C in Abb. 5.30) oder größere (D-E in Abb. 5.30) erfolgt ohne zusätzliche Schaltvorgänge. Die Anzahl der Schaltvorgänge der Wechselrichterventile bleibt also gering und wird durch die Grundfrequenztaktung bestimmt. Die nichtlinearen Zusammenhänge zwischen Strömen und Flüssen haben praktisch keinen Einfluß auf stationäre oder dynamische Abläufe. Die Änderung des Flußsollwertes führt zu einer Änderung der Frequenz und über eine Änderung des Schlupfes zur Drehzahländerung des Antriebs.

Das innere Drehmoment des Motors ergibt sich zu

$$m = 3/2\, z_p \left(\psi_{s\alpha} \cdot i_{s\beta} - \psi_{s\beta} \cdot i_{s\alpha} \right) \tag{5.72}$$

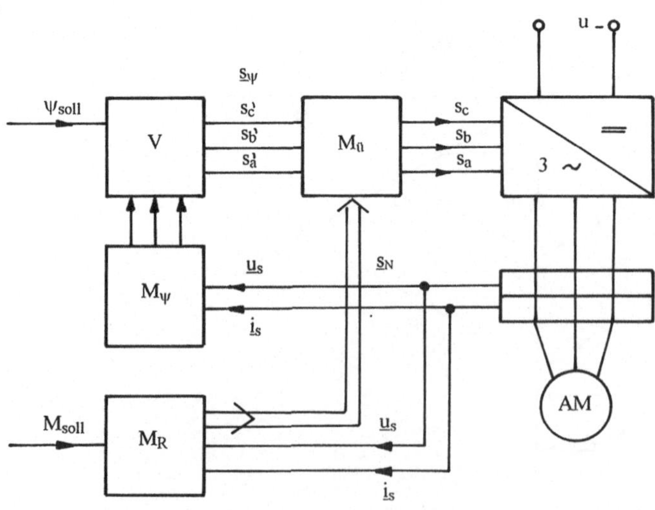

Abb. 5.31. Regelung des eingeprägten Drehmomentes nach dem Prinzip der direkten Selbstregelung

In der erweiterten Prinzipschaltung nach Abb. 5.31 wird diese Größe im Momentrechner MR gebildet und das Ergebnis mit dem vorzugebenden Sollwert M_{soll} verglichen. Übersteigt der Istwert des Moments den Sollwert um mehr als die zugelassene Toleranz ε_M, so ist anstelle des durch die Flußregelung bestimmten Ansteuervektor des Wechselrichters $\underline{s}_\psi = [s_a'; s_b'; s_c']$ der Raumzeiger "null" $\underline{s}_N = [s_a; s_b; s_c]$ solange einzuschalten, bis der Istwert des Moments dem Sollwert um mehr als ε_M unterschreitet. Danach bestimmt wieder die Flußselbstregelung den Schaltzustand des Wechselrichters. Das bewirkt eine Umschalteinrichtung MU. Damit wird der Zweipunktflußregelung eine Zweipunktmomentenregelung überlagert. Auch diese Regelung arbeitet unabhängig von veränderlichen Parametern.

Die praktische Realisierung der Drehmoment- und Flußregelung erfolgt mit einem digitalen Regler (vergl. Abschn. 6.1). Vorteilhaft ist eine Regelstrategie auf Basis der Fuzzy-Logik (vergl. Abschn. 6.5). Die Grundstruktur zeigt Abb. 5.32. Zunächst werden die Regelabweichungen der Flußregelung und der Drehmomentregelung fuzzifiziert, d. h. in unscharfe Größen verwandelt, die mit linguistischen Variablen beschrieben werden. Im vorliegenden Fall werden für $\Delta\psi$ und Δm je 6 mögliche Fuzzy-Sets verwendet; groß-positiv, mittel-positiv, klein-positiv, klein-negativ, mittel-negativ, groß-negativ.

In der nachfolgenden Regelmatrix sind die Inferenzmechanismen zur Ermittlung der Schlußfolgerungen niedergelegt (Abb. 5.33 a). In einer Schaltbelegungstabelle sind für die 36 möglichen Kombinationen der Signale $\Delta\psi$ und Δm die Schlußfolgerungen für den einzuschaltenden Flußvektor zusammengestellt. Um eine für die Regelung auswertbare Stellgröße zu erhalten muß man die mittels der Fuzzy-Logik ermittelten unscharfen Größen durch die Defuzzyfizierung in die von der Regelung erwartete scharfe Stellgröße umwandeln. Das geschieht unter Berücksichtigung eines speziellen Bewertungsalgorithmus.

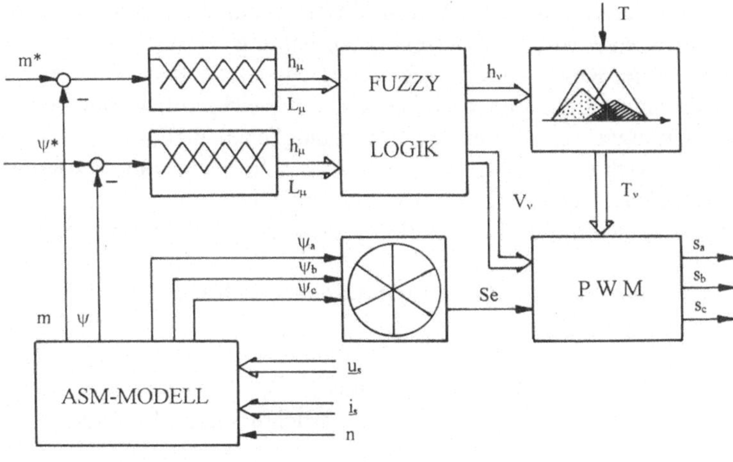

Abb. 5.32. Grundstruktur der Fuzzy-Regelung

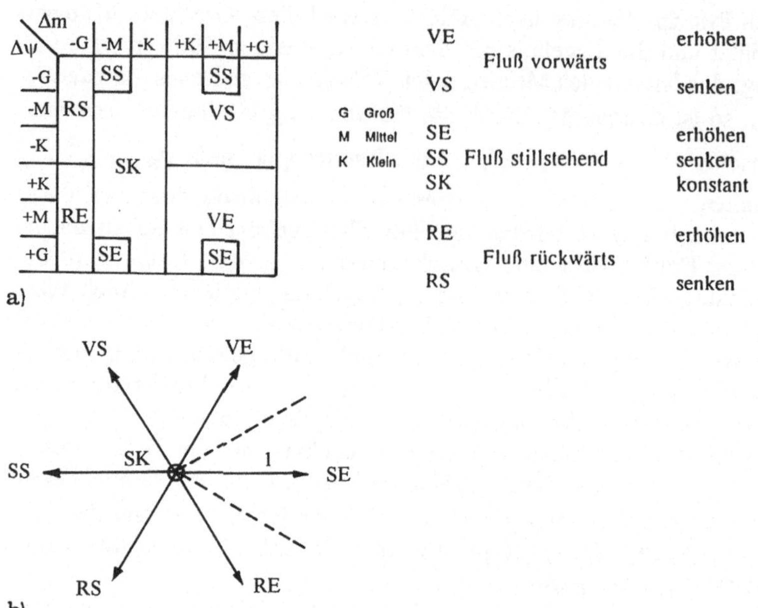

Abb. 5.33. Regelmatrix (a) und Zeigerbild (b) für die Steuerung des Flußvektors auf einer Kreisbahn

5.4 Ständerfrequenzsteuerung über Direktumrichter

5.4.1 Lösungsmöglichkeiten und allgemeines Betriebsverhalten

Direktumrichter sind Schaltungsanordnungen, in denen jedem Wicklungsstrang des zu speisenden Motors eine Stromrichterreversierschaltung zugeordnet ist. Die Schaltungen arbeiten in der Regel primärnetzgelöscht. Sie entsprechen in ihrer Wirkungsweise und in ihrem gerätemäßigen Aufbau den für Gleichstromantriebe eingesetzten Reversierschaltungen (s. Abschn. 3). Sie ermöglichen den Austausch von Wirkleistung in beiden Richtungen und sind geeignet zur Speisung ohmisch-induktiver Verbraucher. Direktumrichter arbeiten mit nur einmaliger Energieumformung, ohne Energiezwischenspeicherung. Der Wirkungsgrad des Antriebs ist dadurch relativ gut (93 ... 95 %).

Die Dynamik des Stromrichters wird bestimmt durch die Pulsfrequenz

$$f_p = pf_{N1} \tag{5.73}$$

f_{N1} : Primärnetzfrequenz
p : Pulszahl des Stromrichters eines Strangs.

Obwohl theoretisch maximal die halbe Pulsfrequenz vom Stromrichter übertragen werden könnte, wird praktisch mit Rücksicht auf die unvermeidliche stromlose

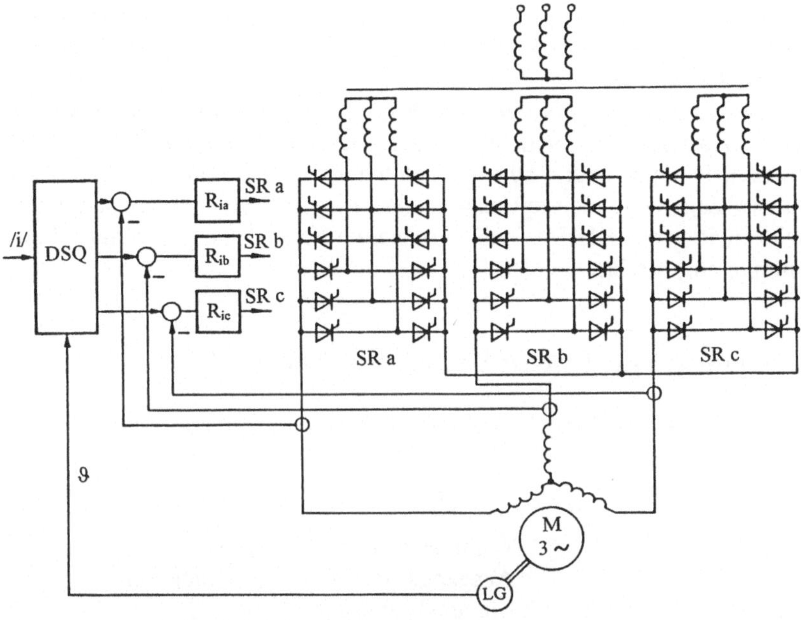

Abb. 5.34. Frequenzgesteuerter Drehstromantrieb mit Direktumrichter, Schaltung des Leistungskreises und Prinzip der Stromeinprägung

Pause bei kreisstromfreien Schaltungen und auf unerwünschte Nebenwirkungen die Schaltung bis zu einer Sekundärfrequenz

$$f_{N2} = 0{,}3 \dots 0{,}5\, f_{N1} \tag{5.74}$$

betrieben. Damit ist die Pulsfrequenz des Stromrichters hoch gegenüber der Frequenz der Ausgangsspannung. Schwebungseffekte treten nicht auf. Der Direktumrichter ermöglicht nahezu unverzögert eine Ständerspannungs-Ständerfrequenz-Steuerung der Drehfeldmaschine. In der Regel wird der Antrieb mit einer dreisträngigen Stromregelung ausgestattet. Eine Drehstromsollwertquelle gibt die Füh-

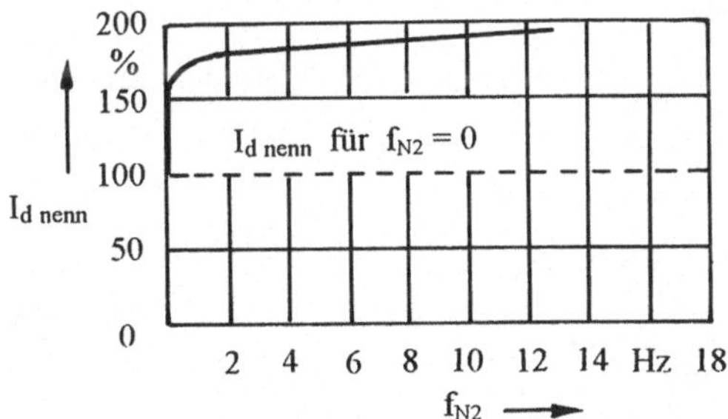

Abb. 5.35. Strombelastbarkeit der Stromrichterbrücken im Direktumrichter als Funktion der Ausgangsfrequenz f_{N2} (Beispiel für eine konkrete Ausführung)

rungsgrößen der drei Stränge vor. Die drei Stromregelschleifen prägen praktisch unverzögert die Strangströme ein. Die Ständerstromeinprägung bestimmt das Betriebsverhalten des Antriebs.

Die Ständerfrequenzsteuerungg über Direktumrichter wird vorzugsweise für langsamlaufende Antriebe mit Synchron- und Asynchronmotoren bis zu den größten Leistungen angewandt. Die der Ständerstromeinprägung überlagerte Regelung muß vorzugsweise eine optimale Ausnutzung des Motors gewährleisten. Es wird feldorientierter Betrieb mit konstanter Rotorflußverkettung bzw. Rotordurchflutung angestrebt.

5.4.2 Dimensionierung des Systems Stromrichter-Motor

Der Direktumrichter ist aus sechs Drehstrombrücken aufgebaut. Seine Typenleistung ergibt sich zu

$$P_{d0} = 6\, I_{d\,nenn}\, U_{d0} \tag{5.75}$$

$I_{d\,nenn}$: Nenngleichstrom einer Brücke
U_{d0} : Ausgangsspannung einer Brücke für
: Maximalsteuerung

Arbeitet der Umrichter mit der Ausgangsfrequenz $f_{n2} = 0$, muß jedes Ventil dauernd den Maximalwert des Ausgangsstroms $\sqrt{2}I_2$ führen können.

Es ist

$$I_d = \sqrt{2}I_2$$

Der Scheitelwert der Ausgangsspannung $\sqrt{2}U_2$ entspricht bei Vollaussteuerung der ideellen Ausgangsspannung

$$U_{d0} = \sqrt{2}U_2$$

Damit ergibt sich die Typenleistung zu

$$P_{d0} = 6 \cdot 2 \cdot U_2 I_2$$

Wählt man die Motornennleistung $P_{M\,nenn}$ entsprechend der Typenleistung des Stromrichters, dann ist

$$\begin{aligned} P_{M\,nenn} &= U_2 I_2 \sqrt{3} \cos\varphi_{nenn} \\ P_{d0} &= \frac{4\sqrt{3}}{\cos\varphi_{nenn}} \cdot P_{M\,nenn} \end{aligned} \tag{5.76}$$

Ist die Ausgangsfrequenz des Stromrichters $f_{N2} > 0$, ist wegen des dann auftretenden thermischen Ausgleichs zeitweise eine höhere Belastung der Ventile zulässig.

In Abhängigkeit von den thermischen Eigenschaften der Ventile und des Stromrichters erhöht sich die Strombelastbarkeit um den Faktor $\sqrt{2}$ ... 2 auf

$$P_{d0} = \frac{4\sqrt{3}}{\left(\sqrt{2} \ldots 2\right) \cos\varphi_{nenn}} P_{M\,nenn}. \tag{5.77}$$

Eine weitere Verminderung der Typenleistung wird möglich, wenn der Umrichter übersteuert betrieben wird. Die Ausgangsspannung verläuft annähernd trapezförmig. Der Maximalwert der Ausgangsspannung U_{2max} entspricht der Ausgangsspannung der voll ausgesteuerten Brücke U_{d0} (Abb. 5.36). Die Grundschwingung der Ausgangsspannung ist größer als U_{max}.

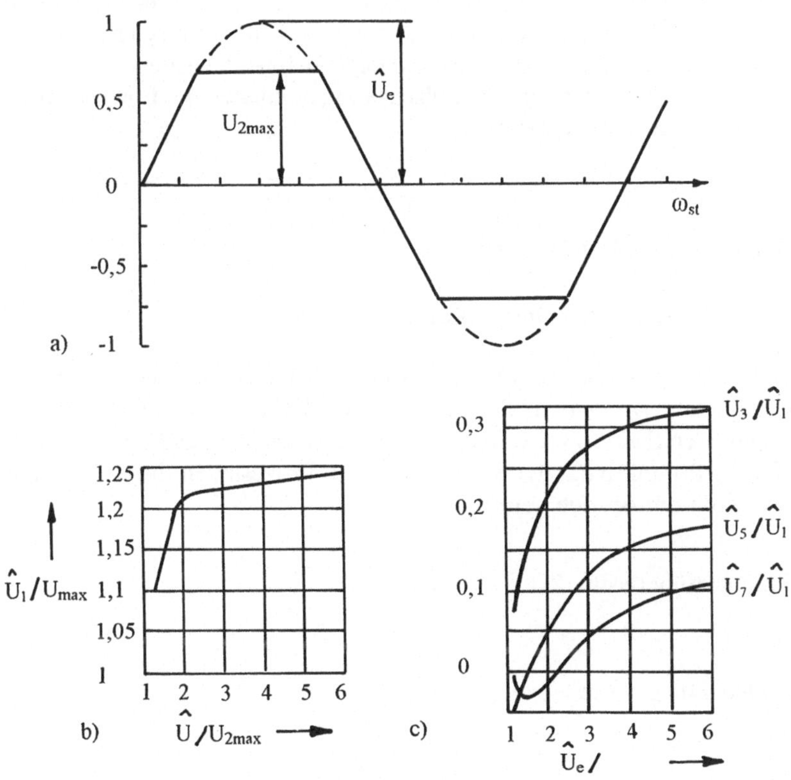

Abb. 5.36. Übersteuerung des Umrichters
a) Verlauf der Ausgangsspannung eines Umrichterstrangs bei Übersteuerung (Trapeznäherung)
b) Amplitude der Grundschwingung der Ausgangsspannung U_1, bezogen auf den Maximalwert der Ausgangsspannung U_{max}
c) Oberschwingungsamplituden, bezogen auf die Grundschwingungsamplitude

Praktisch kann eine Erhöhung der Grundschwingung gegenüber U_{d0} um 15 - 20% genutzt werden, die erforderliche Typenleistung des Umrichters verkleinert sich entsprechend. Bei Trapezbetrieb des Umrichters entstehen jedoch grundsätzlich Oberschwingungen der Ausgangsspannung.

Das Betriebsverhaltens des Motors wird durch die Oberschwingungen der Ausgangsspannung beeinflußt. Oberschwingungen der Ausgangsspannung, die durch die Arbeitsweise des Stromrichters verursacht werden, also hochfrequent gegenüber der Grundfrequenz f_{N2} sind, verursachen erhöhte Verluste im Motor. Oberschwingungen, die auf den Trapezbetrieb des Umrichters zurückzuführen sind und 3-, 5-, 7fache Grundfrequenz besitzen, verursachen erhöhte Verluste im Motor und außerdem Pendelmomente.

Der Direktumrichter entnimmt dem Netz die von der Last geforderte Wirk- und Blindleistung, außerdem die Steuerblindleistung des Stromrichters. Er belastet das Netz mit Oberschwingungsströmen. Beim einphasigen Direktumrichter ergibt sich durch die Steuerung des Zündwinkels eine Modulation der Netzströme mit doppelter Ausgangsfrequenz $2f_{N2}$. Beim dreiphasigen Direktumrichter überlagern sich primärseitig die Ströme der drei Lastphasen. Im Falle des symmetrischen Betriebs führt die Überlagerung zu einer konstanten Primärnetzbelastung.

Durch Einsatz selbstkommutierender Ventilschaltungen können die Eigenschaften des Direktumrichters verbessert werden.

5.5 Drehstromstellantriebe

5.5.1 Antriebstechnische Aufgabenstellung

Stellantriebe haben die Aufgabe, Bewegungsabläufe mit hoher Dynamik und meist auch hoher Genauigkeit zu steuern. Sie finden in der Fertigungstechnik, Robotik sowie in Be- und Verarbeitungsmaschinen in großer Zahl Anwendung und sind entscheidend für die Produktivität der dort ablaufenden Prozesse. Im Interesse einer hohen Dynamik wird vom Antrieb gefordert

– hohe Drehmomentüberlastbarkeit $\dfrac{M_{max}}{M_{nenn}} = 4....10$

– hohes Beschleunigungsvermögen $\dot{\omega}_{max} = \dfrac{M_{max}}{J_{ges}}$

– hohe dynamische Grenzleistung $L_{max} = M_{max} \cdot \dot{\omega}_{max}$

In manchen Anwendungen, beispielsweise Stellantrieben von Werkzeugmaschinen, wird außerdem ein hoher Drehzahlstellbereich bei gleichförmiger Bewegung gefordert. Ein Drehzahlstellbereich von 1:10 000 ist dabei durchaus üblich. Meist wird der Motor über ein Getriebe an die anzutreibende Maschine angepaßt

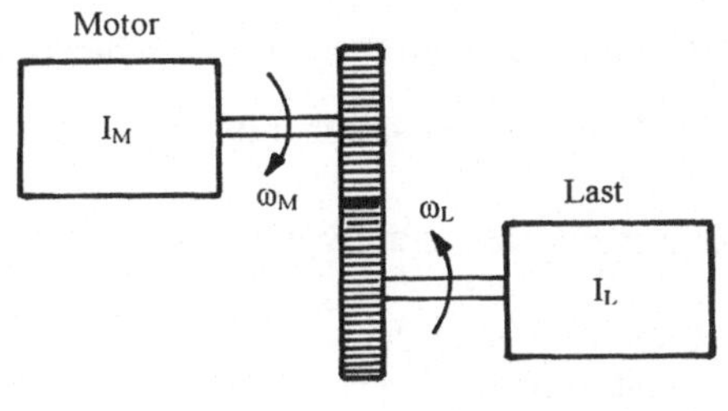

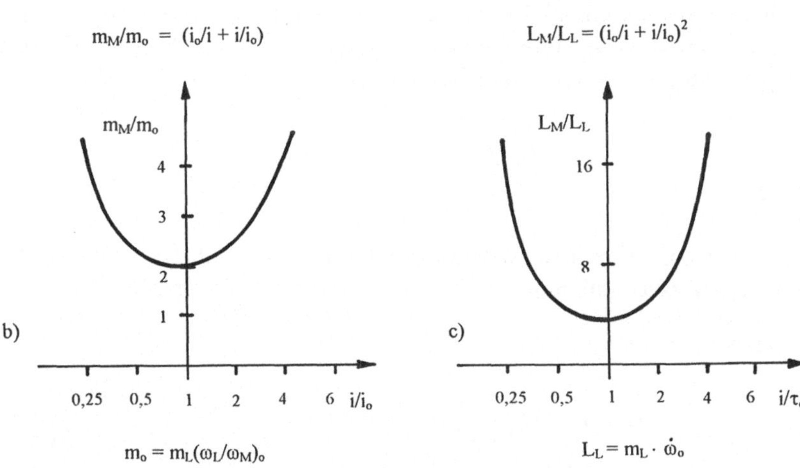

Abb.5.37. Zur mechanischen Anpassung des Motors an die Arbeitsmaschine
a) Antriebsschema
b) Bezogenes Motormoment in Abhängigkeit vom Übersetzungsverhältnis
c) Bezogene dynamische Leistung in Abhängigkeit vom Übersetzungsverhältnis

(Abb. 5.37). Die notwendige Getriebeübersetzung i ergibt sich aus dem Verhältnis der Maximalgeschwindigkeiten

$$i = \frac{\omega_{\text{Mot max}}}{\omega_{\text{Last max}}} \tag{5.78}$$

Die Belastung des Motors folgt überwiegend aus den Beschleunigungsvorgängen. Das Widerstandsmoment der Last kann demgegenüber meist vernachlässigt werden. Das Motormoment ist

$$m_M = J_M \cdot \dot{\omega}_M + J_L \cdot \frac{1}{i^2} \cdot \dot{\omega}_M \tag{5.79}$$

$J_M \cdot \dot{\omega}_M$: Dynamisches Moment zur Beschleunigung des Motorträgheitsmomentes

$J_{\mathrm{L}} \cdot \frac{1}{i^2} \cdot \dot{\omega}_{\mathrm{M}}$: Dynamisches Moment zur Beschleugingung des Lastträgheitsmomentes, bezogen auf die Motorwelle

Neben dem aufgabengemäß zur Beschleunigung der Last notwendigem Moment

$$m_0 = m_{\mathrm{L}} \left(\frac{\omega_{\mathrm{L}}}{\omega_{\mathrm{M}}} \right)_0 \tag{5.80}$$

ist auch ein Drehmomentanteil zur Beschleunigung des Eigenträgheitsmoments des Motors notwendig. Das Gesamtdrehmoment m_{M} ist vom Übersetzungsverhältnis des Getriebes abhängig und erreicht ein Minimum für

$$i = i_0 = \sqrt{\frac{J_{\mathrm{L}}}{J_{\mathrm{M}}}} \tag{5.81}$$

Für die vom Motor aufzubringende dynamische Leistung L_{M} gilt, bezogen auf die ausschließlich zur Beschleunigung der Last notwendige dynamische Leistung $L_{\mathrm{L}} = m_{\mathrm{L}} \cdot \dot{\omega}_{\mathrm{L}}$ schließlich

$$\frac{L_{\mathrm{M}}}{L_{\mathrm{L}}} = \left(\frac{i_0}{i} + \frac{i}{i_0} \right)^2 \tag{5.82}$$

Auch die dynamische Leistung L_{M} erreicht ein Minimum für

$$i = i_0 = \sqrt{\frac{J_{\mathrm{L}}}{J_{\mathrm{M}}}} \tag{5.83}$$

Das nennt man mechanische Anpassung. Bei mechanischer Anpassung erreicht auch die Verlustleistung im Motor ihr Minimum. Demzufolge kann bei mechanischer Anpassung die größtmögliche Schalthäufigkeit des Antriebs realisiert werden. Stellantriebe, die vorzugsweise Beschleunigungsvorgänge realisieren, sind mechanisch so zu dimensionieren, daß der Fall der Anpassung zumindest angenähert erreicht wird. Das Übersetzungsverhältnis ist zu

$$i^2 = \frac{J_{\mathrm{L}}}{J_{\mathrm{M}}} \tag{5.84}$$

zu wählen. Ist bei bestimmten Anwendungen $J_{\mathrm{L}} >> J_{\mathrm{M}}$ muß das Übersetzungsverhältnis entsprechend dem Verhältnis der Maximalgeschwindigkeiten noch (5.78) festgelegt werden.

5.5.2 Motorkonstruktion

An Stellmotoren werden spezifische konstruktive Anforderungen gestellt, die sich aus der antriebstechnischen Aufgabenstellung ableiten:

- kleines Trägheitsmoment
- hohes Beschleunigungsvermögen
- gute Wärmeabfuhr auch im Stillstand
- Gleichförmigkeit des Laufs
- hohe Zuverlässigkeit
- Möglichkeit der konstruktiven Integration mit der Maschine
- konstruktive Integration des Drehzahl-/Lagegebers

An die Stelle der traditionell üblichen Gleichstromstellmotoren treten in Neuanlagen Synchronmotoren und Asynchronmotoren. Durch den Einsatz von Permanentmagneten mit hoher Energiedichte lassen sich mit Synchronmotoren die günstigsten Parameter erreichen. Die Motoren können gut in die mechanische Konstruktion integriert werden, im Rotor entstehen nur geringe Verluste. Asynchronmotoren führen im Bereich mittlerer und größerer Leistungen zu wirtschaftlich günstigen Lösungen. (Abb. 5.38)

Stellmotoren bilden vielfach eine konstruktive Einheit mit dem anzutreibenden Maschinenelement. Direktantriebe, z.B. Spindeldirektantriebe oder Gelenkdirektantriebe in Robotern vermeiden ein Getriebe und führen so zu starren, dynamisch günstigen Lösungen. Gleiches gilt auch für Linearantriebe.

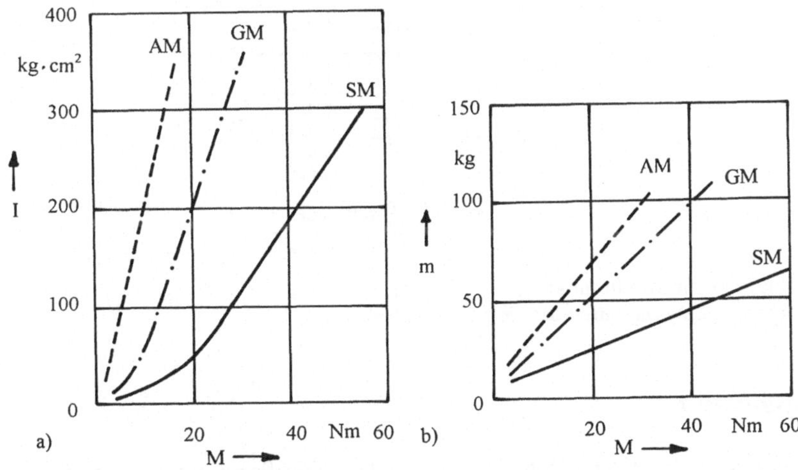

Abb. 5.38. Trägheitsmoment (a) und Masse (b) typischer Stellmotoren in Abhängigkeit vom Nenndrehmoment

5.5.3 Drehmomenteinprägung

Stellantriebe haben eine weitgehend unverzögerte Drehmomenteinprägung zu gewährleisten. Sie sind dementsprechend mit einer Stromregelung auszurüsten. Im einfachsten Falle (Abb. 5.39) steuert ein Polradlagegeber die Verteilung des durch Regelung konstant gehaltenen Zwischenkreisstromes auf die Wicklungsstränge. Es werden den Wicklungen Rechteckströme eingeprägt, Einschaltdauer 2/3 π. Der Polradlagegeber wird so eingestellt, daß die Grundschwingung des Ständerstromes auf der Polradachse senkrecht steht.

$$\underline{i}_s = I_{sq} \tag{5.85}$$

Hochwertige Regelungen ermöglichen, Sinusströme einzuprägen und auf dieser Basis eine feldorientierte Regelung des Synchron- oder Asynchronmotors zu verwirklichen (vergl. Abschn. 5.3.)

Die Induktionsverteilung im Luftspalt des Motors wird durch die geometrische Gestaltung der Permanentmagnete bestimmt. (Abb. 5.40).

Bemerkenswert ist, daß durch optimale Gestaltung der Polform die Motorleistung gegenüber dem Fall sinusförmiger Induktionsverteilung um 26 % erhöht werden kann.

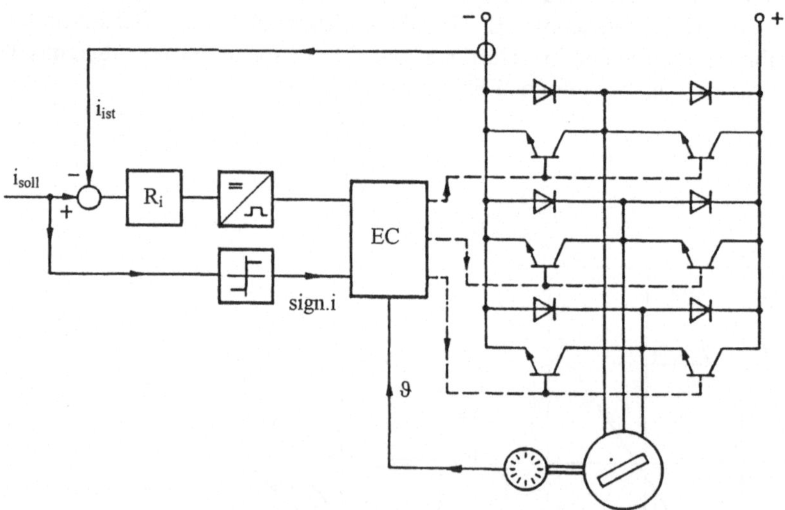

Abb. 5.39. Stellantrieb mit Synchronmotor, Rechteckeinprägung durch den Polradlagegeber

5.5.4 Schrittantriebe

Schrittantriebe setzen eine Folge elektrischer Impulse fehlerfrei in eine mechanische Schrittfolge um. Sie arbeiten nach dem Prinzip einer offenen Steuerung, benötigen also keine Winkelmeßeinrichtung. Der Motor ist nach dem Prinzip eines permanent-

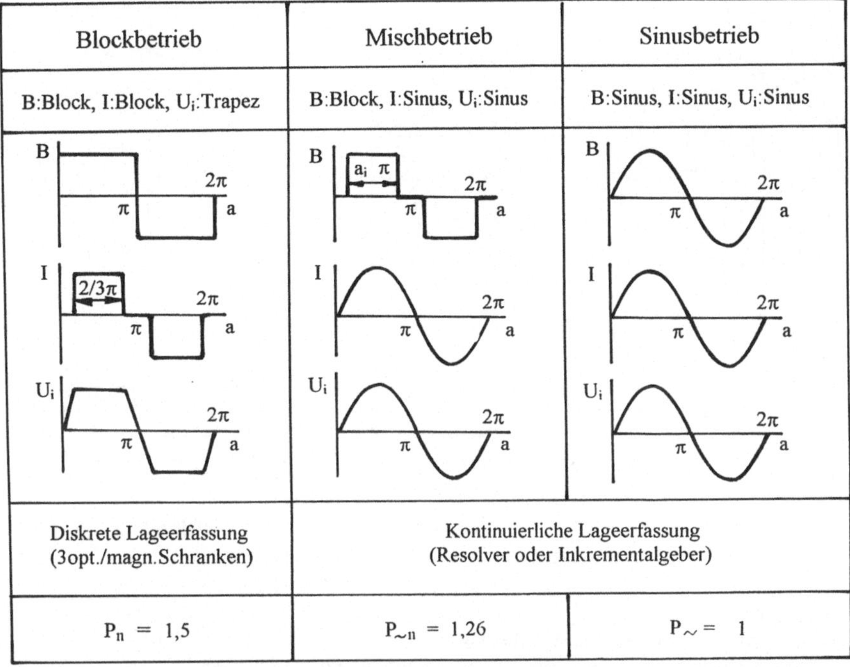

Abb. 5.40. Spannungs- und Stromkurvenformen von permanenterregten Synchronmotoren mit Polradlagegeber, charakteristische Verläufe bei unterschiedlichen Betriebsarten

erregten Synchronmotors, eines Reluktanzmotors oder auch einer Kombination aus beiden aufgebaut. Abb. 5.41 zeigt ein Ausführungsbeispiel mit einem Permanentmagnet, der axial magnetisiert ist. Zwei ferromagnetische Polkappen sind gegenseitig um eine halbe Polteilung versetzt. An einer Polkappe bilden sich die Nordpole, an der anderen die Südpole aus. Die Ständerwicklungen werden erregt. Fließt nur ein Strom $I_1>0$ im Ständer, so richtet sich der unbelastete Läufer wie in Abb. 5.41a aus. Wird der Strom im Ständer weitergeschaltet ($I_1 = 0$; $I_2 > 0$), so dreht sich der Läufer um $\alpha_s = 30°$ im Uhrzeigersinn weiter, er führt einen vollen Schritt aus. Der nächste Schritt wird nach der Umschaltung auf $I_1 < 0$ und $I_2 = 0$ ausgeführt. Abb. 5.41d zeigt die Stromverläufe. Ein gleich großer Schrittwinkel α_s wird mit Strömen nach Abb. 5.41c erreicht. Werden hingegen die Wicklungsstränge nacheinander gemäß Abb. 5.41f geschaltet, so führt der Läufer nur Schritte der Weite $\alpha_s/2$ aus. Die Betriebsarten heißen Voll- und Halbschrittbetrieb. In den Beispielen Abb. 5.41 d bis f wechselt der Strom seine Richtung; man spricht von bipolarer Ansteuerung. Im Gegensatz dazu würde bei einer "unipolaren" Ansteuerung der Strom in jeder Wicklung nur in einer Richtung fließen. Die vier Wicklungen müßten nacheinander die Ströme I_1 bis I_4 führen. Dabei sinkt das Drehmoment; der Motor wird schlechter ausgenutzt.

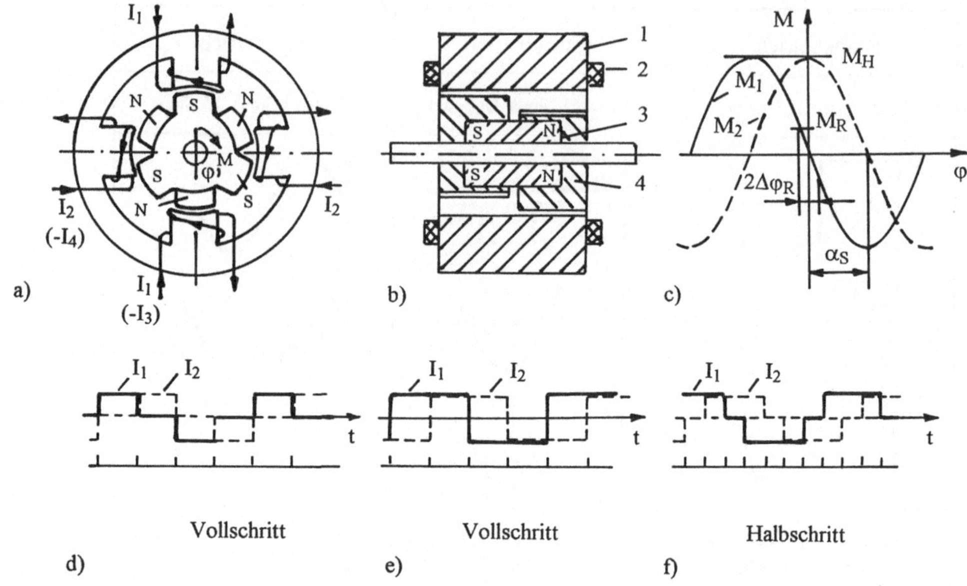

Abb. 5.41. Schrittmotor
a), b) Aufbau eines Hybridschrittmotors
1 Ständerblechpaket; 2 Wicklung; 3 Permanentmagnet; 4 Polkappe
c) Abhängigkeit des Drehmoments M vom Drehwinkel φ
M_1, M_2 von $I_1 > 0$; $I_2 > 0$ herrührende Momente
d) bis f) Wicklungsströme und Winkelschritte bei Voll- und Halbschrittbetrieb (bipolare Ansteuerung)

Ist eine Ständerwicklung erregt und hat der unbelastete Läufer sich positioniert, so entwickelt er bei Auslenkung um den Winkel φ aus dieser Lage ein Drehmoment M gemäß Abb. 5.41c. Hieraus ist ersichtlich, daß Abweichungen vom theoretischen Schrittwinkel auftreten infolge Reibung (Moment M_R), die zu einer Positionierunsicherheit $\pm\Delta\varphi_R$ führt. Ein von außen einwirkendes Drehmoment führt ebenfalls zu einer Auslenkung und versetzt bei Überschreiten des Haltemoments M_H den Läufer in Drehung.

Theoretisch kann man durch gleichzeitiges Einspeisen der Wicklungsströme I_1 und I_2 in einem geeigneten Größenverhältnis beliebige Winkellagen innerhalb eines Vollschritts anfahren. Praktisch ist eine solche "Feinschritt"-Variante insbesondere durch die mögliche Lageabweichung $\pm\Delta\varphi_R$ erheblich eingeschränkt.

Die Schrittwinkel der Motoren liegen überwiegend im Bereich $\alpha_S = 1°...15°$ und die zulässigen Schrittfrequenzen f_S so, daß Drehzahlen n

$$n\big/\mathrm{min}^{-1} = \frac{1}{6}\,\alpha_{\mathrm{S/Grad}}\,f_{\mathrm{S/Hz}} \tag{5.86}$$

von einigen tausend je Minute erreicht werden. Der Läufer führt den Schritt bei der meist schwachen Dämpfung des Systems in einer schwingenden Bewegung nach

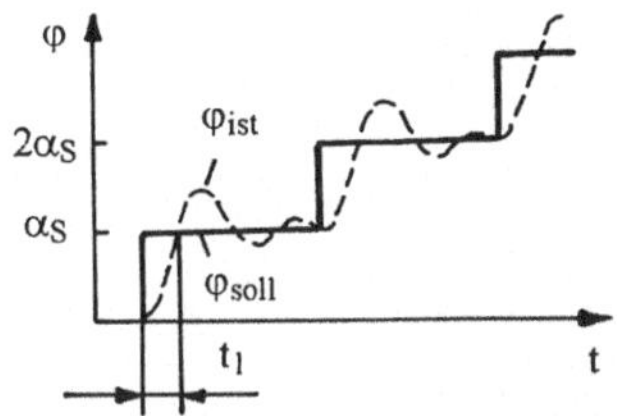

Abb. 5.42. Schrittausführung
φ_{soll}; φ_{ist} vorgegebener wirklicher Drehwinkel

Abb. 5.42 aus. Aus der Bewegungsgleichung kann die etwa zu erwartende Frequenz der Schwingung abgeschätzt werden. Das Motormoment sei um den interessierenden Punkt herum linearisiert

$$m_{\mathrm{M}} = -M_{\mathrm{H}} \sin\varphi \approx -M_{\mathrm{H}}\varphi, \tag{5.87}$$

die Belastung lediglich durch ein Dämpfungsmoment

$$M_{\mathrm{D}} = b\frac{d\varphi}{dt} \tag{5.88}$$

gekennzeichnet. Dann wird aus

$$-M_{\mathrm{H}}\varphi = b\frac{d\varphi}{dt} + J\frac{d^2\varphi}{dt^2} \tag{5.89}$$

die Eigenfrequenz ω_{o} für den ungedämpften Fall

$$\omega_{\mathrm{o}} = \sqrt{\frac{M_{\mathrm{H}}}{J}} \tag{5.90}$$

und die notwendige Dämpfung für ein aperiodisches Einlaufen

$$b_{\mathrm{ap}} = 2\sqrt{M_{\mathrm{H}}J}. \tag{5.91}$$

Die Frequenz ω_{o} hängt erheblich vom Trägheitsmoment J des Antriebes ab. Zur Dämpfung der Schwingung tragen Last- und Reibmoment bei. Sollen wie in Abb. 5.42 skizziert, mehrere Schritte ausgeführt werden, so darf das Weiterschalten des Ständerstroms frühestens etwa dann erfolgen, wenn der Läufer den vorangegangenen Schritt ausgeführt hat, also zur Zeit t_1. Kommt der nächste Schritt bereits vorher, wird dieser möglicherweise vom Läufer nicht befolgt. Der angenommene Zusammenhang zwischen vorgegebener Schrittzahl und durchlaufendem Drehwinkel geht verloren; der Antrieb positioniert fehlerhaft. Der Betrieb wird ferner erschwert, wenn Motor und Last elastisch gekoppelt sind.

Die Baugruppen eines kompletten Schrittantriebes zeigt Abb. 5.43. Die Leistungsstufen sind so auszulegen, daß sie einen möglichst raschen Stromanstieg er-

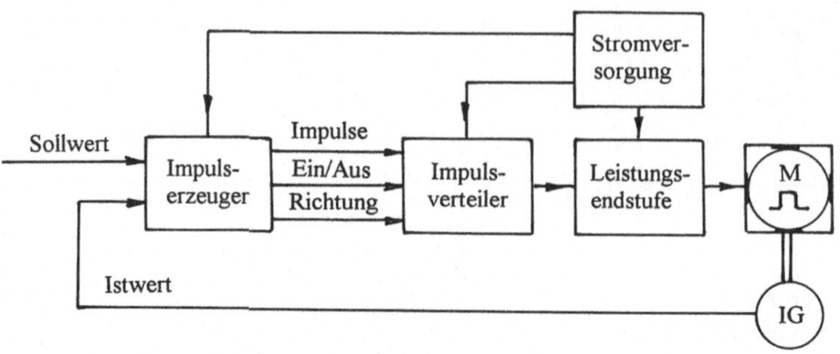

Abb. 5.43. Funktionsgruppen des Schrittantriebs

möglichen. Die unipolare Speisung der Wicklung ermöglicht ein einfacheres Stellglied, nutzt aber den Motor schlechter aus. Sie wird deshalb bei kleinen Antriebsleistungen angewandt, während bei größeren Antrieben die bipolare Speisung dominiert.

Die Systemeigenschaften des Antriebs werden durch das Zusammenwirken von Motor und Stellglied bestimmt. Der Antrieb kann aus dem Stillstand heraus mit einer bestimmten maximalen Schrittfreqzuenz, der Startfrequenz f_A, ohne Schrittverluste anlaufen und aus der Stopfrequenz $f_{Br} \approx f_A$ heraus ohne Schrittfehler gestoppt werden. Nach dem Start kann (meist nach einer e-Funktion oder auch linear) der Antrieb bis zu einer wesentlich höheren Betriebsfrequenz f_B beschleunigt und betrieben werden. Bei einer ausreichenden Schrittzahl vor Erreichen der Sollposition ist der Bremsvorgang einzuleiten, indem die Schrittfrequenz allmählich herabgesetzt wird, so daß der Antrieb ohne Fehler zum Stillstand kommt. Die Hochlauf- und Bremskurve, d. h. die unterschiedlichen Zeitabstände aufeinanderfolgender Schrittbefehle, lassen sich im Mikrorechner günstig erzeugen. Es kann der Einsatz von zwei Zeitgeberkanälen notwendig sein, um den Verlauf feinstufig genug vorzugeben. Die erreichbaren Frequenzen f_A und f_B sind von Last- und Trägheitsmoment abhängig und vom Hersteller der Kennlinien ähnlich Abb. 5.44 angegeben. Es besteht die Gefahr, daß die Schrittfrequenz mit einer Resonanzfrequenz des Systems zusammenfällt und aus diesem Grunde Schrittfehler auftreten. Im Hochlauf- oder Bremsvorgang sollen Resonanzstellen möglichst rasch durchfahren werden. Mitunter kann die mechanische Resonanzfrequenz so gewählt werden, daß sie unterhalb der Startfrequenz f_A liegt und gefährliche Schwingungen nicht angeregt werden. Auch mechanische Belastung (Reibung, Dämpfung) dient der Resonanzunterdrückung.

Ändern sich M_w oder FI betriebsmäßig, so muß mit den entsprechenden niedrigen Werten von f_A und f_B gearbeitet werden. Die Leistungsfähigkeit des Antriebs wird dann normalerweise nicht voll ausgenützt. Um bessere Kennwerte zu erreichen, wird deshalb der Schrittmotor verschiedentlich mit einem Läuferlagegeber versehen, der die erfolgte Schrittausführung signalisiert und bereits im Punkt t_1 Abb. 5.42 die Weiterschaltung freigibt, wodurch der schnellstmögliche Hochlauf gewährleistet wird. Selbst bei unterschiedlichen Lastbedingungen treten dann keine Schrittfehler auf; die ursprüngliche Einfachheit des Schrittantriebs geht verloren, doch die Unempfindlichkeit gegen mechanische Einflüsse steigt erheblich.

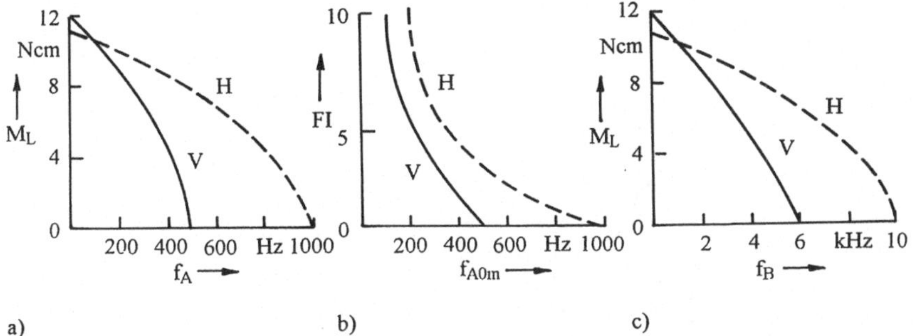

Abb. 5.44. Frequenzgrenzen eines Schrittantriebs
V, *H*-, Halbschrittbetrieb; f_A Start-Stop-Frequenz (bei FI = 1); f_{A0m} maximale Startfrequenz (bei M_L= 0 =; f_B Betriebsfrequenz; FI Trägheitsfaktor

5.6 Drehstromfahrantriebe

5.6.1 Antriebstechnische Aufgabenstellung

Fahrantriebe realisieren eine Linearbewegung des Triebfahrzeugs. Die Kraftübertragung erfolgt vom Rad auf die Schiene bzw. Straße durch Reibschluß. Nur in Sonderfällen finden Linearmotoren Anwendung, die unmittelbar auf die Fahrbahn wirken und die Kraftübertragung über den Rad-Schiene-Kontakt vermeiden.

Die Bewegungsgleichung

$$f_Z = f_W + m \cdot \frac{dv}{dt} \tag{5.92}$$

beschreibt den Bewegungsablauf für die Linearbewegung

$f_Z = f(t)$: Zugkraft, die über den Rad-Schienen-Kontakt auf die Unterlage übertragen wird

$f_W = f(Geschwindigkeit, Streckenneigung)$:
Widerstandskraft, die der Bewegung entgegenwirkt

$f_d = m_g \frac{dv}{dt}$: dynamische Zugkraft infolge Änderung der kinetischen Energie der bewegten Gesamtmasse m_g

Stationär wird der Zusammenhang in einem Geschwindigkeits-Zugkraft-Diagramm dargestellt (Abb. 5.45).

Fahrantriebe sind konstruktiv an das Triebfahrzeug angepaßt. Der elektrisch mechanische Antriebsstrang ist in Bezug auf die Dynamik der Kraftübertragung als Einheit zu betrachten und zu optimieren. Häufig arbeiten mehrere Antriebe parallel

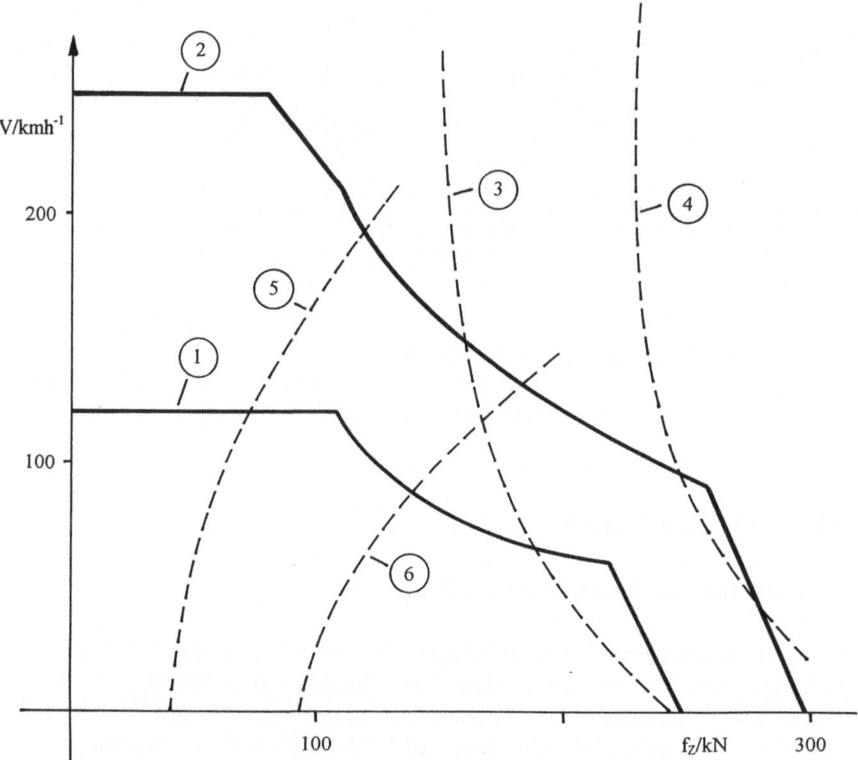

Abb. 5.45. Geschwindigkeits-Zugkraft-Diagramm einer Lokomotive
① Zugkraftkennlinie einer Lokomotive mit Einphasenwechselstrommotoren (BR 143)
② Zugkraftkennlinien eine Lokomotive mit Drehstromantrieb (BR 121)
③ Reibwertkennlinie $\mu_0 = 0{,}33; f_N = 84$ t
④ Reibwertkennlinie $\mu_0 = 0{,}5\;; f_N = 84$ t
⑤ Belastungskennlinie eines Zuges 600 t; Steigung 5 %
⑥ Belastungskennlinie eines Zuges 1500 t; Steigung 5 %

auf die Schiene. Auch die Leistungsstellglieder und die Singnalverarbeitung sind konstruktiv an den Einsatz in Fahrzeugen angepaßt. Ein gleichmäßiges Drehmoment, frei von Oberschwingungsmomenten, ist Voraussetzung für eine volle Ausnutzung des Reibschlusses zwischen Rad und Schiene. Durch eine möglichst verzögerungsfreie Drehmomentsteuerung kann bei modernen Triebfahrzeugen das "Gleiten" der Räder auf der Schiene und das "Schleudern" d. h. Durchdrehen der Räder vermieden werden.

Die über den Reibschluß übertragbare Zugkraft f_Z ist proportional der Normalkraft f_N, mit der das Rad auf die Unterlage drückt und abhängig von einem Reibungsbeiwert μ (Abb. 5.46)

$$f_Z = f_N \cdot \mu \tag{5.93}$$

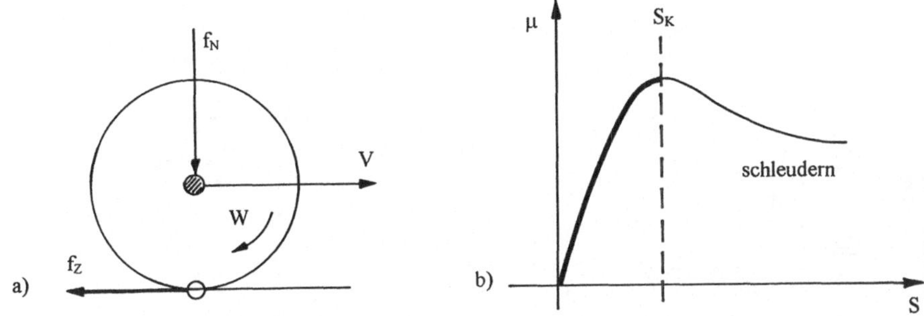

Abb. 5.46. Bestimmung der Zugkraft f_Z aus der Normalkraft f_N (a) und prinzipieller Verlauf des Reibwertes μ in Abhängigkeit vom Schlupf (b)

Der Reibungsbeiwert μ ist insbesondere vom Mikroschlupf

$$s = \frac{w - v}{v} \tag{5.94}$$

$$w = \omega \cdot \frac{D_T}{Z} \text{ ; Umfangsgeschwindigkeit}$$

$$D_T = \text{Triebraddurchmesser}$$

abhängig, der sich bei der Kraftübertragung einstellt. Er ist vom Fahrbahnzustand und auch vom Mikroschlupf s abhängig. Er erreicht ein Maximum beim Mikroschlupf s_K. Der Reibschluß ermöglicht nur für $s < s_K$ eine stabile Kraftübertragung. Beim Überschreiten von s_K schleudern die Räder.

5.6.2 Drehmomentsteuerung

Als Fahrmotoren werden Asynchronmotoren, für Fahrzeuge kleinerer Leistung auch Synchronmotoren eingesetzt. Die Motoren sind in ihrer Konstruktion auf den Einsatz in Triebfahrzeugen ausgerichtet. Sie bilden mit den zugeordnetem Radsatz eine konstruktive Einheit. Für Bahnen findet die Tatzlagerkonstruktion Anwendung. Bei Straßenfahrzeugen wurde zunächst der traditionelle Verbrennungsmotor durch einen Elektromotor ersetzt und das Differentialgetriebe beibehalten. Es besteht jedoch auch die Möglichkeit des Einzelradantriebes. Motor-Getriebe-Rad bilden dann eine konstruktive Einheit. Ein solches Antriebskonzept ermöglicht den Bau von Niederflurfahrzeugen.

Die Motoren werden von Wechselrichtern gespeist, die parallel am Gleichspannungszwischenkreis arbeiten. Im mittleren Leistungsbereich sind auch Stromwechselrichter im Einsatz.

Die Drehmomenteinprägung soll weitgehend trägheitsfrei arbeiten. Das ist die Voraussetzung für einen wirksamen Gleit- und Schleuderschutz bzw. für ein Antiblockier-System- Aufmerksamkeit erfordert die Lastaufteilung zwischen den

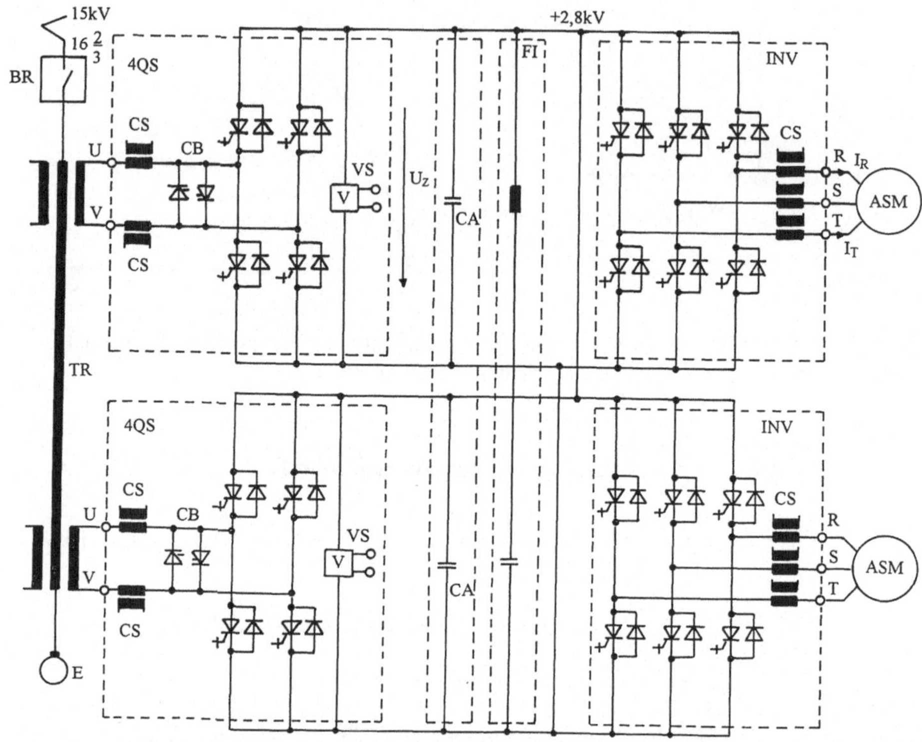

Abb. 5.47. Prinzipschaltung einer Vollbahnlokomotive (ICE-Triebkopf)
BR = Leistungsschalter, TR = Trafo; VS = Spannungswandler; CS = Stromwandler; CA = Stützkondensator; Fl = 33-Hz-Filter; ASM = Asynchronmotor; INV = Wechselrichter; 4QS = 4-Quadranten-Steller; R, S, T, U, V = Wechselstromphasen

parallel arbeitenden Motoren bei Zugbeanspruchung des Triebfahrzeugs (Achsentlastung) und bei Kurvenfahrt (elektrisches Differential).

Als Ausführungsbeispiel zeigt Abb. 5.47 die Prinzipschaltung einer Vollbahnlokomotive. Weitere Erläuterungen zur Bewegungssteuerung in elektrischen Triebfahrzeugen enthält Abschn. 8.4.

Beispiel 5.1: Drehstromhauptantrieb

Der Hauptantrieb einer Werkzeugmaschine ist mit einem Drehstromasynchronmotor mit Kurzschlußläufer ausgerüstet.
Motordaten:

U_{Nn} = 380 V (Strangspannung); P_n = 18,5 kW;
I_n = 20,2 A (Strangstrom); N_n = 2920 min^{-1}; f_n = 50 Hz
$\cos\varphi n$ = 0,91; η_n = 89 %;
J_M = 0,0675 Nms^2; R_s = 0,55 Ω
$X_{s\sigma}$ = 1,45 Ω (ständerseitige Streureaktanz bei Nennfrequenz)

Der Motor wird aus einem IGBT-Spannungswechselrichter gespeist, der wahlweise in π-Einschaltung oder als Pulswechselrichter nach einem optimierten Pulsregime betrieben wird. Der Motor arbeitet an einem stationären Arbeitspunkt mit $f_s/f_{sn} = \gamma = 0{,}1$. Die Potentialdifferenz zwischen einer Wechselrichterausgangsklemme und dem fiktiven Spannungsmittelpunkt des Zwischenkreises ist in Abb. 5.48 dargestellt. Die Erzeugung der sinusbewerteten Ständerspannung erfolgt beipsielsweise nach dem Sinusunterschwingungsverfahren.

Eine Fourieranalsyse der daraus abgeleiteten Motorstrangspannung liefert folgendes Spannungsspektrum:

1	ν	5	7	11	13	17	19	23	25
2	$C_{u\nu}=U_{s\nu}/U_{s1}$ (π)	-0,2	+0,14	-0,09	+0,08	-0,06	+0,05	-0,04	+0,04
3	$C_{u\nu}=U_{s\nu}/U_{s1}$ (PWR)	-0,02	+0,04	-0,03	+0,09	-0,07	+0,01	-0,28	+0,28

1	29	31	35	37	41	43	47	49	53
2	-0,03	+0,03							
3	-0,88	+0,88	-0,27	+0,22	-0,23	+0,31	-0,04	+0,14	-0,55

1. Berechnen Sie für Nennlast und $f_s = \gamma f_{sn}$ das Oberschwingungsspektrum des Ständerstromes, bezogen auf Ständerbemessungsstrom, auf der Grundlage des Oberschwingungsersatzschaltbildes. Der Motor besitzt ausgeprägte Stromverdrängung; der Ständerwiderstand kann vernachlässigt werden. Diskutieren Sie die Abhängigkeit der Stromoberschwingungen von der Belastung des Motors.

Durch den Betrieb mit veränderlicher Ständerfrequenz kann die Drehzahl des Asynchronmotors prinzipiell verlustfrei verstellt werden. Für eine möglichst gute

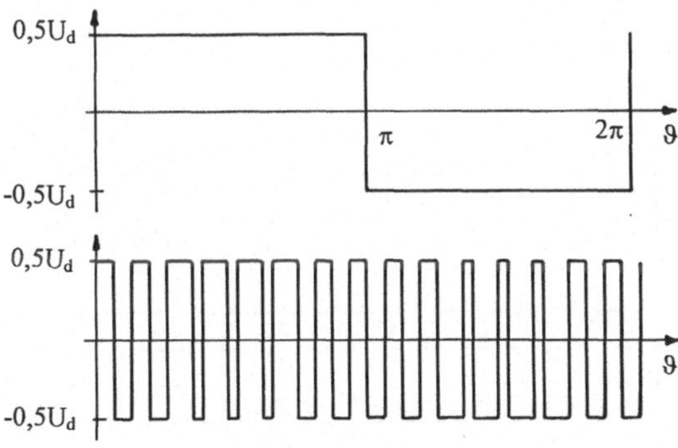

Abb. 5.48. Ständerspannung einer Asynchronmaschine bei Wechselrichterspeisung
a) Rechteckspannung (π-Einschaltung).
b) Sinusbewertete Ständerspannung, 15-fax Reibung

Ausnutzung der Maschine muß ein Steuergesetz abgeleitet werden, das eine konstante Ständerflußverkettung Ψ_s und ein konstantes Kippmoment gewährleistet.

Aus der Ständerspannungsgleichung

$$\underline{U}_s = \underline{i}_s R_s + \frac{d\underline{\Psi}_s}{dt} + j\omega_s \underline{\Psi}_s$$

erhält man für die Bedingung einer konstanten Ständerflußverkettung

$$\frac{d\underline{\Psi}_s}{dt} = 0 = \underline{U}_s - j\omega_s \underline{\Psi}_s - \underline{i}_s R_s$$

Bei Vernachlässigung des Ständerwiderstandes, was bei größeren Maschinen mit guter Genauigkeit zutrifft, erhält man schließlich das Steuergesetz

$$\underline{U}_s = -j\omega_s \underline{\Psi}_s \quad \rightarrow \quad U_s \approx \omega_s \approx f_s$$

Mit der Einführung von $\gamma = \dfrac{f_s}{f_{sn}}$ erhält man für die Frequenz der Grundschwingung

$$U_{s1} = \gamma U_{sn} = \gamma U_{Nn}$$

Für die weiteren Betrachtungen kann davon ausgegangen werden, daß aufgrund der ausgeprägten Stromverdrängungseffekte im Rotor (Stromverdrängungsläufer) keine Oberschwingungsströme fließen können und damit die durch die Rotorflußverkettung im Ständer induzierte Spannung keine Oberschwingungsanteile enthält. Aus der Ständerspannungsgleichung erhält man somit das Oberschwingungsersatzschaltbild des Asynchronmotors (Abb. 5.49). Mit $R_s \sim 0$ ergibt sich daraus schließlich für das Oberschwingungsspektrum des Ständerstromes

$$\frac{I_{s\nu}}{I_n} = C_{i\nu} = \frac{\gamma U_{Nn} C_{u\nu}}{\nu \gamma X_{s\sigma} I_n} = \frac{C_{u\nu}}{\nu} \cdot \frac{U_{Nn}}{X_{s\sigma} I_n} = \frac{13 C_{u\nu}}{\nu}; \quad C_{u\nu} = \frac{U_{s\nu}}{U_{Nn}}$$

1	ν	5	7	11	13	17	19	23	25
2	$C_{i\nu}$ (π)	-0,52	+0,26	-0,10	+0,08	-0,047	+0,035	-0,023	+0,021
3	$C_{i\nu}$ (PWR)	-0,052	+0,073	-0,035	+0,087	-0,052	+0,009	-0,155	+0,14

1	29	31	35	37	41	43	47	49	53
2									
3	-0,40	+0,36	-0,10	+0,087	-0,069	+0,087	-0,017	+0,035	-0,14

Die Ströme eilen der Spannung um 90° nach, Phasenlagen brauchen hier nicht beachtet werden. Beim Pulsbetrieb sind die Stromoberschwingungen erst ab der Pulszahl bedeutsam.
Die Stromoberschwingungen sind von der Belastung des Motors unabhängig. Die Stromwelligkeit nimmt mit wachsender Belastung ab.

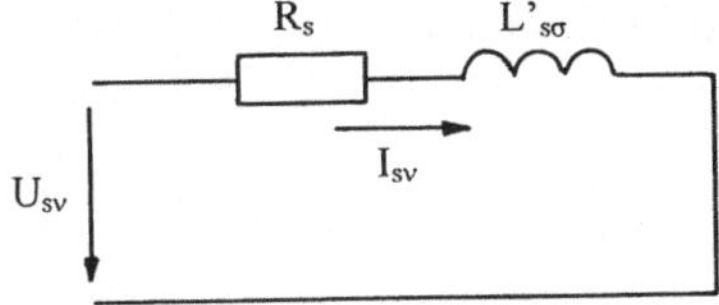

Abb. 5.49. Oberschwingungsersatzschaltung einer Asynchronmaschine mit Stromverdrängung im Rotor.

2. Berechnen Sie für $f_s = \gamma f_{sn}$ die auf das Bemessungsmoment des Motors bezogenen Pendelmomente 6facher und 12facher Grundfrequenz für beide Wechselrichterbetriebsarten sowie die daraus resultierenden Drehzahlschwankungen unter der Annahme, daß nur das Motorträgheitsmoment wirksam ist.

   Diskutieren Sie die Abhängigkeit der Pendelmomente von der Belastung des Motors. Warum können die Pendelmomente von mehr als 12facher Grundfrequenz im allgemeinen unberücksichtigt bleiben?

Der der Maschine aufgeprägte Ständerspannungsverlauf läßt sich formal in ein Nullsystem, ein Mitsystem und ein Gegensystem der verketteten Spannungen zerlegen. Dabei zählen die 3. OS, 6. OS, 9. OS usw. zum Nullsystem, die 1. OS, 4. OS, 7. OS usw. zum Mitsystem sowie die 2. OS, 5. OS, 8. OS usw. zum Gegensystem bezüglich der Spannungsgrundwelle. Da die Maschine einen freien Sternpunkt besitzt, werden alle durch 3 teilbaren Oberschwingungen zu Null. Weiterhin ergibt die Fourieranalyse der Ständerspannung (Sinusfunktion), daß keine geradzahligen Oberschwingungen auftreten. Das Oberschwingungsspektrum der Spannung erscheint, wie die Lösung von Aufgabe 1 zeigt, auch wieder im Oberschwingungsspektrum des Stromes.

Durch die paarweise gegenläufigen Oberschwingungsströme aus Mit- und Gegensystem bilden sich in Zusammenwirken mit der sinusförmigen Läuferflußverkettung Pendelmomente aus. Neben dem Grundwellenmoment M_1 treten Pendelmomente mit 6facher, 12facher und 18facherStänderfrequenz und damit entsprechende Drehzahlschwankungen auf. Der Einfluß noch höherfrequenter Anteile auf den Drehzahlverlauf wird durch das Trägheitsmoment des Rotors unterdrückt. Für die Pendelmomente gilt:

$$\frac{M_6}{M_1} = \frac{|C_{i5} + C_{i7}|}{\cos\varphi_n}; \quad \frac{M_{12}}{M_1} = \frac{|C_{i11} + C_{i13}|}{\cos\varphi_n}; \text{ mit } M_n = \frac{P_n}{2\pi N_n} = 60{,}5 \text{ Nm} \approx M_1$$

und $\cos\varphi_n$: Phasenwinkel zwischen Grundwelle des Stromes und der Ständerspannung

Auch die Pendelmomente sind von der Belastung unabhängig.

Die Berechnung der Drehzahlschwankungen erfolgt überdie Bewegungsgleichung

$$m_{\mathrm{M}} = m_{\mathrm{w}} + J\frac{\mathrm{d}\omega_{\mathrm{M}}}{dt};\ \text{mit } m_{\mathrm{w}} = 0,\ \text{da Leerlauf}$$

Für die Drehzahlschwankungen ergibt sich

$$\Delta\omega_{\mathrm{M}} = \int \frac{\Delta m_{\nu}}{J_{\mathrm{M}}} dt \quad \text{mit} \quad \Delta m_{\nu} = M_{\nu} \sin \nu\gamma\omega_{\mathrm{N}} t$$

bezogen auf die Bemessungsdrehzahl folgt schließlich

$$\frac{\Delta\omega_{\mathrm{M}}}{\Omega_{\mathrm{n}}} = \frac{M_{\mathrm{n}}}{\nu\gamma\omega_{\mathrm{N}} 2\pi N_{\mathrm{n}} J_{\mathrm{M}}} \left(\frac{M_{\nu}}{M_{\mathrm{n}}}\right) \cos\left(\nu\gamma\omega_{\mathrm{N}} t + \varphi\right),$$

wobei die Phasenverschiebung φ ohne Bedeutung ist.

Die bezogene Amplitude der Drehzahlschwankungen beträgt schließlich

$$\frac{\Delta\omega_{\mathrm{M}}}{\Omega_{\mathrm{n}}} = \frac{M_{\mathrm{n}}}{\nu\gamma\omega_{\mathrm{N}}\Omega_{\mathrm{n}} J_{\mathrm{M}}} \left(\frac{M_{\nu}}{M_{\mathrm{n}}}\right) \quad \text{für} \quad \nu = 6,\ 12$$

Die Drehzahlschwankungen werden durch zusätzliche Trägheiten gedämpft. Bei schwingungsfähigen Systemen besteht allerdings die Gefahr von Resonanzschwingungen.

	M_6/M_n	$\Delta\Omega_M/\Omega_n$	M_{12}/M_n	$\Delta\Omega_M/\Omega_n$
π-Einschaltung	0,286	0,00447	0,022	0,00017
Puls-WR	0,023	0,00036	0,057	0,00044

3. Berechnen Sie die zusätzlichen Lastverluste im Ständer des Motors bei Wechselrichterspeisung für π-Einschaltung und für Pulsbetrieb bezogen auf die Lastverluste der Grundschwingung. Im Läufer treten keine zusätzlichen Lastverluste auf, da wegen des Stromverdrängungseffektes keine Oberschwingungsströme fließen können.
   In welchem Maße muß das Motorbemessungsmoment bei Wechselrichterspeisung zurückgesetzt werden, wenn man annimmt, daß die Abkühlungsverhältnisse dem Nennbetrieb am Netz entsprechen und die Ständerverlustleistung als Maß für die notwendige Drehmomentreduktion angenommen wird. Das Motormoment soll der Grundschwingung des Ständerstromes annähernd proportional sein.

Die Oberschwingungsströme verursachen erhöhte Stromwärmeverluste im Ständer und im Rotor im Verhältnis

$$\frac{P_{\mathrm{VL}}}{P_{\mathrm{VL1}}} = \frac{\sum_{\nu=1}^{\mathrm{n}} I_{\mathrm{s}\nu}^2}{I_{\mathrm{s1}}^2} = \sum_{\nu=1}^{\mathrm{n}} C_{\mathrm{i}\nu}^2$$

Bei stromverdrängungsbehafteten Maschinen ist die Erhöhung der Stromwärmeverluste im Rotorkreis gering.

Die Maschine ist für sinusförmige Ströme ausgelegt. Die nichtsinusförmigen Ströme erfordern daher eine Reduktion des abgebbaren Drehmoments bei Fremdbelüftung im Verhältnis

$$\frac{M_{\mathrm{red}}}{M_{\mathrm{n}}} = \sqrt{\frac{P_{\mathrm{VL1}}}{P_{\mathrm{VL}}}}$$

Bei eigenbelüfteten Motoren ist eine weitere Momentenreduktion notwendig, da die Abkühlungsbedingungen wesentlich schlechter werden.

	P_{VL}/P_{VL1}	M/M_n
π-Einschaltung	1,359	0,86
Puls-WR	1,403	0,84

Eine gepulste sinusbewertete Ständerspannungssteuerung ergibt gegenüber einer ungepulsten π-Einschaltung folgende Vorteile:

- sinusförmigere Maschinenströme
- geringerer Oberschwingungsgehalt
- geringere Geräusche
- geringere Pendelmomente
- besserer Rundlauf bei kleinen Drehfrequenzen

Beispiel 5.2 Drehstromstellantrieb

Von einer permanenterregten Synchronmaschine sind folgende Parameter aus dem Datenblatt bekannt:

M_{d0}	= 5,6 Nm	(Stillstandsdauerdrehmoment)
I_{d0}	= 8,2 A	(Stillstandsdauerstrom)
M_{dN}	= 3,2 Nm	(Nenndauerdrehmoment)
I_{dN}	= 4,7 A	(Nenndauerstrom)
U_N	= 330 V	(Nennspannung)
P_{dN}	= 2,0 kW	(Nenndauerleistung)
$R_{u\text{-}v}$	= 1,1 Ω	(Wicklungswiderstand)
$L_{u\text{-}v}$	= 4,4 mH	(Wicklungsinduktivität)
z_p	= 3	(Polpaarzahl)
J	= 8,6 $kgcm^2$	(Trägheitsmoment)
n_N	= 6000 min^{-1}	(Nenndrehzahl)

Diese Maschine wird über einen Pulswechselrichter gespeist und soll feldorientiert betrieben werden.

1. Geben Sie die allgemeinen Gleichungen zur Umrechnung von Vektoren aus einem ständerfesten Koordinatensystem in ein rotierendes Koordinatensystem an!

Eine zeitlich sinusförmige Größe kann unter Verwendung der Eulerschen Formel $e^{j\varphi} = \cos\varphi + j \cdot \sin\varphi$ durch einen Zeiger der Form $g = g_{max} e^{j\varphi}$ dargestellt werden. Ein Zeiger $g = g_{max} e^{j(\omega t + \varphi)}$ rotiert bezüglich eines feststehenden Koordinatensystems (z. B. Ständerkoordinatensystem einer Drehfeldmaschine) mit einer Winkelgeschwindigkeit ω und einer Phasenverschiebung φ. Läßt man das bisher feststehende Koordinatensystem mit der Winkelgeschwindigkeit $\omega_k = \omega$ umlaufen, so erscheint der Zeiger aus der Sicht des rotierenden Koordinatensystems als feststehend. Er entspricht dem Zeiger $g^k = g_{max} e^{j\varphi}$.

Die allgemeine Transformationsbeziehung lautet demnach $g^k = g \cdot e^{-j\,\omega_k}$

2. Zeichnen Sie den Signalflußplan für die Umrechnung der Strangströme (i_a, i_b, i_c) einer Drehfeldmaschine in Ströme im feldorientierten Koordinatensystem (i_{sd}, i_{sq})!

In einer Drehfeldmaschine mit freiem Sternpunkt gilt die Beziehung $i_a + i_b + i_c = 0$. In einem symmetrisch aufgebauten Ständer sind die Wicklungsachsen der einzelnen Stränge um jeweils 120°/Polpaarzahl angeordnet. Mit Hilfe der komplexen Augenblickswerte kann eine eineindeutige Koordinatenwandlung der Zeiger der Stranggrößen in einen resultierenden Zeiger in einem ständerfesten Koordinatensystem vorgenommen werden. Das entspricht einer Projektion der drei Stränge in ein gemeinsames Koordinatensystem. Es gelten die folgenden Beziehungen.

$$g = \frac{2}{3} \cdot \left(g_a + a \cdot g_b + a^2 \cdot g_c\right)$$

mit:

$$a = e^{j\frac{2\pi}{3}} = -\frac{1}{2} + j\frac{1}{2}\sqrt{3}$$

$$a^2 = e^{j\frac{4\pi}{3}} = -\frac{1}{2} - j\frac{1}{2}\sqrt{3}$$

Damit erhält man die folgende allgemeine Transformationsmatrix, mit deren Hilfe Stranggrößen in ein orthogonales ständerfestes Koordinatensystem transformiert werden können. Diese Beziehung ist auch unter der Bezeichnung Clarke-Transformation bekannt.

$$\begin{pmatrix} g_\alpha \\ g_\beta \\ g_0 \end{pmatrix} = \frac{2}{3} \cdot \begin{pmatrix} 1 & -\frac{1}{2} & -\frac{1}{2} \\ 0 & \frac{\sqrt{3}}{2} & -\frac{\sqrt{3}}{2} \\ \frac{1}{2} & \frac{1}{2} & \frac{1}{2} \end{pmatrix} \cdot \begin{pmatrix} g_a \\ g_b \\ g_c \end{pmatrix}$$

Die Komponenten g_α und g_β liegen auf der reellen bzw. imaginären Achse des ständerfesten Koordinatensystems. Diese Transformation läßt sich auch mit der geometrischen Anschauung begründen. Die einfache Projektion der drei Strangachsen auf ein orthogonales Koordinatensystem mit der reellen Achse im Strang a ist im folgenden dargestellt und führt (ohne Betrachtung des Nullsystems) zum gleichen Ergebnis.

$$\begin{pmatrix} g_\alpha \\ g_\beta \end{pmatrix} = \frac{2}{3} \cdot \begin{pmatrix} \cos(0°) & \cos(120°) & \cos(240°) \\ \cos(-90°) & \cos(120°-90°) & \cos(240°-90°) \end{pmatrix} \cdot \begin{pmatrix} g_a \\ g_b \\ g_c \end{pmatrix}$$

Bei freiem Sternpunkt exisitiert kein Nullsystem und es genügt die Messung von zwei Stranggrößen zur Berechnung der Komponenten g_α und g_β.

Mit $g_a + g_b + g_c = 0$ erhält man die folgende vereinfachte Transformationsmatrix.

$$\begin{pmatrix} g_\alpha \\ g_\beta \end{pmatrix} = \begin{pmatrix} 1 & 0 \\ -\frac{1}{\sqrt{3}} & \frac{2}{\sqrt{3}} \end{pmatrix} \cdot \begin{pmatrix} g_a \\ g_b \end{pmatrix}$$

Durch Umstellen erhält man die Matrix für die Transformation aus dem orthogonalen Ständerkoordinatensystem in die Ständerkoordinaten eines Dreiphasensystems. Hierfür ist auch die Bezeichnungg Clarke-Rücktransformation gebräuchlich.

$$\begin{pmatrix} g_a \\ g_b \\ g_c \end{pmatrix} = \begin{pmatrix} 1 & 0 \\ -\frac{1}{2} & \frac{\sqrt{3}}{2} \\ -\frac{1}{2} & -\frac{\sqrt{3}}{2} \end{pmatrix} \cdot \begin{pmatrix} g_\alpha \\ g_\beta \end{pmatrix}$$

Damit ergibt sich für die Koordinatentransformation der Strangströme einer Drehfeldmaschine in Feldkoordinaten der folgende Signalflußplan nach Abb. 5.24 bzw. Abb. 5.25.

Die Eingangsgröße ωt des Vektordrehers wird entweder aus der Messung der Rotorlage (Synchronmaschine) oder mit Hilfe eines Rechenalgorithmus gewonnen.

Der Koordinatenwandler und der Vektordreher realisieren die entsprechenden Gleichungen.

3. Stellen Sie für eine Drehfeldmaschine die allgemeinen Ständerspannungs- und Flußverkettungsgleichungen in Feldkoordinaten auf! Wie lautet die Drehmomentgleichung?

Die allgemeine Ständerspannungsgleichung für eine Drehfeldmaschine im feldorientierten Koordinatensystem lautet:

$$\mathbf{u}_s = \mathbf{i}_s \cdot R_s + \frac{d\mathbf{\Psi}_s}{dt} + j\omega_s \mathbf{\Psi}_s$$

Die fettgedruckten Größen sind Vektoren und bestehen aus den folgenden Komponenten:

$\mathbf{u}_s = u_{sd} + ju_{sq}$ $\qquad$ $\mathbf{i}_s = i_{sd} + ji_{sq}$

$\mathbf{\Psi}_s = \Psi_{sd} + j\Psi_{sq}$ $\qquad$ $\mathbf{\Psi}_r = \Psi_{rd} + j\Psi_{rq}$

$\mathbf{u}_s$ - Ständerspannung

$\mathbf{i}_s$ - Ständerstrom

$\mathbf{\Psi}_s$ - Ständerflußverkettung

$\mathbf{\Psi}_r$ - Rotorflußverkettung

Die Achsen d und q entsprechen der reellen bzw. imaginären Achse im feldorientierten Koordinatensystem. Der Ständerspannungsvektor setzt sich aus dem ohmschen Spannungsabfall über dem Ständerwiderstand, der durch die zeitliche Flußänderung induzierten Spannung und der durch die räumliche Flußänderung induzierten Spannung zusammen.

Unter der Annahme, daß nur die Hauptinduktivität zur Energieübertragung zwischen Ständer und Läufer beiträgt, werden folgende Induktivitäten definiert:

$L_s = L_{\sigma s} + L_m$ $\qquad$ $L_r = L_{\sigma r} + L_m$

L_s - Ständerinduktivität

L_r - Rotorinduktivität

L_m - Koppelinduktivität

$L_{\sigma r}$ - Rotorstreuinduktivität

$L_{\sigma s}$ - Ständerstreuinduktivität

Es gelten die folgenden Flußverkettungsgleichungen:

$\Psi_s = i_s \cdot L_s + i_r \cdot L_m$ $\qquad$ $\Psi_r = i_r \cdot L_r + i_s \cdot L_m$

$i_r = i_{rd} + ji_{rq}$

i_r = Rotorstrom

Aufgrund des physischen Aufbaus der Maschine (z. B. Synchronmaschine) können die Induktivitäten in der d-Achse und in der q-Achse verschieden sein. Es ergibt sich die folgende Aufteilung:

$$L = L_d + jL_q$$

Das Drehmoment ergibt sich aus der Wechselwirkung von Fluß und Strom und ist als Kreuzprodukt dieser Komponenten definiert. Üblich sind auch die Bezeichnungen Flußverkettung und Durchflutung.

$$m = \frac{3}{2} \cdot z_p \cdot |\Psi_s| \cdot |i_s| \cdot \sin(\varphi_i - \varphi_\Psi)$$

z_p - Polpaarzahl

4. Wie lauten die Ständerspannungs- und Flußverkettungsgleichungen für eine permanenterregte Synchronmaschine?

Der Rotordurchflutung einer permanenterregten Synchronmaschine ist konstant und hängt von den Eigenschaften des verwendeten Magnetmaterials und der Konstruktion des Rotors ab. Aufgrund der ausgeprägten Pole des Magneten existiert der Fluß nur in einer der zwei orthogonalen Achsen des Koordinatensystems (magnetische Vorzugsrichtung). Bei einer Synchronmaschine liegt die d-Achse des Koordinatensystems definitionsgemäß in Richtung der Rotordurchflutung. Man spricht auch vom polradorientierten Koordinatensystem. Es ergeben sich die folgenden Gleichungen.

$$\Psi_s = i_s \cdot L_s + \Psi_p \qquad \text{mit} \quad \Psi_p = \text{Polraddurchflutung}$$

$$\Psi_{sd} = i_{sd} \cdot L_{sd} + \Psi_p \qquad \Psi_{sq} = i_{sq} \cdot L_{sq}$$

$$u_{sd} = R_s \cdot i_{sd} + L_{sd} \cdot \frac{di_{sq}}{dt} - \omega_s \cdot L_{sq} \cdot i_{sq}$$

$$u_{sq} = R_s \cdot i_{sq} + L_{sq} \cdot \frac{di_{sq}}{dt} + \omega_s \cdot L_{sd} \cdot i_{sd} + \omega_s \cdot \Psi_s$$

Damit ergibt sich für das Drehmoment die folgende Beziehung.

mit: $$m = \frac{3}{2} \cdot z_p \cdot \left(\Psi_{sd} \cdot i_{sq} - \Psi_{sq} \cdot i_{sd}\right)$$

folgt: $$m = \frac{3}{2} \cdot z_p \cdot \left(\Psi_p \cdot i_{sq} + i_{sd} \cdot i_{sq} \cdot \left(L_{sd} \cdot L_{sq}\right)\right)$$

5. Transformieren Sie die Gleichungen in den Laplacebereich und zeichnen Sie den Signalflußplan des Modells der Synchronmaschine im polradorientierten Koordinatensystem! Eingangsgröße sei die Ständerspannung in Feldkoordinaten und Ausgangsgröße sei die Winkelgeschwindigkeit des Rotors!

Die folgenden Formeln geben die Komponenten der Ständerspannung in Feldkoordinaten im Laplacebereich an.

$$u_{sd} = R_s \cdot i_{sd} + L_{sd} \cdot p \cdot i_{sd} - \omega_s \cdot L_{sd} \cdot i_{sq}$$

$$u_{sq} = R_s \cdot i_{sq} + L_{sq} \cdot p \cdot i_{sq} + \omega_s \cdot L_{sd} \cdot i_{sd} + \omega_s \cdot \Psi_p$$

Eine sinnvolle Umstellung der Gleichungen ist im folgenden dargestellt und erleichtert das Entwerfen des Signalflußplans. In der Regelungstechnik werden zur Vereinfachung von Gleichungen häufig Zeitkonstanten definiert, was letztendlich einer Normierung entspricht. Üblich ist z. B. die Definition $T_s = L_s/R_s$.

$$\left(u_{sd} + \omega_s \cdot L_{sq} \cdot i_{sq}\right) \cdot \frac{1}{R_s + p \cdot L_{sd}} = i_{sd}$$

$$\left(u_{sq} + \omega_s \cdot L_{sd} \cdot i_{sd} - \omega_s \cdot \Psi_p\right) \cdot \frac{1}{R_s + p \cdot L_{sq}} = i_{sq}$$

Zur Berechnung der Winkelgeschwindigkeit des Rotors wird noch die allgemeine Bewegungsgleichung benötigt. Sie lautet:

$$m - m_w = J \cdot \frac{d\omega}{dt} \quad \text{bzw.} \quad (m - m_w) \cdot \frac{1}{pJ} = \omega$$

J - Rotorträgheitsmoment
m_w- Widerstandsmoment

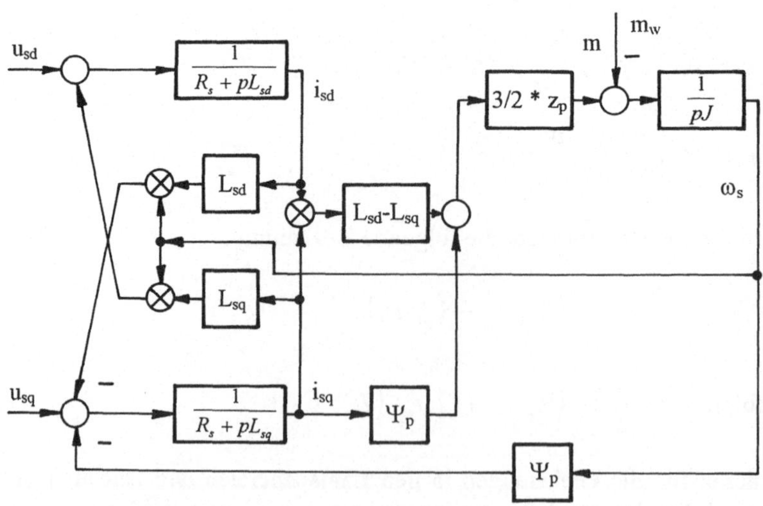

Abb. 5.50. Signalflußplan der Synchronmaschine für feldorientierten Betrieb. Eingangsgröße Ständerspannung.

6. Entwerfen Sie den Signalflußplan der Synchronmaschine in Ständerkoordinaten unter Verwendung der Ergebnisse von 2. und 5., wobei das Ergebnis von 5. als Block mit den entsprechenden Ein- und Ausgängen dargestellt werden kann!

Die Motorwelle und die Anschlußklemmen bilden die "Schnittstellen" einer Synchronmaschine zu ihrer Umgebung. Die elektrischen Größen an den Anschlußklemmen sind Stranggrößen. Folglich muß das Modell der Maschine zur genauen Beschreibung des Klemmenverhaltens erweitert werden. Dem Signalflußplan aus 5. sind ein Block zur Koordinatentransformation in ein orthogonales Ständerkoordinatensystem und ein Vektordreher vorzuschalten. Damit erhalten wir ein Modell des Klemmenverhaltens der Synchronmaschine. Sämtliche Funktionen des Modells beschreiben "Funktionen" innerhalb der Maschine. Die folgende Darstellung zeigt das Modell einer permanenterregten Synchronmaschine in Ständerkoordinaten. (Abb. 5.51)

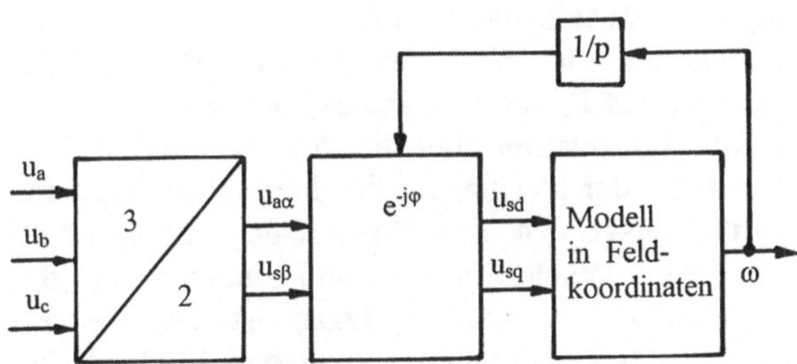

Abb. 5.51. Modell der Synchronmaschine in Ständerkoordinaten.

7. Wie wird praktisch das zur Drehzahlstellung der Synchronmaschine notwendige Dreiphasensystem variabler Spannung und Frequenz erzeugt? Wie kann das Systemverhalten des Stellgliedes in erster Näherung beschrieben werden?

Zur Drehzahlstellung einer Synchronmaschine benötigen wir eine Spannung (Dreiphasensystem) variabler Frequenz. Das Dreiphasensystem kann z. B. mit Hilfe eines Spannungswechselrichters generiert werden. Für die Untersuchung des Regelverhaltens genügt es, den Wechselrichter in erster Näherung mit Hilfe einer Totzeit (Verzögerung zwischen Stellsignal am Reglerausgang und Spannungsabgabe am Wechselrichterausgang) zu beschreiben.

8. Entwerfen sie den Signalflußplan einer drehzahlgeregelten permanenterregten Synchronmaschine unter der Annahme, daß die Stromregler die durch die

Verkopplung bedingten Störungen hinreichend genau ausregeln! Stellen Sie die Synchronmaschine als "Schaltzeichen" mit den entsprechenden Spannungsklemmen und einem "Geschwindigkeitsausgang" dar!

Der Signalflußplan in Abb. 5.50 zeigt anschaulich die komplizierte innere Struktur der Synchronmaschine mit ihren Verkopplungen zwischen d- und q-Achse. Ziel des feldorientierten Betriebs ist die direkte Regelung des Moments der Maschine mit Hilfe der Stromkomponente i_{sq}. Aus der Momentengleichung in Komponentenschreibweise in 4. ist zu sehen, daß eine direkte Proportionalität zwischen i_{sq} und Moment besteht, wenn die Stromkomponente i_{sd} zu Null geregelt wird. Aufgrund der Permanenterregung kann der Fluß Ψ_p als konstant betrachtet werden. Das gilt prinzipiell auch für die fremderregte Synchronmaschine. Mit Hilfe des Modells der Synchronmaschine kann ein Regler entworfen werden, der die inneren Verkopplungen in der Maschine berücksichtigt. Man spricht in diesem Fall von einem Entkopplungsnetzwerk. Betrachtet man die inneren Verkopplungen in der Maschine ebenso wie das an der Motorwelle angreifende Widerstandsmoment als Störgrößen, deren stationärer Einfluß von den Stromreglern bzw. vom Drehzahlregler hinreichend schnell und genau ausgeregelt werden kann, so kann man auf ein Entkopplungsnetzwerk verzichten. Diese Vereinfachung bedeutet zwangsläufig eine Verschlechterung der Regeldynamik, führt aber zu einer relativ einfachen Reglerstruktur. Man benötigt die in 2. entworfene Struktur zur Berechnung der Stromkomponenten i_{sd} und i_{sq} aus den gemessenen Stranggrößen. Die für den Vektordreher notwendige Information über die Polradlage erhält man von einem Lagegeber an der Motorwelle, der gleichzeitig für die Drehzahlregelung verwendet werden kann. Die Ausgangsgrößen der Stromregler (Stellgrößen) entsprechen den Sollwerten für den Wechselrichter und müssen in das Ständerkoordinatensystem zurücktransformiert werden. Dazu ist ein weiterer Vektordreher notwendig, der den im Maschinenmodell enthaltenen Vektordreher kompensiert. Aufgrund der systembedingten Totzeit des Wechselrichters (7.) ist eine Extrapolation des Winkels für den Vektordreher am Reglerausgang notwendig. Das entspricht einer Schätzung des Polradwinkels der Maschine zum Zeitpunkt der Spannungsausgabe. Die Wechselrichteransteuerung kann z. B. mit Hilfe eines Ansteuerschaltkreises realisiert werden, der als Eingangsgrößen die Spannungssollwerte in Ständerkoordinaten benötigt. Dieser Ansteuerschaltkreis kann im Signalflußplan dem Wechselrichter zugeordnet werden. Bei der Wahl geeigneter Ansteuerverfahren für den Wechselrichter (z. B. Vektormodulation) kann unter Umständen auf eine Transformation aus dem orthogonalen Koordinatensystem in das Dreiphasenständerkoordinatensystem verzichtet werden. Mit Hilfe der obigen Annahmen erhält man die folgende Struktur für den feldorientierten Betrieb einer Synchronmaschine mit Strom- und Drehzahlregelung. Als Regler für Drehzahl werden im allgemeinen PI-Regler verwendet. Der Lageregler wird im einfachsten Fall als P-Regler realisiert. Die Polradlage liegt als Winkelinformation vor. Mögliche Meßglieder sind Absolutwertgeber (Graycodiert) oder Resolver. Bei Verwendung eines Inkrementalgebers mit Nullimpuls ist beim Einschalten eine Startidentifikation der Rotorlage notwendig. (Abb. 5.52)

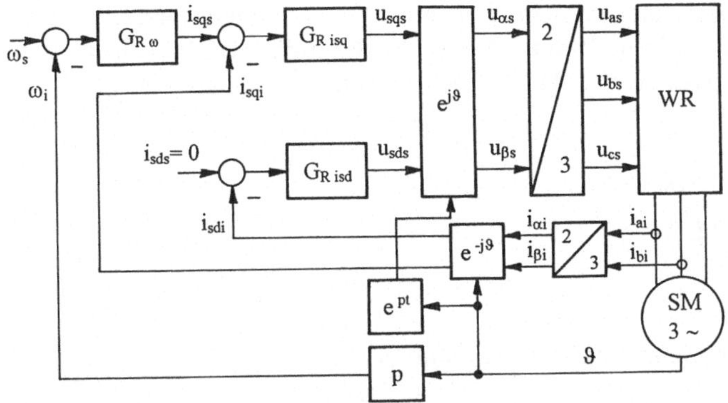

Abb. 5.52. Signalflußplan für den feldorientierten Betrieb einer Synchronmaschine

9.1. Berechnen Sie den Polradfluß Ψ_p der Maschine aus den Daten für Stillstand und Nennbetrieb unter Vernachlässigung der elektrischen und mechanischen Verluste!

Unter der Annahme, daß i_{sd} konstant auf Null geregelt wird, vereinfachen sich die Drehmomentgleichung aus 4. wie folgt.

$$m = \frac{3}{2} \cdot z_p \cdot i_{sq} \Psi_p$$

Bei Vernachlässigung aller Verluste kann der gesamte Ständerstrom der Komponente i_{sq} zugeordnet werden. Damit ergibt sich der folgende Polradfluß:

$$\Psi_p = \frac{2}{3} \cdot \frac{1}{z_p} \cdot \frac{m}{i_{sq}} \Psi_p$$

Stillstand: $\Psi_p = \frac{2}{3} \cdot \frac{1}{z_p} \cdot \frac{M_{d0}}{I_{d0} \cdot \sqrt{2}}$ $\quad$ $\Psi_p = \frac{2}{3} \cdot \frac{1}{3} \cdot \frac{5{,}6 \text{ VAs}}{11{,}6 \text{ A}} = 0{,}1073 \text{ Vs}$

Nennpunkt: $\Psi_p = \frac{2}{3} \cdot \frac{1}{z_p} \cdot \frac{M_{dN}}{I_{dN} \cdot \sqrt{2}}$ $\quad$ $\Psi_p = \frac{2}{3} \cdot \frac{1}{3} \cdot \frac{3{,}2 \text{ VAs}}{6{,}6 \text{ A}} = 0{,}1077 \text{ Vs}$

9.2. Berechnen Sie die Hochlaufzeit der Maschine auf Nenndrehzahl, wenn die Begrenzung der Stromregler einen maximalen Strangstrom $I_{max} = 5\text{A}$ (Effektivwert) zuläßt, die Entkopplung ideal ist und keine Verluste in der Maschine auftreten! Nehmen Sie dazu das Widerstandsmoment zu $m_w = 0$ an!

Mit Hilfe der allgemeinen Bewegungsgleichung und der ermittelten Drehmomentgleichung für die permanenterregte Synchronmaschine kann die

Hochlaufzeit wie folgt berechnet werden. Beachten Sie, daß die Amplitude einer sinusförmigen Ständergröße dem Betrag des in Feldkoordinaten transformierten Vektors entspricht! Sie beträgt $i_{sq} = 1{,}41 \cdot I_s$, bezogen auf einen Strang mit $i_{sd} = 0$.

$$m - m_w = J \cdot \frac{d\omega}{dt}$$

mit $m_w = 0$ gilt:

$$m = \frac{\omega_{max}}{T_{hoch}}$$

mit der Drehmomentgleichung folgt:

$$T_{hoch} = \frac{2}{3} \cdot \frac{J \cdot \omega_{max}}{z_p \cdot \Psi_p \cdot i_{sq}} = \frac{2}{3} \cdot \frac{J \cdot \omega_{max}}{z_p \cdot \Psi_p \cdot \sqrt{2} \cdot I_{max}}$$

$$T_{hoch} = \frac{2}{3} \cdot \frac{8{,}6\ \mathrm{kgcm^2} \cdot 6000\ \mathrm{min^{-1}}}{3 \cdot 0{,}1073\ \mathrm{Vs} \cdot 5\ \mathrm{A} \cdot \sqrt{2}} \cdot \frac{\mathrm{m^2 \cdot min}}{10000\ \mathrm{cm^2} \cdot 60\mathrm{s}} = 0{,}025\ \mathrm{s}$$

9.3. Berechnen Sie die Polradspannung bei Leerlauf der Maschine unter der Annahme $i_{sd} = 0$ und unter Vernachlässigung der Reibung!

Unter der Annahme idealen Leerlaufs (keine Reibverluste $m_w = 0$) und idealer Feldorientierung ($i_{sd} = 0$) vereinfachen sich die Spannungsgleichungen aus 4. wie folgt.

$$u_{sd} = 0$$

$$u_{sq} = \omega_s \cdot \Psi_p$$

$$\omega_s = 2 \cdot \pi \cdot n \cdot z_p$$

Damit ergibt sich die Polradspannung im Leerlauf zu:

$$u_{sq} = u_p = 2 \cdot \pi \cdot z_p \cdot n \cdot \Psi_p = 2\pi \cdot 3 \cdot \frac{6000}{60}\ \mathrm{s^{-1}} \cdot 0{,}1073\ \mathrm{Vs} = 202{,}2\ \mathrm{V}$$

9.4. Welche maximale Leerlaufdrehzahl kann der Antrieb erreichen, wenn er an einem Spannungswechselrichter mit einer Zwischenkreisspannung von $U_z = 513$ V in Sternschaltung betrieben wird? Vernachlässigen Sie die Reibung und die Ohmschen und dynamischen Spannungsabfälle und nehmen Sie an, daß das verwendete Ansteuerverfahren die Zwischenkreisspannung zu 86,6 % ausnutzt!

Bedingt durch die Wirkungsweise eines Wechselrichters mit Spannungszwischenkreis ist die Spannung über einem Strang einer in Stern angeschlossenen symmetrisch aufgebauten Drehfeldmaschine 2/3 der maximalen Wechselrichterausgangsspannung, da für jeden auszugebenden Spannungsvektor eine Reihenschaltung von zwei parallelgeschalteten Strängen mit dem dritten Strang der Maschine vorliegt. Damit ergibt sich für die maximale Strangspannung (Amplitude):

$$U_{\mathrm{smax}} = \frac{2}{3} \cdot 0{,}866 \cdot U_{\mathrm{z}} = 296{,}2\ \mathrm{V}$$

Die maximale Drehzahl wird durch die Ausgangsspannung des Umrichters begrenzt und ergibt sich zu:

$$n_{\mathrm{max}} = \frac{U_{\mathrm{sq\,max}}}{2 \cdot \pi \cdot \Psi_{\mathrm{p}} \cdot z_{\mathrm{p}}} = 296{,}2 \frac{\mathrm{V}}{2 \cdot \pi \cdot 0{,}1073 \cdot 3} = 146{,}45\ \mathrm{s}^{-1} = 8786{,}9\,\mathrm{min}^{-1}$$

Dieser Wert kann praktisch nicht erreicht werden, da sowohl Reibverluste, als auch ohmsche Spannungsabfälle auftreten. Hinzu kommt, daß praktisch auch eine Spannungskomponente zur Regelung von der Stromkomponente i_{sd} auf Null benötigt wird (Stellreserve). Mit zunehmender Belastung sinkt die maximal mögliche Drehzahl ab und erreicht bei Nennbelastung ihren Nennpunkt.

Teil III Bewegungssteuerungen

Die Steuerung von kontinuierlichen und diskontinuierlichen Fertigungsprozessen sowie von Transportprozessen erfordert die Steuerung der Einzelbewegungen des Prozesses und deren Koordination.
Die klassische Aufgabe der Drehzahl- und Lageregelung des Einzelantriebs wird erweitert durch die Aufgabe der Regelung der über nichtideale Mechanismen übertragenen Bewegung sowie durch die Aufgabe der koordinierten Steuerung voneinander abhängiger Einzelbewegungen.
Die Optimierung des elektrisch-mechanischen Gesamtsystems führt auf rechnergesteuerte Einzelantriebe in Verbindung mit vereinfachten Mechanismen.

6 Drehzahl- und Lagesteuerung des Einzelantriebs

6.1 Wirkungsweise und gerätetechnischer Aufbau

6.1.1 Funktionsumfang

Die Regelung des Einzelantriebs umfaßt die Funktionen

- Drehmomentsteuerung
- Drehzahlsteuerung
- Lagesteuerung

Führungsgrößen werden von einem Führungsgrößengenerator vorgegeben sowie von der jeweils übergeordneten Teilfunktion der untergeordneten Teilfunktion aufgeprägt (Abb. 6.1.). Die Drehmomentsteuerung, Drehzahlsteuerung, Lagesteuerung erfolgt auf der Basis einer Regelung im Rahmen eines durch Begrenzungen charakterisierten Arbeitsbereiches. Die Drehmomentsteuerung erfolgt im einfachsten Fall bei Gleichstromantrieben durch eine Stromregelung (Abschn. 3). Sie erfordert bei Drehstromantrieben in der Regel eine dreisträngige Stromregelung in Verbindung mit einer feldorientierten Steuerung (Abschn. 5). Die Schnittstellen zwischen Drehmomentsteuerung, Drehzahlsteuerung, Lagesteuerung sind funktionell gegeben. Der Funktionsumfang eines digitalen Reglers ermöglicht, dem Einzelantrieb neben der Drehmomentsteuerung auch die Drehzahl- und Lageregelung zuzuordnen. Die Führungsgrößenaufbereitung wird meist einer übergeordneten Funktionseinheit der Antriebsgruppe übertragen. Es sind jedoch auch andere Konzepte denkbar.

Die technische Realisierung der Regeleinrichtung erfolgt in älteren Antrieben mit analogen signalverarbeitenden Einrichtungen, d. h. beschalteten Operationsverstärkern. In neueren Antrieben werden vorzugsweise digitale signalverarbeitende Einrichtungen, d. h. Mikrorechner, angewandt. Neben der eigentlichen Reglerfunktion übernehmen digitale Regeleinrichtungen umfangreiche Steuerfunktionen. Sie ermöglichen damit Führungsgrößensteuerungen, Aufschaltung von Korrekturwerten, Regelungen mit umschaltbarer Struktur. Steuerung und Regelung des Bewegungsablaufs wird zu einer funktionellen Einheit.

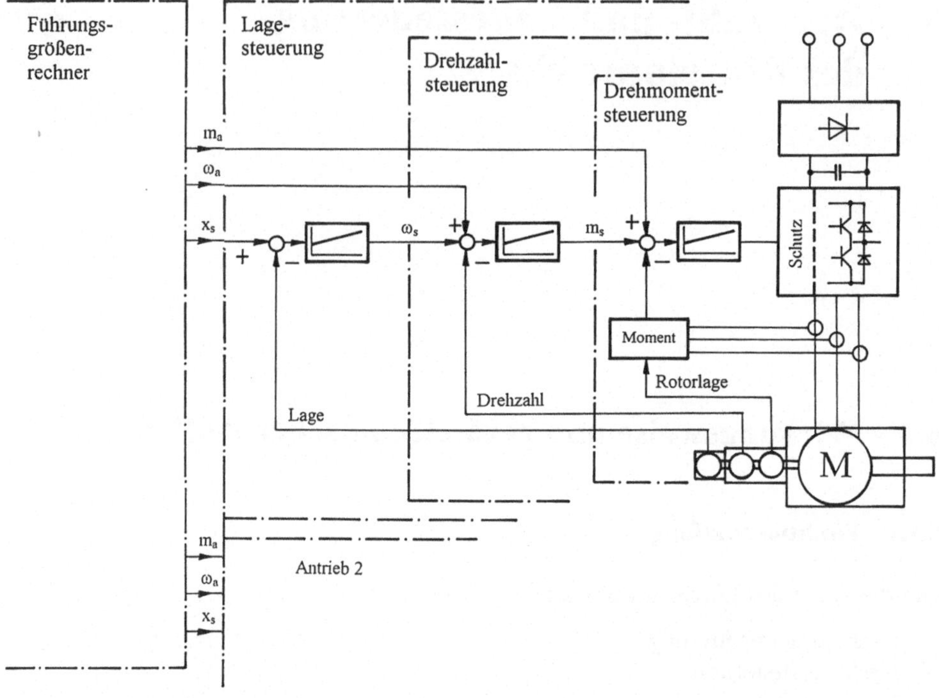

Abb. 6.1. Regelung des Einzelantriebs, Funktionsaufteilung

6.1.2 Analoge und digitale Regler

Analoge Regler sind beschaltete Operationsverstärker (Abb. 6.2a). Sie realisieren die Übertragungsfunktion

$$x_a(p) = -\frac{Z_2}{Z_{11}} \cdot x_{e1}(p) - \frac{Z_2}{Z_{12}} \cdot x_{e2}(p) - \; ... \; - \frac{Z_2}{Z_{1m}} \cdot x_{em}(p) \tag{6.1}$$

Es überlagern sich die Eingangssignale $x_{e1}(p)$; $x_{e2}(p)$ --- $x_{em}(p)$. Die komplexen Widerstände Z_{11}; Z_{12}; ... Z_{21}; Z_{22} bestimmen das Übertragungsverhalten. Allgemein werden IPD-Regler verwirklicht mit der Übertragungsfunktion

$$G(p) = \frac{\prod_{i=1}^{n} (1 + pT_{Ri})}{pT_{Ro}} \tag{6.2}$$

Adaptive Regler können durch Umschalten der Beschaltungswiderstände realisiert werden. Eine dem Operationsverstärker nachgeschaltete Ansteuereinrichtung setzt das Signal x_a um in eine zeitliche Verschiebung der Ansteuerimpulse des Stromrich-

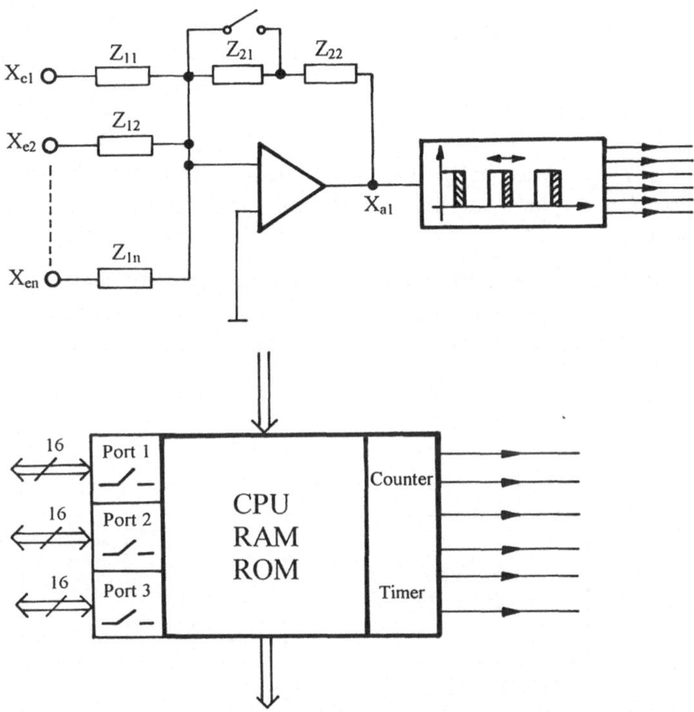

Abb. 6.2. Analoge (a) oder digitale (b) Realisierung der Regeleinrichtung

ters (Tafel 3.2) Im Fall netzgelöschter Stromrichter wird die Zündimpulsfolge netzsynchron gesteuert. im Falle selbstgelöschter Stromrichter wird die Zündimpulsfolge fremdgesteuert. Informationsparameter, gesteuert von $x_a = y$ ist die Pulsbreite. Die Pulsbreite ergibt sich aus der Abtastung des Signals y. Annähernd kann eine äquidistante Abtastung vorausgesetzt werden. Die Abtastzeit T ist gleich der Taktzeit des Stromrichters.

Digitale Regler sind Mikrorechner mit einer spezifischen Peripherie. Eine interne Taktsteuerung ermöglicht die taktweise Abarbeitung der Algorithmen. Die Taktzeit digitaler Regler ist konstant. Sie liegt bei $T = (0{,}1 \ldots 1{,}0)$ ms. Die Eingangssignale werden im Taktrythmus abgefragt und der Verarbeitung zugeführt. Um einen Takt später stehen die Ergebnisse in Ausgangsregistern zur Verfügung. Aufgrund dieser Arbeitsweise ist dem Regler die "Eigenübertragungsfunktion"

$$G_e(p) = e^{-pT} \tag{6.3}$$

zuzuordnen. Weiterhin wird das Übertragungsverhalten durch den programmierten Algorithmus bestimmt.

Wegen dieser Arbeitsweise des Reglers sind digitale Regelungen als zeitdiskretes System mit der Abtastzeit T zu beschreiben. Ist die Abtastzeit klein gegenüber den Eigenzeitkonstanten des Systems, dann ist eine quasikontinuierliche Betrachtung zulässig. Die abtastende Arbeitsweise ist annähern durch ein Laufzeitglied zu berücksichtigen

$$G_e(p) = e^{-pT/2} \tag{6.4}$$

bzw. kann für $T < 0{,}1 \cdot T_{\text{Eigen}}$ ganz unberücksichtigt bleiben. Praktisch ist die zeitdiskrete Arbeitsweise des Reglers nur bei der Optimierung von Stromregelkreisen zu berücksichtigen.

Zur praktischen Verwirklichung digitaler Regler werden für Standardanwendungen Controlerschaltkreise mit 16 bit Wortbreite eingesetzt, beispielsweise der Controler SAB 80 C 166 und daraus abgeleitete Schaltkreise (Abb. 6.3). Dieser enthält neben

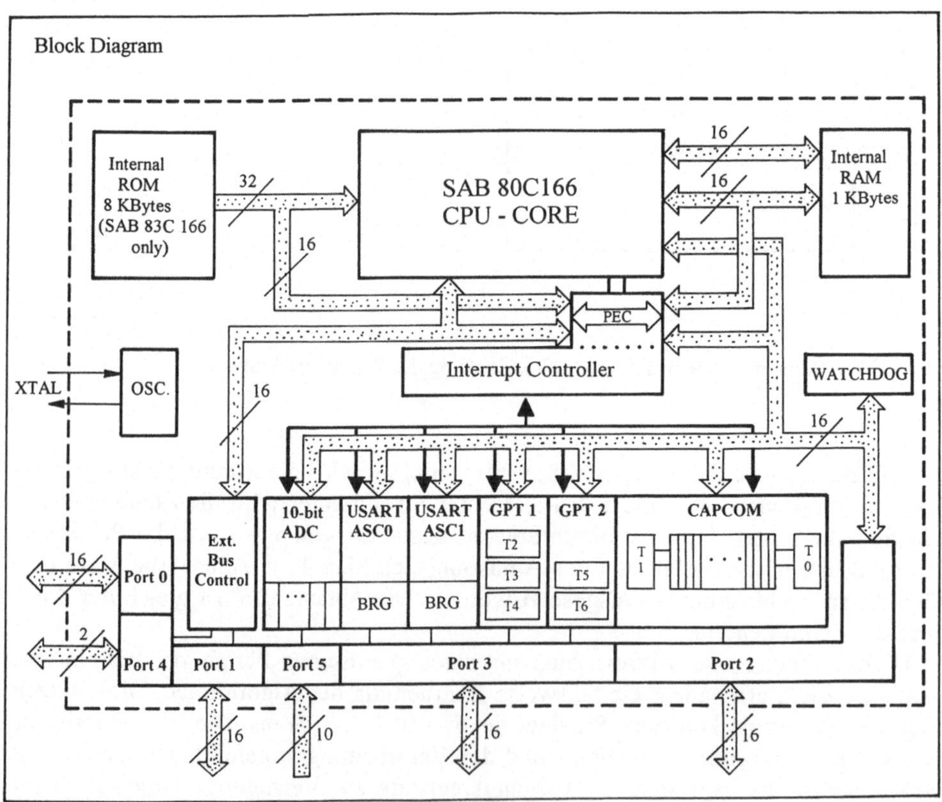

Abb. 6.3. Blockdiagramm des Controlerschaltkreises SAB 80 C 166 (Siemens) Zentrale Verarbeitungseinheit

CPU	: Zentrale Verarbeitungseinheit
Port	: Torschaltung
ADC	: Analog-Digital-Wandler
USART	: Universeller synchroner/asynchroner Empfänger und Sender
GPT	: Allzweckzähler
CAPCOM	: Ereignis-und Vergleichsregisterbank
BRG	: Band-Daten-Register

der zentralen Verarbeitungseinheit und internen Speichern auch Torschaltungen, Analog-Digital-Wandler, Ereignis- und Vergleichsregister. Der Schaltkreis ist durch externe Speicher zu ergänzen. In hochwertigen Antriebsregelungen werden auch Prozessoren mit 32 bit Wortbreite eingesetzt.

6.1.3 Meßglieder für Strom, Drehzahl und Lage

Meßglieder bestimmen wesentlich Genauigkeit, Dynamik und Störsicherheit der Regelungen. Sie sind außerdem ein nicht unerheblicher Kostenfaktor. Die Auswahl des Meßprinzips und seiner gerätetechnischen Umsetzung erfordern daher Umsicht und Erfahrungen. An Meßglieder im Regelkreis werden generell folgende Forderungen gestellt.

- Meßsignal frei vom Potential des Leistungskreises
- Auflösungsvermögen des Meßsignals entsprechend der Aufgabenstellung
- Genauigkeit des Meßsignals entsprechend der Aufgabenstellung
- Meßsignal frei von dynamischen Fehlern im Rahmen des erforderlichen Frequenzbereiches
- störsicherer konstruktiver Aufbau.

Die Messung des Stromes erfolgt potentialfrei nach dem Prinzip der Durchflutungskompensation (Abb. 6.4). Der zu messende Strom i_1 bildet die Primärdurchflutung. Die Sekundärdurchflutung wird von einer Hilfsspannnung erzeugt. Eine Hall-Sonde erfaßt die Differenzdurchflutung und verstellt die Sekundärdurchflutung so, daß diese im Sinne einer Regelung zu null gemacht wird. Dann ist der Sekundärstrom i_2 dem Primärstrom genau proportional. Über einem Meßwiderstand kann ein entsprechendes Signal abgegriffen werden. Dieses ist ein Analogsignal, ein nachgeschalteter A/D-Wandler bildet daraus ein Digitalsignal. Für die Strommessung ist ein Auflösungsvermögen von 1:1000, also eine Wortbreite des digitalen Signals von 10 bit im allgemeinen ausreichend. Die Verzögerungszeit des A/D-Wandlers sollte vernachlässigbar klein sein.

Zur Drehzahlmessung dient ein Impulsgeber, der eine auf der Welle angebrachte "Strichscheibe" bzw. ein "Zahnrad" optisch oder magnetisch abtastet (Abb. 6.5).

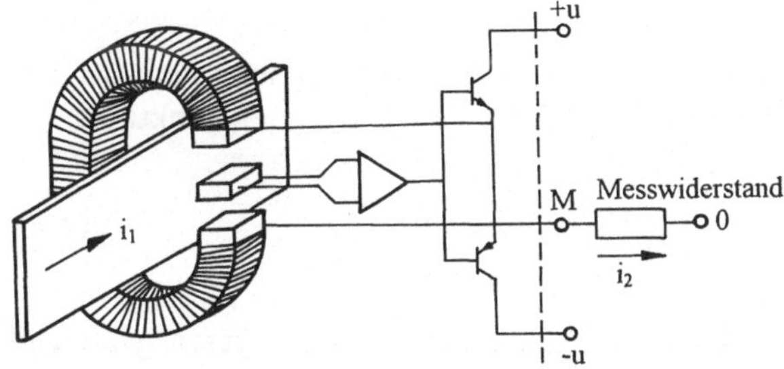

Abb. 6.4. Anordnung zur Messung des Stroms nach dem Prinzip der Durchflutungskompensation

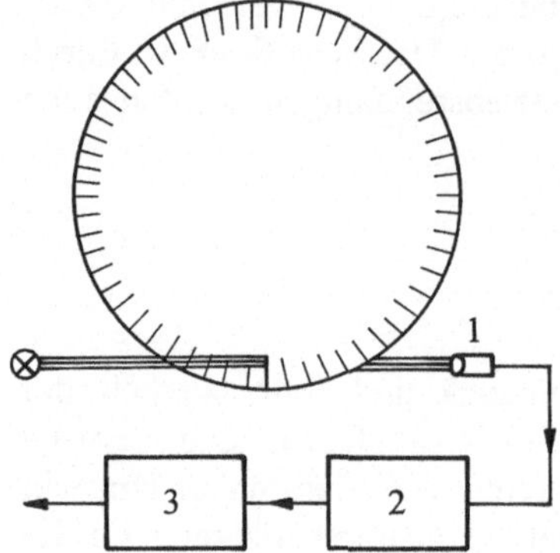

Abb. 6.5. Drehzahlmessung mit einem Impulsgeber
1: optische Abtastung der Strichscheibe
2: Impulsformung
3: Auswerteelektronik

Die Impulsfrequenz ist der Winkelgeschwindigkeit des Gebers proportional

$$f_{\mathrm{m}} = k_{\mathrm{m}} \cdot \omega \tag{6.5}$$

Während der Meßzeit T_{m} wird die Impulsfolge in einen Zähler eingezählt. Der Zählerinhalt

$$z = \int_0^{T_{\mathrm{m}}} f_{\mathrm{m}} \cdot dt \tag{6.6}$$

ist ein Maß für den Mittelwert der Drehzahl währen der Meßzeit T_{m}. Das Meßglied mißt also eine mittlere Winkelgeschwindigkeit ω^*.

$$\omega^* = \frac{1}{T_{\mathrm{m}}} \int_0^{T_{\mathrm{m}}} \omega \cdot dt \tag{6.7}$$

In der Regel wird die Meßzeit T_{m} gleich der Taktzeit T der Regelung gewählt. Für das Ausgangssignal des Meßgliedes ergibt sich dann die Übertragungsfunktion

$$\omega^*(p) = \frac{1}{pT}\left(1 - e^{-pT}\right) \cdot \omega(p). \tag{6.8}$$

Diese Übertragungsfunktion entspricht einem Halteglied. Ist die Taktzeit genügend klein gegenüber den Eigenzeitkonstanten des Systems kann proportionaler Zusammenhang zwischen der gemessenen Winkelgeschwindigkeit der Welle $\omega\,(t)$ und dem Ausgangsignal des Meßgliedes $\omega\,(t)$ vorausgesetzt werden.

In groben Antrieben werden Impulsgeber mit etwa 500 Impulsen pro Umdrehung eingesetzt. Diese arbeiten vorzugsweise mit magnetischer Abtastung. In feinen Antrieben werden Impulsgeber mit etwa 5000 Impulsen pro Umdrehung eingesetzt. Diese arbeiten vorzugsweise mit optischer Abtastung. Elektronische Auswerteschaltungen ermöglichen eine Impulsverzehnfachung durch Interpolation. Dadurch wird auch bei Abtastzeiten ≤ 1 ms ein hinreichendes Auflösungsvermögen von 1: 10 000 erreicht. Verarbeitet werden 16-bit-breite Signale.

Das angegebene Meßverfahren ist ursprünglich ein inkrementales Winkelmeßverfahren. Das Winkelinkrement zwischen zwei Abtastschritten k und $(k-1)$ ist

$$\varphi(k)-\varphi(k-1)=\omega^{*}\cdot T \tag{6.9}$$

Neben Impulsgebern finden häufig auch Resolver zur Winkel- und daraus abgeleitet auch Drehzahlmessung Anwendung (Abb. 6.6).
Durch Erregung der Ständerwicklung mit zwei um 90° versetzten Spannungen

$$u_{e1}=U_{e}\cdot\sin\omega t \tag{6.10}$$

$$u_{e2}=U_{e}\cdot\cos\omega t \tag{6.11}$$

entsteht ein Drehfeld im Resolver. Die Winkeldrehung des Resolvers um φ bildet sich als Phasenverschiebung der Ausgangsspannung gegenüber einem Bezugssignal ab.

$$u_{a}=U_{a}\cdot\sin(\omega t+\varphi) \tag{6.12}$$

Die Winkeldifferenz φ wird von einer elektronischen Auswerteschaltung mit hohem Auflösungsvermögen ausgewertet.

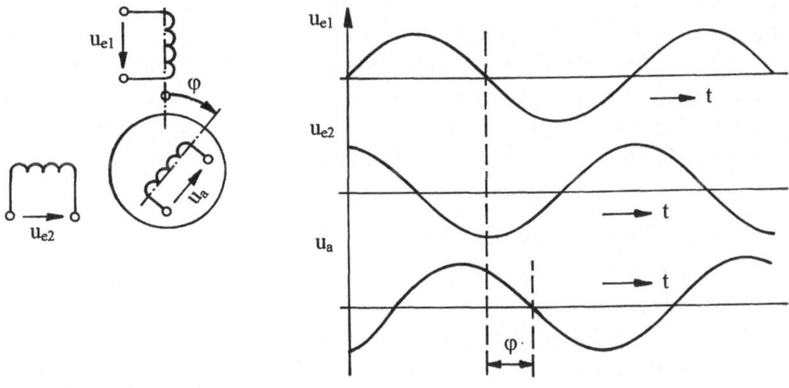

Abb. 6.6. Lage- und Drehzahlmessung mit Resolver
a) Aufbau des Resolvers
b) zeitlicher Verlauf der Eingangs- und Ausgangsspannungen

6.2 Modellbildung und Simulation

6.2.1 Bilanzgleichungen und Signalflußplan

Bilanzgleichungen beschreiben den Systemzusammenhang innerhalb eines definierten Systemausschnittes, des sogenannten Bilanzraumes. Die Drehmomentsteuerung in Abb. 6.1 kann als "innerer Bilanzraum" betrachtet werden. Die Drehmomentsteuerung schließt Stromregelung und feldorientierte Steuerung ein, die in den Abschnitten 3, 4, 5 ausführlich behandelt wurden. Zusammenfassend wird die Drehmomentsteuerung durch die Übertragungsfunktion

$$m_{\mathrm{M}} = m_{\mathrm{MS}} \cdot \frac{V_{\mathrm{i}}}{1 + pT_{\mathrm{i}}} \tag{6.13}$$

beschrieben. Die Zeitkonstante T_{i} beschreibt summarisch die Verzögerung des Motormomentes m_{M} gegenüber der Führungsgröße m_{MS}. In Abhängigkeit von der gewählten Regelschaltung, vom eingesetzten Stromrichterstellglied und von verschiedenen Nebeneffekten ist

$$T_{\mathrm{i}} = 0{,}5 \text{ --- } 5{,}0 \text{ ms.}$$

Die Bewegungssteuerung wird als "äußerer Bilanzraum" betrachtet. Die mechanische Bewegung des Einzelantriebs wird beschrieben durch

$$m_{\mathrm{M}} = m_{\mathrm{W}} + J\frac{d\omega_{\mathrm{M}}}{dt} + m_{\mathrm{K}} \tag{6.14}$$

$$\omega_{\mathrm{M}} = \frac{d\varphi_{\mathrm{M}}}{dt} \tag{6.15}$$

Das Trägheitsmoment des Antriebs J wird als konstant vorausgesetzt. Das Koppelmoment m_{K} berücksichtigt den Einfluß benachbarter Antriebe.

Aus den angegebenen Bilanzgleichungen läßt sich der in Abb. 6.7 dargestellte Signalflußplan zeichnen. Die Regeleinrichtung berücksichtigt Drehzahl- und Lageregelung als getrennte Funktion. Die Ausgangssignale der Regler sind begrenzt. Es wird vorausgesetzt, daß die Begrenzungen so eingestellt sind, daß dadurch der lineare Arbeitsbereich der Regelstrecke ausgeschöpft, aber nicht überschritten wird.

Es bedeuten:

- m_{M} : inneres Drehmoment des Motors
- ω_{M} : Winkelgeschwindigkeit des Motors
- φ_{M} : Verdrehungswinkel
- φ_{s} : Führungsgröße des Winkels
- R_{ω} : Drehzahlregler
- R_{φ} : Winkelregler
- V_{ω} : Verstärkungsfaktor der Drehzahlmessung
- V_{φ} : Verstärkungsfaktor der Winkelmessung

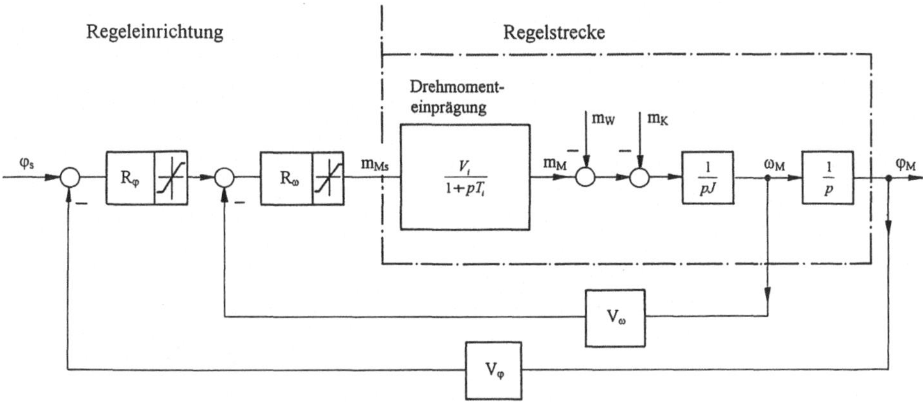

Abb. 6.7. Signalflußplan der Regelung des Einzelantriebs

6.2.2 Simulation

Simulation ist die Nachbildung realer Systeme auf der Grundlage von Modellen.

Mathematische Systemmodelle führen auf gleichungsorientierte Simulationssysteme. Auf der Grundlage von Matrizen-Zustandsgleichungen können lineare und mit gewissen Einschränkungen auch nichtlineare Systeme nachgebildet werden. Besonders anschaulich sind blockorientierte Simulationssysteme. Abgeleitet aus dem Signalflußplan des Systems wird das Modell aus Blöcken aufgebaut, die lineare und nichtlineare Übertragungsglieder sowie arithmetische Glieder und logische Glieder abbilden. Makroblockstrukturen erleichtern wesentlich den Überblick über ein größeres System. So lassen sich für Wechselrichter, Motoren, Regler Makroblöcke entwickeln.

Die notwendige Modellgenauigkeit hängt von der zu bearbeitenden Aufgabe ab. Modellvereinfachungen lassen sich aus dem Verständnis für die physikalischen Vorgänge im System ableiten. Daneben sind aber auch systematische Verfahren zur Modellvereinfachung bekannt. Abb. 6.8 zeigt ein Beispiel für die Übertragung des Signalflußplans einer Regelung in das Blockdiagramm eines blockorientierten Simulationssystems. Das Blockdiagramm ist Grundlage für die Programmierung des Rechners.

Unter Nutzung von Softwarewerkzeugen, sogenannten "tools" kann der Bearbeiter im Dialog mit dem Bildschirm das untersuchte System optimieren. Traditionell arbeiten Simulationssysteme mit einem Zeitmaßstab, der gegenüber "Echtzeit" wesentlich verlängert ist. Moderne Mikrorechner ermöglichen heute auch "Echtzeitsimulation". Echtzeitsimulation macht es möglich, bestimmte Geräte wie Regler, Wechselrichter und Motor am Modell des nicht echt verfügbaren Anlagenteils zu erproben. Diese Methode, genannt "Hardware in the loop" wird zunehmend Bedeutung erlangen. Eine universelle Prüfeinrichtung (Abb. 6.9) ermöglicht es, einem Antrieb oder einer Antriebsgruppe beliebige Drehmomentverläufe, auch stochastisch veränderliche Drehmomente, einzuprägen.

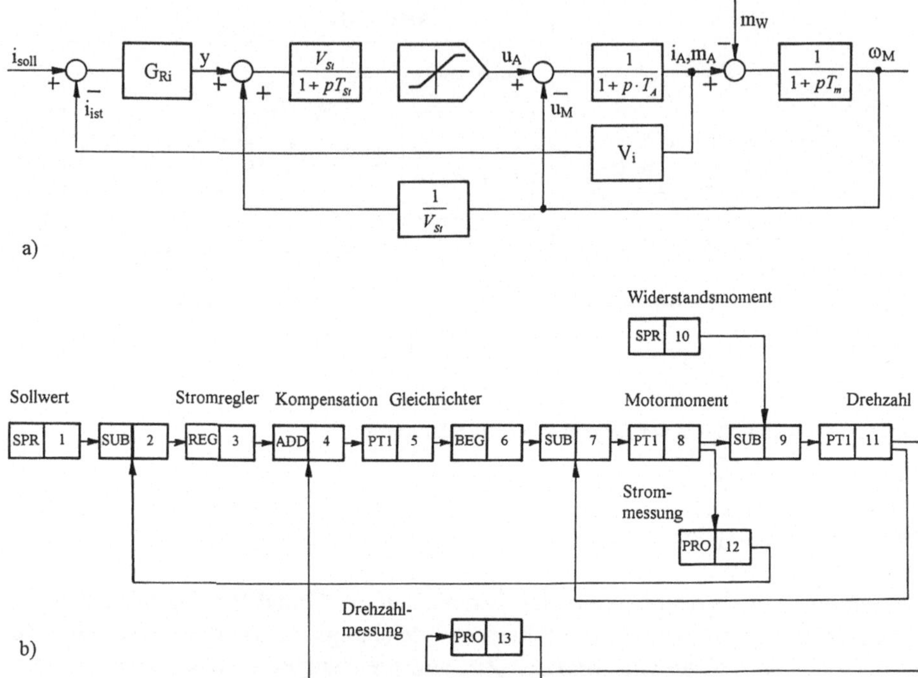

Abb. 6.8. Beispiel für die Simulation des Stromregelkreises eines Gleichstromantriebs mit einem blockorientierten Simulationssystem (DS 88)
a) Signalflußplan
b) DS 88 - Blockdiagramm

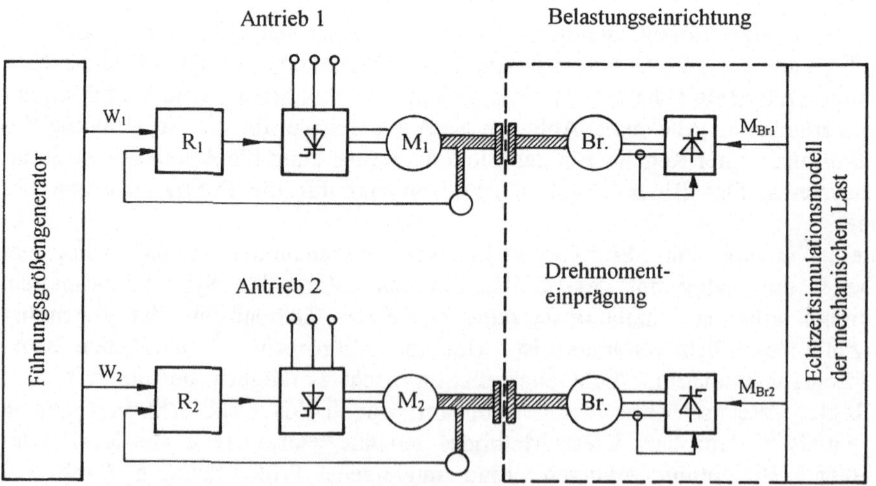

Abb.6.9. Universelle Prüfeinrichtung für elektrische Antriebe, Echtzeitsimulation der mechanischen Last

Diese Prüfeinrichtung ist ein Echtzeitmodell der anzutreibenden Maschine. Durch Programmierung ist es möglich, unterschiedliche Maschinen nachzubilden. Eine andere Möglichkeit ist es, die gesamte Regelstrecke als Echtzeitmodell abzubilden. An einem solchen Modell können beispielsweise neuentwickelte Regler getestet werden.

6.3 Systemoptimierung

6.3.1 Optimierungsziel und Lösungsansatz

Ziel der Systemoptimierung ist es, die Regeleinrichtung in Struktur- und Parametern so an die Regelstrecke anzupassen, daß das Verhalten des Gesamtsystems optimal bezüglich vereinbarter Gütekriterien ist. Dabei ist die

- Güte des Eingenverhaltens (Tafel 6.1)
- Güte des Führungsverhaltens (Tafel 6.2)
- Güte des Störungsverhaltens (Tafel 6.3)

zu betrachten und gegebenenfalls eine Kompromißlösung zu suchen.

Typische Grundstruktur für elektrische Antriebe ist die Kaskadenstruktur (Abb. 6.10). Die Regelstrecke wird so in Abschnitte geteilt, daß die Ausgangsgrößen jeweils als Regelgrößen zur Verfügung stehen.

$$G_s = G_{s1} \cdot G_{s2} \cdot G_{s3} \tag{6.16}$$

Jeder Streckenabschnitt enthält in der Regel eine große Zeitkonstante bzw. eine Integration.

Jedem Streckenabschnitt wird ein Regler G_{R1}; G_{R2}; G_{R3} zugeordnet. Eine innere Schleife ist Glied der jeweils äußeren Schleife. Die Führungsgröße der inneren Schleife ist die Stellgröße der jeweiligen äußeren Schleife. Die Ausgangsgrößen der Regler werden in der Regel einstellbar begrenzt. Damit wird auch die zugeordnete Regelgröße begrenzt. Die Optimierung des Systems bezieht sich auf die lineare Optimierung der einzelnen Schleifen, auf die lineare Optimierung des Gesamtsystems sowie auf die optimale Steuerung der Führungsgrößen unter Rücksicht auf die Begrenzungen des Systems.

6.3.2 Lineare Optimierung einzelner Schleifen

Optimales Kleinsignalverhalten der Regelschleife ist gegeben, wenn die Führungsübertragungsfunktion

$$G_W(p) = \frac{X(p)}{W(p)} \tag{6.17}$$

Tafel 6.1 Regel der Doppelverhältnisse und daraus abgeleitete Standardübertragungsfunktion für optimales Eigenverhalten dynamischer Systeme

Das Eigenverhalten des Systems wird durch die charakteristische Gleichung bestimmt.

$$a_o + a_1 p + a_2 p^2 + \cdots a_m p^m = 0$$

Das Eigenverhalten ist optimal für das Koeffizientenverhältnis

$$\alpha = \frac{a_1^2}{a_0 \cdot a_2} = \frac{a_2^2}{a_1 \cdot a_3} = \cdots \frac{a_{(m-1)}^2}{a_{(m-2)} \cdot a_m} = (1{,}5...2{,}0...2{,}5)$$

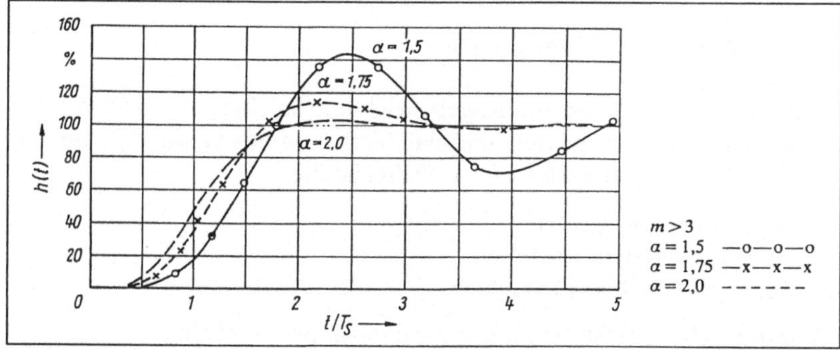

Dämpfung D eines äquivalenten Schwingungsgliedes 2. Ordnung $\alpha \approx 1{,}4D + 1{,}07$
rel. Überschwingweite der Sprungantwort $h_u \approx 10^{(4{,}8-2\alpha)}$ (in %)
Dem Parameterverhältnis $\alpha = 2{,}0$ entsprechen die Standardübertragungsfunktionen

Ordnung des Übertragungsgliedes m	Standardübertragungsfunktion
$m = 1$	$G_g(p) = \frac{1}{1 + pT}$
$m = 2$	$G_g(p) = \frac{1}{1 + pT + 1/2p^2T^2}$
$m = 3$	$G_g(p) = \frac{1}{1 + pT + 1/2p^2T^2 + 1/8p^3T^3}$
$m = 4$	$G_g(p) = \frac{1}{1 + pT + 1/2p^2T^2 + 1/8p^3T^3 + 1/64p^4T^4}$

des geschlossenen Kreises für einen möglichst großen Frequenzbereich gleich 1 ist (vergl. Tafel 6.2),
Dem entspricht eine Störungsübetragungsfunktion

$$G_Z(p) = \frac{X(p)}{Z(p)} = \left(1 - G_W(p)\right) \tag{6.18}$$

Tafel 6.2 Gütekenngrößen des Führungsverhaltens

Kenngrößen der Übergangsfunktion

T_{an} : Anregelzeit

T_{aus} : Ausregelzeit

$h_{ü}$: rel. Überschwingweite

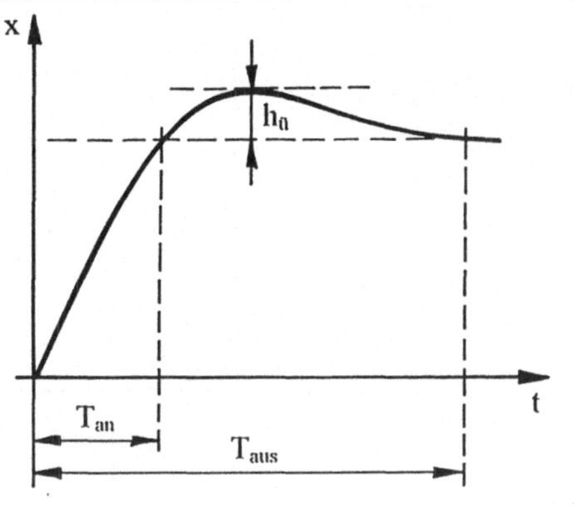

Kenngrößen des Frequenzganges

ω_d : Durchtrittsfrequenz $l_g|G_o|$ des offenen Kreises

γ : Phasenreserve des offenen Kreises

$$G_w(j\omega) = \frac{x(j\omega)}{w(j\omega)} = \frac{G_o(j\omega)}{1 + G_o(j\omega)}$$

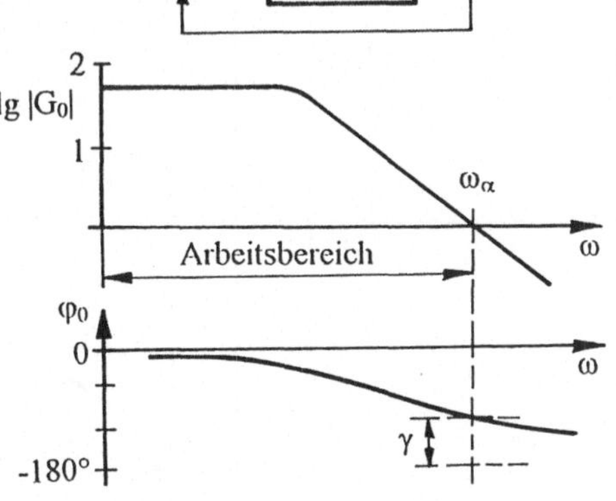

Kenngrößen der Rampenantwort

Geschwindigkeitsfehler

$$\Delta x_\infty = \lim_{t \to \infty} (w(t) - x(t))$$

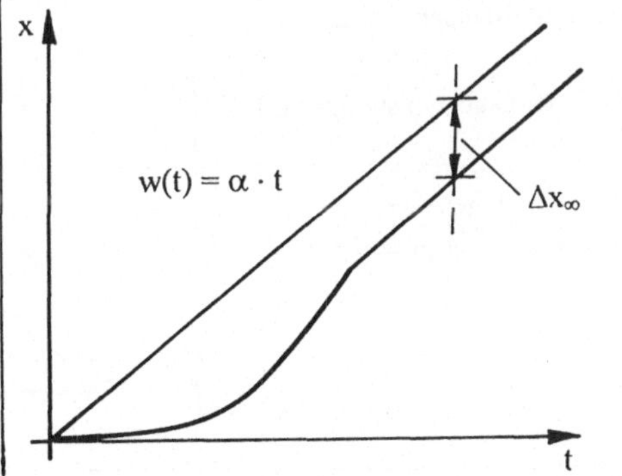

Tafel 6.3 Gütekenngrößen des Störungsverhaltens

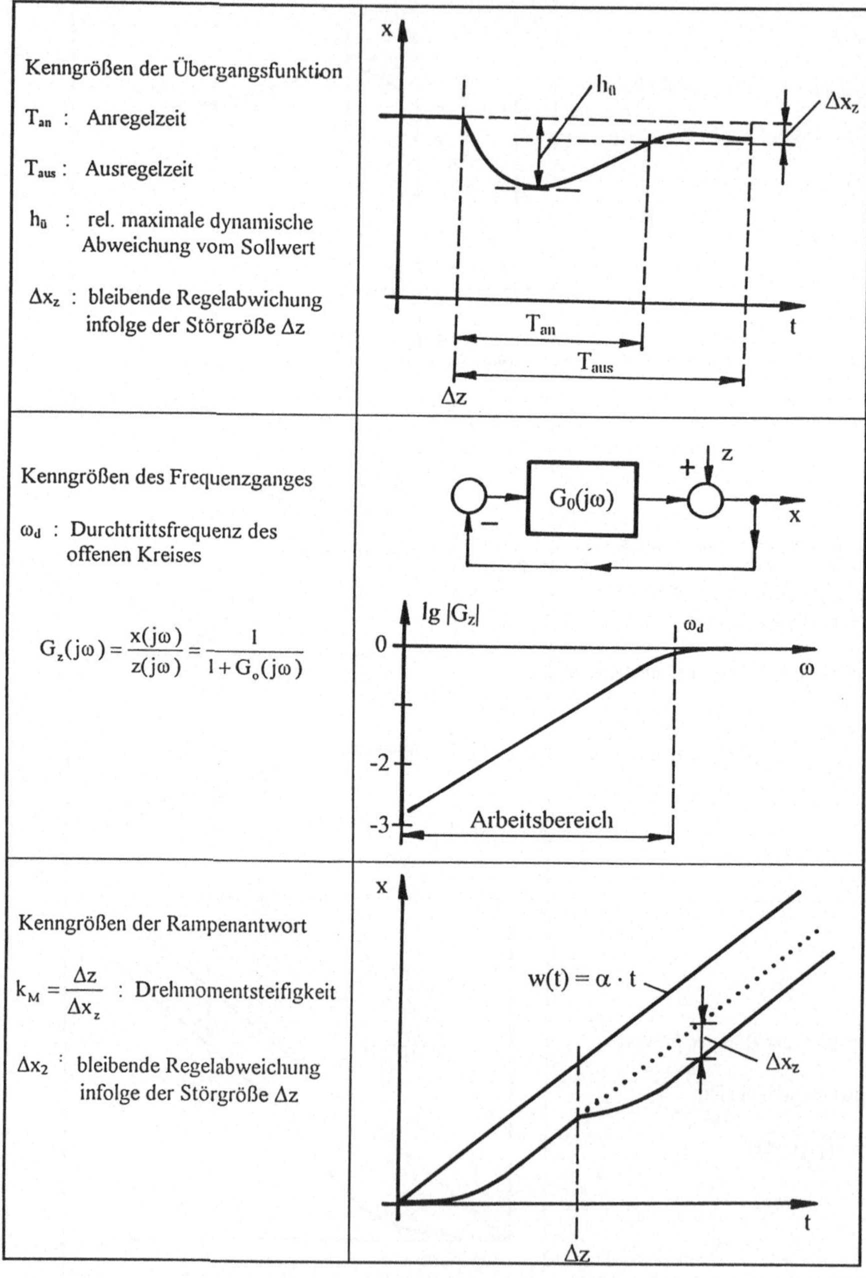

Kenngrößen	
Kenngrößen der Übergangsfunktion T_{an} : Anregelzeit T_{aus} : Ausregelzeit $h_{ü}$: rel. maximale dynamische Abweichung vom Sollwert Δx_z : bleibende Regelabweichung infolge der Störgröße Δz	
Kenngrößen des Frequenzganges ω_d : Durchtrittsfrequenz des offenen Kreises $G_z(j\omega) = \frac{x(j\omega)}{z(j\omega)} = \frac{1}{1+G_o(j\omega)}$	
Kenngrößen der Rampenantwort $k_M = \frac{\Delta z}{\Delta x_z}$: Drehmomentsteifigkeit Δx_2 : bleibende Regelabweichung infolge der Störgröße Δz	

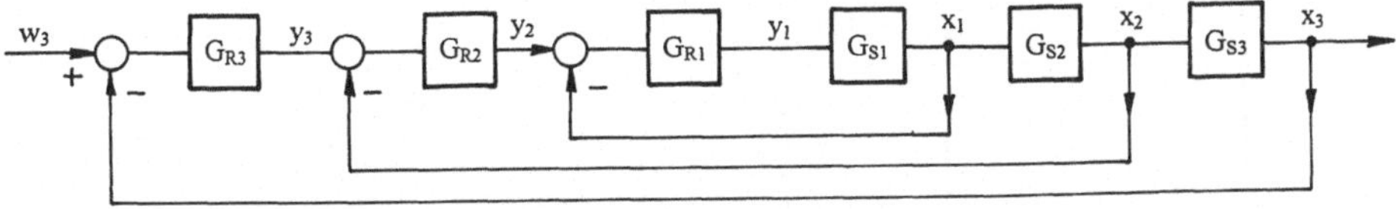

Abb. 6.10. Kaskadenstruktur. Es gilt $W_1 = Y_2$; $W_2 = Y_3$

die für einen möglichst großen Frequenzbereich gleich null ist. Daraus leitet sich das "Betragsoptimum" als Optimierungskriterium ab.
In Übereinstimmung mit den praktischen Gegebenheiten wird für die Regelstrecke allgemein die Übertragungsfunktion

$$G_s = \frac{V_s}{\prod_{k=1}^{m}(1+pT_{SK})(1+pT_\Sigma)} \tag{6.19}$$

V_s : Verstärkungsfaktor der Regelstrecke
T_{SK} : große Zeitkonstante der Regelstrecke
T_Σ : Summe der nichtkompensierbaren kleinen Zeitkonstanten der Regelstrecke

angenommen. Der Regler wird, in der Struktur angepaßt, als allgemeiner IPD-Regler vorausgesetzt mit der Übertragungsfunktion

$$G_{R1} = \frac{\prod_{i=1}^{n}(1+pT_{Ri})}{pT_{Ro}} \tag{6.20}$$

Ein bei manchen Anwendungen vorzuschaltendes Führungsgrößenfilter hat die Übertragungsfunktion

$$G_{R2} = \frac{V_V}{1+pT_V} \tag{6.21}$$

Die Grundstruktur ist in Abb. 6.11 dargestellt. Der Regler wird bezüglich seiner Struktur so an die Regelstrecke angepaßt, daß die Anzahl der Zeitkonstanten im Zähler des Reglers gleich ist der Anzahl der großen Zeitkonstanten im Nenner der Regelstrecke. Tafel 6.4 enthält eine Zusammenstellung. Die Einstellwerte der Reglerparameter sind vom Angriffspunkt der Führungs- bzw. Störgröße abhängig. Für Führungs- bzw. Störgrößen, die unverzögert auf den Reglereingang gelangen, sind die Parameter der Regelstrecke und des Reglers paarweise gleich

$$T_{Ri} = T_{SK} \tag{6.22}$$

Für Führungs- oder Störgrößen, die durch G_{R2} oder G_S verzögert auf den Reglereingang gelangen, kann im Bereich niedriger Frequenzen eine größere Verstärkung

Tafel 6.4 Einstellregelungen zur Optimierung linearer Regelschleifen für unverzögerte und verzögerte Eingangsgrößen

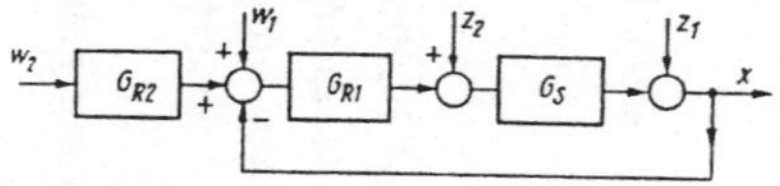

Filter

$G_{R2} = \dfrac{V_v}{1 + pT_v}$; $T_v \geqq 4T_\Sigma$

Regelstrecke G_S	Regler G_{R1}	Einstellwerte für unverzögerte Eingangsgrößen w_1; z_1	Einstellwerte für verzögerte Eingangsgrößen w_2; z_2
$\dfrac{V_S}{(1 + pT_{S1})(1 + pT_\Sigma)}$	$\dfrac{1 + pT_{R1}}{pT_0}$	$T_{R1} = T_{S1}$ $T_0 = V_S\, 2T_\Sigma$	$T_{R1} = 4T_\Sigma$ $T_0 = V_S\, 2T_\Sigma \dfrac{T_{R1}}{T_{S1}}$
$\dfrac{V_S}{(1 + pT_{S1})(1 + pT_{S2})(1 + pT_\Sigma)}$	$\dfrac{(1 + pT_{R1})(1 + pT_{R2})}{pT_0}$	$T_{R1} = T_{S1}$ $T_{R2} = T_{S2}$ $T_0 = V_S\, 2T_\Sigma$	$T_{R1} = T_{R2} = 8T_\Sigma$ $T_0 = V_S\, 2T_\Sigma \dfrac{T_{R1}T_{R2}}{T_{S1}T_{S2}}$
$\dfrac{V_S}{(1 + pT_{S1} + p^2T_{S1}T_{S2})(1 + pT_\Sigma)}$ $T_{S2} > \dfrac{1}{4}T_{S1}$	$\dfrac{1 + p2dT_R + p^2T_R^2}{pT_0} = V_R\left(1 + \dfrac{1}{pT_n} + pT_V\right)$	$T_R^2 = T_{S1}T_{S2}$ $2d = \dfrac{T_{S1}}{T_{S1}T_{S2}}$ $T_0 = V_S\, 2T_\Sigma$	$V_SV_R = \dfrac{T_{S1}(T_{S2} + T_\Sigma)}{4T_\Sigma^2} - 1$[1)] $T_n = 4T_\Sigma\left(1 - \dfrac{4T_\Sigma}{T_M(T_A + T_\Sigma)}\right)$ $T_v = \dfrac{2T_\Sigma(T_M[T_A - T_\Sigma] - 2T_\Sigma^2)}{T_M(T_A + T_\Sigma) - 4T_\Sigma^2}$

[1)] gültig, solange $T_M(T_A + T_\Sigma) > 4T_\Sigma^2$
$T_M(T_A - T_\Sigma) > 2T_\Sigma^2$

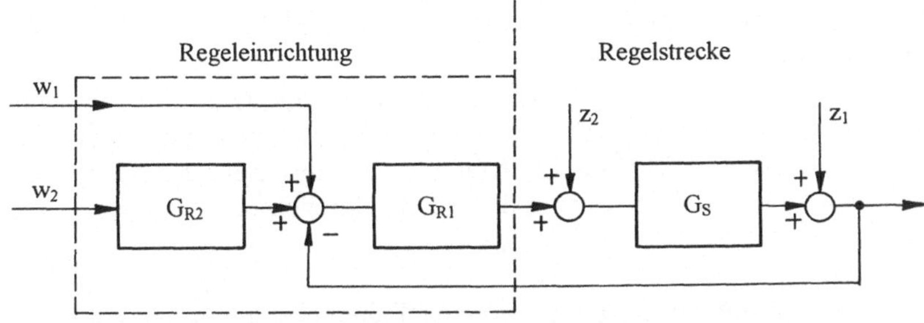

Abb. 6.11. Signalflußplan einer Regelschleife zur linearen Optimierung des Führungs- und des Störungsverhaltens

zugelassen werden. Man bezeichnet diese Reglereinstellung als symmetrisches Optimum. Anschaulich zeigen die Frequenzkennlinien des offenen Kreises in Abb. 6.12 die Anpassung des Reglers an die Regelstrecke. Die Durchtrittsfrequenz des offenen Kreises wird durch die nicht kompensierten Zeitkonstanten bestimmt

$$\omega_{\mathrm{d}} = \frac{1}{2T_{\Sigma}} \tag{6.23}$$

Für Frequenzen größer ω_{d} ist die Regelung unwirksam. Bei Einstellung nach dem "symmetrischen Optimum" ergibt sich ein zu ω_{d} symmetrischer Verlauf der Ampli-

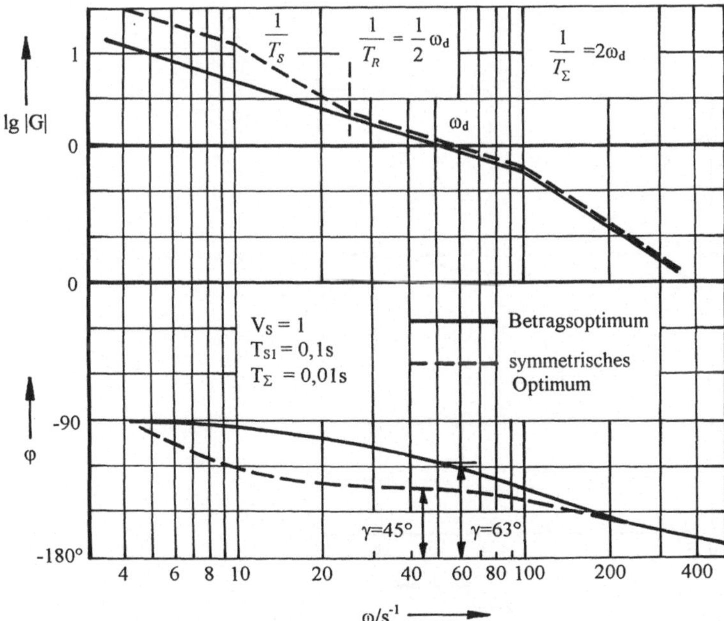

Abb. 6.12. Vergleich der Frequenzkennlinien für Betragsoptimum und symmetrisches Optimum

tudenkennlinie. Die Phasenreserve bei Durchtrittsfrequenz beträgt $\gamma = 63°$; im Falle des symmetrischen Optimums $\gamma = 45°$.

Der Unterschied zwischen Betragsoptimum und symmetrischem Optimum wird ebenfalls deutlich durch den Vergleich der Führungsübertragungsfunktion des geschlossenen Kreises (Abb. 6.13). Die Übertragungsfunktion einer betragsoptimal eingestellten Regelung ist gekennnzeichnet durch eine Anregelzeit

$$T_{\alpha\,\mathrm{bo}} = 5\,T_\Sigma \tag{6.24}$$

und eine Überschwingweite von etwa 5 %. Eine nach dem symmetrischen Optimum eingestellte Regelung hat bei einer sprungförmigen Änderung einer unverzögerten Führungsgröße W_1 eine Übergangsfunktion, die gekennzeichnet ist durch eine Anregelzeit

$$T_{\alpha\,\mathrm{bo}} = 3{,}1\,T_\Sigma \tag{6.25}$$

und eine Überschwingweite von 43 %. Das ergibt sich durch die im Vergleich zum Betragsoptimum höhere Kreisverstärkung für

$$\omega < \frac{1}{4T_\Sigma}$$

Praktisch kann ein so starkes Überschwingen meist nicht zugelassen werden. Wird dem nach dem symmetrischen Optimum eingestellten Regelkreis ein Verzögerungsglied

$$G_{R2} = \frac{1}{1+4T_\Sigma} \tag{6.26}$$

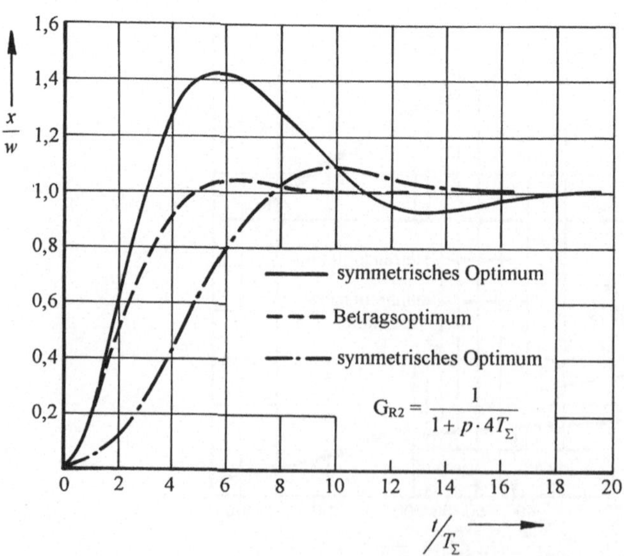

Abb. 6.13. Normierte Führungs-Übertragungsfunktion $x/w = f\left(t/T_\Sigma\right)$

vorgeschaltet, dann gelangt die sprungförmige Änderung der Führungsgröße w_2 verzögert auf den Reglereingang. Dadurch vermindert sich die Überschwingweite auf etwa 8 % und die Anregelzeit verlängert sich auf

$$T_{\alpha\,sv} = 7{,}5\ T_\Sigma \tag{6.27}$$

Mit dieser Übergangsfunktion kann praktisch gearbeitet werden.

Die Reglereinstellung nach dem Betragsoptimum ist günstig beim Vorhandensein von Führungsgrößen, die unverzögert auf den Reglereingang gelangen. Die Reglereinstellung nach dem symmetrischen Optimum ist günstig beim Vorhandensein von Führungsgrößen, die mindestens mit der Zeitkonstante $4T_\Sigma$ verzögert auf den Reglereingang gelangen.

Der Unterschied zwischen Betragsoptimum und symmetrischem Optimum wird auch charakterisiert durch den Vergleich der Störungsübergangsfunktionen (Abb. 6.14).

Bei Reglereinstellung nach dem Betragsoptimum werden verzögerte Störgrößen Z_2 nicht hinreichend unterdrückt.

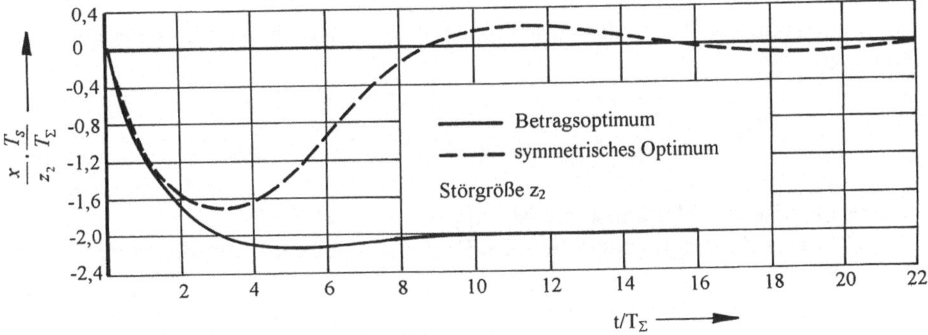

Abb. 6.14. Normierte Störungsübergangsfunktion

$$\frac{x}{z_2}\cdot\frac{T}{T_\Sigma} = f\left(\frac{t}{T_\Sigma}\right) \quad \text{für} \quad G_s(p) = \frac{1}{pT_s(1+pT_\Sigma)}$$

6.3.3 Lineare Optimierung der Kaskadenstruktur

Die Übertragungsfunktion einer inneren Schleife der Kaskadenstruktur nach Abb. 6.10. ist ein Glied der nächsten überlagerten Schleife. Aus dieser Tatsache lassen sich wichtige Gesetzmäßigkeiten der Kaskadenstruktur ableiten. Es wird vorausgesetzt, daß die Drehmomenteinprägung durch die Übertragungsfunktion

$$G_{gi} = \frac{m_M}{m_{Ms}} = \frac{1}{1+pT_i} \tag{6.28}$$

zusammenfassend beschrieben wird. Die "Ersatzzeitkonstante " T_i berücksichtigt die diskontinuierliche Arbeitsweise des Gleichrichters bzw. Wechselrichters sowie die Stromregelung und Steuerung der Flußverkettung. Sie liegt bei Gleichstromantrieben in Drehstrombrückenschaltung am 50-Hz-Netz bei 3,3 ms; bei Antrieben mit Pulsstellern bzw. Pulswechselrichtern bei 1 ms.

Der Drehzahlkreis nach Abb. 6.15 hat die Übertragungsfunktion

$$G_{s\omega} = \frac{1}{(1+pT_i)\cdot pT_M} \tag{6.29}$$

Der Kreis soll für unverzögerte Änderungen der Führungsgröße nach dem Betragsoptimum eingestellt werden. Es genügt ein P-Regler mit der Übertragungsfunktion

$$G_{R\omega} = \frac{pT_{R1}}{pT_{R0}} \tag{6.30}$$

$$\text{mit } T_{R1} = T_M;\ T_{R0} = 2\,T_i$$

Die Übertragungsfunktion des geschlossenen Drehzahlregelkreises berechnet sich daraus zu

$$G_{g\omega} = \frac{G_{s\omega}\cdot G_{R\omega}}{1+G_{s\omega}\cdot G_{R\omega}} = \frac{1}{1+p\cdot 2T_i(1+pT_i)} \approx \frac{1}{1+p\cdot 2T_i} \tag{6.31}$$

Die charakteristische Zeitkonstante ist doppelt so groß wie T_i

Die Störungsübertragungsfunktion des Drehzahlregelkreises für die Störgröße m_w ergibt sich zu

$$\frac{\omega_M}{-m_W} = \frac{(1+pT_i)}{pT_M(1+pT_i)+\frac{T_M}{T_{R0}}} \tag{6.32}$$

Im Grenzfall für $t \to \infty$ erhält man

$$\frac{\omega_M}{-m_W} = \frac{2T_i}{T_M} \qquad 6.33)$$

Durch Einführen eines I-Anteils in den Regler kann die Regelabweichung weiter verkleinert werden bis auf null.

Der Lageregelkreis umfaßt den geschlossenen Drehzahlregelkreis. Die Übertragungsfunktion der Regelstrecke ist

$$G_{sx} = \frac{1}{(1+p2T_i)\cdot pT_G} \tag{6.34}$$

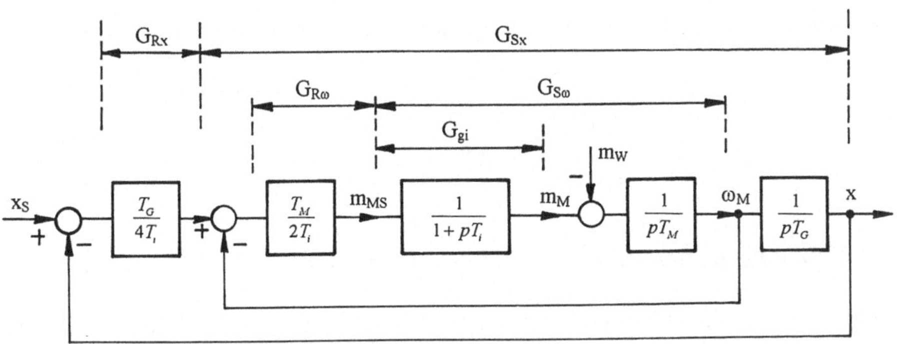

Abb. 6.15. Normierter Signalflußplan einer Lageregelung zur Untersuchung der Gesetzmäßigkeiten der Kaskadenstruktur

Für eine Führungsoptimierung für unverzögerte Eingangsgrößen genügt wieder ein P-Regler mit der Übertragungsfunktion

$$G_{\mathrm{Rx}} = \frac{pT_{\mathrm{R1}}}{pT_{\mathrm{R0}}} \tag{6.35}$$

$$\text{mit } T_{\mathrm{R1}} = T_{\mathrm{G1}};\ T_{\mathrm{R0}} = 4\ T$$

Die Übertragungsfunktion des geschlossenen Lageregelkreises berechnet sich daraus zu

$$G_{\mathrm{gx}} = \frac{G_{\mathrm{sx}} \cdot G_{\mathrm{Rx}}}{1 + G_{\mathrm{sX}} \cdot G_{\mathrm{Rx}}} = \frac{1}{1 + p4T_{\mathrm{i}}(1 + p2T_{\mathrm{i}})} \approx \frac{1}{1 + p4T_{\mathrm{i}}} \tag{6.36}$$

Die charakteristische Zeitkonstante ist wiederum doppelt so groß wie die des Lageregelkreises. Charakteristisch für Lageregelungen ist der Geschwindigkeitsfehler, d. h. die Abweichung der Regelgröße von der Führungsgröße bei rampenförmigem Verlauf nach unendlich langer Zeit. Mit der Führungsgröße $w(t) = \alpha t$ ergibt sich der Geschwindigkeitsfehler zu

$$\lim_{t \to \infty}\big(w(t) - x(t)\big) = \Delta x_{\alpha} = \alpha \cdot 4T_{\mathrm{i}} \tag{6.37}$$

Durch modifizierte Reglereinstellung sind hier noch Verbesserungen etwa um den Faktor 2 möglich. Grundsätzlich werden aber die Gütekenngrößen durch die Zeitkonstante T_{i} bestimmt, mit der die Drehmomenteinprägung erfolgt. Das gilt auch für die Drehmomentsteifigkeit des Lageregelkreises. Die Störungsübertragungsfunktion ist

$$\frac{X}{-m_{\mathrm{W}}} = \frac{\dfrac{1}{p^2 T_{\mathrm{M}} \cdot T_{\mathrm{G}}}}{1 + \dfrac{1 + p4T_{\mathrm{i}}}{p^2(1 + pT_{\mathrm{i}})(4 \cdot T_{\mathrm{i}} \cdot 2 \cdot T_{\mathrm{i}})}} = \frac{1}{p^2 T_{\mathrm{M}} \cdot T_{\mathrm{G}} + \dfrac{T_{\mathrm{M}} \cdot T_{\mathrm{G}}}{8T_{\mathrm{i}}^2} \cdot \dfrac{1 + p4T_{\mathrm{i}}}{1 + pT_{\mathrm{i}}}} \tag{6.38}$$

Die Drehmomentsteifigkeit ergibt sich für langsames Eingangssignal, d. h. für $p \to 0$ zu

$$\frac{m_W}{x} = -\frac{T_M \cdot T_G}{8T_i^2} \tag{6.39}$$

6.3.4 Führungsgrößen- und Störgrößenaufschaltung

Die Optimierung des Eigenverhaltens des Antriebs führt nicht zwangsläufig zu einem optimalen Führungs- und Störungsverhalten. Häufig werden Kompromißeinstellungen angewandt. Durch Aufschalten von Korrektursignalen im Sinne einer Vorwärtskorrektur wird es möglich, das Führungs- oder Störungsverhalten unabhängig vom Eigenverhalten des Systems zu beeinflussen. Die Führungsgrößenfilter G_{v1} und G_{v2} in Abb. 6.16 werden so eingestellt, daß Sie gemeinsam mit dem Regler ein inverses Modell der Regelstrecke bilden und im Idealfall bewirken, daß Führungsfehler völlig verschwinden. Ähnlich bewirkt das Kompensationssignal m_K über G_s eine möglichst weitgehende Kompensation der Störgröße.

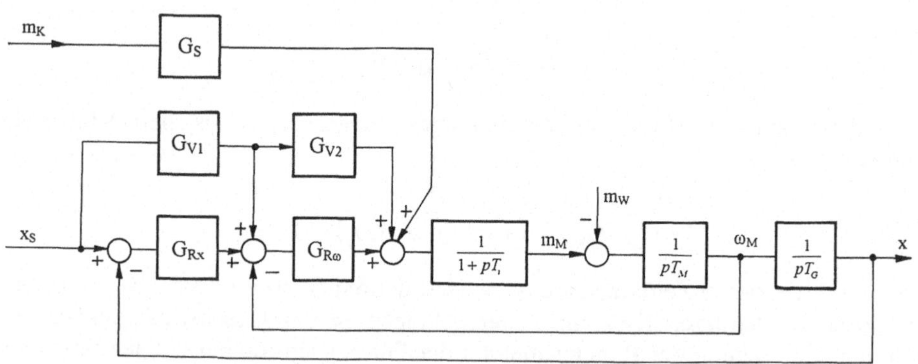

Abb. 6.16. Kaskadenstruktur mit Führungsmodell (Modellfolgeregelung) und Störgrößenaufschaltung

6.3.5 Optimale Steuerung der Einzelbewegung

Der Ablauf der Bewegung ist so zu steuern, daß ein vorgegebenes Optimalitätskriterium unter Berücksichtigung systemeigener Begrenzungen erfüllt wird. Optimalitätskriterien können sein:

- kürzestmögliche Verstellzeit
- minimale Verluste
- minimale mechanische Beanspruchung
- aperiodischer Verlauf

Begrenzungen, die eingehalten werden müssen sind:

- Begrenzung der Drehzahl des Antriebs, technisch meist durch eine Begrenzung der Ständerspannung und der Ständerfrequenz realisiert
- Begrenzung des Motorstromes, des Motormoments und der Beschleunigung, technisch meist durch Begrenzung des Stromsollwertes realisiert.
- Begrenzung des Rucks, technisch meist durch eine Begrenzung der Stromanstiegsgeschwindigkeit realisiert.
- Begrenzung der Übertemperatur der Wicklungen und der Ventile.

Ein typischer Bewegungsablauf ist in Abb. 6.17 gezeigt. Die genannten Begrenzungen lösen sich in ihrer Wirksamkeit ab.

$$t_1\text{: Ruckbegrenzung; } b = \frac{da}{dt} = konst.$$

$$t_2\text{: Beschleunigungsbegrenzung: } a = \frac{dv}{dt} = konst.$$

$$t_3\text{: Ruckbegrenzung, } b = \frac{da}{dt} = konst.$$

$$t_4\text{: Geschwindigkeitsbegrenzung:} v = \frac{dx}{dt} = konst.$$

$$t_5\text{: Ruckbegrenzung; } b = \frac{da}{dt} = konst.$$

$$t_6\text{: Beschleunigungsbegrenzung: } a = \frac{dv}{dt} = konst.$$

$$t_7\text{: Ruckbegrenzung; } b = \frac{da}{dt} = konst.$$

In Antrieben, die nach der klassischen Kaskadenstruktur nach Abb. 6.10 arbeiten, wird die geforderte Begrenzung durch Begrenzung der entsprechenden Führungsgröße gewährleistet. In rechnergesteuerten Antrieben ist es Aufgabe des Führungsgrößenrechners, die Führungsgrößen des Antriebs nach vorgegebenen Zeitinformationen so zu berechnen, daß die systemeigenen Begrenzungen gut ausgenutzt, aber nicht überschritten werden. In Abb. 6.18 wird die Grundstruktur erläutert. Der Führungsgrößenrechner berechnet die Führungsgrößen $x_s(t)$; $v_s(t)$; $a_s(t)$ in Abhängigkeit von externen Leitinformationen, vom aktuellen Prozeßzustand und unter Beachtung von Optimalitätskriterien. Diese Kaskadenstruktur mit Führungsgrößenaufschaltung ermöglicht eine optimale Bahnsteuerung. Für Punkt-zu-Punkt-Steuerungen bei denen der Bahnverlauf vom untergeordneter Bedeutung ist, finden einfachere Strukturen Anwendung.

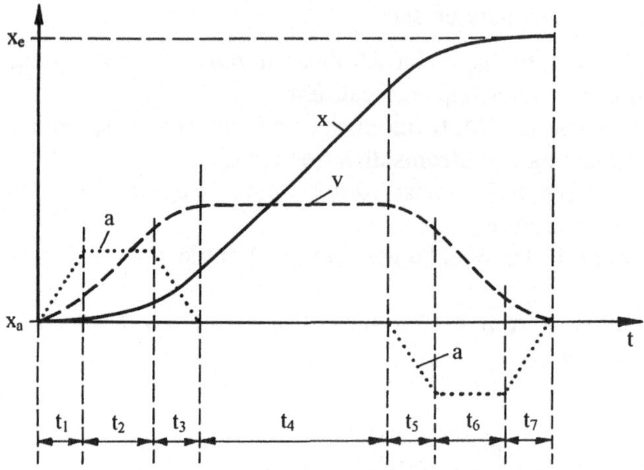

Abb. 6.17. Bewegungsablauf eines Stellantriebs
x: Weg
v: Geschwindigkeit
a: Beschleunigung
b: Ruck

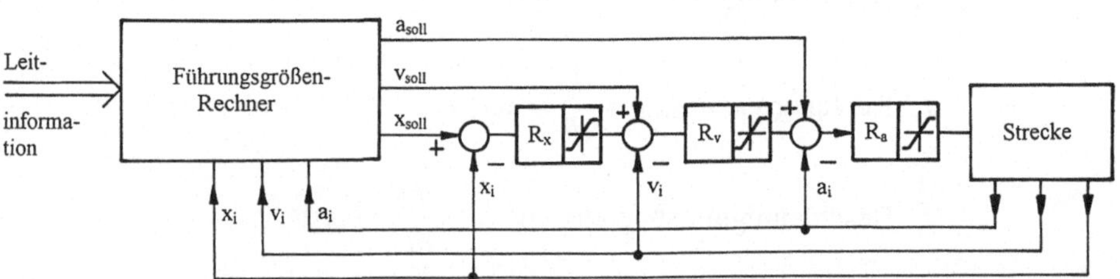

Abb.6.18. Führungsgrößensteuerung eines Antriebs mit Begrenzung der Geschwindigkeit und der Beschleunigung
R_x: Lageregler
R_v: Geschwindigkeitsregler
R_a: Beschleunigungsregler

Die genannten unterschiedlichen Optimalitätskriterien führen auf unterschiedliche Steuergesetze. Tafel 6.5 gibt dazu eine vergleichende Übersicht. Mit Rücksicht auf die Beanspruchung der Getriebe wird in vielen Anwendungen eine Steuerung entsprechend der Bestehorn-Sinoide bevorzugt. Dieses Steuergesetz ist bereits aus der klassischen Mechanismentechnik bekannt und kann heute mit elektronischen Mitteln gut verwirklicht werden.

Tafel 6.5 Steuergesetze für Stellantriebe

a, v, s, Δx, T	a, v, s, Δx, T	a, v, s, Δx, T	a, v, s, t_{23}, Δx, T	a, v, s, Δx, T	a, v, s, Δx, T
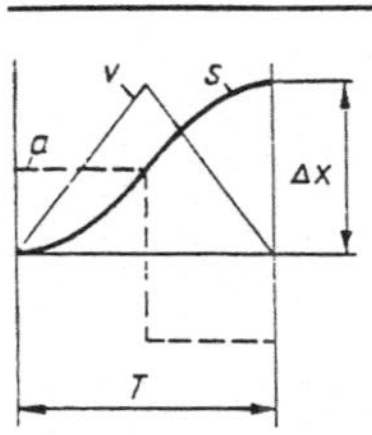 $\frac{a_{max}}{a_1} = 1$ $\frac{Q}{Q_1} = 1$ $\frac{da}{dt/max} = \infty$ $\frac{V_{max}}{V_1} = 1$	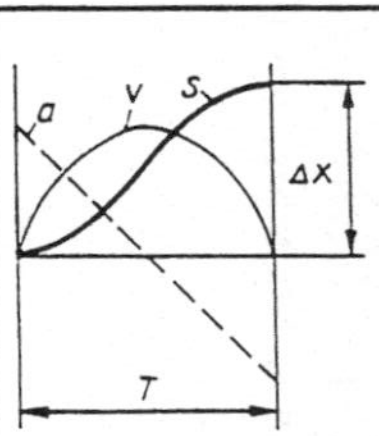 $\frac{a_{max}}{a_1} = 1{,}5$ $\frac{Q}{Q_1} = 0{,}75$ $\frac{da}{dt/max} = \infty$ $\frac{V_{max}}{V_1} = 0{,}75$	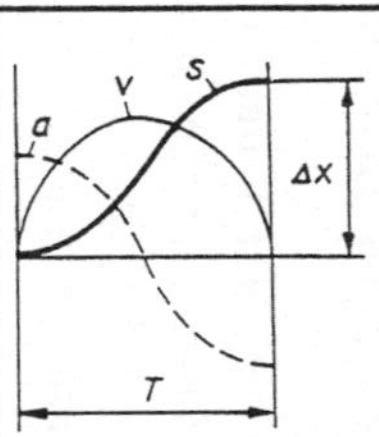 $\frac{a_{max}}{a_1} = 1{,}23$ $\frac{Q}{Q_1} = 0{,}85$ $\frac{da}{dt/max} = \infty$ $\frac{V_{max}}{V_1} = 0{,}78$	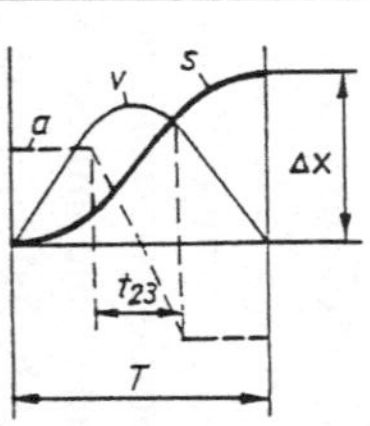 $\frac{a_{max}}{a_1} = 1{,}05$ $\frac{Q}{Q_1} = 0{,}82$ $\frac{da}{dt/max} = \infty$ $\frac{V_{max}}{V_1} = 0{,}85$	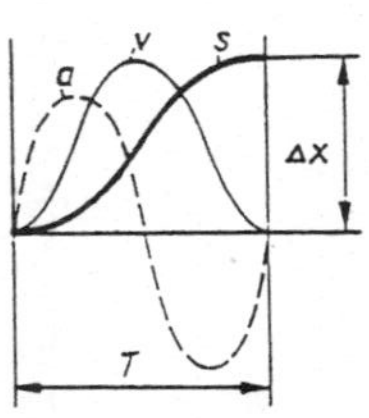 $\frac{a_{max}}{a_1} = 1{,}57$ $\frac{Q}{Q_1} = 1{,}23$ $\frac{da}{dt/max} =$ endlich $\frac{V_{max}}{V_1} = 1$	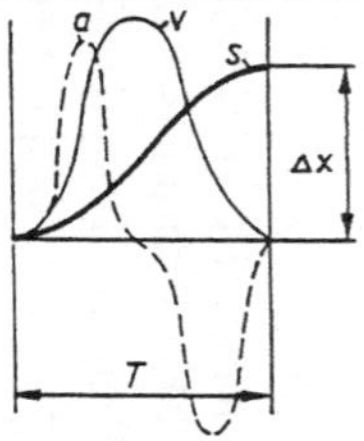 $\frac{a_{max}}{a_1} = 2{,}31$ $\frac{d^2a}{dt^2/max} =$ endlich $\frac{V_{max}}{V_1} = 1{,}23$
zeitoptimal bei gegebenem a_{max} und V_{max}	verlustoptimal	harmonische Sinoide, Kompromiß zwischen ① und ②	Trapezverlauf, ähnlich ③	Bestehornsinoide	Biharmonische

6.4 Integrierte Antriebe

Elektrische Antriebe sind als eine integrierte Funktionseinheit zu verstehen, die autonom arbeitsfähig ist und über Energieschnittstellen und Informationsschnittstellen mit der Umgebung zusammenarbeitet. Abb. 6.19. Neben der Hauptbewegung werden gegebenenfalls auch Hilfsbewegungen erzeugt, die der Hauptbewegung funktionell zugeordnet sind.

Der integrierte Einzelantrieb umfaßt drei Funktionen:

1. Die Funktion der elektromechanischen Energiewandlung
2. Die Funktion der Leistungssteuerung und
3. Die Funktion der Signalverarbeitung

Für die Gesamtheit dieser drei Funktionen hat sich der Begriff Mechatronik eingeführt.

Fortschritte im Bereich der elektromechanischen Energiewandlung und Übertragung ergeben sich durch den Einsatz von Direktantrieben für spezielle Anwendungen. Getriebe, Getriebeverluste, mechanische Schwingungen, Lärmquellen werden so vermieden. Auf dem Gebiet der Bewegungssensoren wurden wesentliche Fortschritte erzielt. Integrierte Schaltkreise stehen zur Verfügung, die auf der Grundlage von Interpolationsverfahren hochaufgelöste Gebersignale liefern. Von großer Bedeutung aus Kosten- und Robustheitsgründen sind jedoch auch Methoden des sensorlosen Betriebs.

Fortschritte im Bereich der Leistungssteuerung ergeben sich durch den Einsatz von Wechselrichtern auf der Basis von IGBT-Ventilen mit Pulsfrequenzen über der Hörgrenze, durch Einführen von Methoden des verlustarmen Schaltens sowie durch den Übergang zum Einsatz intelligenter Power-Module mit integrierter Schutzfunktion.

Fortschritte im Bereich der Signalverarbeitung ergeben sich durch den Einsatz von Controller-Schaltkreisen, nötigenfalls ergänzt durch einen Signalprozessor zur

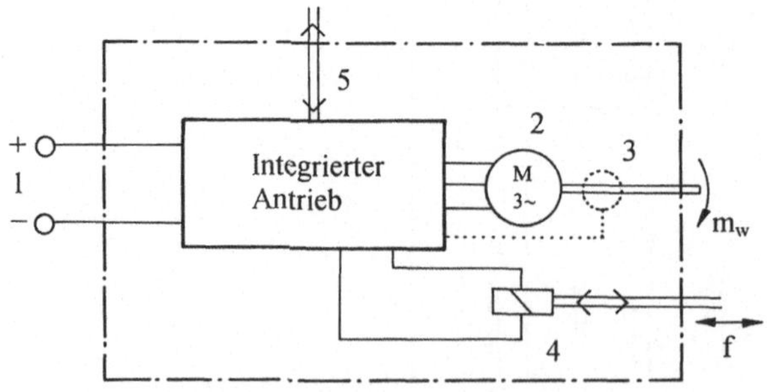

1 Energieeinspeisung (z. B. aus Gleichspannungsnetz)
2 Elektro-mechanische Wandler
3 Bewegungssensor (entfällt bei sensorlosem Betrieb)
4 Hilfsbewegung (z. B. Bremse)
5 Bus-Kommunikation

Abb. 6.19. Integrierter Einzelantrieb, Schnittstellen zur Umgebung

schnellen Abarbeitung von Filteralgorithmen. Der Funktionsumfang der Signalverarbeitung geht über den klassischen Regler wesentlich hinaus. Er umfaßt:

- Drehzahl- und Lageregelung mit Aufschaltung der Führungsgrößen zur Minimierung des Nachlauffehlers und mit Aufschaltung der Störgrößen zur Minimierung der Regelabweichung und zur Entkopplung gegenüber benachbarten Antrieben.
- Sensorlose Drehzahl- und Lageerfassung einschließlich von Maßnahmen zur Unterdrückung von dadurch bedingten Fehlern
- Interpolation von Führungsgrößen
- Selbstinbetriebnahme und Adaption
- Zustandsbeobachtung und Steuerung des Antriebs an den Grenzen des zulässigen Arbeitsbereichs (Drehmoment, Beschleunigung, Wicklungstemperatur des Motors, Sperrschichttemperatur der Halbleiter).(Abb. 6.20)

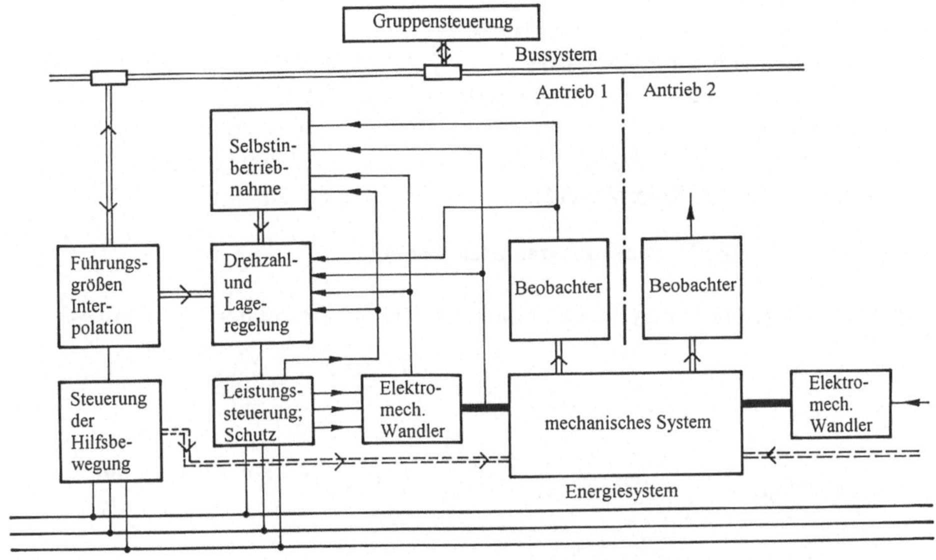

Abb. 6.20. Funktionsumfang der Signalverarbeitung eines integrierten Einzelantriebs

Beispiel 6.1 Kontinuierliche Drehzahl- und Lageregelung

Ein Maschinentisch soll mit definierter Genauigkeit positioniert werden. Dazu ist ein drehzahlgeregelter Gleichstrommotor mit überlagerter Lageregelung vorgesehen. Als Stellglied dient ein Transistorpulssteller (TPS) mit schneller Zweipunkt-Stromregelung. (Abb. 6.21)

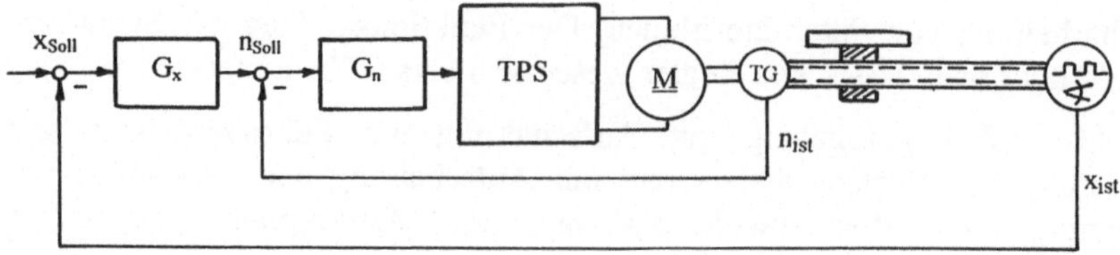

Abb. 6.21. Antrieb mit Drehzahl- und Lageregelung

Folgende technische Daten sind bekannt:

Motor: Typ RSM 60-2

Maximale Vorschubgeschwindigkeit:	$\left.\frac{dx}{dt}\right\|_{max} = 200 \text{ mm / s}$
Trägheitsmoment der mechanischen Anordnung:	$J = 55$ kgcm²
Maximaler Verfahrweg:	0,4 m
Durch Messung gewonnene Zeitkonstante T_i des geschlossenen Stromregelkreises	$G_{gi} \approx V_i/(1+pT_i)$ mit $T_i = 3$ ms
Pegelbereich der analogen Regelelektronik	± 10 V
Tachogenerator	$V_T = 10$ V/4000 min⁻¹
Drehzahlproportionale Reibung	$k_p = 8 * 10^{-4}$ Nm/min⁻¹
Konstanter Anteil des Reibmomentes	$M_R \approx 0{,}25$ Nm

Zunächst werden die Verstärkungsfaktoren bestimmt

Lagemeßgliedverstärkung (Bei Definition des Nullpunktes in der Mitte des Arbeitsbereiches):

$$V_x = \frac{10 \text{ V} \cdot 2}{0{,}4 \text{ m}} = 50 \frac{\text{mV}}{\text{mm}}$$

Spindelsteigung:

$$V_{Sp} = \frac{V_{max}}{n_{max}} = \frac{200 \text{ mm} \cdot 60 \text{ s}}{s \cdot 4000 \text{ U}} = 3 \frac{\text{mm}}{\text{U}}$$

Verstärkung V_i von G_{gi}:

$$V_i = \frac{65 \text{ A}}{10 \text{ V}} = 6{,}5 \frac{\text{A}}{\text{V}}$$

Der vollständige Signalflußplan ist in Abb. 6.22 dargestellt. Durch Einführen der zusammengefaßten Übertragungsfunktion

$$G_{AP} = \frac{n}{m - m_W} = \frac{\frac{1}{p \cdot 2\pi J}}{1 + \frac{k_p}{p \cdot 2\pi J}} = \frac{\frac{1}{k_p}}{1 + p \cdot \frac{2\pi J}{k_p}} = \frac{\frac{1}{k_p}}{1 + pT_M}$$

ergibt sich Abb. 6.23

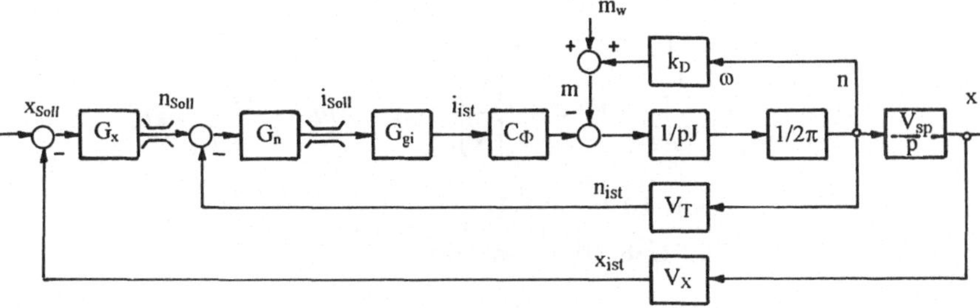

Abb. 6.22. Vollständiger Signalflußplan, nicht normiert

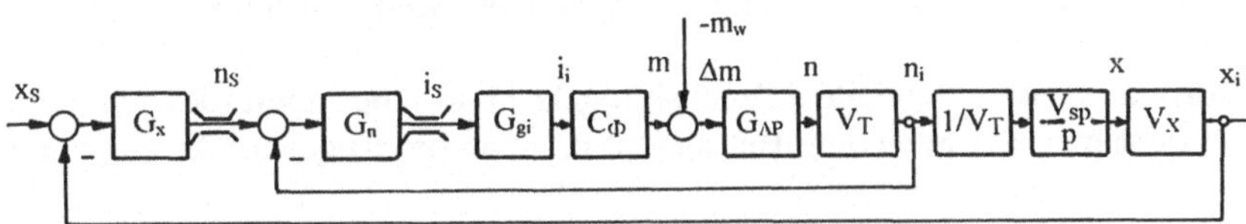

Abb. 6.23. Zusammengefaßter Signalflußplan, nicht normiert

Die Signale werden auf die Maßeinheiten der physikalischen Größen normiert, dabei werden Zeitkonstanten eingeführt. Die normierten Signale werden zur Deutlichkeit vorübergehend mit * gekennzeichnet.

a,

$$n_\mathrm{i} \cdot \frac{[V]}{[V]} \cdot \frac{1}{V_\mathrm{T}} \cdot \frac{V_\mathrm{Sp}}{p} \cdot V_\mathrm{x} = x_\mathrm{i} \cdot \frac{[V]}{[V]} \quad \Rightarrow \quad n_\mathrm{i}^* \cdot \frac{1}{pT_\mathrm{L}} = x_\mathrm{i}^*$$

mit
$$T_\mathrm{L} = \frac{V_\mathrm{T}}{V_\mathrm{Sp} \cdot V_\mathrm{x}} = \frac{10\ \mathrm{V} \cdot 60\ \mathrm{s} \cdot \mathrm{U} \cdot \mathrm{mm}}{4000\ \mathrm{U} \cdot 3\ \mathrm{mm} \cdot 50\ \mathrm{mV}} = 1\ \mathrm{s}$$

b,

$$i_\mathrm{s} \cdot \frac{[V]}{[V]} \cdot \frac{V_\mathrm{i}}{1+pT_\mathrm{i}} \cdot \frac{M_\mathrm{N} + M_\mathrm{R}}{I_\mathrm{N}} = m \cdot \frac{[\mathrm{Nm}]}{[\mathrm{Nm}]} \quad \Rightarrow \quad i_\mathrm{s}^* \cdot \frac{V_\mathrm{S1}}{1+pT_\mathrm{i}} = m^*$$

mit
$$V_\mathrm{S1} = \frac{1\mathrm{V} \cdot V_\mathrm{i} \cdot (M_\mathrm{N} + M_\mathrm{R})}{1\ \mathrm{Nm} \cdot I_\mathrm{N}} = \frac{1\mathrm{V} \cdot 6{,}5\ \mathrm{A} \cdot (3{,}5\ +\ 0{,}25)\mathrm{Nm}}{1\ \mathrm{Nm} \cdot \mathrm{V} \cdot 7\ \mathrm{A}} = 3{,}48$$

c,

$$\Delta m \cdot \frac{[\mathrm{Nm}]}{[\mathrm{Nm}]} \cdot \frac{\frac{1}{k_\mathrm{p}}}{1+pT_\mathrm{M}} \cdot V_\mathrm{T} = n_\mathrm{i} \cdot \frac{[\mathrm{V}]}{[\mathrm{V}]} \quad \Rightarrow \quad \Delta m^* \cdot \frac{V_\mathrm{S2}}{1+pT_\mathrm{M}} = n_\mathrm{i}^*$$

$$V_\mathrm{S2} = \frac{1\ \mathrm{Nm} \cdot 10\ \mathrm{V} \cdot 60\ \mathrm{s} \cdot \mathrm{U}}{1\mathrm{V} \cdot 4000\ \mathrm{U} \cdot 8 \cdot 10^{-4} \cdot \mathrm{Nm} \cdot 60\ \mathrm{s}} = 3{,}125$$

$$T_\mathrm{M} = \frac{2\pi J}{k_\mathrm{p}} = \frac{2\pi \cdot 95\ \mathrm{kgcm}^2}{8 \cdot 10^{-4}\,\mathrm{Nm} \cdot 60\ \mathrm{s}} \cdot \frac{10^4\,\mathrm{s}}{10^4\,\mathrm{s}} = 1{,}24\,\mathrm{s}$$

Der normierte Signalflußplan ist in Abb. 6.24 dargestellt. Die Regelstrecke wird durch die Verstärkungsfaktoren V_S1 und V_S2 sowie die Zeitkonstanten T_i; T_m; T_L charakterisiert.

Zunächst wird die innere Schleife (Drehzahlregelschleife) optimiert. Es wird ein PI-Regler vorgesehen, der nach dem Betragsoptimum an die Regelstrecke angepaßt wird.

$$G_\mathrm{n} = \frac{1+pT_\mathrm{RD}}{pT_\mathrm{0D}} \quad \text{mit} \quad T_\mathrm{RD} = T_\mathrm{M} = 1{,}24\ \mathrm{s};\ T_\mathrm{0D} = 2 \cdot V_\mathrm{S1} \cdot V_\mathrm{S2} \cdot T_\mathrm{i} = 65\ \mathrm{ms}$$

$$G_\mathrm{0D} = \frac{V_\mathrm{S1} \cdot V_\mathrm{S2}}{p(2V_\mathrm{S1}V_\mathrm{S2}T_\mathrm{i})(1+pT_\mathrm{i})} = \frac{1}{p2T_\mathrm{i}(1+pT_\mathrm{i})} = \frac{Z_\mathrm{0D}}{N_\mathrm{0D}}$$

$$G_\mathrm{gD} = \frac{G_\mathrm{oD}}{1+G_\mathrm{oD}} = \frac{Z_\mathrm{0D}}{Z_\mathrm{0D}+N_\mathrm{0D}} = \frac{1}{1+p2T_\mathrm{i}(1+pT_\mathrm{i})} \approx \frac{1}{1+p2T_\mathrm{i}}$$

Der Regler wird als beschalteter Operationsverstärker realisiert (Abb. 6.25)

$$G_\mathrm{n} = \frac{T_\mathrm{RD}}{T_\mathrm{0D}} \cdot \left(1 + \frac{1}{pT_\mathrm{RD}}\right)$$

$$K_\mathrm{p} = \frac{T_\mathrm{RD}}{T_\mathrm{0D}} = \frac{R_2}{R_1} \quad ; \quad T_\mathrm{RD} = C \cdot R_2$$

$$R_2 = K_\mathrm{p} \cdot R_1 = \frac{T_\mathrm{RD}}{T_\mathrm{0D}} \cdot R_1 = 19 \cdot R_1 \quad ; \quad C = \frac{T_\mathrm{RD}}{R_2} = \frac{T_\mathrm{0D}}{R_1} = \frac{65\ \mathrm{ms}}{20\ \mathrm{k\Omega}}$$

$$\underline{R_2 = 380\ \mathrm{k\Omega}} \qquad \qquad \underline{C = 3{,}3\,\mu\mathrm{F}}$$

$$K_\mathrm{p} = \frac{T_\mathrm{RD}}{T_\mathrm{0D}} = \frac{T_\mathrm{M}}{2V_\mathrm{S1}V_\mathrm{S2}T_\mathrm{i}} = \frac{2\pi \cdot J \cdot 1\ \mathrm{Nm} \cdot I_\mathrm{N} \cdot 1\mathrm{V} \cdot k_\mathrm{p}}{k_\mathrm{p} \cdot 2 \cdot 1\mathrm{V} \cdot V_\mathrm{i} \cdot (M_\mathrm{N}+M_\mathrm{R}) \cdot 1\mathrm{Nm} \cdot V_\mathrm{T} T_\mathrm{i}} = \frac{\pi \cdot J \cdot I_\mathrm{N}}{T_\mathrm{i} \cdot V_\mathrm{i} \cdot V_\mathrm{T} \cdot (M_\mathrm{N}+M_\mathrm{R})}$$

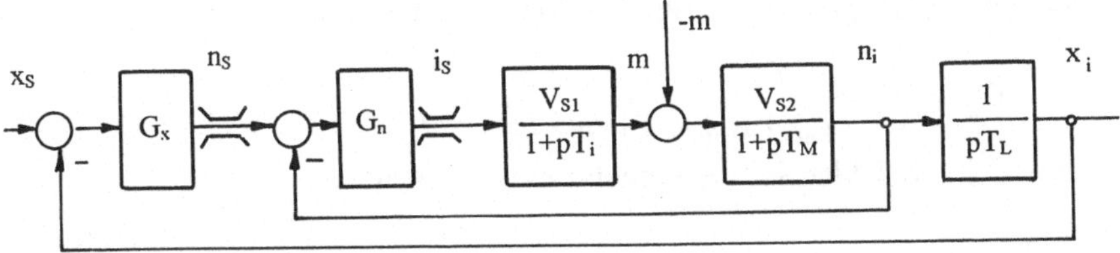

Abb. 6.24. Zusammengefaßer Signalflußplan, normiert

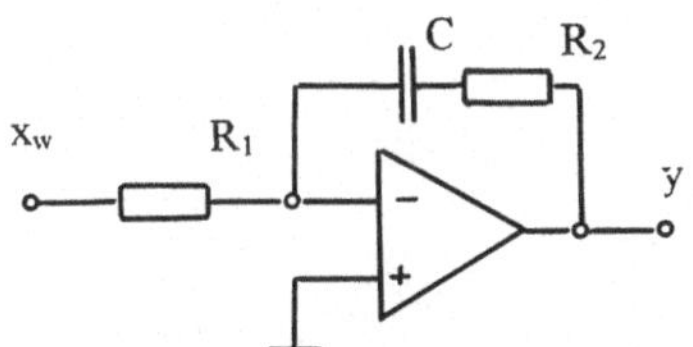

Abb. 6.25. Beschalteter Operationsverstärker

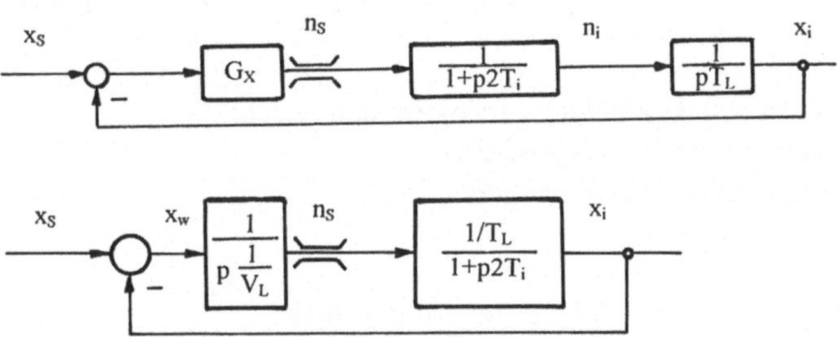

Abb. 6.26. Zur Zusammenfassung des Lageregelkreises

Der Lageregelkreis umfaßt den geschlossenen Drehzahlregelkreis als ein Glied. Der Signalflußplan nach Abb. 6.26a kann zur Optimierung umgeordnet werden (Abb. 6.26b). Dabei wird für die Lageregelschleife ein P-Regler vorausgesetzt. Es ist

$$G_x = V_L$$

Für einen I-Regler gilt bei Optimierung nach dem Betragsoptimum für unverzögerte Eingangsgrößen: $T_0 = 2V_s T_\Sigma$

also folgt $\quad \dfrac{1}{V_L} = 2 \cdot \dfrac{1}{T_L} \cdot (2T_i) \quad \rightarrow \quad V_L = \dfrac{T_L}{4T_i} = 83$

Der geschlossene Lageregelkreis hat die Übertragungsfunktion

$$G_{\mathrm{gL}} = \frac{x_\mathrm{i}}{x_\mathrm{s}} = \frac{Z_{0\mathrm{L}}}{Z_{0\mathrm{L}} + N_{0\mathrm{L}}} = \frac{1}{1 + p4T_\mathrm{i}(1 + p2T_\mathrm{i})}$$

Daraus lassen sich die Fehler des Lageregelkreises ableiten:

a, Positionierfehler

$$x_\mathrm{w} = x_\mathrm{s} - x_\mathrm{i} = x_\mathrm{s}(1 - G_{\mathrm{gL}})$$

$$\lim_{p\to 0} p \cdot x_\mathrm{W}(p) = \lim_{p\to 0} p \cdot \frac{\Delta x_\mathrm{s}}{p}\left(\frac{p4T_\mathrm{i}(1+p2T_\mathrm{i})}{1+p4T(1+p2T_\mathrm{i})}\right) = 0$$

b, Geschwindigkeitsfehler bei maximaler Vorschubgeschwindigkeit

$$\lim_{p\to 0} p \cdot \frac{200\frac{\mathrm{mm}}{\mathrm{s}}}{p^2} \cdot \left(\frac{p4T_\mathrm{i}(1+p2T_\mathrm{i})}{1+p4T(1+p2T_\mathrm{i})}\right) = \frac{200\mathrm{mm} \cdot 4 \cdot 3\mathrm{ms}}{\mathrm{s}} = 2{,}4\mathrm{mm}$$

Ein Positionierantrieb darf einen Geschwindigkeitsfehler, jedoch keinen Positionierfehler aufweisen. Das Ziel besteht in maximaler Schnelligkeit bei kleiner Ausregelzeit.

Ein strukturbedingter Geschwindigkeitsfehler verringert sich durch:

- schnellere Lagereglereinstellung (V_L vergrößern)
- schnellere Stromreglereinstellung (T_i verringern)
- kleinere Vorschubgeschwindigkeit

Dabei ist jedoch die Beeinflussung der Ausregelzeit zu beachten.

Beispiel 6.2 Diskontinuierliche Drehzahl- und Lageregelung

Gegeben ist die in Abb. 6.27 dargestellte Blockstruktur einer digitalen Kaskadenregelung für Strom- und Drehzahl eines elektrischen Antriebs. Diese Struktur ist bereits vereinfacht, um Berechnungen von Hand zu ermöglichen.

R1:	Digitaler PI-Stromregler;	$G_{R1} = V_{R1} * (1+d_1 e^{-pT})/(1-e^{-pt})$
R2:	Digitaler P-Drehzahlregler	$G_{R2} = V_{R2}$
S0:	Stellgliedmodell	Abtaster (T), Totzeit (T_t=T), Verstärkung (V_{St} * T=2T)
S1:	Kontinuierliche Teilstrecke 1:	Verzögerungsglied $G_{S1} = 1/(1+pT_A)$ mit $T_A = 3$ T
S2:	Kontinuierliche Teilstrecke 2:	Ideales Integrierglied $G_{S2} = 1/pT_0$ mit $T_0 = 10$ T
T:	Abtastzeit	T = 1 ms

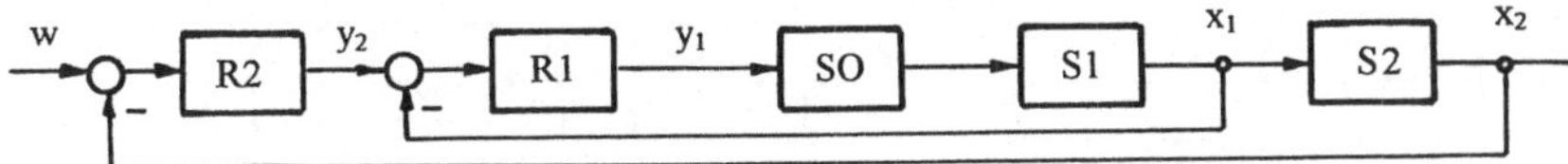

Abb. 6.27. Signalflußplan einer digitalen Strom- und Drehzahlregelung

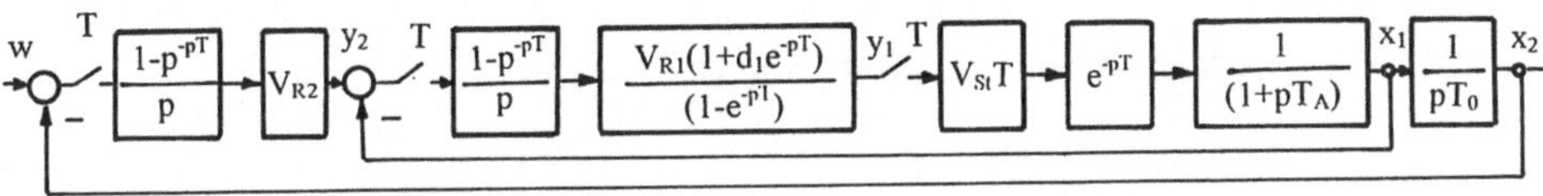

Abb. 6.28. Signalflußplan der digitalen Strom- und Drehzahlregelung im Laplace-Bereich

Zunächst wird der Signalflußplan der digitalen Kaskadenregelung im Laplace-Bereich gezeichnet (Abb. 6.28). Der Signalflußplan enthält einige Vereinfachungen:

- Vernachlässigung der Meßgliedübertragungsfunktiuon für Strom und Drehzahl (Glättungszeitkonstanten, Mittelwertmessung etc.)
- Stellgliedmodell mit konstanter Totzeit bzw. mit Totzeit=Abtastzeit
- Vernachlässigung von Coulombscher (trockener) Reibung und geschwindigkeitsproportionaler Reibung
- Nur Proportionalregler für Drehzahl
- Keine EMK-Rückwirkung
- Keine schwingungsfähige Mechanik
- Vernachlässigung der Rechenzeit
- Konstante Struktur der Stromregelstrecke (bei nichtkontinuierlichem Stromfluß (sog. Lückbereich) ändert sich z. B. die Streckenstruktur bei Gleichstromantrieben)
- Gleiche Abtastzeit für beide Regler

Die ursprünglich durch diskontinuierliche Messung im Rückführzweig vorhandenen Abtasthalteglieder dürfen über die Mischstelle geschoben werden, wenn der zugehörige Sollwert mit gleicher Frequenz abgetastet betrachtet werden darf (beachte: Unterschied zwischen diskontinuierlicher und kontinuierlicher Ausführung des Regelalgorithmus).

Zunächst wir die Stromregelstrecke im z-Bereich berechnet. Dabei ist zu beachten, daß alle kontinuierlichen Übertragungsglieder zusammengefaßt und gemeinsam in den z-Bereich übertragen werden. Der Regler selbst wird durch Differenzengleichungen beschrieben, stellt also ein diskontinuierliches Übertragungsglied dar.

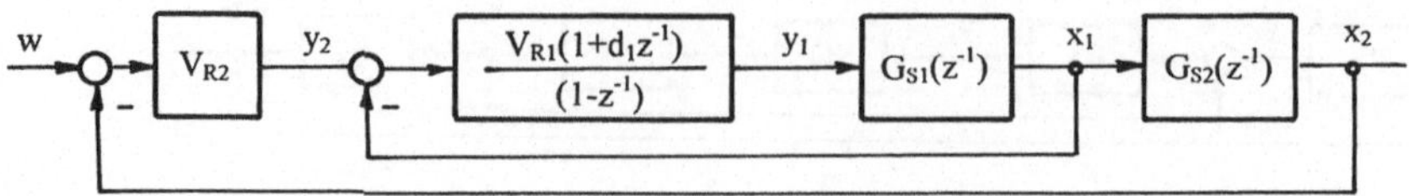

Abb. 6.29. Signalflußplan der digitalen Strom- und Drehzahlregelung im z-Bereich.

Offener Kreis: $G_{0i}(z^{-1}) = G_{R1}(z^{-1}) \cdot G_{S1}(z^{-1})$

$$G_{S1}(z^{-1}) = Z\left\{\frac{1-e^{-pT}}{p}\right\} \cdot Z\left\{V_{St} \cdot T \cdot e^{-pT} \cdot \frac{1}{1+pT_A}\right\}$$

$$G_{S1}(z^{-1}) = \underbrace{(1-z^{-1})Z\left\{\frac{1}{p}\right\}}_{=1} \cdot V_{St}\frac{T}{T_A}z^{-1} \cdot Z\left\{\frac{1}{1+\frac{1}{T_A}}\right\} = V_{Z1}\frac{1}{1+m_{11}z^{-1}}z^{-kt1}$$

$$\text{mit } V_{Z1} = V_{St} \cdot a; \quad m_{11} = -e^{-a}; \quad a = \frac{T}{T_A}; \quad k_{t1} = 1$$

Die z-Transformierte eines Haltegliedes ergibt "1".

Der Stromregler wird als digitaler PI-Regler vorausgesetzt und hat die Übertragungsfunktion

$$G_{R1}(z^{-1}) = \frac{V_{R1}(1+d_1 z^{-1})}{(1-z^{-1})}$$

Für den offenen Kreis im z-Bereich gilt

$$G_R(z^{-1}) \cdot G_S(z^{-1}) = \frac{V_R \cdot Z_R(z^{-1})}{(1-\alpha z^{-1})} \cdot \frac{V_Z \cdot Z_S(z^{-1})}{N_S(z^{-1})} z^{-Kr} \quad \text{mit } \alpha = -1$$

Zur Optimierung digitaler Regelkreise läßt sich ein "Digitales Betragsoptimum" angeben: [6.9]
Vorausgesetzt wird ein Regler der Form

$$G_R = \frac{V_R \cdot Z_R(z^{-1})}{(1-z^{-1})} \qquad \text{mit } Z_R(z^{-1}) = 1 + d_1 \cdot z^{-1} + \ldots$$

an einer Strecke der Form

$$G_S = \frac{V_Z \cdot Z_S(z^{-1})}{N_S(z^{-1})} \quad \text{mit } Z_S(z^{-1}) = 1 + n_1 \cdot z^{-1} + \ldots\ n_N \cdot z^{-n}$$

$$N_S(z^{-1}) = 1 + m_1 \cdot z^{-1} + \ldots$$

Wie im Falle der Optimierung kontinuierlicher Systeme wird zunächst eine Kompensation des Nennerpolynoms $N_s(z^{-1})$ durch das Zählerpolynom des Reglers $Z_R(z^{-1})$ gefordert.

$$Z_R(z^{-1}) = N_s(z^{-1})$$

Die verbleibende Übertragungsfunktion des offenen Kreises $G_0(z^{-1})$ enthält in der Regel einen I-Anteil und eine einfache Totzeit (k_t=1) oder zweifache Totzeit (k_t=2). Für den Verstärkungsfaktor des Reglers gilt

$$k_t = 1{:}\quad V_R = \frac{1}{V_Z(1 + 3n_1 + 5n_2 + \ldots)} = \frac{1}{V_Z\left[1 + \sum\limits_{x=1}^{N}(2x+1)\cdot n_x\right]}$$

$$k_t = 2{:}\quad V_R = \frac{1}{V_Z(3 + 5n_1 + 7n_2 + \ldots)} = \frac{1}{V_Z\left[3 + \sum\limits_{x=1}^{N}(2x+3)\cdot n_x\right]}$$

Bei Kompensation des Nennerpolynoms $N_s(z^{-1})$ durch das Zählerpolynom des Reglers $Z_R(z^{-1})$ gilt für den digitalen Stromregelkreis

$$d_1 = m_{11} = -e^{-a} = -0{,}717$$

$$V_{R1} = \frac{1}{V_{Z1}} = \frac{T_A}{V_{St} \cdot T} = 1{,}5$$

Mit dem optimierten Regler ist das Verhalten des offenen inneren Kreises festgelegt zu:

$$G_{01} = \frac{\frac{T_A}{V_{St} \cdot T}\left(1 - e^{-a} \cdot z^{-1}\right)}{1 - z^{-1}} \cdot V_{St} \cdot \frac{T}{T_A} \cdot \frac{z^{-1}}{1 - e^{-a} z^{-1}} = \frac{z^{-1}}{1 - z^{-1}}$$

Für den geschlossenen inneren Kreis berechnet sich:

$$G_{gi} = \frac{G_{0i}}{1 + G_{0i}} = \frac{Z_{0i}}{N_{0i} + Z_{0i}} = z^{-1} = \frac{1}{z}$$

Der geschlossenen innere Kreis besitzt einen Pol bei $z = 0$, also im Koordinatenursprung. Der Istwert folgt somit dem Sollwert überschwingungsfrei, verzögert um einen Abtastschritt. (Dead-Beat-Antwort)

Offener Kreis der äußeren Regelschleife (Näherung):

Bei einem Modell, das den gesamten geschlossenen inneren Kreis durch $G_{gi} = z^{-1}$ ersetzt, wird der nachfolgende kontinuierliche Streckenanteil S_2 mit einer Treppenfunktion beaufschlagt, da ein Differenzengleichungsmodell vorliegt. Somit kann dieser Streckenanteil zusammen mit einem Halteglied getrennt von vorherigen Streckenanteilen transformiert werden. Diese Beschreibung des offenen äußeren Kreises entspricht einer **Näherung, weil folgende Regel der z-Transformation verletzt wird:**
Kontinuierliche Streckenanteile (der Laplace-Operator steht nicht in der e-Funktion), die nicht durch Abtaster getrennt sind, dürfen nicht formal getrennt transformiert werden.

$$\textit{Wegen}\quad G_{S2}\left(z^{-1}\right) = Z\left\{\frac{1-e^{-pT}}{p}\cdot\frac{1}{pT_0}\right\} = \left(1-z^{-1}\right)\frac{1}{T_0}Z\left\{\frac{1}{p^2}\right\}$$

$$= \left(1-z^{-1}\right)\frac{1}{T_0}\frac{Tz^{-1}}{\left(1-z^{-1}\right)^2} = \frac{T}{T_0}\frac{1}{\left(1-z^{-1}\right)}z^{-1}\quad \textit{folgt:}$$

$$G_{0a1}\left(z^{-1}\right) \approx G_{R2}\left(z^{-1}\right)\cdot z^{-1}\cdot G_{S2}\left(z^{-1}\right) = G_{R2}\frac{T}{T_0}\frac{1}{\left(1-z^{-1}\right)}z^{-2} = G_{R2}V_{Z2}\frac{1}{\left(1-z^{-1}\right)}z^{-\mathrm{kt2}}$$

Der Regler G_{R2} kann hier als P-Regler vorausgesetzt werden. Mit der Totzeit $k_t = k_{t2} = 2$ ergibt sich

$$V_{R2} = \frac{1}{3V_{Z2}} = \frac{T_0}{3T} = 3{,}3$$

Der Vergleich mit einer exakten Rechnung zeigt, daß die hier vorgestellte Näherungslösung auf der sicheren Seite liegt.

7 Zustandsregelung und Bewegungssteuerung des elektromechanischen Systems

7.1 Typische Grundkonfigurationen

Nur im Falle sehr langsamer Drehmomenteinprägung kann das mechanische Übertragungssystem als "starr" im Sinne der Bewegungsgleichung nach Abschn. 1 angesehen werden. Tatsächlich ist das mechanische System aus mehreren rotierenden Massen aufgebaut, die elastisch verbunden sind und an denen Reibungskräfte angreifen. Getriebe und Kupplungen sind spielbehaftet.
In Mehrmotorenantrieben ergibt sich eine gegenseitige Beeinflussung der Antriebsstränge, über gemeinsame Getriebe, über das gemeinsame Arbeitsgut oder über Fliehkräfte.

Das mechanische Antriebssystem ist ein System mit verteilten Parametern. (Abb. 7.1)

Der Rotor des Motors wird repräsentiert durch das Trägheitsmoment J_M. An diesem wirkt das innere Moment m_M sowie ein äußeres Reibmoment m_{WM} und gegebenenfalls ein Koppelmoment m_{kM}. Eine elastische Welle mit Federkonstante C1 überträgt das Moment auf das Trägheitsmoment J_1, das beispielsweise durch ein Zahnrad des Getriebes gegeben ist. Die Übertragung kann spielbehaftet sein. Das Spiel wird durch die Losebreite 2Δ gekennzeichnet. Am Trägheitsmoment J_1 wirkt wiederum ein äußeres Widerstandsmoment m_{W1} und gegebenenfalls ein Koppelmoment m_{k1}. Das Drehmoment $m_{ü2}$ wird auf den folgenden Abschnitt übertragen. Es gelten die Beziehungen

$$m_M = m_{WM} + m_{kM} + m_{ü1} + J_M \cdot \frac{d\omega_M}{dt} \tag{7.1}$$

$$m_{ü1} = m_{W1} + m_{k1} + m_{ü2} + J_1 \cdot \frac{d\omega_1}{dt} \tag{7.2}$$

.

.

$$m_{ün} = m_{Wn} + m_{kn} + J_n \cdot \frac{d\omega_n}{dt} \tag{7.3}$$

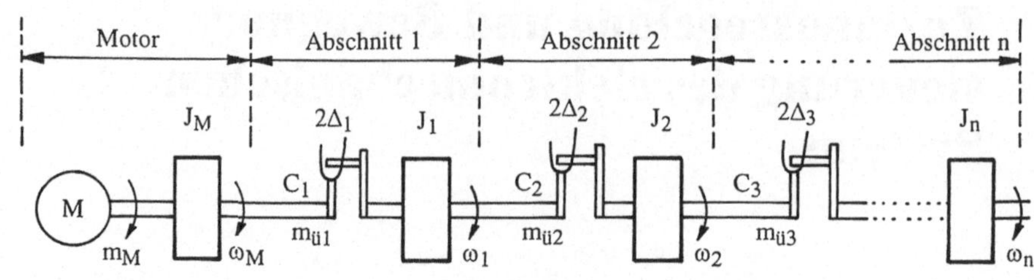

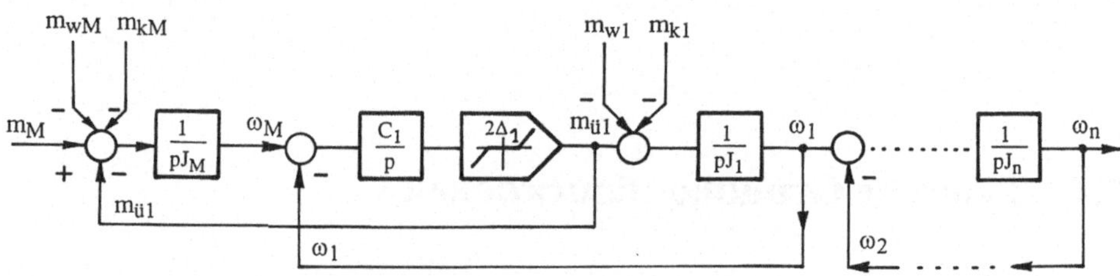

Abb. 7.1. Mechanisches Antriebssystem mit verteilten Parametern
a) Schena
b) Signalflußplan

$$m_{ü1} = (\varphi_M - \varphi_1 \pm \Delta_1) \cdot C_1 \tag{7.4}$$

$$m_{ü2} = (\varphi_1 - \varphi_2 \pm \Delta_2) \cdot C_2 \tag{7.5}$$

$$\vdots$$

$$m_{ün} = (\varphi_{(n-1)} - \varphi_n \pm \Delta_n) \cdot C_n \tag{7.6}$$

$$\omega_M = \frac{d\varphi_M}{dt} \; ; \; \omega_1 = \frac{d\varphi_1}{dt} \; ; \; ...; \; \omega_n = \frac{d\varphi_n}{dt} \qquad 7.7)$$

Sie werden anschaulich durch den Signalflußplan in Abb. 7.1 wiedergegeben.

Das Motormoment m_M wird als rasch veränderliche Größe vorausgesetzt. Es enthält neben einem aperiodischen Anteil auch periodische Anteile. Die haben ihre Ursache in

- Oberschwingungsdrehmomenten, die im Motor durch nichtsinusförmige Ströme und Flußverkettungen entstehen, die auch in Gleichstromantrieben bei unvollständiger Glättung des Gleichstromes auftreten.
- Oberschwingungsdrehmomenten, die infolge von elektrischen Unsymmetrien des Stromrichters oder von mechanischen bzw. magnetischen Unsymmetrien im Motor auftreten.

Gebräuchlich ist der Ansatz:

$$m_{\mathrm{M}} = m_{\mathrm{m0}} + \sum_{k=1}^{\infty} m_{\mathrm{MK}\nu} \cdot \sin k\nu t + \varphi_{\mathrm{k}\nu} \tag{7.8}$$

m_{m0} : aperiodischer Anteil des Motormoments
$m_{\mathrm{Mk}\nu}$: periodischer Anteil mit der Kreisfrequenz $k \cdot \nu$
ν : Grundkreisfrequenz des periodischen Anteils
$k = 1; 2; 3; ....$
$\varphi_{\mathrm{k}\nu}$:Phasenwinkel des periodischen Anteils $k \cdot \nu$

Die periodischen Drehmomentenanteile können das mechanische System zu Resonanzschwingungen anregen. In kritischen Fällen sind dazu genaue Analysen notwendig.

Das vollständige Modell des Antriebsstranges nach Abb. 7.1 ist häufig für praktische Zwecke zu aufwendig. Es ist notwendig, vereinfachte Modelle zu suchen. Neben systematischen Verfahren zur Modellvereinfachung, die aus der Systemtheorie bekannt sind, sind auch intuitive Methoden praktikabel. Vielfach wird das Modell eines elastisch gekoppelten Zweimassensystems nach Abb. 7.2 verwendet. Der Motor und die mit ihm relativ starr verbundenen Konstruktionselemente bilden das Trägheitsmoment J_{M}, die Last und die mit ihr relativ starr verbundenen Konstruktionselemente bilden das Trägheitsmoment J_{L}. Dazwischen befindet sich eine elastische Welle mit der resultierenden Federkonstanten C. Diese Übertragung ist gegebenenfalls spielbehaftet, was durch das resultierende Spielelement 2Δ berücksichtigt wird. Widerstandsmoment m_{WL} und Koppelmoment m_{KL} greifen nur an der Last an.

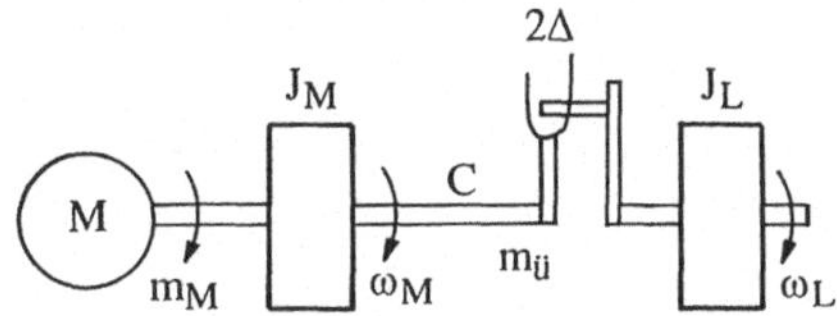

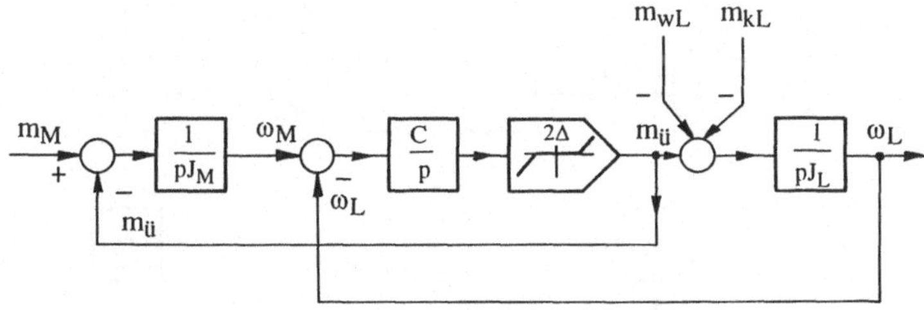

Abb. 7.2. Modell des mechanischen Übertragungssystems als Zweimassensystem
a) Schema
b) Signalflußplan

7.2 Zustandsregelung des elastisch gekoppelten Zweimassensystems

Die Regelung des Bewegungsablaufs eines schwingungsfähigen mechanischen Übertragungssystems nach der Kaskadenstruktur führt nicht zu befriedigenden Ergebnissen. Offensichtlich ist es notwendig, sowohl die Winkelgeschwindigkeit der Last als auch die Winkelgeschwindigkeit des Motors in die Regelung einzubeziehen. Das wird möglich durch Anwendung des Prinzips der Zustandsregelung (Abb. 7.3). Zustandsgrößen sind die Größen des Systems, die den Energieinhalt der Energiespeicher und damit den "dynamischen Zustand" des Systems kennzeichnen.

Im vorliegenden Falle

ω_M : Winkelgeschwindigkeit der Motorwelle
φ_T : Torsionswinkel der elastischen Welle
ω_L : Winkelgeschwindigkeit der Lastwelle

Eingangsgröße ist das Motormoment m_M, das verzögert eingeprägt wird. Die Verzögerung wird durch die Ersatzzeitkonstante T_i gekennzeichnet. Das Motormoment unterliegt einer Begrenzung. Ausgangsgröße ist die Winkelgeschwindigkeit der Last ω_L.

Das Wesen der Zustandsregelung besteht darin, daß alle Komponenten des Zustandsvektors

$$\underline{q} = \begin{vmatrix} \omega_M \\ \varphi_T \\ \omega_L \end{vmatrix} \tag{7.9}$$

über den vektoriellen Regler

$$\underline{R} = \begin{vmatrix} r_1 \\ r_2 \\ r_3 \end{vmatrix} \tag{7.10}$$

auf den Eingang zurückgeführt werden.

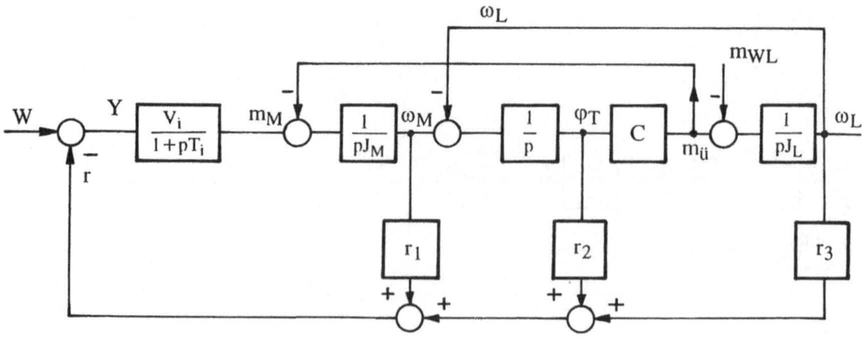

Abb. 7.3. Zustandsregelung des elastisch gekoppelten Zweimassensystems, ohne Spielelement

Die Regelstrecke wird beschrieben durch die Zustandsgleichungen

$$\omega_{\mathrm{M}} = \frac{1}{pJ_{\mathrm{M}}}\left(m_{\mathrm{M}} - C_{\mathrm{S}} \cdot \varphi_{\mathrm{T}}\right) \tag{7.11}$$

$$\varphi_{\mathrm{T}} = \frac{1}{p}\left(\omega_{\mathrm{M}} - \omega_{\mathrm{L}}\right) \tag{7.12}$$

$$\omega_{\mathrm{L}} = \frac{1}{pJ_{\mathrm{L}}} \cdot \left(C_{\mathrm{S}} \cdot \varphi_{\mathrm{T}} - m_{\mathrm{WL}}\right) \tag{7.13}$$

Eingangsgröße ist das Motormoment

$$m_{\mathrm{M}} = \frac{V_{\mathrm{i}}}{1 + pT_{\mathrm{i}}} \cdot y \tag{7.14}$$

und das Widerstandsmoment m_{WL}, das an der Last angreift. Die Stellgröße y ist eindimensional

$$y = w - r \tag{7.15}$$

Das Rückführsignal ist von allen Komponenten des Zustandsvektors abhängig

$$r = r_1 \cdot \omega_{\mathrm{M}} + r_2 \cdot \varphi_{\mathrm{T}} + r_3 \cdot \omega_{\mathrm{L}} \tag{7.16}$$

Die äußere Führungsgröße wird mit w gekennzeichnet.

Zunächst wird das Eigenverhalten des Systems untersucht, dazu werden alle Eingangsgrößen null gesetzt. Für $w = 0$ und $m_{\mathrm{WL}} = 0$ ergibt sich aus (7.11) ... (7.16) die charakteristische Gleichung

$$a_0 + a_1 p + a_2 p^2 + a_3 p^3 + a_4 p^4 = 0 \tag{7.17}$$

mit

$$a_0 = r_1 + r_3 \tag{7.18}$$

$$a_1 = \frac{J_{\mathrm{M}}}{V_{\mathrm{i}}} + r_2 \cdot \frac{J_{\mathrm{L}}}{C_{\mathrm{S}}}$$

$$a_2 = \frac{T_{\mathrm{i}}}{V_{\mathrm{i}}} \cdot J_{\mathrm{M}} + r_1 \cdot \frac{J_{\mathrm{L}}}{C_{\mathrm{S}}}$$

$$a_3 = \frac{J_{\mathrm{M}}}{V_{\mathrm{i}}} \cdot \frac{J_{\mathrm{L}}}{C_{\mathrm{S}}}$$

$$a_4 = \frac{T_{\mathrm{i}}}{V_{\mathrm{i}}} \cdot J_{\mathrm{M}} \cdot \frac{J_{\mathrm{L}}}{C_{\mathrm{S}}}$$

Durch sinnvolle Wahl der Reglerkoeffizienten r_1; r_2; r_3 kann das Eigenverhalten gegenüber dem natürlichen Systemverhalten verändert werden. Mathematisch ausgedrückt werden die Pole der charakteristischen Gleichung verschoben. Als Optimierungsvorschrift eignet sich die Regel der "Doppelverhältnisse" (Abschn. 6.3).

Durch die verzögerte Drehmomenteinprägung bestehen Einschränkungen bezüglich der möglichen Dynamik. Die Eigenzeitkonstante des Systems

$$T_E = a_1 / a_0 \tag{7.19}$$

die die Systemdynamik beschreibt, ist von der Zeitkonstante der Drehmomenteinprägung T_i abhängig.

$$T_E = T_i \cdot \alpha_1 \cdot \alpha_2 \cdot \alpha_3 \qquad \alpha_1 \; . \; . \; . \; \alpha_3 : \text{Parameterverhältnis} \tag{7.20}$$

$$\alpha_1 = \frac{a_1^2}{a_0 \cdot a_2} \approx 1{,}75 \; .... \; 2{,}5$$

$$\alpha_2 = \frac{a_2^2}{a_1 \cdot a_3} \approx 1{,}75 \; .... \; 2{,}5 \tag{7.21}$$

$$\alpha_3 = \frac{a_3^2}{a_2 \cdot a_4} \approx 1{,}75 \; .... \; 2{,}5$$

Anschaulich zeigt Abb. 7.4 die Wirkung der Zustandsregelung. Die Schwingungen der Mechanik werden durch Einprägen eines geeigneten Motormomentes kompensiert, so daß sie im Verlauf der Lastwinkelgeschwindigkeit ω nicht mehr auftreten. Die Winkelgeschwindigkeit der Motorwelle ω_M zeigt die Wirkung des Motors. Die Drehmomenteinprägung muß schnell gegenüber der Eigenfrequenz der Mechanik erfolgen, damit die Kompensation der Schwingungen möglich wird.

Optimales Eingenverhalten des Systems bewirkt nicht zwangsläufig optimales Führungs- und Störungsverhalten. Der Zustandsregelung wird deshalb eine Regelung der Ausgangsgröße ω_L überlagert. Durch den I-Anteil dieser Regelung kann die bleibende Regelabweichung zu null gemacht werden. (Abb. 7.5) Wenn es gelingt, ein der Hauptstörgröße entsprechendes Signal bereitzustellen, kann außerdem eine Störgrößenkompensation erfolgen.

Die technische Ausführung der Zustandsregelung erfordert die Messung aller Komponenten des Zustandsvektors. In vielen Anwendungen bereitet es Schwierigkeiten, die Winkelgeschwindigkeit der Last oder den Torsionswinkel zu messen.

Man arbeitet in diesen Fällen mit einem Modell der Regelstrecke, einem sogenannten "Beobachter". Der Beobachter entspricht in Struktur und Parametern der

Regelstrecke. Durch Vergleich einer meßbaren Komponente des Zustandsvektors, z. B. ω_M mit der entsprechenden Modellgröße wird ein Korrektursignal gewonnen, das zur Anpassung des Modells an die Regelstrecke genutzt wird. (Abb. 7.6)

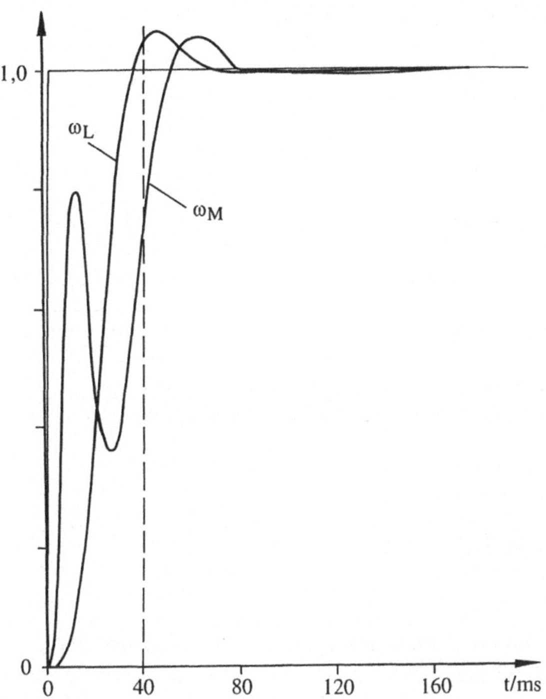

Abb. 7.4. Zweimassenschwinger mit Zustandsregelung, Sprungantwort von ω_M, und ω_L

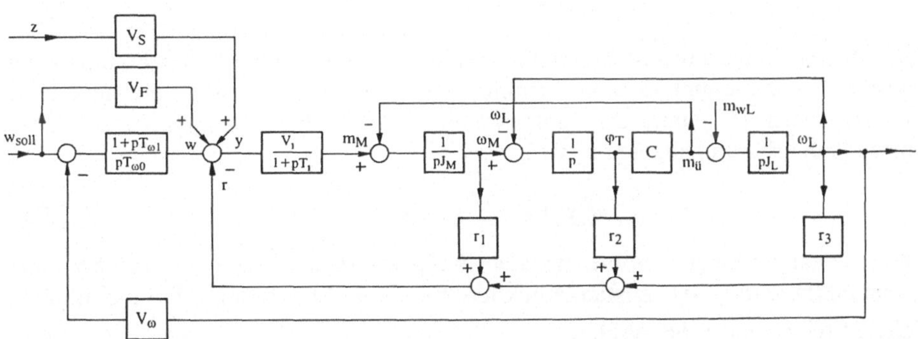

Abb. 7.5. Zustandsregelung der Bewegung mit überlagerter Regelung der Führungsgröße und Störgrößenaufschaltung

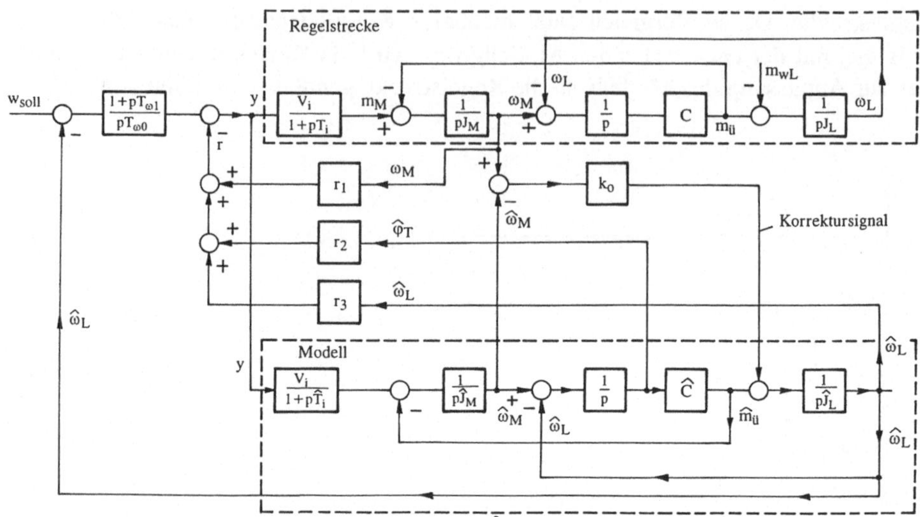

Abb. 7.6. Zustandsregelung der Bewegung, indirekte Messung der Komponenten des Zustandsvektors und der Ausgangsgröße mit Hilfe eines Modells der Regelstrecke

7.3 Regelung mit Gleitzuständen

Für lineare Regelstrecken mit konstanten Parametern führt das Prinzip der Zustandsregelung auf bestmögliche Dynamik. Eine gewisse Robustheit der Regelung gegenüber veränderlichen Parametern ist gegeben. In Erweiterung dessen läßt ein System mit umschaltbarer Zustandsrückführung nach Abb. 7.7a eine hohe Robustheit auch für Regelstrecken mit wesentlich veränderlichen Parametern erwarten. Die Umschaltung wird gesteuert durch ein vom Systemzustand abhängiges Schaltgesetz

$$s(\underline{x}_S) \tag{7.22}$$

Als Umschalter wird das Stellglied verwendet, das ohnehin mit hoher Frequenz gespeist ist. Damit ergibt sich die Struktur nach Abb. 7.7b. Die Steuerspannung U wird zwischen U_{max} und U_{min} umgeschaltet, wobei das Schaltgesetz aus einer Zustandsrückführung abgeleitet wird

$$s(\underline{x}_S) = -\underline{R} \cdot \underline{x}_S + k_W \cdot w \tag{7.23}$$

Unter Annahme einer eindimensionalen Stellgröße u entspricht das Prinzip einer Zweipunktregelung mit Zustandsrückführung. Eine Erweiterung für mehrdimensionale Stellgrößen $\underline{u}$ ist möglich.

Die Umschaltung der Stellgröße erfolgt für

$$s(\underline{x}_S) = 0$$

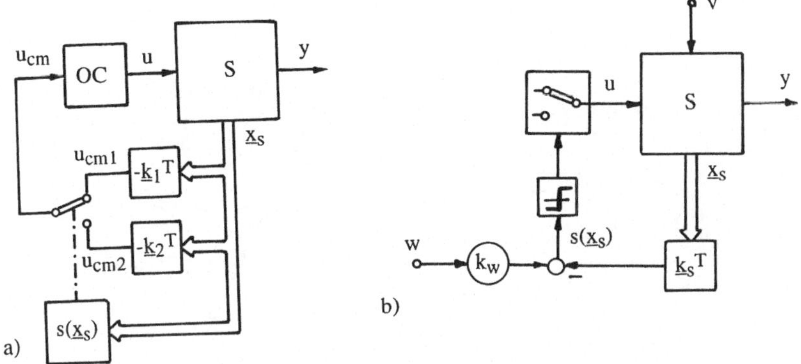

Abb. 7.7. Regelsystem mit variabler Struktur
a) Umschaltung von Zustandsrückführungen
b) Umschaltung der Stellgröße durch das Steuersignal $s(\underline{x}_S)$

Wird vorausgesetzt, daß die Regelstrecke von 2. Ordnung ist und ausschließlich proportionale Zustandsrückführungen Anwendung finden, erfolgt die Umschaltung auf einer Geraden in der Zustandsebene x_1; x_2. Ein Toleranzbereich um diese Gerade stellt sich ein, wenn der Umschalter hysteresebehaftet ist (Abb. 7.8). Im Grenzfall eines hysteresefreien Schalters "gleitet" dieser Arbeitspunkt auf der Schaltergeraden.

Die Stellgliedausgangsspannung U wird zwischen U_{max} und U_{min} gepulst. Das Steuersignal s bestimmt das Puls-Pausen-Verhältnis. (Abb. 7.9). Als Mittelwert des tatsächlichen Spannungsverlaufs kann eine äquivalente Stellgröße u_e eingeführt werden. Diese bewegt sich zwischen den Grenzwerten

$$U_{min} < u_e < U_{max} .$$

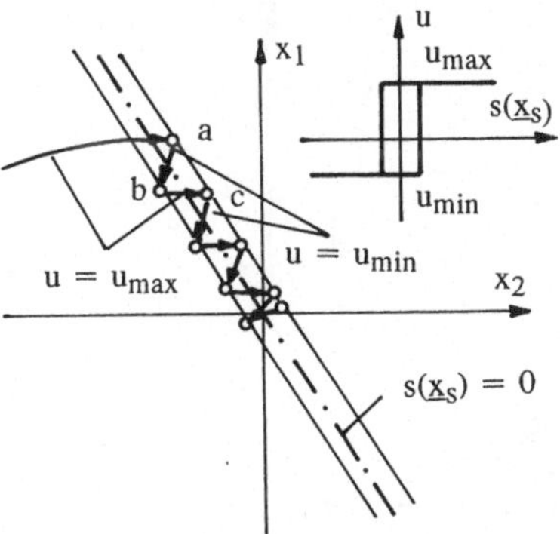

Abb. 7.8. Auftreten von Gleitzuständen

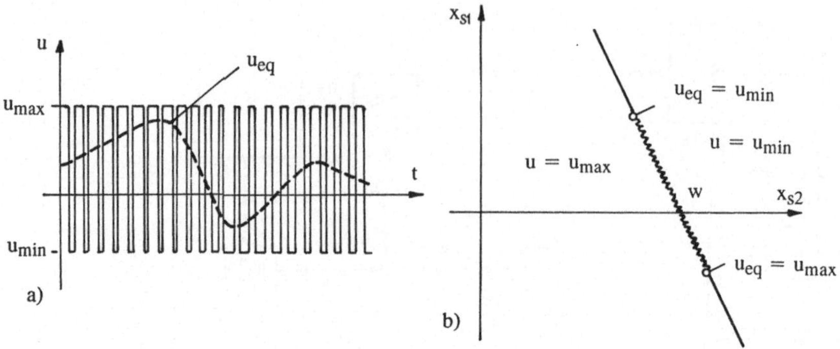

Abb.7.9. Äquivalente Stellgröße (a) und Schaltgerade (b) einer Regelstrecke 2. Ordnung

Auf der Basis dieser äquivalenten Stellgröße können auch für das System im Gleitzustand Zustandsgleichungen aufgestellt werden, die eine Systemoptimierung beispielsweise nach den Regeln der Polvorgabe zulassen.

Die Reglereinstellung eines Gleitzustandsreglers ist von den Parametern der Regelstrecke nahezu unabhängig. Daraus ergibt sich eine gute Robustheit des Reglers. Auch beim Überschreiten von Begrenzungen zeigt die Regelung sehr gutes Verhalten.

Eine Gleitzustandsregelung für einen Drehzahlregelkreis mit unterlagerter Stromregelung wurde genauer untersucht. Im Ergebnis charakterisiert Abb. 7.10 das Kleinsignalverhalten und Abb. 7.11 das Großsignalverhalten.

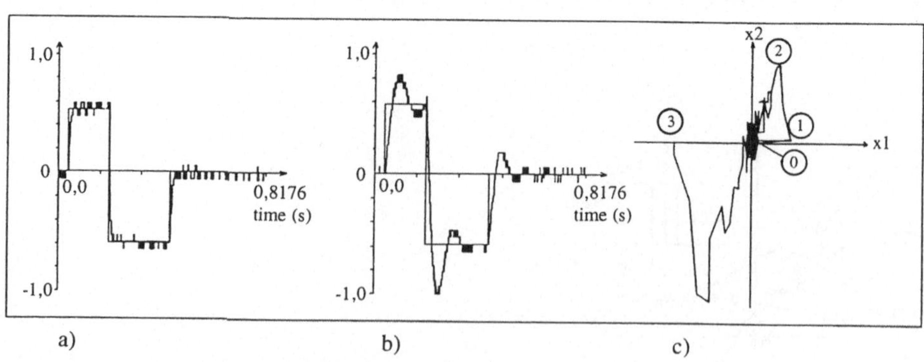

Abb. 7.10. Kleinsignalverhalten einer Gleitzustandsregelung
a) Sprungantwort der Drehzahl bei Gleitzustandsregelung
b) Sprungantwort der Drehzahl bei einem klassischen PI-Regler
c) Phasenbahn für Gleitzustandsregelung
x_1 : Drehzahl
x_2 : Beschleunigung

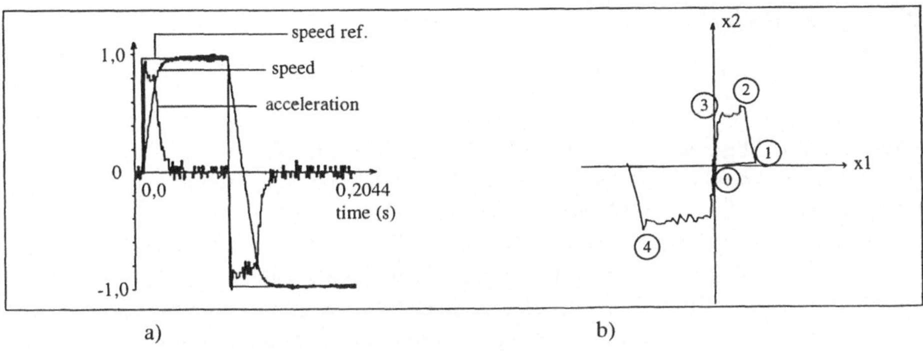

Abb. 7.11. Großsignalverhalten einer Gleitzustandsregelung
a) Sprungantwort von Drehzahl und Beschleunigung
b) Phasenbahn

7.4 Fuzzy-Regelung des elektromechanischen Systems

Die Regelung eines elektromechanischen Systems nach Abb. 7.1 bereitet Schwierigkeiten, da häufig die Parameter des Übertragungssystems nicht konstant sind. Es treten Nichtlinearitäten in der Kraftübertragung auf, nichtlineare Koppelkräfte sind wirksam. Eine genaue Systemanalyse ist wegen des damit verbundenen Aufwandes vielfach nicht durchführbar.

Die Regelung des elektromechanischen Systems auf der Grundlage unscharfer Logik erfordern kein analytisches Prozeßmodell. Sie führt auf ein weitgehend parameterunabhängiges System. Das Prinzip der Fuzzy-Regelung eines elektromechanischen Systems veranschaulicht Abb. 7.12. Die Regelgröße x_1 entspricht der Lage des Systems, die Regelgröße x_2 entspricht der Geschwindigkeit

$$x_2 = \frac{dx_1}{dt}$$

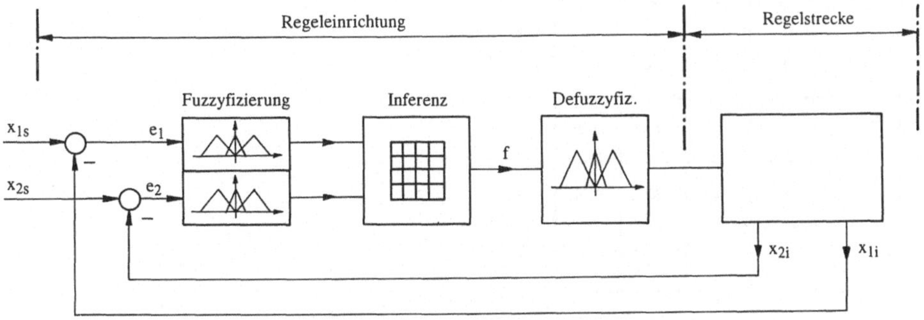

Abb. 7.12. Prinzip der Fuzzy-Regelung für die Komponenten x_1 und x_2 des Zustandsvektors

Die Regelabweichung

$$e_1 = x_{1S} - x_1$$
$$e_2 = x_{2S} - x_2$$

wird durch "linguistische Variable" beschrieben, d. h. an die Stelle einer quantitativen Angabe tritt eine verbale Beschreibung wie negativ groß-negativ klein-ungefähr null-positiv klein-positiv groß. (Abb. 7.13)

Aus diesen Regelabweichungen ist unter Beachtung bestimmter Regeln die Stellgröße f abzuleiten. Die Regeln repräsentieren eine Erfahrungsbasis, die in einer Entscheidungstafel ihren Niederschlag findet. Dort wird die Stellgröße f für alle Kombinationen von e_1 und e_2 eingetragen. Man bezeichnet diese Entscheidungstafel als Inferenzmatrix (Abb. 7.14) . Sie repräsentiert die Summe der Erfahrungen über eine sinnvolle Regelstrategie. Bestimmte Entwurfsstrategien erleichtern das Aufstellen der Inferenzmatrix. Das Ausgangssignal der Regelung f ist durch linguistische Variable beschrieben. Die notwendige Defuzzyfizierung erfolgt durch Bildung des Flächenschwerpunktes der unscharfen Stellmenge.

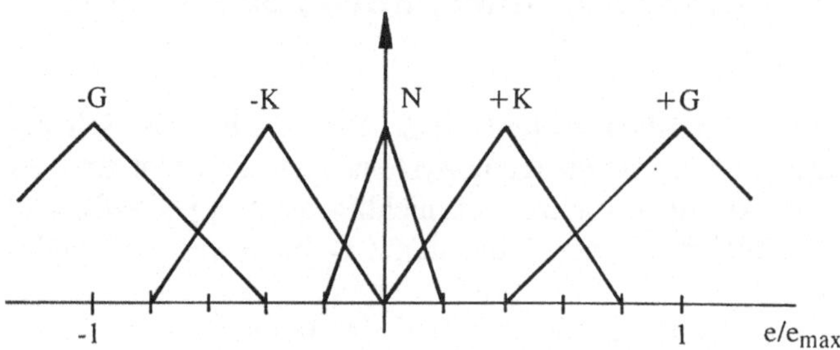

Abb. 7.13. Mitgliedsfunktion zur Beschreibung eines Signals mit den linquistischen Variablen G; K; N; -K, -G

e_1/e_{1max} →

e_2/e_{2max} ↑	-G	-K	N	+K	+G
+G	N	+K	+G	+G	+G
+K	-K	N	+K	+G	+G
N	-G	-K	N	+K	+G
-K	-G	-G	-K	N	+K
-G	-G	-G	-G	-K	N

Abb. 7.14. Interferenzmatrix zur Ableitung der Fehlerfunktion f aus den linquistischen Vaiablen e_1 und e_2

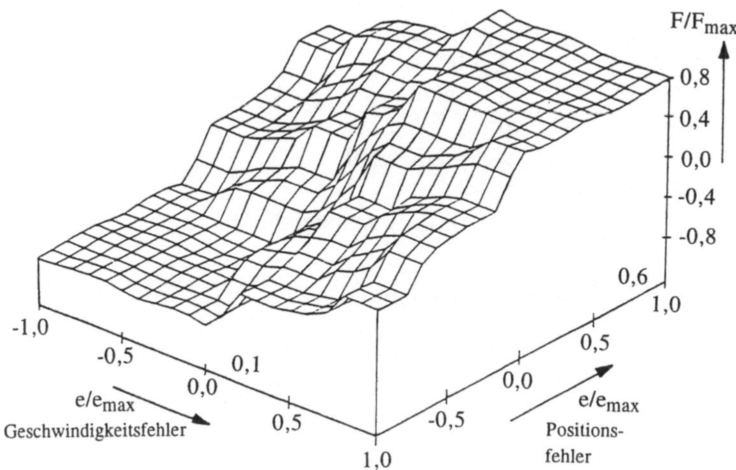

Abb. 7.15. Kennfeld eines Fuzzy-Reglers

$$f/f_{\max} = f\left\{e_1/e_{1\max}; e_2/e_{2\max}\right\}$$

Das Übertragungsverhalten des stark nichtlinearen Reglers mit der Regelabweichung des Weges e_1 und der Regelabweichung der Geschwindigkeit e_2 als Eingangsgrößen und der Stellgröße f als Ausgangsgröße wird durch ein Kennfeld entsprechend Abb. 7.15 beschrieben.

Eine weitere Verbesserung des Übertragungsverhaltens wird durch Anwendung einer Regelung mit umschaltbarer Struktur möglich. So kann man im Bereich großer Abweichungen der Regelgrößen mit einer größeren Verstärkung arbeiten als im Bereich kleiner Regelabweichungen. Die Fragen des Entwurfs und der Optimierung des Fuzzy-Reglers sind heute noch nicht genügend bearbeitet.

Die praktische Realisierung von Fuzzy-Reglern erfordert eine erheblich Rechnerleistung.

Beispiel 7.1 Zustandsregelung eines Gleichstromstellantriebs

Entwurf und Optimierung von Zustandsregelungen kann nur in sehr einfachen Fällen manuell erfolgen. Am Beispiel Gleichstromstellantrieb soll das Prinzip demonstriert werden, das unter Nutzung von Rechenprogrammen (z. B. Matlab) zur Lösung komplizierter Aufgaben geeignet ist.

Gegeben ist der normierte vereinfachte Signalflußplan der Zustandsregelung eines Gleichstromstellantriebs in Abb. 7.16. Das Übertragungsverhalten des Stromrichters SR wird bei den weiteren Betrachtungen zu 1 angenommen

Ankerzeitkonstante	T_a=0,1 s;
mechanische Zeitkonstante	T_M=0,5 s
Zustandsgrößen:	q_1=Ankerstrom; q_2= Drehzahl
Stellgröße:	u
Ausgangsgröße:	x=q_2=Drehzahl
Koeffizienten des Zustandsreglers;	r_1, r_2
Vorfilter:	$G_v(p)$ (Proportionalglied)

1. Zunächst wird der Motor ohne Regelung betrachtet.

Es ist r_1=0; r_2=0.

Die Übertragungsfunktion ergibt sich zu

$$G_{\mathrm{Mi}}(p)=\frac{q_1(p)}{u(p)}=\frac{\dfrac{1}{1+pT_{\mathrm{A}}}}{1+\dfrac{1}{1+pT_{\mathrm{A}}}\cdot\dfrac{1}{pT_{\mathrm{M}}}}=\frac{pT_{\mathrm{M}}}{1+pT_{\mathrm{M}}+p^2T_{\mathrm{M}}T_{\mathrm{A}}}$$

Aus der charakteristischen Gleichung $p^2+\dfrac{1}{T_{\mathrm{A}}}p+\dfrac{1}{T_{\mathrm{A}}T_{\mathrm{M}}}=0$

berechnen sich die Pole der Übertragungsfunktion zu

$$p_{1/2}=-\frac{1}{2T_{\mathrm{A}}}\pm\sqrt{\frac{1}{4T_{\mathrm{A}}^2}-\frac{1}{T_{\mathrm{A}}T_{\mathrm{M}}}}$$

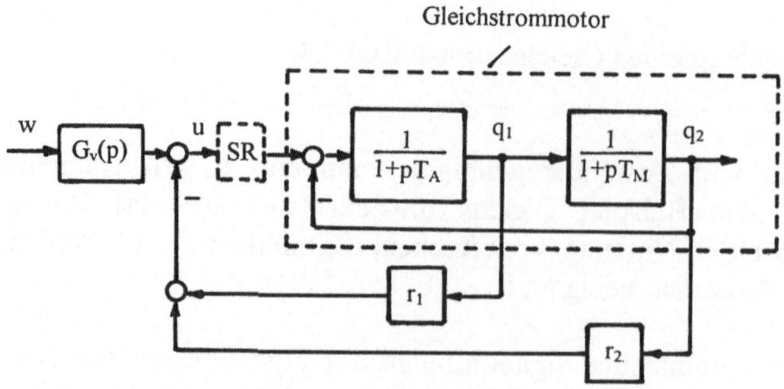

Abb. 7.16. Signalflußplan Gleichstromstellantrieb

Drei Fälle sind zu unterscheiden:

- konjugiert komplexes Polpaar (periodischer Fall): $T_m/T_A < 4$
- reeller Doppelpol (aperiodischer Grenzfall): $T_m/T_A = 4$
- reelles Polpaar (aperiodischer Fall): $T_m/T_A > 4$

Die Übertragungsfunktion des Motorstromes, d. h. der Zustandsgröße q_1 ergibt sich zu

$$q_1(p) = u(p)G_{\mathrm{Mi}}(p) = \frac{1}{p}\frac{pT_\mathrm{M}}{1+pT_\mathrm{M}+p^2T_\mathrm{A}T_\mathrm{M}} = \frac{T_\mathrm{M}}{T_1T_2}\frac{1}{\left(p+\frac{1}{T_1}\right)\left(p+\frac{1}{T_2}\right)}$$

Korrespondenz: $$\frac{b-a}{(b+a)(p+b)} \leftrightarrow e^{-\mathrm{at}} - e^{-\mathrm{bt}}$$

$$q_1(t) = \frac{T_\mathrm{M}}{T_1T_2}\frac{1}{\frac{1}{T_2}-\frac{1}{T_1}}\left(e^{-\frac{\mathrm{t}}{\mathrm{T_1}}} - e^{\frac{\mathrm{t}}{\mathrm{T_2}}}\right) = \frac{T_\mathrm{M}}{T_1 - T_2}\left(e^{-\frac{\mathrm{t}}{\mathrm{T_1}}} - e^{\frac{\mathrm{t}}{\mathrm{T_2}}}\right)$$

Mit $T_1 = T\left(D+\sqrt{D^2-1}\right); T_2 = T\left(D-\sqrt{D^2-1}\right)$

und den Werten T=0,223 s, D=1,118, T1=0,362 s, T2=0,138 s
folgt für die Übergangsfunktion:

$$q_1(t) = 1{,}238\left(e^{-2{,}764\mathrm{t}} - e^{-7{,}227\mathrm{t}}\right)$$

Die Übergangsfunktion kann als Summe zweier Exponentialfunktionen leicht gezeichnet werden. (Abb. 7.17) Die Lage der Pole in der p-Ebene zeigt Abb. 7.18.

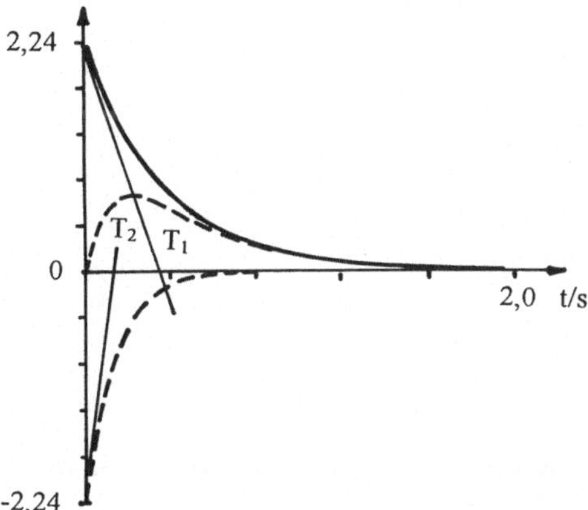

Abb. 7.17. Übergangsfunktion von q_1

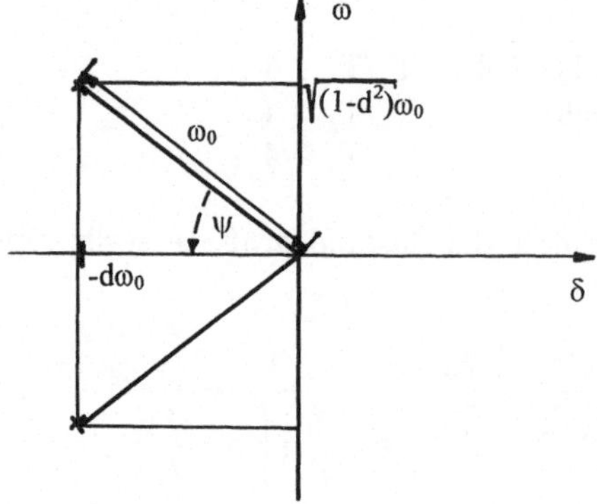

Abb. 7.18. Lage der Pole in der p-Ebene mit $p = \delta + j\omega$

2. Für den Motor mit Regelung wird die Führungsübertragungsfunktion bestimmt.

Zunächst wird $G_{M\omega}(p)$ ermittelt:

$$x(p) = \frac{\dfrac{1}{(1+pT_A)pT_M}}{1+\dfrac{1}{(1+pT_A)pT_M}}u(p)$$

Für $G_v=1$, $q_2=x$ und $q_1=pT_m q_2=pT_M x$ ergibt sich weiter

$$x = \frac{1}{1+pT_M+p^2T_AT_M}\left(w(p)-\left(pr_1T_Mx+r_2x\right)\right)$$

und schließlich

$$\frac{x(p)}{w(p)} = \frac{1}{1+r_2+T_M(1+r_1)p+p^2T_AT_M}$$

oder

$$\frac{x(p)}{w(p)} = \frac{1}{1+r_2}\frac{1}{1+\dfrac{T_M(1+r_1)}{1+r_2}p+\dfrac{T_AT_M}{1+r_2}p^2}$$

Daraus ergibt sich, daß das Vorfilter die Bedingung $G_v(p)=1+r_2$ erfüllen muß und damit von der Einstellung der Zustandsregelung abhängig ist.

Der Motor mit Zustandsregelung hat die Übertragungsfunktion eines Schwingungsgliedes mit der Normalform

$$G_{\mathrm{PTS}}(p)=\frac{1}{1+2DT_1p+T_1^2p^2}$$

$\mathrm{D} \;=\;$ Dämpfungsfaktor

$\omega_0 \;=\; \frac{1}{T_1} \;=\;$ Eigenfrequenz

Aus dem Koeffizientenvergleich folgt:

$$T_1=\sqrt{\frac{T_\mathrm{A}T_\mathrm{M}}{1+r_2}};D=\frac{1+r_1}{2T_\mathrm{A}}\sqrt{\frac{T_\mathrm{A}T_\mathrm{M}}{1+r_2}} \quad \text{bzw.}$$

$$r_1=2DT_\mathrm{A}\omega_0-1; \quad r_2=T_\mathrm{A}T_\mathrm{M}\omega_0^2-1$$

3. Reglerdimensionierung:

Die dynamischen Eigenschaften von Regelkreisen, insbesondere die bezogene Überschwingweite h_∞ und die Ausregelzeit T_{aus} der Übergangsfunktion, werden durch die Wurzeln der charakteristischen Gleichung bzw. durch die Pole der Übertragungsfunktion bestimmt. Im vorliegenden Fall eines Schwingungsgliedes ist das besonders anschaulich durch die Parameter ω_0 und D. Im Fall $D < 1$ ergibt sich ein konjugiert komplexes Polpaar:

$$p_{1,2}=-\omega_0 D\pm\omega_0\sqrt{D^2-1}\,.$$

Die Lage der Pole in der p-Ebene ist in Abb.7.21 dargestellt.

Die Übergangsfunktion des Schwingungsgliedes lautet:

$$h(t)=1-\frac{1}{\sqrt{1-D^2}}e^{-\mathrm{D}\omega_0\mathrm{t}}\sin\left(\sqrt{1-D^2}\,\omega_0t+\Psi\right); \qquad \tan\Psi=\frac{\sqrt{1-D^2}}{D}$$

Der stationäre Endwert beträgt 1, die Gleichung der Hüllkurve des Schwingungsvorganges lautet $1-\frac{1}{\sqrt{1-D^2}}e^{-\mathrm{D}\omega_0\mathrm{t}}$. Die Differenz zwischen dem stationären Endwert und dem Momentanwert der Hüllkurve errechnet sich aus

$$\Delta=|h(t)-1|=\frac{1}{\sqrt{1-D^2}}e^{-\mathrm{D}\omega_0\mathrm{t}}$$

Daraus kann die Ausregelzeit berechnet werden.

Nimmt man einen Toleranzbereich von 5 % um den stationären Endwert an, ergibt sich

$$0{,}05 = \frac{1}{\sqrt{1-D^2}} e^{-D\omega_0 T_{aus}}$$

so daß gilt:

$$\omega_0 = \frac{1}{DT_{aus}} \ln \frac{20}{\sqrt{1-D^2}}$$

Im linearen Bereich des Systems ist es möglich, die Ausregelzeit bei konstanter Dämpfung beliebig festzulegen. Andererseits kann die Dämpfung bei konstanter Ausregelzeit festgelegt werden. Die Reglerparameter r_1 und r_2 können mit den vorgenannten Gleichungen berechnet werden. Die Zahlenwerte sind in der folgenden Tafel zusammengestellt.

Kurve	T_{aus}	ω_0	D	$p_{1/2}$	r_1	r_2
1	0,5	9,52	0,7	-6,67 ± 6,80 j	0,33	3,53
2	0,5	3,17	0,7	-2,22 ± 2,26 j	-0,56	-0,5
3	5	0,95	0,7	-0,66 ± 0,68 j	-0,867	-0,95
4	5	1,07	0,6	-0,64 ± 0,86 j	-0,871	-0,94
5	5	0,88	0,8	-0,70 ± 0,53 j	-0,86	-0,96

Abb. 7.19 und 7.20 zeigen den Verlauf der Übergangsfunktion, Abb. 7.21 zeigt die Lage der Polstellen in der komplexen Ebene.

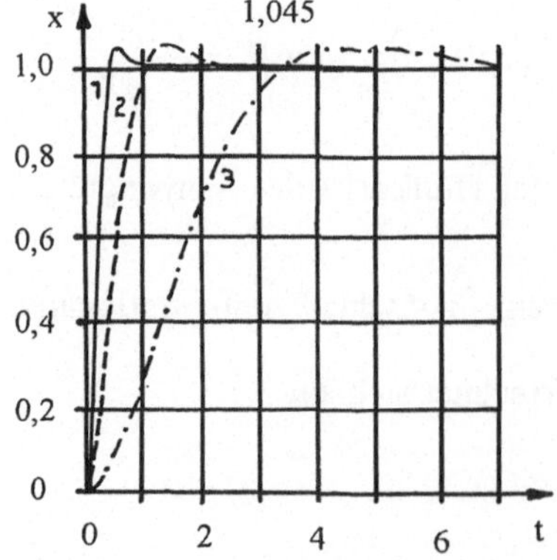

Abb. 7.19. Unterschiedliche Ausregelzeiten bei gleicher Dämpfung

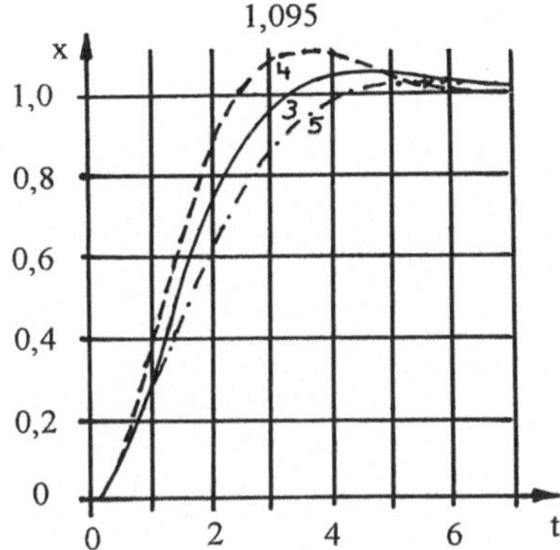

Abb. 7.20. Gleiche Ausregelzeit bei unterschiedlicher Dämpfung

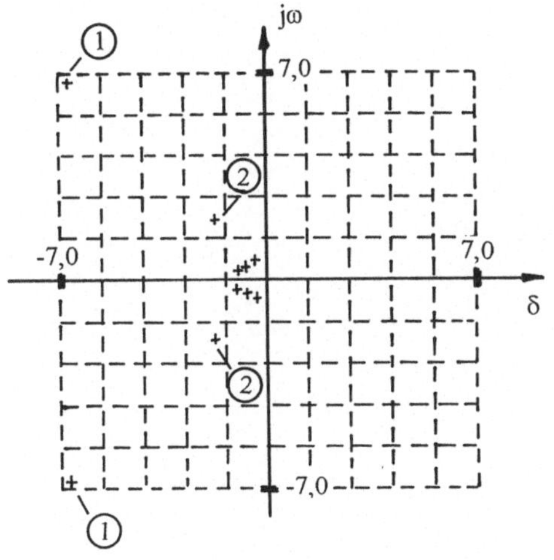

Abb. 7.21. Lage der Polssteller in der komplexen Ebene bei unterschiedlichern Reglereinstellungen

Durch Einführung der Zustandsregelung mit einer gewichteten Rückführung der Zustandsgrößen gelingt es, die ursprünglich reellen Pole der ungeregelten Regelstrecke, zumindest theoretisch, an jeden beliebigen Punkt der komplexen Ebene zu verschieben und das gewünschte dynamische Verhalten der Regelung zu erzielen.

8 Steuerung der Antriebsgruppe

8.1 Aufbau und gerätetechnische Realisierung

8.1.1 Funktionsbeschreibung

Bewegungsabläufe in Fertigungs- und Transportprozessen bestehen meist aus mehreren Einzelbewegungen, die zeitlich nacheinander oder auch parallel ablaufen. Die Einzelbewegungen werden von einzelnen Motoren realisiert, wie bei Walzwerken oder Robotern, sie werden vielfach aber auch von einer zentralen Welle mit Hilfe von Getrieben und Mechanismen abgeleitet. Aus Gründen der Flexibilität erfolgt tendenziell eine Orientierung zu elektrischen Einzelantrieben, die Einzelbewegungen realisieren aber funktionell untereinander in Verbindung stehen. Es ergibt sich also eine Grundstruktur nach Abb. 8.1. Antriebe, die im allgemeinen eine gewisse Autonomie haben, in ihrem Regler eine gewisse Intelligenz verkörpern, arbeiten mit einer Leiteinrichtung zusammen. Die Einzelbewegungen werden über die Leiteinrichtung koordiniert.

Die Schnittstelle zwischen Antrieb und Leiteinrichtung kann unterschiedlich gewählt werden. (Abb. 8.2)

Die Struktur 2. entspricht dem klassischen Konzept. Die Lageregelung ist Bestandteil der Steuerung, Drehzahl- und Drehmomentregelung sind Bestandteil

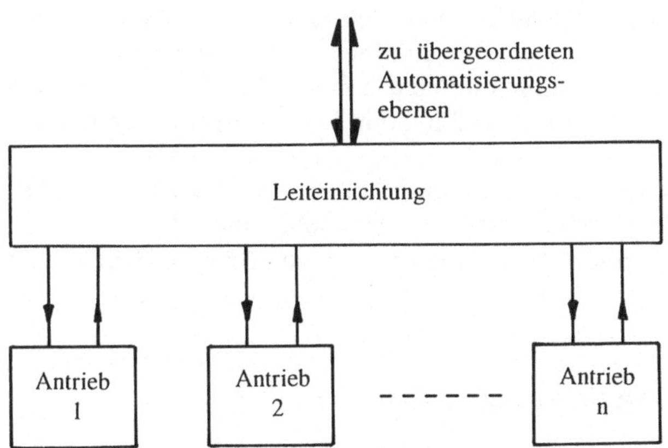

Abb. 8.1. Steuerung einer Antriebsgruppe durch eine Leiteinrichtung

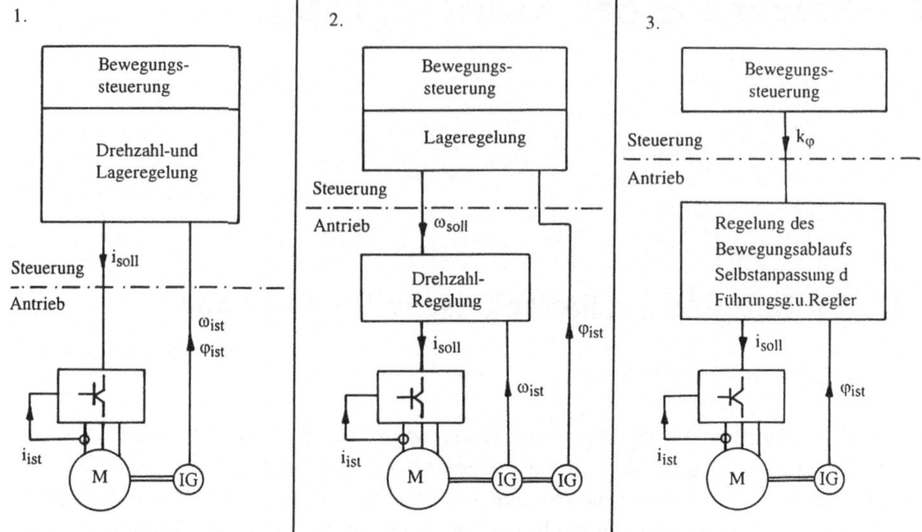

Abb. 8.2. Einbindung der Drehzhal- und Lageregelung eines Antriebs in die Bewegungssteuerung

des Antriebs. Von der Steuerung auf den Antrieb wird die Führungsgröße der Drehzahl übertragen. Überträgt man der Leiteinrichtung auch die Aufgabe der Drehzahlregelung entsprechend Struktur 1, reduziert sich der Antrieb auf die Drehmomentsteuerung. Der Drehmomentsollwert wird von der Steuerung auf den Antrieb übertragen. Nach Struktur 3. übernimmt der Antriebsregler auch die Regelung des Bewegungsablaufes.

Die Entwicklung der Elektronik ermöglicht zunehmend "Intelligenz" in den Einzelantrieb zu integrieren und die zwischen den Antrieben auszutauschenden Informationen auf die Vorgabe von Führungsgrößen und auf die Rückmeldung von Zustandsgrößen zu beschränken. die Integration elektronischer, elektrischer und mechanischer Teilfunktionen wird mit dem Begriff Mechatronik umschrieben.
Die Funktion der Antriebsgruppe, bestimmt durch das Zusammenwirken der Einzelantriebe, wird durch Zeitablaufdiagramme und hybride Funktionspläne beschrieben. vergl. Abschn. 1

Das Zusammenwirken der Einzelantriebe beim Anlauf, im stationären Betrieb, beim Stillsetzen des Prozesses, aber auch im Havariefall muß bereits in der Projektphase genau analysiert und festgeschrieben werden. Beispiel 8 gibt dazu Hinweise.

8.1.2 Steuerstrategien und Optimierungsansätze

Die Signalübertragung zwischen Leiteinrichtung und Einzelantrieb kann in unterschiedlicher Weise erfolgen (Tafel 8.1). In der klassischen Antriebstechnik dienen

Tafel 8.1 Signalübertragung zwischen Antrieben und Leiteinrichtung

	Signale	Übertragungs-entfernung	Schnelligkeit der Datenüber-tragung	EMC-Probleme
Analoge Schnittstelle	Analogsignal $\pm$ 10 V	$\leq$ 10 m	unendlich	groß
Parallel-Bus	Digitale Parallelsignale Binärsignale	$\leq$ 0,5 m	sehr hoch	nur über kurze Entfernungen beherrschbar (im Gefäß)
Serieller Bus	kodierte Impulsfolge	1000 m und mehr	9,6 kbit/s .... 4 Mbit/s	durch Sicher-heitskodierung beherrscht

analoge Signale der Übertragung der Führungsgrößen und der Rückführungsgrößen. Zur Steuerung des Gesamtablaufs ist außerdem die Übertragung einer größeren Anzahl von Binärsignalen notwendig. Der Verkabelungsaufwand ist erheblich. Deshalb, und wegen der Gefahr elektromagnetischer Störungen, sind analoge Signalübertragungen nur über begrenzte Entfernungen möglich.

Ein Parallelbus zur Übertragung von Steuersignalen und digitalen Parallelsignalen ist günstig als Rückverdrahtung innerhalb einer Gefäßeinheit ausführbar. Ein Parallelbus ermöglicht eine sehr leistungsfähige und schnelle Verbindung der Antriebe mit der Leiteinrichtung. Er ist in Verbindung mit kompakten intelligenten Antrieben mit digitaler Signalverarbeitung günstig anwendbar.

Zur Kommunikation von Antrieben und Steuerungen über größere Entfernung dienen serielle Bussysteme. (Abb. 8.3) Es steht heute eine größere Zahl unterschiedlicher Bussysteme zur Verfügung, die sich bezüglich ihrer Struktur und der Art der Datenübertragung unterscheiden.

In DIN 19245 ist der PROFIBUS niedergelegt, der in der Antriebs- und Automatisierungstechnik vorzugsweise Anwendung findet.

Die als digitales Parallelsignal und als Binärsignal anstehenden Prozeßdaten werden kodiert und als serielle Impulsfolge über Zweidrahtleitung, in EMV-gefährdeter Umgebung auch über Lichtwellenleiter übertragen. Der Kodierung und Dekodierung dienen spezielle integrierte Schaltkreise. Es finden spezielle Sicherheitskodierungen Anwendung. Der Unterschied zwischen zwei benachbarten Signalen (Hamingdistanz) beträgt 4 bit. Moderne elektronische Treiberschaltungen

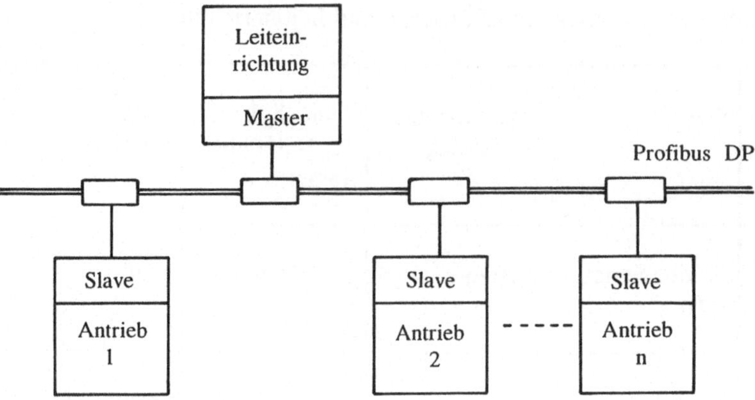

Abb. 8.3. Kopplung elektrischer Antriebe über Profibus DP

ermöglichen eine Brutto-Datenübertragungsrate von 1,5 Mbit/s bei einer maximalen Busausdehnung von 1000 m.

Die Datenübertragung über den Bus wird von einem "Master" gesteuert, der Bestandteil der Leiteinrichtung ist. Die Antriebe arbeiten als "Slaves". Die Datenübertragung erfolgt beim Profibus DP streng zyklisch. Damit ist eine synchrone Steuerung der Antriebe und der zugeordneten Bewegungskomponenten möglich.

Die Datenübertragung erfolgt in Telegrammen. Die Nutzdaten sind in Hilfsdaten eingebettet. Damit ist die übertragbare Nutzdatenrate (Nettodatenrate) deutlich kleiner als die Bruttodatenübertragungsrate. Nutzdaten und Hilfsdaten sind in ein Datenprotokoll eingebettet. Die Nutzsdatenstruktur untergliedert sich in den Parameter- und den Prozeßdatenbereich. (Abb. 8.4) Diese Aufteilung ist auf die Funktionalität der Antriebe zugeschnitten und ermöglicht es dem Anwender, gleichzeitig auf alle Geräteparameter wahlfrei zuzugreifen und Soll- und Istwerte in einem Telegramm schnell zu übertragen.

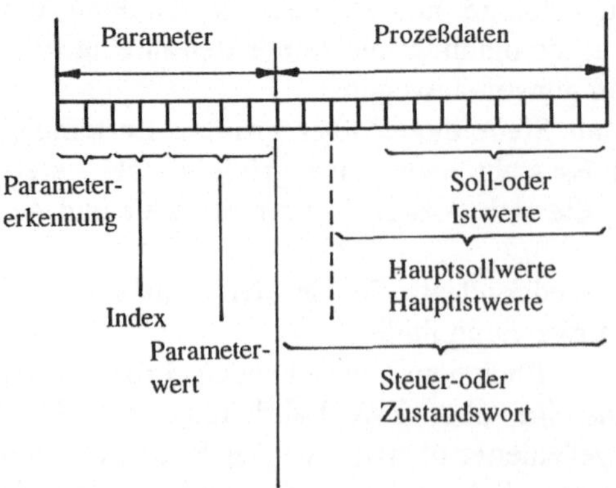

Abb. 8.4. Nutzdatenstruktur eines Antriebstelegramms nach dem PROFIBUS-Profil "Drehzahlveränderbare Antriebe"

Im Prozeßdatenbereich werden alle Informationen übertragen, die für die Führung des Antriebs im Verbund eines technischen Prozesses notwendig sind. Vom übergeordneten System (Master) in Richtung Antriebe (Slaves) handelt es sich dabei um Steuerinformationen und Sollwerte, in umgekehrter Richtung um Informationen über den Zustand des Antriebes und um Istwerte. Der Prozeßdatenbereich im Telegramm wird im Antrieb immer mit der höchsten Priorität bearbeitet.

Die Übertragung eines Drehzahlsollwertes über Profibus auf einen Antrieb veranschaulicht Abb. 8.5. Die Kommunikationsbaugruppe 1 speichert die über den Bus empfangenen Nutzdaten in einem Dual-Port-RAM 2, der die interne Schnittstelle zwischen der Kommunikationsbaugruppe und der Signalverarbeitung des Antriebs 3 darstellt. Der Anlaufvorgang wird durch einen internen Hochlaufgeber 4 gesteuert.

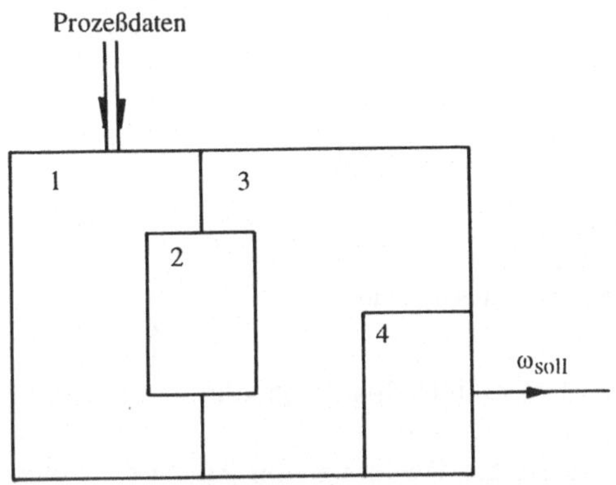

Abb. 8.5. Übertragung eines Drehzahlsollwertes über Profibus auf einen Antrieb
1: Datenregister
2: Dual-Port-RAM
3: Antriebsregler
4: Hochlaufgeber

8.2 Steuerung von Gleichlaufbewegungen

8.2.1 Funktionsbeschreibung

In kontinuierlichen Fertigungsanlagen wie Walzwerken, Kalandern, Papiermaschinen durchläuft das Arbeitsgut als kontinuierliche Stoffbahn nacheinander mehrere Bearbeitungsstationen und unterliegt dort einem Bearbeitungsprozeß. Über das Arbeitsgut werden Koppelkräfte wirksam. Das Arbeitsgut wird am Anfang des Prozesses von einer Haspel abgehaspelt und am Ende auf eine Haspel aufgehaspelt oder in einer Zerteilanlage in Handelslängen aufgeteilt. (Abb. 8.6)

Der kontinuierliche Durchlauf des Arbeitsgutes erfordert, Gleichlaufbedingungen zwischen den Bearbeitungsstationen einzuhalten. In Abhängigkeit vom Bearbei-

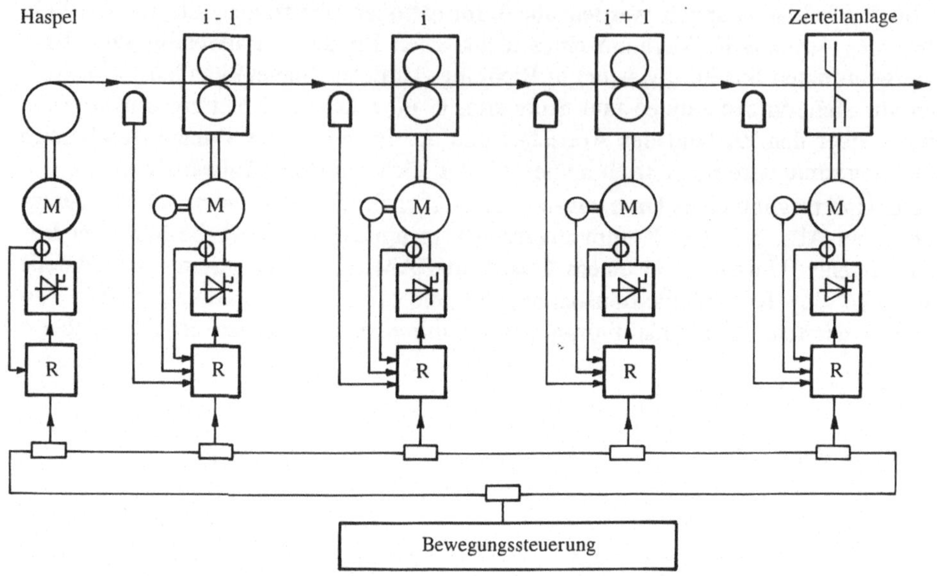

Abb. 8.6. Kontinuierliche Fertigungsanlage, Schema
(*i*-1); *i*; (*i*+1) Bearbeitungsstationen, Gerüste
b) zeitlicher Verlauf der Eingangs- und Ausgangsspannungen

tungsprozeß wird Winkelgleichlauf oder Drehzahlgleichlauf; absoluter Gleichlauf oder relativer Gleichlauf gefordert.

Der Regelung der Drehzahl der Motoren ist die Regelung von Zustandsgrößen des technologischen Prozesses zu überlagern.

Der Prozeß ist, reduziert auf die wesentlichen Zusammenhänge, als Folge von Klemmstellen und freien Bahnen zu verstehen. (Abb. 8.7)

In den Klemmstellen erfolgt eine Umformung der Stoffbahn dergestalt, daß ein Anpreßdruck p auf die Bahn wirkt. Die Antriebskraft f werde schlupffrei auf die Bahn übertragen, so daß das Kräftegleichgewicht

$$f = f_{(i-1)} - f_i \tag{8.1}$$

f_i : Zugkraft der Stoffbahn im Abschnitt *i*
$f_{(i-1)}$: Zugkraft der Stoffbahn im Abschnitt *(i-1)*

besteht. Das Volumen der Stoffbahn bleibt unabhängig von der Bearbeitung konstant, das dem Walzspalt in der Zeiteinheit zugeführte Volumen ist gleich dem abgeführten Volumen

$$v_{(i-1)} \cdot q_{(i-1)} = v_i \cdot q_i \tag{8.2}$$

q_i : Querschnitt der Stoffbahn im Abschnitt *i*
$q_{(i-1)}$: Querschnitt der Stoffbahn im Abschnitt *(i-1)*

Die Klemmstelle wird als unendlich kurz vorausgesetzt. Sie ist speicherfrei.

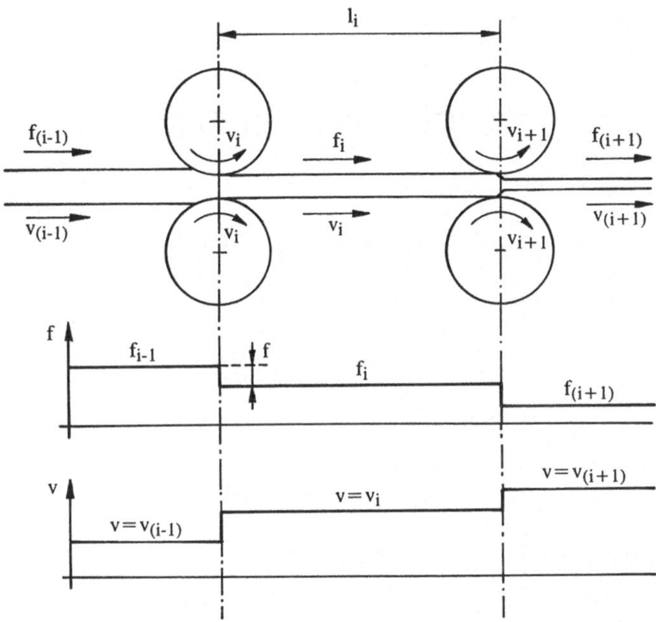

Abb. 8.7. Ausschnitt aus einem kontinuierlichen Fertigungsprozeß. Bilanz der Kräfte und des Stoffflusses

Im Unterschied dazu stellt die freie Bahn zwischen zwei Klemmstellen einen Massenspeicher dar. Unter Voraussetzung konstanter Dichte des Materials gilt das Volumengleichgewicht

$$v_i \cdot q_i - v_{(i+1)} \cdot q_{(i+1)} = \frac{d(q_i \cdot l_i)}{dt} \tag{8.3}$$

$v_i \cdot q_i$: zugeführtes Volumen in der Zeiteinheit

$v_{(i+1)} \cdot q_{(i+1)}$: abgeführtes Volumen in der Zeiteinheit

$d(q_i \cdot l_i)$: Volumenänderung der freien Bahn zwischen der Klemmstelle i und $(i+1)$

Es bestehen drei Möglichkeiten der Bahnführung zwischen den Klemmstellen i und $(i+1)$ (Abb. 8.8)

a) Die Bahnenlänge ist frei, über eine Tänzerwalze wird eine bestimmte Zugkraft fi eingestellt, diese bestimmt die Zugbeanspruchung σ und Dehnung ε der Bahn. Zustandsgröße ist die Länge der Bahn bzw. des Schlingendurchhangs. Sie folgt der Geschwindigkeitsdifferenz entsprechend einem I-Glied.

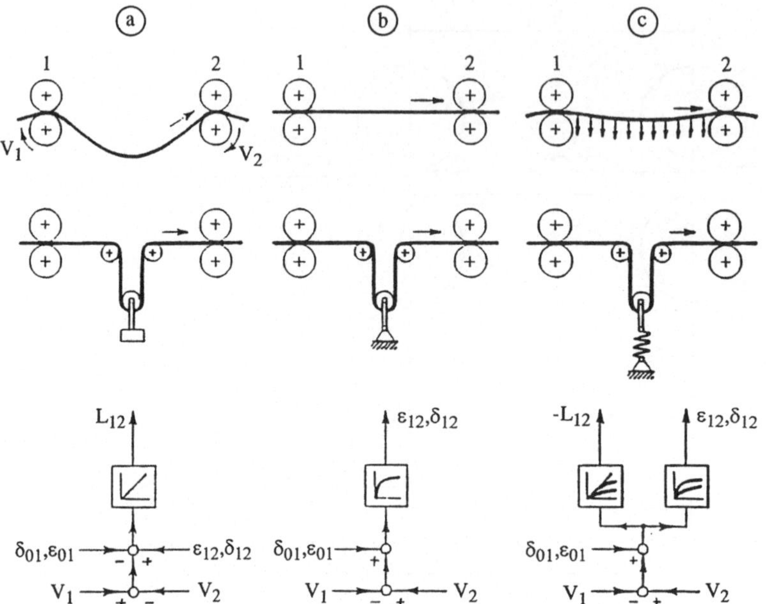

Abb. 8.8. Zum Übertragungsverhalten der Stoffbahn zwischen zwei Klemmpunkten
a) Freie Bahnlänge
b) Vorgegebene Bahnlänge
c) Veränderliche Bahnlänge

b) Die Bahnlänge ist konstant. Die Geschwindigkeitsdifferenz der Bahn in aufeinanderfolgenden Klemmstellen bestimmt die Dehnung ε, Zugbeanspruchung σ und Zugkraft f_i der Bahn. Zwischen Dehnung und Zugbeanspruchung besteht meist ein nichtlinearer Zusammenhang. Zustandsgröße ist die Dehnung ε der Bahn. Sie folgt der Geschwindigkeitsdifferenz entsprechend einem Proportionalglied mit Verzögerung 1. Ordnung.

c) Die Bahnlänge ist veränderlich. Zwischen Längenänderung und Zugkraft bestehen prozeßspezifische Zusammenhänge. Typisch ist ein System mit federgespannter Tänzerwalze. Zustandsgrößen sind sowohl die Längenänderung als auch die Änderung der Dehnung.

8.2.2 Steuerstrategien und Optimierungsansätze

Zu regeln sind die Bewegungen der Einzelantriebe im Systemverbund. Die für die Regelung wesentlichen Zustandsgrößen sind vom spezifischen Prozeß abhängig. In Warm- und Kaltwalzwerken, insbesondere auch in Haspeln, erfolgt eine Steuerung der Zugkraft durch Drehmomentsteuerung der Motoren. In Kunststoffkalandern erfolgt eine Steuerung der Dehnung durch Steuern des Geschwindigkeitsverhältnisses aufeinanderfolgender Antriebe. In Textilmaschinen, Papiermaschinen und ähnlichem erfolgt eine Steuerung der Bahnlänge.

Zwischen den Einzelantrieben sowie zwischen Einzelantrieben und einer Leiteinrichtung werden Führungsgrößen und Zustandsgrößen ausgetauscht. Die große räumliche Ausdehnung der Fertigungsanlage läßt die Anwendung einer Bussteuerung meist vorteilhaft erscheinen. Abb. 8.6.

Die Dynamik des Gesamtsystems wird durch die Verkopplung der Einzelantriebe durch die zwischen den Antrieben über das Arbeitsgut ausgetauschten Kräfte mitbestimmt. Betrachtet man in Abb. 8.9 die Drehzahlsignale $n_{(i-1)}$; n_i; $n_{(i+1)}$ als Komponenten eines Zustandsvektors des Systems, besteht die erste Optimierungsaufgabe in der Entkopplung dieser Komponenten. Mit Hilfe der Bahnkraftbeobachter Ob wird ein Signal gewonnen, das der Störgröße Zugkraft entspricht und auf den Eingang des Drehmomentreglers aufgeschaltet wird. Im Idealfall wird damit die Wechselwirkung der Kräfte kompensiert. In einem weiteren Optimierungsschritt wird es möglich, das Führungsverhalten des Gesamtsystems zu optimieren, so daß auch Anfahr- und Stillsetzvorgänge bei gleichguter Produktqualität beherrscht werden.

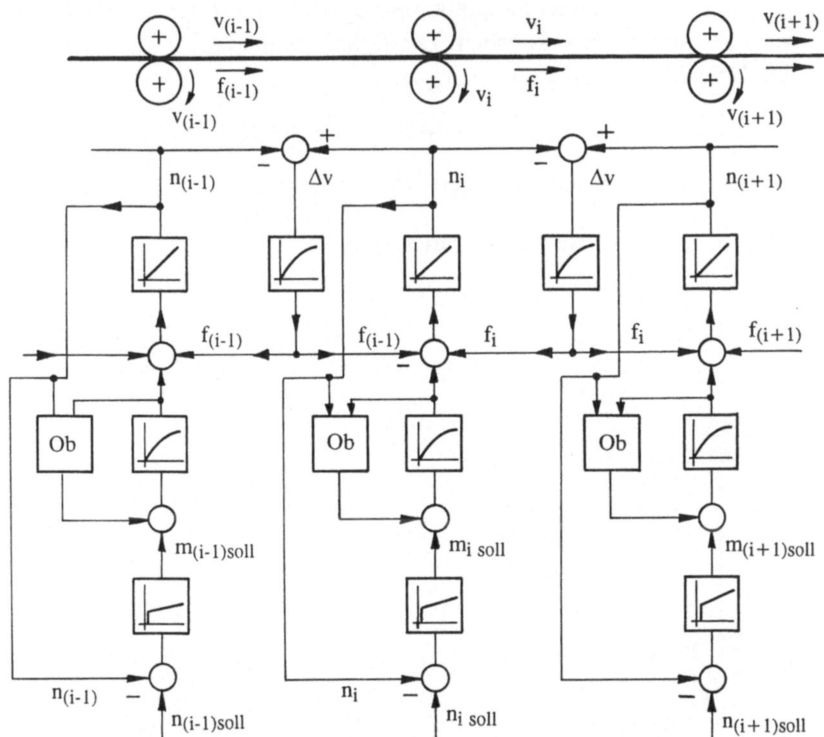

Abb. 8.9. Signalflußplan der Regelung eines kontinuierlichen Fertigungsprozesses, Kompensation der Koppelkräfte mit Hilfe von Beobachtern

8.3 Steuerung räumlicher Bewegungen

8.3.1 Funktionsbeschreibung

Roboter und Betätigungseinrichtungen dienen in diskontinuierlichen Fertigungsanlagen der Bewegung und Positionierung von Werkzeugen und Werkstücken. Die Einzelantriebe sind mit Bahnsteuerungen nach Abschnitt 6 ausgerüstet. Typisch ist die Überlagerung zeitlich parallel ablaufender Einzelbewegungen zu einer resultierenden Bewegung im Raum. Die zu fahrenden Bahn ist in kartesischen Raumkoordinaten gegeben. Die Realisierung des Bahnverlaufs erfolgt durch Gelenkantriebe, d. h. in einem Polarkoordianatensystem. Daraus folgt die Notwendigkeit einer Koordinatentransformation. Neben dem Bahnverlauf selbst muß ein Geschwindigkeitsprofil der Bewegung festgelegt werden, das die kinematischen und dynamischen Möglichkeiten des mechanischen Übertragungssystems berücksichtigt. Die Einzelbewegungen sind von der unterschiedlichen Belastung des Roboters und vom Arbeitspunkt im Raum abhängig. Sie beeinflussen sich gegenseitig durch Fliehkräfte und Corioliskräfte.

Für die drei Hauptachsen eines Gelenkroboters veranschaulicht Abb. 8.10 die Koordinatentransformation. Die eingebauten elektrischen Antriebe bewirken eine Drehbewegung um φ_1 : eine Neigebewegung um φ_2 und eine Neigebewegung um φ_3. Die Armlängen r_2 und r_3 seien konstant. Die Bahnkoordinaten x_1, x_2, x_3 berechnen sich aus den Gelenkkoordinaten φ_1, φ_2, φ_3 zu

$$x_1 = -[r_2 \cdot \cos\varphi_2 + r_3 \cos(\varphi_2 + \varphi_3)] \cdot \cos\varphi_1 \tag{8.4}$$

$$x_2 = -[r_2 \cdot \cos\varphi_2 + r_3 \cos(\varphi_2 + \varphi_3)] \cdot \sin\varphi_1 \tag{8.5}$$

$$x_3 = -r_2 \cdot \sin\varphi_2 + r_3 \cdot \sin(\varphi_2 + \varphi_3) \tag{8.6}$$

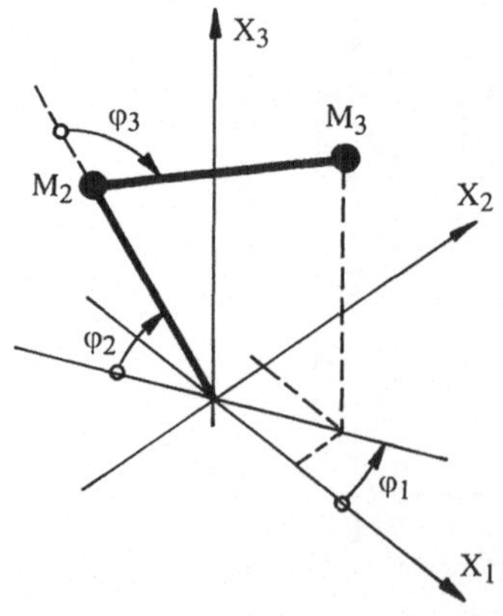

Abb. 8.10. Transformation der Gelenkkoordinaten φ_1; φ_2; φ_3 in die Bahnkoordinaten x_1; x_2; x_3 für die Hauptachse eines Gelenkroboters

In Bezug auf die Drehbewegungen um die Gelenkte sind Trägheitsmomente wirksam, die sich aus einem konstanten Anteil J_{01}; J_{02}; J_{03} und einem von der Stellung des Roboters abhängigem Anteil zusammensetzen.

$$J_1 = M_2[r_2 \cos\varphi_2]^2 + M_3[r_2 \cos\varphi_2 + r_3 \cos(\varphi_2 + \varphi_3)]^2 + J_{01} \tag{8.7}$$

$$J_2 = M_2 r_2^2 + M_3[r_2^2 + r_3^2 + 2 r_2 r_3 \cos\varphi_3] + J_{02} \tag{8.8}$$

$$J_3 = M_3 r_3^2 + J_{03} \tag{8.9}$$

Dementsprechend sind auch die Zentrifugalkräfte und die Korioliskräfte von der Stellung des Roboters abhängig. Für einen Roboter mit nur einer Rotations- und einer Translationsachse veranschaulicht Abb. 8.11 die Verkopplungen.

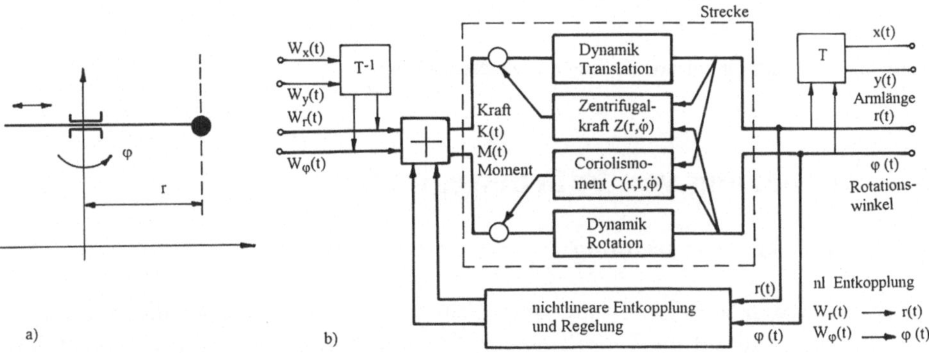

Abb. 8.11. Verkopplung von Rotations- und Translationsbewegung eines Industrieroboters
a) Koordinatendefinition
b) Blockdiagramm

8.3.2 Steuerstrategien und Optimierungsansätze

Die Steuerung eines hochwertigen Roboterantriebs umfaßt folgende Teilfunktionen (Abb. 8.12)

- Regelung der Achsbewegung φ im Gelenkkoordinatensystem
- Kompensation der Bahnfehler durch Aufschalten eines Korrektursignals. Dieses wird in einem inversen Modell der Regelstrecke gebildet.
- Regelung der Bewegung in kartesischen Koordinaten und Ableitung der Führungsgröße des Winkel φ_{soll}.
- Erzeugung der Führungsgröße x_{soll} durch Interpolation unter Berücksichtigung dynamischer Begrenzungen
- Bahnplanung und Berechnung der Eckdaten der gewünschten Bahn.

Die Struktur vereinfacht sich bei einfachen Roboterantrieben, bei denen die Einzelbewegungen als entkoppelt angesehen werden können.

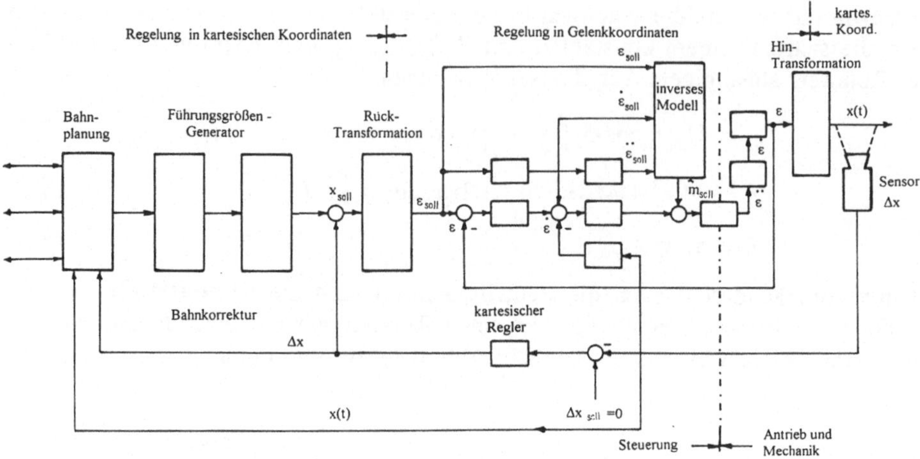

Abb. 8.12. Struktur einer hochwertigen Robotersteuerung

8.4 Steuerung von Fahrbewegungen

8.4.1 Funktionsbeschreibung

Fahrbewegungen auf der Straße oder Schiene sind gebunden an die Kraftübertragung vom Rad auf die Unterlage. Die Steuerung dieser Kraft, ihre vollständige Ausnutzung und ihre Begrenzung auf Werte, die der Reibschluß zwischen Rad und Unterlage zuläßt, ist die zentrale Aufgabe.
Gebräuchlich sind

Zentralantriebe
Achsantriebe
Einzelradantriebe

In Schienenfahrzeugen finden vorzugsweise Achsantriebe in Tatzlagerbauart Anwendung. Abb. 8.14. Der Motor ist einseitig auf der Treibradachse gelagert und federnd aufgehängt. Motor und mechanische Übertragungseinrichtung bilden eine schwingungsfähige Einheit, die aus der Sicht zu erwartender Belastungsstöße zu optimieren ist.

In Straßenfahrzeugen vollzieht sich ein Übergang vom Zentralantrieb, der bei Anwendung von Verbrennungsmotoren gebräuchlich ist, zum Einzelradantrieb (Abb. 8.13). Der Einzelradantrieb ermöglicht progressive Fahrzeuglösungen. Er ist eine konstruktive Einheit aus Motor, Getriebe, Radnabe. Die Gesamtmasse sollte klein sein, denn sie ist ungefedert in Bezug auf die Fahrbahn. Die Energieversorgung von Schienenfahrzeugen erfolgt über eine längere Fahrleitung. Diese wirkt in Bezug auf den Antrieb als eine Spannungsquelle mit arbeitspunktabhängigen Parametern. Es entsteht eine gegenseitige Beeinflussung parallel arbeitender Antriebe. Das Bordnetz von Straßenfahrzeugen (Abb. 8.15) ist ebenfalls ein "schwaches

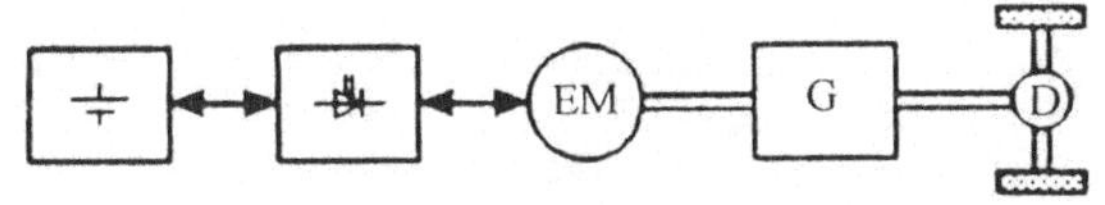

a) Batterie Steller Elektromotor Schalt-Getriebe Differential

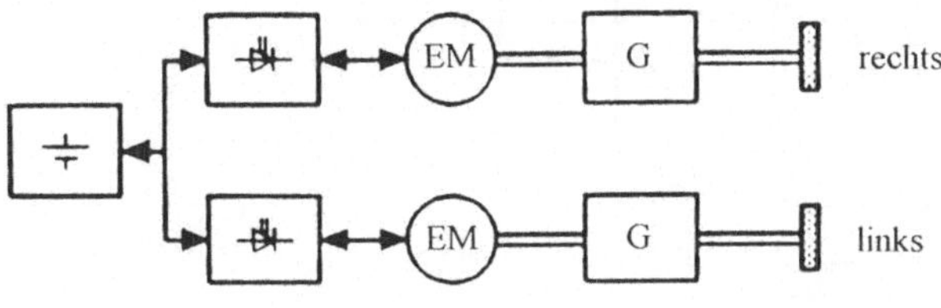

b) Batterie Steller Elektromotor Getriebe Räder

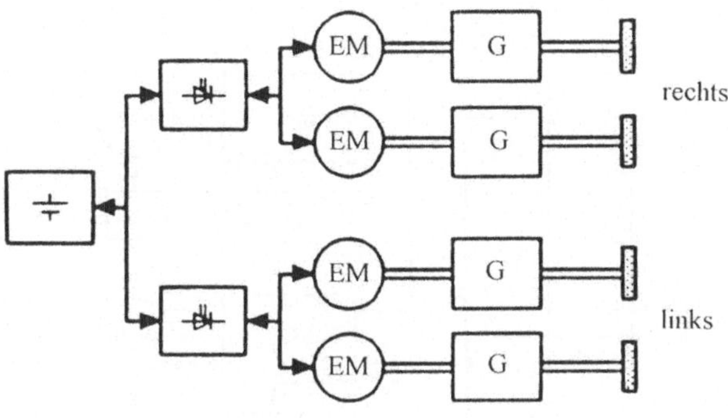

c) Batterie Steller Elektromotor Getriebe Räder

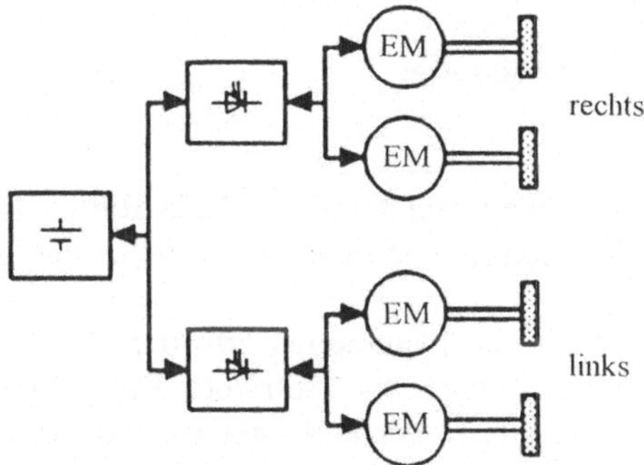

d) Batterie Steller Elektromotor Räder

Abb. 8.13. Antriebsprinzipien für Elektrostraßenfahrzeuge
a) Einmotorenantrieb
b) Zweimotoren-Einzelradantrieb
c) Viermotoren-Einzelradantrieb
d) Viermotoren-Einzelraddirektantrieb

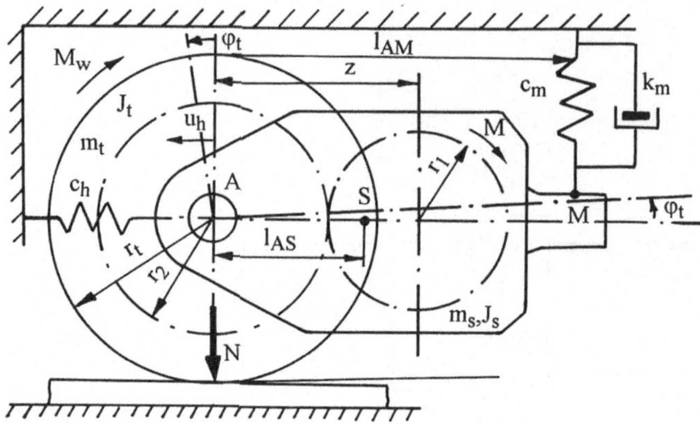

Abb. 8.14. Schwingungsmodell eines Tatzlagerantriebs

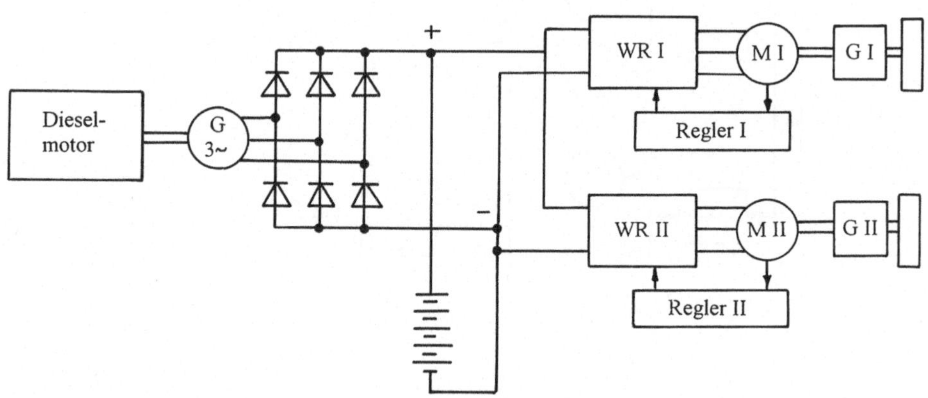

Abb. 8.15. Bordspannungquelle eines Hybridstraßenfahrzeugs

Netz" mit erheblichen ohmisch-induktiven Innenwiderständen. Eine Batterie dient der Stabilisierung des Netzes, stellt aber selbst eine Spannungsquelle mit nichtlinearem Innenwiderstand dar.

Der energiewirtschaftlich günstige Betrieb von Fahrzeugen erfordert die verlustfreie Steuerung der Anfahr- und Bremsvorgänge der Antriebe. Da jedoch die Energieaufnahmefähigkeit des Netzes nicht immer gewährleistet ist, muß in jedem Falle eine netzunabhängige Bremse vorgesehen werden.

Der Parallelbetrieb mehrerer Motoren bei Einzelradantrieb oder Einzelachsantrieb führt zu einer Belastungsaufteilung. Diese ist ungleichmäßig

- durch Achsentlastung bei mehreren angetriebenen Achsen, bedingt durch den höher gelegenen Angriffspunkt der Zugkraft (Abb. 8.16)
- durch Kurvenfahrt bei Straßenfahrzeugen
- durch Parameterdifferenzen der Motoren

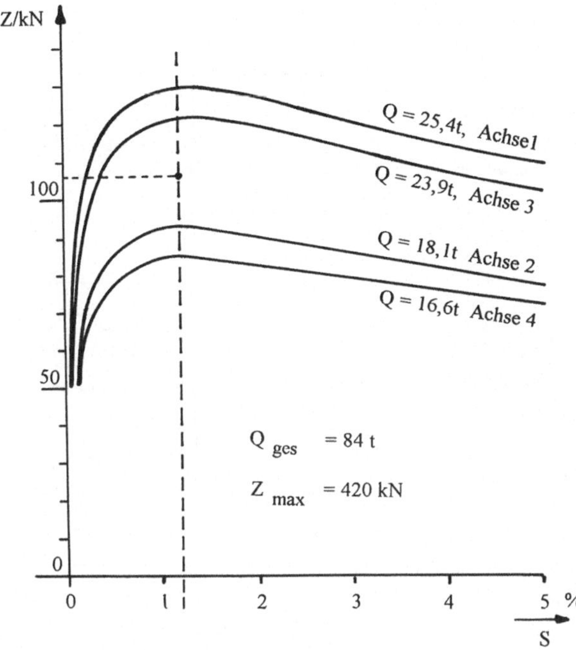

Abb. 8.16. Zugkräfte eine Lokomotive bei Achsentlastung, gültig für sehr trockene Schienen.
Lokomotivgewicht Q_{ges}. = 84 t
maxiamle Gesamtzugkraft Z_{max} = 420 kN

$Z_{Lok} = f_s \cdot Q_{ges}$; $f_s = 0{,}5$ für sehr trockene Schienen

Achsfolge in Fahrtrichtung: 4 - 3 - 2 - 1

– durch Unterschiede der Raddurchmesser
– durch ungenügenden Reibschluß einzelner Motoren.

8.4.2 Steuerstrategien

Zentrales Problem ist die Zugkraftsteuerung durch Drehmomenteinprägung (vergl. Abschn. 5.6).

Feldorientierte Regelung bzw. direkte Selbstregelung gewährleistet die volle Ausnutzung des Motors auch im dynamischen Betrieb und die weitgehend verzögerungsfreie Steuerung des Drehmoments. Häufig werden in Triebfahrzeugen zwei Motoren parallel aus einem Wechselrichter gespeist (Abb. 8.17). Diese Motoren haben exakt gleiche Umlaufgeschwindigkeit des Drehfeldes, sind jedoch nicht getrennt steuerbar. Der feldorientierten Regelung wird ein mittlerer Rotorfluß zugrunde gelegt, dessen Signal von einem entsprechenden Maschinenmodell geliefert wird. Die Drehmoment-Begrenzungsregelung bezieht sich auf das jeweils größere der Motormomente.

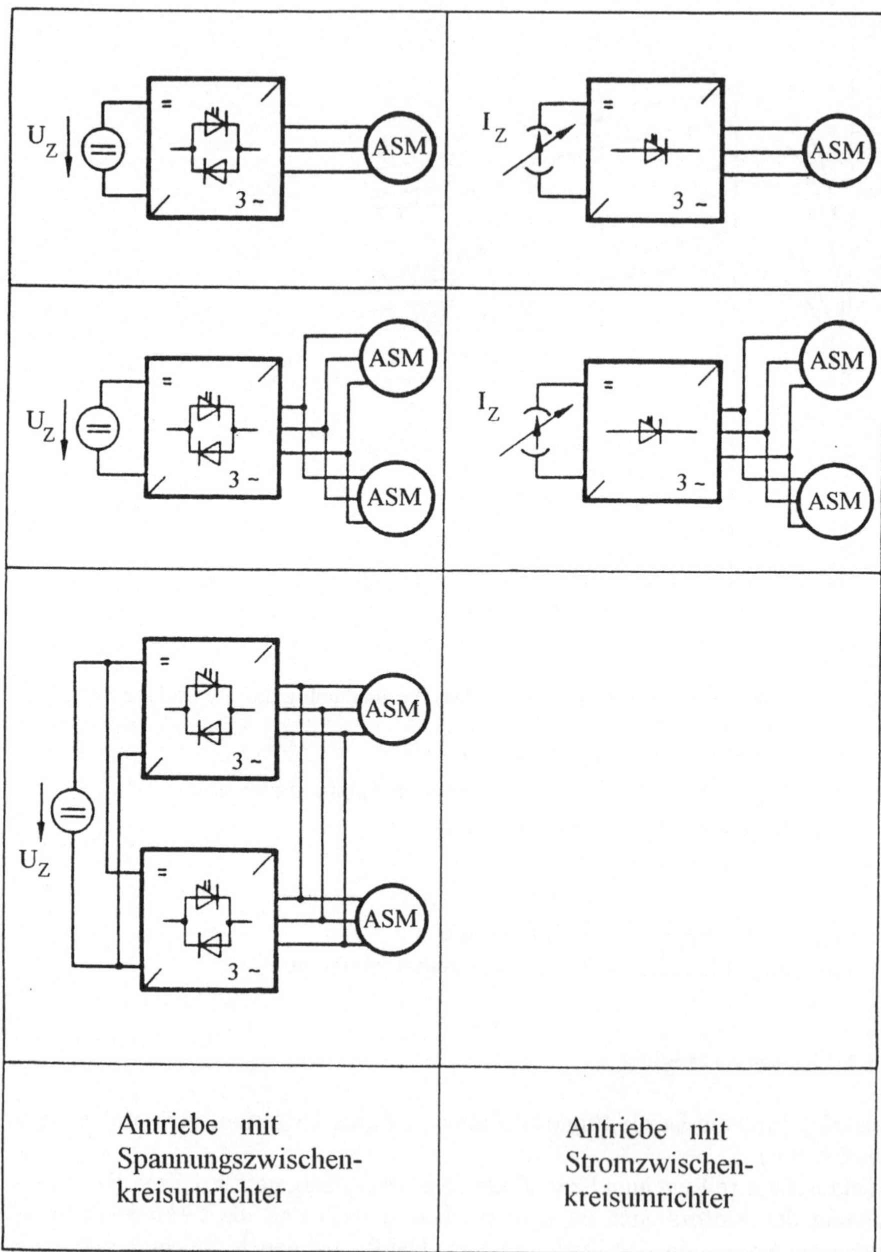

Abb. 8.17. Parallelbetrieb von Fahrmotoren am Wechselrichter

Nur bei Einzelspeisung der Motoren ist eine unabhängige Regelung der Einzelantriebe möglich.

Als Beispiel zeigt Abb. 8.18 die Prinzipschaltung der Steuerung eines Lokomotiv-Drehgestells. Obwohl jeder Antrieb über einen eigenen Wechselrichter gespeist wird, ist aus Redundanzgründen eine Parallelverbindung der Gleichspannungszwischenkreise und eine Parallelverbindung der Motoren vorgesehen.

Eine wichtige Aufgabe bei modernen Triebfahrzeugen ist die Radschlupfregelung mit dem Ziel einer vollen Ausnutzung des Reibschlusses. Der Schlupf zwischen Rad und Schiene kann gemessen werden als Differenz der Umfangsgeschwindigkeit des Treibrades V_T und der Fahrzeuggeschwindigkeit V_F. Die Fahrzeuggeschwindigkeit F_V könnte beispielsweise mit einem Laufrad gemessen werden, das schlupffrei auf der Schiene läuft. Anstelle dieser wenig robusten Konstruktion findet eine "Pseudolaufachse" Anwendung, eine elektronische Schaltung, die das Signal V_P zur Verfügung stellt, das mit hinreichender Genauigkeit der Fahrzeuggeschwindigkeit

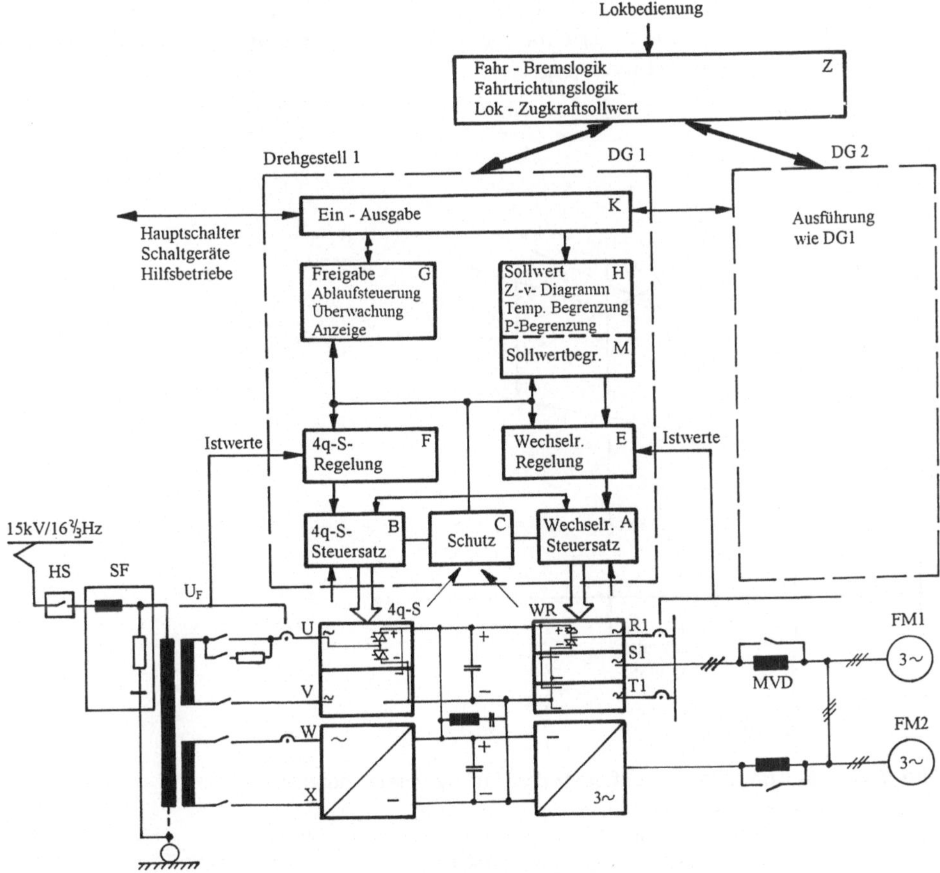

Abb. 8.18. Prinzipschaltbild einer Drehgestellsteuerung

V_F entspricht. Maximale Kraftübertragung über den Rad-Schiene-Kontakt erfolgt, wenn

$$V_T\text{-}V_F=\Delta V$$

ist. Überschreitet V_T diesen Grenzwert, tritt Schleudern ein. In Abb. 8.19 ist das als instabiler Bereich gekennzeichnet. Beginnend mit dem Schleudereinsatz erzeugt die Pseudolaufachse, eine Extrapolationsschaltung, das Signal $V_P \approx V_F + \Delta V$. Die Differenzdrehzahl Δn wird gemessen und zur schnellen Reduktion der Zugkraft genutzt Abb. 8.20 zeigt ein Blockschaltbild der Regelung [8.32]

Die Steuerung des Triebfahrzeuges ist nach einem hierarchischen Prinzip entsprechend Abschn. 8.1 aufgebaut. Es finden anwendungsspezifische Bus-Systeme Anwendung. Für Straßenfahrzeuge wurde speziell der CAN-Bus entwickelt. Ein besonderes Problem auf Triebfahrzeugen ist wegen der kompakten Bauweise die Gefahr der elektromagnetischen Störbeeinflussung. In einem Ausführungsbeispiel nach Abb. 8.21 wurden definierte Ebenen der Signalverarbeitung eingeführt, die über Optokoppler potentialgetrennt sind. In einem Außenbereich AB werden zur Singalübertragung ausschließlich Lichtwellenleiter eingesetzt. In einem Innenbereich IB und im gesamten Triebfahrzeug finden voneinander potential-getrennte elektrische Bussysteme Anwendung.

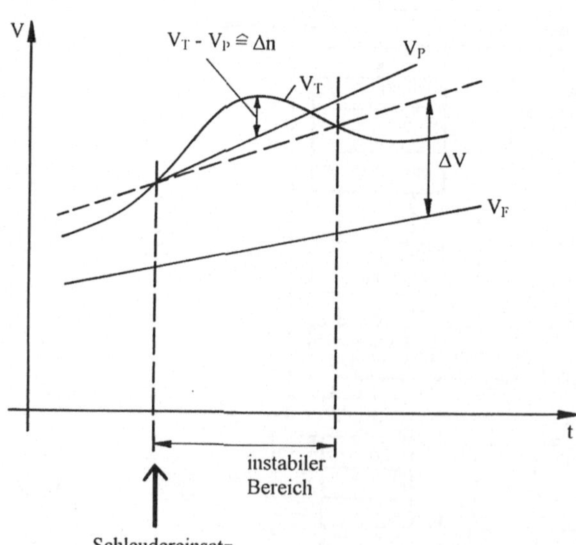

Abb. 8.19. Zur Ermittlung der Differenz der Umfangsgeschwindigkeiten Treibrad-Pseudolaufrad
V_F: Fahrgeschwindigkeit
V_T: Umfangsgeschwindigkeit der Treibachse
V_P:. Geschwindigkeit der Pseudolaufachse
ΔV: Differenzgeschwindigkeit entsprechend dem Zugkraftmaximum

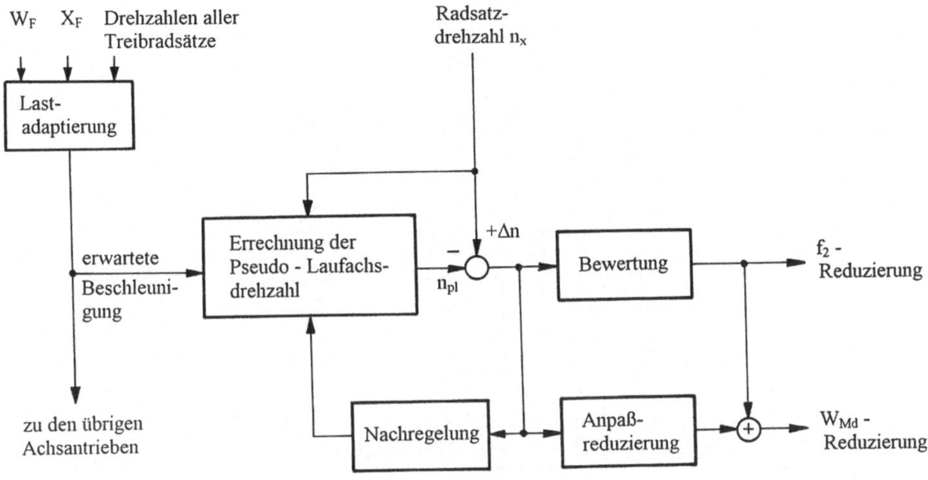

Abb. 8.20. Kraftschlußoptimale Radschlupfregelung für Lokomotiven mit Drehstromantrieb; Blockschaltbild für einen Treibradsatz [8.32]

Beispiel 8: Analyse und Beschreibung des Bewegungsablaufs einer Schlauchbeutelmaschine

Als Beispiel wird der Bewegungsablauf einer Schlauchbeutelmaschine (Abb. 8.22) zum dosierten Abpacken von pulverförmigen oder flüssigen Substanzen gewählt. Zeitablaufdiagramm und Funktionsplan sind in Abb. 8.23 bzw. 8.24 dargestellt.
Es existieren neun Zustände und dreizehn Ereignisse.
Die verschiedenen Bewegungszellen und Sensoren bzw. Bedienelemente werden wie folgt definiert:

Bewegungszellen

A	- Antrieb A1	- Packmittelvorabzug - Packmittelhauptabzug - Längsnahtfügeeinrichtung
B	- Antrieb A2	- Quernahtfügeeinrichtung - Beuteltrennvorrichtung
C	- Antrieb A3	- Dosiereinrichtung

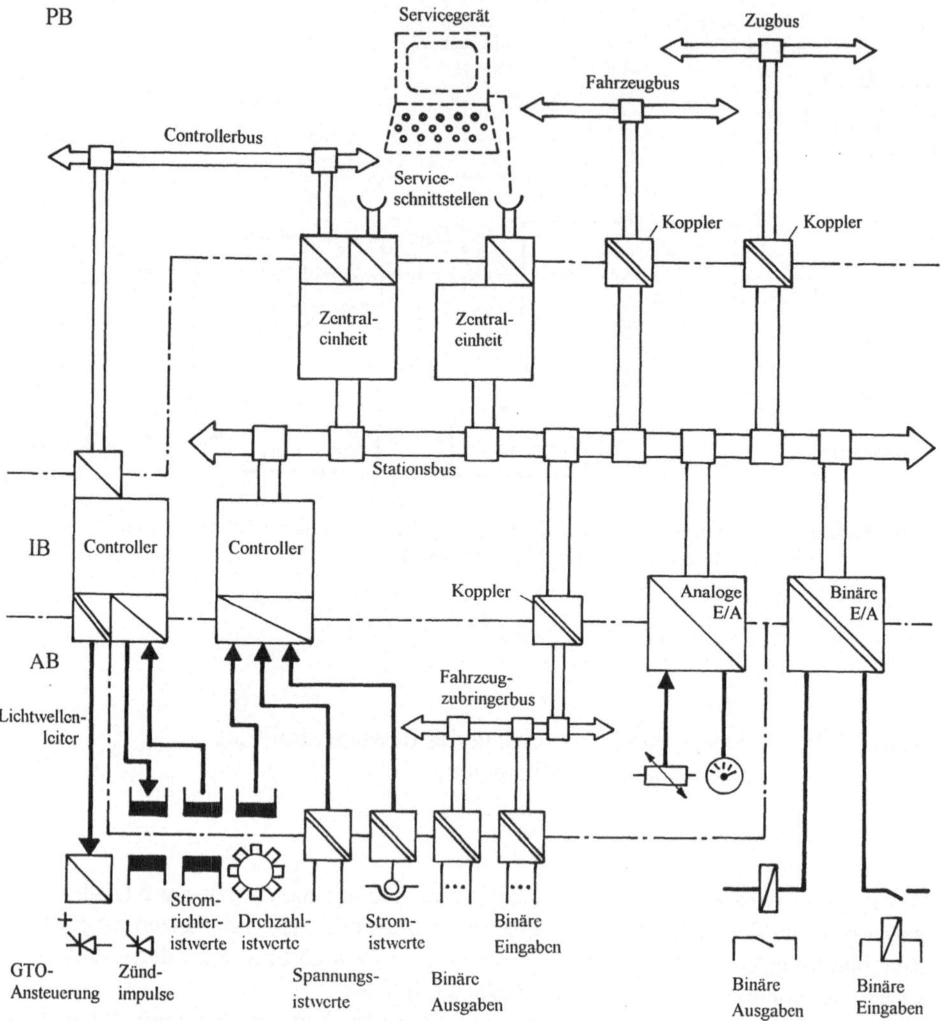

Abb. 8.21. Funktionsbereiche der Signalübertragung in einem Triebfahrzeug [8.34]
IB: Innerer Bereich
PB: Peripherer Bereich
AB: Äußerer Bereich

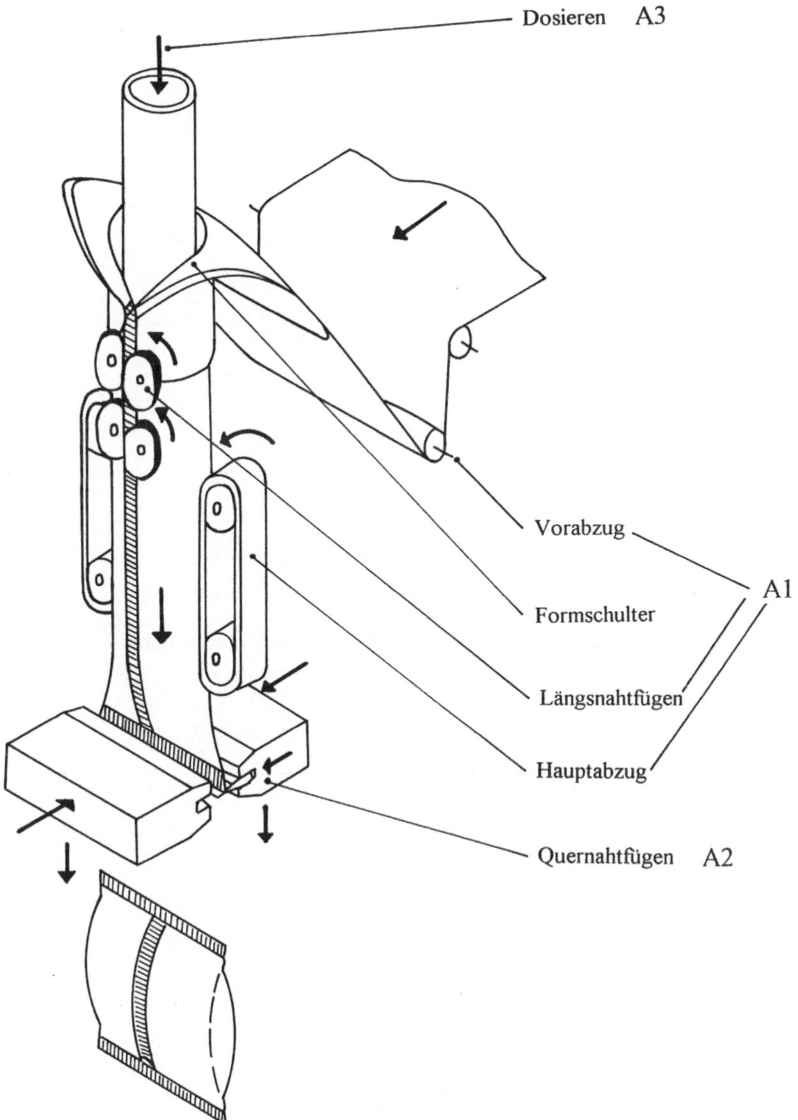

Abb. 8.22. Technisches Prinzip einer Schlauchbeutelmaschine in vertikaler Bauweise

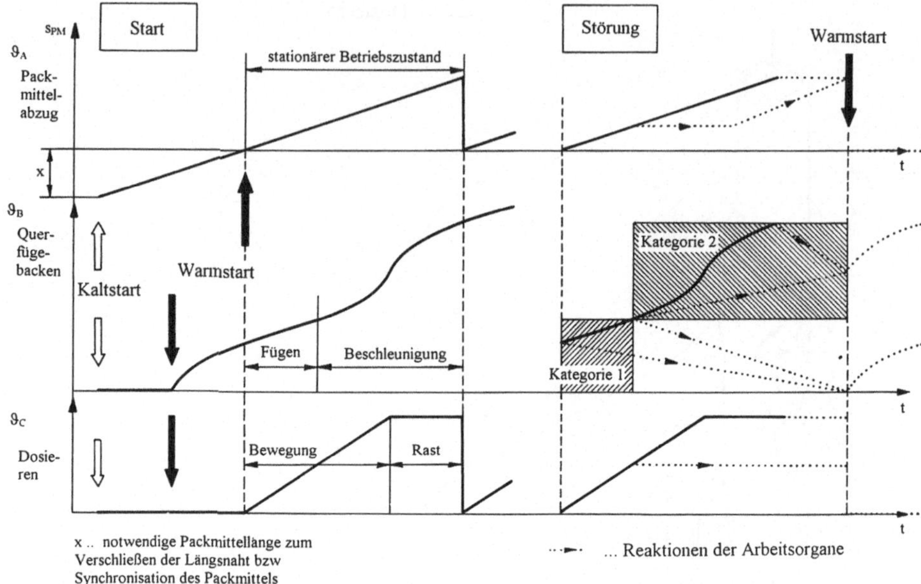

Abb. 8.23. Zeitablaufdiagramm des Bewegungsablaufs einer Schlauchbeutelmaschine

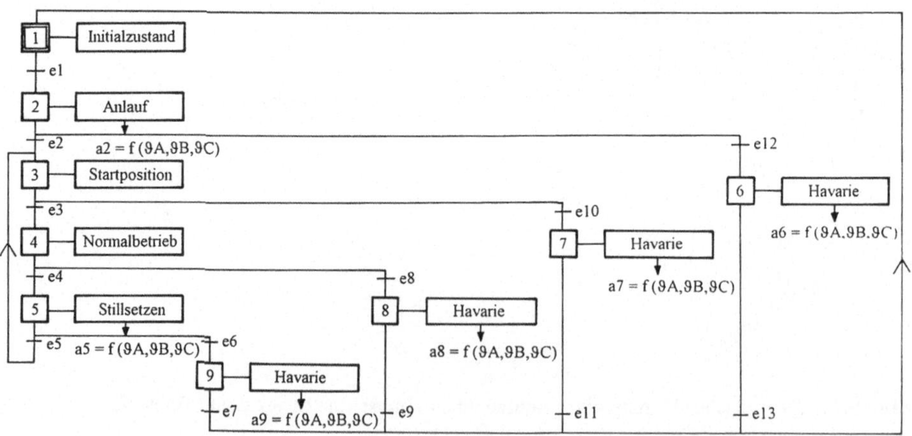

Abb. 8.24. Ereignis-Zustandsnetz, dargestellt als Funktionsplan, des Bewegungsablaufs einer Schlauchbeutelmaschine (Grobdarstellung)

Sensoren bzw. äußere Steuersignale

in den Bewegungszellen gebildete Steuersignale

s_1 - ω_A bzw. $\Delta\theta_A$ Lage- bzw. Geschwindigkeitsregelabweichung im Rechner
s_2 - ω_B bzw. $\Delta\theta_B$ Lage- bzw. Geschwindigkeitsregelabweichung im Rechner
s_3 - ω_C bzw. $\Delta\theta_C$ Lage- bzw. Geschwindigkeitsregelabweichung im Rechner
s_4 - m_A bzw. - Momentregelabweichung im Rechner
s_5 - m_B bzw. - Momentregelabweichung im Rechner
s_6 - m_C bzw. - Momentregelabweichung im Rechner

im System gebildete Steuersignale

s_7 - Schwinge in Packmittelzuführung zur Überwachung der Bahnspannung: Bahnspannung vorhanden? (J/N)
s_8 - Dosiergut vorhanden? (J/N)
s_9 - Temperatur der Quernahtfügeeinrichtung in Ordnung (J/N)
s_{10} - Temperatur der Längsnahtfügeeinrichtung in Ordnung (J/N)
s_{11} - abgepackte Beutel in Ordnung (J/N)
s_{12} - Sichtprüfung/Prozeßüberwachung in Ordnung (J/N)
s_{13} - kein allgemeiner Notaus (J/N)

s_{14} - Start
s_{15} - Stop

Es wird festgelegt, daß s_{14} und s_{15} nicht gleichzeitig aktiv sein können.
Als Ausgangsereignisse der Aktionen in den Zuständen werden die Positionen der Antriebe in den Bewegungen A, B und C bzw. deren Abbildungen nach der Zeit verwendet.

$$\underline{a} = f\left(\vartheta_A, \vartheta_B \vartheta_C d\vartheta_A / dt, d\vartheta_B / dt, d\vartheta_C / dt\right)$$

Ein Ereignis kann allgemein wie folgt beschrieben werden:

$$e_m = f\left(s_i, a_i\right)$$

Die Ereignisse der vorliegenden Struktur können in drei Gruppen unterteilt werden:

- Normalereignisse : Übergang von einem Normalzustand des Systems in einen folgenden Normalzustand e_1, e_2, e_3, e_4, e_5

- Fehlerereignisse : Übergang von einem Normalzustand des Systems in einen Fehlerzustand e_6, e_8, e_{10}, e_{12}

- Rücksetzereignisse: Übergang von einem Fehlerzustand des Systems in einen Normalzustand e_7, e_9, e_{11}, e_{13}

Bei der Logikdefinition "kein Fehler = 0" bzw. "Fehler = 1" gilt:

$$e_{error} = e_6, e_8, e_{10}, e_{12} = s_1 + s_2 + \ldots + s_{12} + s_{13}$$

Für alle Normalereignisse muß folglich gelten:

$$e_n = f(s_i, a_i) \cdot \overline{e}_{error}$$

Die Ereignisse des Gesamtablaufs sind wie folgt definiert:

$$e_1 = s_{14} \cdot \overline{e}_{error}$$

$$e_2 = a_2 \cdot \overline{e}_{error}$$

$$a_2 = (\vartheta_A = \text{Warmstart}) \cdot (\vartheta_B = \text{Warmstart}) \cdot (\vartheta_C = \text{Warmstart})$$

$$e_3 = s_{14} \cdot \overline{e}_{error}$$

$$e_4 = s_{15} \cdot \overline{e}_{error}$$

$$e_5 = a_5 \cdot \overline{e}_{error}$$

$$a_5 = (\vartheta_A = \text{Warmstart}) \cdot (\vartheta_B = \text{Warmstart}) \cdot (\vartheta_C = \text{Warmstart})$$

$$e_6, e_8, e_{10}, e_{12} = \overline{e}_{error}$$

$$e_7, e_9, e_{11}, e_{13} = (a_6 \ldots a_9) \cdot \overline{e}_{error}$$

$$a_6 \ldots a_9 = f(\vartheta_A, \vartheta_B, \vartheta_C)$$

Die Zustände können folgendermaßen beschrieben werden:

Initialzustand

$$\underline{q_1} = \begin{pmatrix} q_{1A} = bel.const. \\ q_{1B} = bel.const. \\ q_{1C} = bel.const. \end{pmatrix}$$

Anlauf

$$\underline{q_2} = \begin{pmatrix} q_{2A} = f(t) \\ q_{2B} = f(t) \\ q_{2C} = f(t) \end{pmatrix}$$

Startposition

$$\underline{q_3} = \begin{pmatrix} q_{3A} = def.const. \\ q_{3B} = def.const. \\ q_{3C} = def.const. \end{pmatrix}$$

Normalbetrieb

$$\underline{q_4} = \begin{pmatrix} q_{4A} = f(t) \\ q_{4B} = f(t) \\ q_{4C} = f(t) \end{pmatrix}$$

Stillsetzen

$$\underline{q_5} = \begin{pmatrix} q_{5A} = f(t) \\ q_{5B} = f(t) \\ q_{5C} = f(t) \end{pmatrix}$$

Havarie

$$\underline{q_6} \cdots \underline{q_9} = \begin{pmatrix} q_{6A\,...\,9A} = f(t) \\ q_{6B\,...\,9B} = f(t) \\ q_{6C\,...\,9C} = f(t) \end{pmatrix}$$

Literaturverzeichnis

Das Schrifttum zum Fachgebiet ist außerordentlich umfangreich und kann keinesfalls vollständig angegeben werden. Das Literaturverzeichnis beschränkt sich daher auf einige neuere Veröffentlichungen, in denen meist weitere Arbeiten zitiert werden. Die Entwicklung des Fachgebietes spiegelt sich in folgenden Konferenzen wieder:

- European Conference on Power Electronics and Applications
- Power Conversion and Intelligent Motion Conference, Nürnberg
- SPS - IPC - DRIVES - Konferenz, Sindelfingen bei Stuttgart

Bücher

Botho, - Neuro-Fuzzy-Methoden
Springer Verlag 1995

Bühler, H. - Einführung in die Theorie geregelter Drehstromantriebe Bd 1/2
Birkhäuser Verlag Basel und Stuttgart 1977

Desoyer, K.; Kopacek, P.; Trock, J.
Industrieroboter und Handhabungsgeräte
R. Oldenbourg Verlag München, Wien 1985

Dote, Yasukiko - Servo Motor and Motion Control Using Digital Signal Processors
Texas Instruments Japan Ltd. 1990

Lappe, R. - Leistungselektronik, Grundlagen, Stromversorgung, Antriebe
5. Auflage
Verlag Technik Berlin 1994

Leonhard, W. - Digitale Signalverarbeitung in der Meß- und Regelungstechnik
B. G. Teubner, Stuttgart 1989

Meyer, M. - Elektrische Antriebstechnik Bd 1/2
Springer Verlag Berlin, Heidelberg, New York, Tokyo 1987

Murphy, J. M. D.; Turnball
Power Electronic Control of AC Motors
Pergamon Press 1988

Müller, G. - Grundlagen elektrischer Maschinen,
VCH Verlagsgesellschaft mbH Weinheim, New York, Basel,
Cambridge und Tokyo 1994

Quang, Nguyen, Phung
Praxis der feldorientierten Drehstromantriebsregelung
Expert-Verlag, Ehningen bei Böblingen 1993

Schönfeld, R.; Habiger, E.
Automatisierte Elektroantriebe 3. Auflage
VEB Verlag Technik Berlin 1990

Schönfeld, R. - Digitale Regelung elektrischer Antriebe
VEB Verlag Technik Berlin 2. Auflage 1989

Schröder, D. - Elektrische Antriebe 1, Grundlagen
Springer Verlag Berlin, Heidelberg, New York 1994

Seefried, E.; Müller, G.
Frequenzgesteuerte Drehstrom-Asynchronantriebe
VEB Verlag Technik Berlin 1988

Späth, H. - Steuerverfahren für Drehstrommaschinen, Theoretische Grundlagen
Springer Verlag Berlin, Heidelberg, New York, Tokyo 1983

Vogel, J. - Elektrische Antriebstechnik
Hüthig Buch Verlag 5. Auflage 1991

Abschnitt 1

[1.1] IEC 1131-3
Programmable Controllers, Part 3
Programming Languages

[1.2] DIN 40719, Teil 6
Schaltungsunterlagen, Regeln für Funktionspläne
Deutsches Institut für Normung, Februar 1992

[1.3] David, R.; Alla, H.:
Petri Nets and Grafcet, Tools for modelling discrete event systems
Prentice Hall International 1992

[1.4] Habiger, E.; Brunner, R.; Köhler, M.:
SPS-Programmiersystem nach IEC 1131-3, Konzept und Leistungsumfang
SPS-IPC-DRIVES Sindelfingen, 1992, S. 115-122

[1.5] Müller, F.:
Bewegungssteuerung in Verarbeitungsmaschinen mittels
dezentraler Servoantriebssysteme
Diss. Technische Universtität Dresden, Fakultät Elektrotechnik, 1993

[1.6] Müller, F.:
Neue Möglichkeiten zur Steuerung von Bewegungsabläufen in
Verarbeitungsmasschinen
Technische Universität Dresden, Fachtagung Automatisierung, Februar 1992

[1.7] Weile, F.:
Verbesserung der Maschinenanpassung an den Verpackungsprozeß
mittels digitaler Simulation
Verpackungsrundschau 44 (1993), H. 1. Wiss.-techn. Beilage, S. 1-7

[1.8] Schönfeld, R.; Franke, M.; Hasan, H.; Müller, F.:
Intelligent drives in systems with decentralized Intelligence
5th European Conference on Power Electronics and Applikation, Brighton, 1993,
Conference Publication vol. 5. Page 489-494

[1.9] Franke, M.:
Aspekte der Bewegungssteuerung in Verpackungsmaschinen
SPS-IPC-DRIVES Sindelfingen, 1993, S. 493-499

[1.10] Schönfeld, R.:
Bewegungssteuerungen in Be- und Verarbeitungsmaschinen,
Aufgabenstellung und Lösungssätze
SPS-IPC-DRIVES Sindelfingen, 1993, Tagungsband Seite 483-492

[1.11] Stange, H.:
Bewegungsanforderungen bei Verarbeitungsmaschinen
SPS-IPC-DRIVES Sindelfingen, 1994, Tagungsband Seite 359-378

Abschnitt 2

[2.1] DIN/VDE 0530
Drehende elektrische Maschinen, Bemessungsdaten und Betriebsweise Juli 1991

[2.2] Berger, Th.:
Dimensionierung von Drehstrom-Kurzschlußläufermotoren für periodischen Betrieb mit Einfluß des Anlaufs und der Bremsung auf die Erwärmung
Elektrie 28 (1974) H. 5, S. 261

[2.3] Berger, Th.:
Analyse des Spielverlaufs als Grundlage für die Motordimensionierung
Elektrie 28 (1974) H. 9, S. 481

[2.4] Grotstollen, H.:
Zusammenhänge und Kennwerte bei der Bemessung beschleunigungsoptimaler Antriebe
ETZ-A 95 (1974) H. 12, S. 663

[2.5] Vogel, J.:
Wicklungserwärmung elektrischer Maschinen im nichtstationären Betrieb
Elektrie 37 (1983) H. 1, S. 19-20

[2.6] Vogel, J.:
Die Systemelemente des Zweikomponentenmodells
Elektrie 37 (1983) H. 2, S. 74 und 75

[2.7] Vogel, J.:
Digitale Typenleistungsbestimmung elektrischer Maschinen auf der Grundlage thermischer Beanspruchungen
Elektrie 37 (1983) H. 12, S. 621-622

Abschnitt 3

[3.1] DIN 41756
Belastung von Stromrichtern

[3.2] DIN VDE 0558 07.87
Halbleiterstromrichter

[3.3] DIN VDE 0559 11.87
Stromrichter auf Bahnfahrzeugen

[3.4] Lutz, R. V.:
Bestimmung des statischen und dynamischen Betriebsverhaltens von Stromrichterschaltungen AfE 70 (1987), S. 39-48

[3.5] Bordy, F.; Martins, D.:
Simulation of power electronic systems-computational method using variable step
1. EPE Brüssel (1985) H. 1, S. 2.143

[3.6] van Wyk, J. D.; Skudelny, H.; Müller-Hellmann, A.:
Power electronics control of the electro-mechanical energy conversion process and some applications.
IEEE-Proc. Vol. 133, Pt. B N° 6 Nov. 86, S. 369-399

[3.7] Cheung, R. W. Y.; Lavers, J. D.:
A Basis-transformed State Space Formulation for the Analysis of Controlled Rectifiers Under Ideal and Steady-State Conditions,
IEEE-Trans. Power Systems PW RS-1 N° 4, Nov. 86, S. 137-144

[3.8] Meares, L. G.:
New simulation techniques using spice,
IEEE Power-Electronics Specialists Conference 1986, Tagungsbericht S. 198-205

[3.9] Bowers, J. C.; Vogelsang, R. S.:
Computer Aided Design für Power Electronics.
IEEE Power-Electronics-Specialists Conference 1986, Tagungsbericht S. 193-197

[3.10] Grötzbach, M.:
Dynamisches Verhalten leistungsstarker Stromrichter in vollgesteuerter zweipulsiger Brückenschaltung.
ETZ-Archiv 4 (1982) H. 2, S. 51

[3.11] Krug, H.:
Beitrag zur Optimierung des Drosselaufwandes bei dynamisch hochwertigen netzgeführten Umkehrstromrichtern
Elektrie 35 (1981) H. 12, S. 641-646; 36 (1982) H. 1, S. 8-12

[3.12] Büchner, P.:
Netzseitige Ersatzschaltung von Stromrichtern
Elektrie 41 (1987) H. 10, S. 392-394

[3.13] Büchner, P.:
Über die Wirkungsweise von Saugkreisen in Netzen mit Stromrichter-Netzrückwirkungen
Elektrie 35 (1981) H. 3, S. 115-118

[3.14] Büchner, P.:
Entwurf einer Kompensationsanlage unter Beachtung von Stromrichter-Netzrückwirkungen (rechnerische Übung und Lösungen)
Der Elektro-Praktiker 37 (1983) H. 2, S. 66-68; H. 3, S. 100-104

[3.15] Clos, G.; u. a.:
Pulsstromrichter als Einspeise- und Kompensationseinrichtung
etz-Archiv 8 (1986) H. 4, S. 137-142

[3.16] Appun, P., u. a.:
Der Vierquadrantensteller bei induktivem und kapazitivem Betrieb
etz-Archiv 6 (1984) H. 1, S. 3-8

[3.17] Büchner, P.:
Gleichstromantrieb mit verminderten Netzrückwirkungen
IWK Ilmenau (1983) Reihe A1/A2, S. 263-266

[3.18] Herold, G.; Finke, J.:
Berechnung der charakteristischen Kurzschlußstromgrößen der Drehstrombrückenschaltung
Elektrie 36 (1982) H. 15, S. 5-8

[3.19] Kloss, A.:
Zum dynamischen Verhalten eines Stromrichters
Elektroniker 24 (1985) H. 8, S. 49-56

[3.20] Barton, T. H.:
The transfer charakteristics of a chopper drive
IEEE-Trans. IA 16 (1980) H. 4, S. 489-495

[3.21] Zimmermann, P.:
Leistungsfaktorverbesserung einer Drehstrombrücke mit gesteuerten Nullventilen
ETZ-A 2 (1980) H. 5, S. 155

[3.22] Nikoloff, I.; Schiewer, M.: Seifert, E.-E.:
Gleichstromsteller für die Triebzüge Baureihe 270 der Berliner S-Bahn
LEW-Nachrichten 12 (1981), S. 2-12

[3.23] Heumann, K.; Marquardt, R.:
Replacement of Thyristors with Commutation Circuits in Chopper and Inverters by GTOs.
IEEE 1982 Power Electronics Specialists Conference, S. 160-170

[3.24] Ferraro, A.:
An Overview of Low Loss Snubber Technology for Transitor Converters.
IEEE 1982 Power Electronics Specialists Conference, S 466-477

[3.25] Heumann, K.; Marquardt, R.:
GTO Thyristoren in selbstgeführten Stromrichtern
ETZ 104 (1983) H. 7/8, S. 328-332

[3.26] Bech, H.-P.; Michel, M.:
Die Sechspuls-Brückenschaltung mit gleichspannungsseitiger Kommutierung
AfE Berlin 66 /1983) H. 1, S. 49-56

[3.27] Besold, K.-H.; Mues, M.; Nestler, J.:
Anwendung von GTO-Thyristoren auf elektrischen Triebfahrzeugen
El. Bahnen 84 (1986) H. 11, S. 333-342

[3.28] Besold, K.-H.; Mues, M.; Nestler, J.:
GTO-Thyristoren auf elektrischen Triebfahrzeugen, Grundlagen
El. Bahnen 84 (1986) H. 3, S. 75-80; 82-84

[3.29] Langmann, R.:
Präzisionsstellantrieb für die Industrierobotertechnik,
Feingerätetechnik 35 (1986) H. 9, S. 391-394

[3.30] Boehringer, A.; Knöll, H.:
Transistorschalter im Bereich hoher Leistungen und Frequenzen
ETZ 100 (1979) H. 13, S. 664

[3.31] Grozdenovic, M. D.:
Z-Transform Method Application to the Line Commutated Thyristor Converters Analysis
Second EPE, Grenoble 1987, Part II, S. 779-782

[3.32] Silva, J. F.:
Thyristor Current Source Control by Real Time Simulation,
Second EPE, Grenoble 1987, Part II, S. 773-778

Abschnitt 4

[4.1] Michalke, N.; Voitsberger, C.:
Drehstromstellergespeiste Drehstromantriebe
Elektrie 37 (1983) H. 10, S. 526-529

[4.2] Kloss, A.:
Wechsel- und Drehstromsteller, Leistungsbilanz und Oberschwingungen
Elektroniker 1984 H. 12, S. 41-49; H. 13, S. 57-64

[4.3] Mertens, R.:
Starthilfe für Asynchronmotoren
industrie-elektrik + elektronik 31 (1986) H. 7, S. 42-44

[4.4] Franz, P.; Meyer, A.:
Digital Simulation of a Complete Subsynchronous Converter Cascade with 6/12-Pulse Feedback System
IEEE-Trans. PAS-100 N 12, Dec. 81, S. 4948-4057

[4.5] Bethge, W.; Güldenpennig, A.:
Eine neue Leistungsklasse von Bahnstromumformersätzen bei der Deutschen Bundesbahn
El. Bahnen 80 (1982) H. 9, S. 259-263

[4.6] Kloss A.:
Oberschwingungen bei untersynchronen Stromrichterkaskaden
Elektroniker (1982) H. 16, EL 25-30

[4.7] Meyer, A.:
Die untersynchrone Stromrichterkaskade mit Berücksichtigung der Netzrückwirkungen und Pendelmomente
BB Mitt. (1982) H. 4/5, S. 133-141

[4.8] Scharpenberg, H.; Streck, A.:
Die untersynchrone Stromrichterkaskade für große Kreiselpumpen
BB Mitt. (1982) H. 4/5, S. 142-150

[4.9] Weigert, B.:
Bahnstromumformer Lehrte 2 in Betrieb
El. Bahnen 83 (1985) H. 8, S. 235-238

[4.10] Wolf, H., u. a.:
Blindleistungskompensation untersynchroner Stromrichterkaskaden
Der Elektro-Praktiker 40 (1986) H. 7, S. 243-247

Abschnitt 5

[5.1] Reiner, R.:
A New and Compretensive Three Phase Controller
PCIM '94 Intelligent Motion June 94 Proceedings, p. 229-242

[5.2] Umanand, L; Bhat, S. R.:
Shaft-Transducerless Rotor field Orientation in an Induction Motor with stator Resistance Adaption
PCIM ´94 Intelligent Motion June 94 Proceedings, p. 387-396

[5.3] Nagy, I.; Backhausz, L.:
Current Control of VSI-PWM Inverters for Vector Controlled Drives
PCIM ´94 Intelligent Motion June 94 Proceedings, p. 397-413

[5.4] Dittrich, A.:
Torque Optimal control of a Field-Oriented Induction Machine in the Field Weakening Range
PCIM ´94 Intelligent Motion June 94 Proceedings, p. 499-505

[5.5] Schumacher, W.; Kiel, E.:
Der Vecon-Prozessor; Signalverarbeitung für Antriebe auf einem Chip
SPS-IPC-DRIVES Sindelfingen 1994 Tagungsband S. 533-539

[5.6] Blümel, R.:
Applikation of Neutral Nets to Pule Inverter-Fed Systems
PCIM ´94 Intelligent Motion June 94 Proceedings, p. 1-10

[5.7] Jones, D.:
Performance Comparisons of Brush, Brushless and step Motors from around the world
PCIM ´94 Intelligent Motion June 94 Proceedings, p. 99-115

[5.8] Falk, R.; Slatter, R.
Hollow-Shaft Actuators für Intelligent Automation
PCIM ´94 Intelligent Motion June 94 Proceedings, p. 153-158

[5.9] Heumann, K.:
Die Intelligenz hält Einzug - Umrichter in der Antriebstechnik
Elektronik 1995 H. 1, S. 83, 88-96

[5.10] Quang, Nguyen, Phung
Praxis der feldorientierten Drehstromantriebsregelung
Expert-Verlag, Ehningen bei Böblingen 1993

[5.11] Henneberger, G.:
Elektrische Stell- und Positionierantriebe;
Stand der Technik und Entwicklungstendenzen
SPS - IPC - DRIVES Sindelfingen 1992, S. 507-525

[5.12] Gutt, H. J.:
Permanenterregte und Massivläufer-Kleinmaschinen für hohe Drehzahlen
Elektrotechnik und Informationstechnik 107 Jg. 1990 H. 10, S. 469-476

[5.13] Gutt, H. J.:
Vergleich von Gleichstrom-, Asynchron- und dauermagneterregten Synchronmaschinen für Stellantriebe in Robotern
etz-Archiv Bd. 9 (1987) H. 3, S. 55-62

[5.14] Gutt, H. J.:
Reluktanzmotoren kleiner Leistung
etz-Archiv Bd. 10 (1988) S. 345-354

[5.15] Beinhold, G.; Fuchs, F. W.; Jebenstreit, H.:
Advanced IGBT PWM Inverter with High Power Transistor Moduls
EPE Jounal Vol. 4 N° 4 Dec 1994 S. 5-8

[5.16] Bellomi, A.; Pacas, H. M.; Späth H.:
Digitale Simulation elektrischer Antriebe
E. u. M. 103 (1986 H. 10, S. 490-496

[5.17] Mathematisches Modell umrichtergespeister Gleich- und Wechselstrommotoren mit besonderem Augenmerk auf die Stromverdrängungsphänomene
AfE 69 (1986) H. 3, S. 155

[5.18] Nashiki, M.; Dote, Y.:
High Performance Current-Controlled PWM Transistor Inverter-fed Brushless Servomotor
Semiconductor Power Converter conference IEEE 1982, S. 349-356

[5.19] Baum, E.:
Drehmomentpulsation des Elektronikmotors
Elektrie 36 (1982) H. 1, S. 22

[5.20] Richter, C.:
Positionier-Kleinantriebe
Feingerätetechnik 31 (1982) H. 2, S. 76-77

[5.21] Polemann, A.:
Comparison of PWM modulation techniques
ETG Fachberichte Mikroelektronik in der Stromrichtertechnik und bei elektrischen Antrieben Bd. 11 (1982), S. 231-236

[5.22] De Carli, A.; Marola, G.:
Optimal pulse-wide modulation für three phase voltage supply
ETG Fachberichte Mikroelektronik in der Stromrichtertechnik und bei elektrischen Antrieben Bd. 11 (1982), S. 197-202

[5.23] Schumacher, W.:
Microprocessor Controlled AC Servo Drive
ETG Fachberichte Mikroelektronik in der Stromrichtertechnik und bei elektrischen Antrieben Bd. 11 (1982), S. 311

[5.24] Takeda, Y.; Morimoto, S.; Hiraza, T.:
Generalised analysis für steady-state characteristics of dc commutatorless motors
IEE-Proceedings-B 130 (1983) H. 6, S. 373

[5.25] Harashima, F.:
Stability Analysis of constant margin-angle controlled commutatorless motor
IEEE IA-19 (1983) H. 5, S. 708-716

[5.26] Grotstollen, H.:
Die polradorientierte Regelung eines Drehstrom-Servonantriebs mit dauermagnetisch erregtem Synchronmotor
etz-Archiv 5 (1983) H. 11, S. 339

[5.27] Weschta, A.:
Pendelmomente von permanenterregten Synchron-Servomotoren
etz-Archiv 5 (1983) H. 4, S. 141

[5.28] Schmidt-Walter, H.:
Wechselrichter für Speisung von Drehstromsynchronmotoren
etz 104 (1983) H. 9, S. 417-420

[5.29] Lasermann, K.; Zander, H. H.:
Drehstrom-Vorschubantriebe für Werkzeugmaschinen
Siemens Energietechnik-Produktinformation 3 (1983) 2, S. 45-46

[5.30] Bosch GmbH:
Bürstenlose Antriebe für Werkzeugmaschinen
Antriebstechnik 22 (1983) H. 1, S. 36-38

[5.31] Zimmermann, P.:
Bürstenlose Servonantriebe für Werkzeugmaschinen
Werkstattechnik 73 (1983) H. 10, S. 629-632

[5.32] Daroine, H, u. a.:
Operation of a self-controlled synchronous motor without a shaft position sensor
IEEE-Trans. IA-19 (1983) H. 2, S. 217-222

[5.33] Evans, P. D.:
Sinusoidal Pulswidth Modulation Strategy for the Delta Inverter
IEEE-Trans. IA 20 (1984) H. 3, S. 651-655

[5.34] Chappell, P. H.; Ray, W. F.; Blake, R. J.:
Microprocessor control of a variable reluctance motor
Proceedings IEE-B 131 (1984) H. 2, S. 51

[5.35] Grotstollen, H.:
Die Unterdrückung der Oberwellendrehmomente von Synchronmotoren durch Speisung mit oberschwingungsbehaftetem Strom
AfE 67 (1984) H. 1, S. 17-27

[5.36] Stamberger, A.:
Geerdete Treiberschaltungen schützen gegen Störsignale bei Transistor- oder GTO-Wechselrichterbrücken
Elektroniker 24 (1985) H. 5, S. 42-44

[5.37] Stamberger, A.:
Geräuschloser 1-kW-Drehstromantrieb mit digital gesteuerten Leistungs-MOS-fets und 20 kHz-Taktunh
Elektroniker 24 (1985) H. 2, S. 43, 51

[5.38] Büchner, P.:
Zustandsbeschreibung und Ortszeigerdarstellung für Drehstrom-Stromrichtersysteme
Elektrie 36 (1982) H. 2, S. 68-71

[5.39] Skudelny, M.; Weinhard, M.:
An Investigation of Dynamic Responce of Two Induction Motors in a Locomotive Truck Fed by a Common Inverter
IEEE Part. IA, 1984, Page 173

[5.40] Andresen, E. C.:
Einfluß von Umrichterart, Magnethöhe, Polbedeckung und Wicklungsanordnung auf den Betrieb von Synchronmotoren mit radialen $SmCO_5$-Magneten
ETZ-Archiv 7 (1985) H. 8, S. 263-270

[5.41] Williams, S.:
Direct drive system for an industrial robot using a brushless DC motor
IEE-Proc. B. 132 (1985) BH. 1, S. 53

[5.42] Schumann, R.:
Neuartige Servoantriebe mit Drehstrom-Asynchronmotoren
Antriebstechnik 24 (1985) H. 8, S. 36-38

[5.43] Kork; Römer:
Bürstenloses Antriebssystem für Servoantriebe
Antriebstechnik 24 (1985) H. 9, S. 36-40

[5.44] Schumacher, W.:
Fully digital control of induction motor as servo drive
1. EPE Brüssel, (1985) H. 1, S. 2.191

[5.45] Fornel, B. de, u. a.:
Position control of an asyncronous machine fed by PWM converter
1. EPE (1985) H. 2, S. 3.13

[5.46] Drehmoment bei Drehzahl null. Servo- und Spindelantriebe mit Asynchronmotoren
industrie-elektrik-elektronik 30 (1985) H. 7, S. 10-13

[5.47] Bauer, F.:
Hochdynamischer Antrieb mit einer über MOSFET-Pulsumrichter gespeisten feldorientiert betriebenen Asynchronmaschine
etz-Archiv 6 (1984) H. 10, S. 347-352

[5.48] Depenbrock:
Direkte Selbstregelung (DSR) für hochdynamische Drehfeldantriebe mit Stromrichterspeisung

[5.49] Kloss, A.:
Umrichter mit Gleichspannungszwischenkreis und Abschaltthyristoren
Elektroniker 1985, H. 9, S, 87-91

[5.50] Padberg, C.:
Drehstrom-Asynchron-Servoantriebe für Werkzeugmaschinen und Handhabungsgeräte
Elektronik 34 (1985) H. 18, S. 119-123

[5.51] Brosnan, M. F.:
New trends in servo control systems
1. EPE (1985) H. 2, S. 5.1-5.6

[5.52] Lessmeier, R.; Schumacher, W.; Leonhard, W.:
Microprocessor-Controlled AC-Servo Drives with Synchronous or Inducation Motors'
IEEE-Trans. IA-22 (1986) H. 5, S. 812-819

[5.53] Rajashekara, V. S.:
Protection and Switching-Network for Transistor-Bridge Inverters.
IEEE-Trans. IE-31 (1986) H. 2, S. 185-192

[5.54] HO, E. Y.; SEN, P. C.:
Digital Simulation of PWM Induction Motor Drives for Transient and Steady-State Performance
IEEE-Trans. IE-33 (1986) H. 1, S. 66-77

[5.55] Ogasawara, S., u. a.:
A high performance ac servo system with permanent magnet synchronous motors
IEEE-Trans. IE-33 (1986) H. 1, S. 87-91

[5.56] Vogelmann:
Analyse einer Wechselrichterschaltung mit bipolaren Transistoren
etz-Archiv 8 (1986) H. 4, S. 129-136

[5.57] Rauch, M.; Kühne, E.:
Optimierung der Ansteuerung von Schrittmotoren
Elektrie 40 (1986) H. 8, S. 284-287

[5.58] Gierse, H.:
Simodrive, Trendsetter für Werkzeugmaschinen- und Roboterantriebe
Siemens Energie & Automation 8 (1986) H. 2, S. 87-89

[5.59] Grotstollen, H.: Bürstenlose Servoantriebe mit dauermagnetisch erregten Elektromotoren.
Vortrag auf der 6. Fachtagung Elektroantriebstechnik und Elektroautomatisierungstechnik der TH Magdeburg, April 87

[5.60] Klausecker, K.; Schwesig, G.:
Drehstrom-Hauptspindelantriebe digital geregelt und hochdynamisch
Siemens Energie & Automation 9 (1987) H. 1, S. 28-29

[5.61] Späth, H.:
Analyse der Ausgangsspannung des gesteuert betriebenen Direktumrichters mit Hilfe von Ortskurven
AfE 62 (1980) H. 3, S. 167-175

[5.62] Salzmann; Wokusch:
Direktumrichterantrieb für große Leistungen und hohe dynamische Anforderungen
Siemens Energietechnik 2 (1980) H. 10, S. 409

[5.63] Kloss, A.:
Stromrichter-Netzrückwirkungen in Theorie und Praxis
Aarau-Stuttgart: AT-Verlag 1981

[5.64] Nakano, T.:
A High-Performance Cycloconverter-fed Synchronous Machine-drive system
IEEE IA 20 (1984) H. 5, S. 1278-1284

[5.65] Kastner, G.; Rodriggues, J.:
A forced commutated cycloconverter with control of the source and load currents
1. European confenrence on Power Electronics and Applications 1985
Proceedings I, S. 1.141-1.146

[5.66] Büchner, P.:
Netzrückwirkungen von Drehstromantrieben mit Stromrichterstellgliedern
Elektrie 39 (1985) H. 11, S. 424-426

[5.67] Meyer, A.; Rohrer, H.:
Berechnungen und vergleichende Messungen am System Stromrichter - Synchronmotor
BB Technik 72 (1985) H. 2, S. 71-77

[5.68] Grünberg, J.:
Vierquadrantenantrieb großer Leistung mit netzgeführtem Stromrichter
etz 106 (1985) H. 5, S. 210-216

[5.69] Ichida, H., u. a.:
Microprocessor-based Digital Control Cycloconverter Application on Induction Motor Speed Control
IEEE-Trans. IE-32 (1985) H. 4, S. 41-44

[5.70] Ahagi, H., u. a.:
High-Performance Control Strategy of Cycloconverter-Fed Induction Motor-Drive-System, Based on Digital Control Theoriy
IEEE-Trans. IE-33 (1986) H. 2, S. 126-131

[5.71] Lloyd, S.; Unsworth, P. J.; Sadaq, A.:
Computer Simulation of a Single-Pulse Cycloconverter AC Motor Drive
Second EPE, Grenoble 1987, Bd. I, S. 331-336

[5.72] Hildebrandt, N.:
Einphasige netz- und selbstgelöschte Gleichrichteranordnungen mit geringen Netzrückwirkungen
Elektrie 34 (1980) , S. 367-370

[5.73] Maiß, K. J.:
Drehstromantriebe für Vollbahn-, Werkbahn- und Nahverkehrs-Triebfahrzeuge
Nahverkehrspraxis 1981, S. 242-250

[5.74] Saupe, R.:
Die drehzahlgeregelte Synchronmaschine, optimaler Leistungfaktor durch Einsatz einer Schonzeitregelung
ETZ 102 (1981) H. 1, S. 14-18

[5.75] Späth, H; Pacas, J. M.:
Berechnung der Drehmomentharmonischen einer über Stromzwischenkreisumrichter mit nichtglattem Zwischenkreisstrom gespeisten Drehstromasynchronmaschine
AfE 1982 H. 1/2, S. 79-86

[5.76] Andresen, C.; Nienick, K.; Pfeiffer, R.:
Pendelmomente und Wellenbeanspruchung von Drehstromkäfigläufermotoren bei Frequenzumrichterspeisung
ETZ-A 1982, H. 1, S. 25-33

[5.77] Harders, H.; Wiedemann, B.:
Pendelmomententwicklung bei der stromrichtergespeisten Asynchronmaschine mit Berücksichtigung des welligen Zwischenkreisstromes
AFE 1982, H. 5, S. 297-305

[5.78] Cerovsky, Z.:
Käfigströme und Käfigverluste der Stromrichtermotoren
AfE 64 (1982) H. 6, S. 341

[5.79] Hildebrandt, N.:
Dreistufige selbstgelöschte Brückenschaltung mit sehr geringen Netzrückwirkungen für Triebfahrzeugantriebe
Elektrie 37 (1983), S. 430-433

[5.80] Plunkett, A. B.; turnball, F. G.:
System design method for a load commutated inverter-synchronous motor drive
IEEE-Trans. IA-20 (1984) H. 3, S. 589-597

[5.81] Gens, W.; Berger, G.; Probst, W. P.:
Feldorientierte Drehzahlregelung einer Drehstromasynchronmaschine mit Kurzschlußläufer
Elektrie 39 (1985) H. 11, S. 422-424

[5.82] Bunzel, E.; Fiedler, M.:
Zur Berechnung des Betriebsverhaltens von Stromrichtermotoren
Elektrie 40 (1986) H. 2, S. 53-56

[5.83] Subrahmanya; Gopalakrishnan:
Steady-State Performance of a Current Controlled Synchronous Motor
ETZ-Archiv 8 (1986) 7, S. 251-256

[5.84] Weber, K. M.; Heil, W.:
Der schnellaufende Stromrichtermotor als getriebeloser Kesselspeisepumpenantrieb
BB Technik 73 (1986) H. 6, S. 284-291

[5.85] Cannone, BV.; Gentile, G.:
Die Anwendung der z-Transformation für die Analyse der Torsionspendelungen bei umrichtergespeisten Asynchronmotoren
ETZ-A Bd. 2 (1980) H. 3, S. 87-91

[5.86] Gast, J. P.:
Einsatz moderner Mikroelektronik auf Bahnfahrzeugen
El. Bahnen 79 (1981), S. 406-411

[5.87] Dressler, H.:
Micas-Mikrocomputer für Triebfahrzeuge
El. Bahnen 79 (1981), S. 411-417

[5.88] Appun, P., u. a.:
Die elektrische Ausrüstung der Stromrichterausrüstung der Lokomotive BR 120 der Deutschen Bundesbahn
El. Bahnen 80 (1982), S. 290-294; H. 11, S. 314-317

[5.89] Wurdel, U.:
Selbstgeführte Gleichrichter als netzrückwirkungsarme Stromrichter
Elektrie 36 (1982), S. 482-483

[5.90] Busse, A.; Holtz, H.:
A digital space vector modulator for the control of a three-phase power converter
ETG Fachberichte Mikroelektronik in der Stromrichtertechnik und bei elektrischen Antrieben 1982, S. 189-195

[5.91] Gekeler, M. W.:
Digitales Steuergerät für dreiphasige Pulswechselrichter
Elektronik 31 (1982) H. 18, S. 103-107

[5.92] Ueda, A., u. a.:
GTO Inverter for AC Traction Drives
IEEE-Trans. VOL IA N 3, May/June 1983

[5.93] Budig, P.-K.:
Beitrag zur harmonischen Analyse der Ströme und Spannungen von Pulswechselrichtern
Elektrie 37 (1983) H. 7, S. 364-367

[5.94] Seefried, E.; Müller, R.; Winkler, W.:
Optimierte Steuerungsverfahren für Zwischenkreisumrichter
Elektrie 37 (1983) H. 10, S. 530-533

[5.95] Appun, P.; Linau, W.:
Der Vierquadrantensteller bei induktivem und kapazitivem Betrieb
ETZ-A 6 (1984) H. 1, S. 3-8

[5.96] Kunnes, W.; Müller-Hellmann, A.:
Fahrdrahtgespeiste Triebfahrzeuge in Drehstromtechnik mit Asynchron- oder Synchronfahrmotoren
Eisenbahntechnik Rundschau 33 (1984) H. 10, S. 781

[5.97] Winkler, W.; Neumann, L.; Kohls, M.:
Erfahrungen bei der Bitmustersteuerung von Pulsumrichtern zur verlustarmen Speisung von Asynchronmotoren
10. Wiss. Konferenz der Sektion Elektrotechnik der TUD 1984, Beitrag A1-03

[5.98] Milz, K.:
Beitrag zur Drestromantriebstechnik, dargestellt am Beispiel der Hilfsbetriebe der Lokomotive Baureihe 120
El. Bahnen 83 (1985) H. 2, S. 69-73

[5.99] Harprecht, W.:
Die Baureihe 120 - Die neue Generation einer Lokomotive für die Deutsche Bundesbahn
El. Bahnen 83 (1985) H. 2, S. 52-58

[5.100] Selbach, A.:
Überblick über die Entwicklung des Drehstromantriebs Baureihe 120 - eine neue Lokomotivgeneration mit dem universellen Drehstromantrieb
El. Bahnen 83 (1985) H. 2, S. 59-65

[5.101] Falk, P.; Lößel, W.; Winden, R.:
Die elektrische Ausrüstung der ICE-Triebköpfe
El. Bahnen 83 (1985) H. 10, S. 319-334

[5.102] Budig, P.-K.:
Drehzahlgestellte Drehstromasynchronmotoren
Elektrie 39 (1985) H. 11, S. 416-419

[5.103] Budig, P.-K.:
Stromwärmeverluste und ihre Minimierung bei stromrichtergespeisten Asynchronmaschinen
Elektrie 39 (1985) H. 12, S. 464-466

[5.104] Büchner, P.:
Netzrückwirkungen von Drehstromantrieben mit Stromrichterstellgliedern
Elektrie 39 (1985) H. 12, S. 424-426

[5.105] Winkler, W.; Klingenberg, B.:
Stromverdrängung in Asynchronmotoren bei Umrichterspeisung
Elektrie 39 (1985) H. 1, S. 420-421

[5.106] Katzer, G., u. a.:
Die elektrische Ausrüstung der Lokomotive EA 3000 für die dänische Staatsbahn
El. Bahnen 84 (1986) H. 8, S. 225-234

[5.107] Budig, P.-K.:
Der Einfluß der Verluste auf das zulässige Drehmoment stromrichtergespeister Asynchronmaschinen
Elektrie 40 (1986) H. 12, S. 454-456

[5.108] Knecht, L.:
Neue Frequenzumrichter für Drehstromantriebe
BB Technik 73 (1986) H. 3, S. 112-119

[5.109] Broeck, H.:
Untersuchung des Oberschwingungsverhaltens eines hochtaktenden Vierquadrantenstellers
ETZ-Archiv 8 (1986) H. 6, S. 195-199

[5.110] Biswas, H. K.; Makesh, M. S.; Iyengar, B. S. R.:
Simple new PWM patterns for thyristor three-phase AC/DC convertors
IEE Proc. vol. 133, PG B N 6, Nov. 1986, S. 354-358

[5.111] Zimmermann, R.:
Drehmomentbildung bei stromrichtergespeisten Asynchronmotoren
Elektrie 40 (1986) H. 8, S. 288

[5.112]Zimmermann, R.:
Fourieranalyse der Spannungen und Ströme an der mit Zwischenkreisumrichter gespeisten Asynchronmaschine
Elektrie 40 (1986) H. 8, S. 300-304

Abschnitt 6

[6.1] Amler, G.:
Entwicklungstendenzen bei Drehzahlveränderbaren Antrieben großer Leistung
ETG Fachbericht 42 Elektronik in der Energietechnik, S. 123-130

[6.2] Fuchs, F. W.:
Regelbare Drehstromantriebe für hohe Anforderungen in der Industrie
ETG Fachbericht 42 Elektronik in der Energietechnik, S. 131-139

[6.3] Orlik, B.:
Feldorientierte sensorlose Drehzahlregelung von Drehstrom-Asynchronmaschinen
SPS-IPC-Drives Sindelfingen 1994, Tagungsband S. 541-548

[6.4] Hofmann, W.; Arlt, T.; Thieme, A.:
Frequenzsteuerung eines Drehstrommotors mit Fuzzy-Logik
SPS-IPC-Drives Sindelfingen 1994, Tagungsband S. 553-562

[6.5] Ruff, M; Wiesing, J.:
Selbstinbetriebnahme von Drehstromasynchronantrieben
SPS-IPC-Drives Sindelfingen 1994, Tagungsband S. 573-583

[6.6] Schumacher, W.; Kiel, E.:
Elektrische Antriebe mit moderner Mikroelektronik, der Schlüssel zur Mechatronik
SPS-IPC-Drives Sindelfingen 1994, Tagungsband S. 607-614

[6.7] AF Stronach, VAS, P.:
Self-tuning adaptive control of variable-speed drives
PCIM '94 Intelligent Motion June 1994 Proceedings Page 255-267

[6.8] Singk, B. N.; Singk, B.; Singk, B. P.:
Vector Control of Induction Motor Drive without mechanical speed sensor.
PCIM '94 Intelligent Motion June 1994 Proceedings Page 425-442

[6.9] Geitner, G. H.; Krug, H.:
Zur Anwendung des Betragsoptimums für digital geregelte Gleichstromantriebe
msr 31 (1988) 3, S. 105/11

[6.10] Geitner, G. H.:
Entwurf digitaler Regler für elektrische Antriebe
VDE-Verlag GmbH 1995

Abschnitt 7

[7.1] Zühlke, D.; Lauzi, M.:
Einsatz von Fuzzy-Methoden in Vorschubantrieben
SPS-IPC--DRIVES Sindelfingen 1994, Tagungsband S. 399 - 409

[7.2] Hauptmann, M.:
Einsatz von Fuzzy-Reglern für die Drehzahl- und Lageregelung in nichtlinearen elektro-mechanischen Systemen
SPS-IPC--DRIVES Sindelfingen 1994, Tagungsband S. 411 - 420

[7.3] Braun, J.; Schumacher, H.:
"SKYWASH": Innovative Steuerungsfunktionen für Großroboter
SPS-IPC--DRIVES Sindelfingen 1994, Tagungsband S. 441 - 450

[7.4] Klaaßen, N.:
Selbsteinstellende Drehzahlzustandsregelung für schwach gedämpfte mechanische Systeme
SPS-IPC--DRIVES Sindelfingen 1994, Tagungsband S. 623 - 632

[7.5] Joure, D.; Bui, D.:
DSP Based Robust Motion Controller for Roboter and Machine-Tools
PCIM ´94 Intelligent Motion June 94, Proceedings p. 165 - 172

[7.6] Matthes, P.:
Speed Control of an Inverter fed Inductions Machine with Sliding Mode Control
PCIM ´94 Intelligent Motion June 94, Proceedings p. 415 - 423

[7.7] Grundmann, St.; Hauptmann, M.; Müller, V.:
Design of Control Structures für a two-mass-Oszillator using Fuzzy-Control and the Simulation System DS 88
PCIM ´94 Intelligent Motion June 94, Proceedings p. 453 - 461

[7.8] Hofmeyer, D.; Hofmann, W.:
Fuzzy-Control of a Non-linear Two Mass System
PCIM ´94 Intelligent Motion June 94, Proceedings p. 463 - 472

[7.9] Vas, P.; Chen, J.; Stronach, A. F.:
Fuzzy control of Drives
PCIM ´94 Intelligent Motion June 94, Proceedings p. 11 . 31

[7.10] Pritschow, G.; Kosiedowski, U.; Schmid, W.:
Distributed Control Concept für Modular Robot Systems
PCIM ´94 Intelligent Motion June 94, Proceedings p. 47 - 58

[7.11] Lappat, A.:
Zustandsregelung eines elektrischen Antriebs mit elastischer, schwach gedämpfter Mechanik
Elektrie 40 (1986) H. 1, S. 25 - 27

[7.12] Bühler, A.:
Regelung mit Gleitzuständen
Zeitschrift der Schweizerischen Gesellschaft für Automatisierung (SGA) 1986, H. 1., S. 11 - 21

[7.13] Utkin V. I.:
Sliding Mode Control Design Principles and Application to Electric Drives
IEEE Trans. on Industrial Electronics Vol. 40 N 1 Febr. 1993, P. 23 - 35

[7.14] Ho, Edward Y. Y.; Paresh C. sen.:
A Microcontroller - Based Induction Motor Drive Systems Using Variable Structure Strategy with Decoupling
IEEE Trans. on Industrial Electronics Vol. 40 N° 3 June 1990, P. 227 - 235

[7.15] Ho, Edward Y. Y.; Paresh C. sen.:
Control Dynamics of Speed Drive Systems Using Sliding Mode Controllers with Integral Compensation
IEEE Trans. on Industrial Application Vol. 27 N 5 September/Oktober 1991, P. 883 - 892

Abschnitt 8

[8.1] DIN 19226,
Regelungs- und Steuerungstechnik, Begriffe
März 1984

[8.2] Schumacher, W.:
Mechatronics, elektrische Aktoren als Bindeglied zwischen Mechanik und Elektronik
SPS/IPC/DRIVES Sindelfingen 1991, Tagungsband S. 435 - 440

[8.3] Gick, B.; Mutschler, P.; Schulze, St.:
Kommunikation bei Antrieben
etz Bd. 112 (1991) H. 17, S. 906 - 918

[8.4] Schönfeld, R.:
Bewegungssteuerungen, Aufgabenstellung und Lösungsansätze
SPS/IPC/DRIVES Sindelfingen 1993, Tagungsband S. 483 - 492

[8.5] Schönfeld, R.; Franke, M.; Hasan, H.; Müller, F.:
Intelligent Drives in systems with decentralized Intelligence
5th European Conference on Power Electronics and Application, Brighton 1993, Conference Publication Vo. 5, P. 489 - 494

[8.6] Schumacher, W.; Kiel, E.:
Elektrische Antriebe mit moderner Mikroelektronik, der Schlüssel zur Mechatronik
SPS/IPC/DRIVES Sindelfingen 1994, Tagungsband S. 607 - 614

[8.7] Bohrer, W.:
Antriebstechnik am Profibus - Kommunikation über SINECL2-DP
engineering & automation 16 (1994) H. 2, S. 16 - 17

[8.8] Bohrer, W.:
Antriebstechnik am Profibus - Steuern, Bedienen, Visualisieren
engineering & automation 16 (1994) H. 3/4, S. 10 - 11

[8.9] Voits, M:
Drehzahlgeregelte elektrische Antriebe - die flexiblen Automatisierungskomponenten für den Anlagen- und Maschinenbau
ETG-Fachbericht 42 Elektronik in der Energietechnik S. 113 - 121

[8.10] Binder, M.:
Ein gutes Gespann: Servoantriebe plus Mikroelektronik
Elektronik 1991 H. 18, S.

[8.11] Brendel, W.:
Anforderungen an ein Programmiersystem nach IEC 1131-3
SPS-IPC-DRIVES Sindelfingen 1994, Tagungsband S. 215 - 222

[8.12] Lutz, R.:
Von der Funktionsbeschreibung zum SPS-Programm - abteilungsübergreifende Unterstützung durch das CASE-Tool "ASPECT"
SPS-IPC-DRIVES Sindelfingen 1994, Tagungsband S. 223 - 232

[8.13] Stange, H.:
Bewegungsanforderungen bei Verarbeitungsmaschinen
SPS-IPC-DRIVES Sindelfingen 1994, Tagungsband S. 359 - 378

[8.14] Nolte, R.:
Auslegung mechanischer und elektronischer Bewegungssteuerungen für hohe Drehzahlen
SPS-IPC-DRIVES Sindelfingen 1994, Tagungsband S. 379 - 388

[8.15] Rauber, K.:
Elektronik ersetzt mechanische Kurvenscheibe und Nockenwelle
SPS-IPC-DRIVES Sindelfingen 1994, Tagungsband S. 389 - 397

[8.16] Kessler, G.:
Das zeitliche Verhalten einer kontinuierlichen elastischen Bahn zwischen aufeinanderfolgenden Walzenpaaren, Teil I; II.
Regelungstechnik 8 (1960) H. 12, S. 436 - 439
Regelungstechnik 9 (1961) H. 4, S. 154 - 159

[8.17] Brandenburg, G.:
Ein mathematisches Modell für eine durchlaufende elastische Stoffbahn in einem System angetriebener, umschlungener Walzen Teil I; II
Regelungstechnik und Prozeß-Datenverarbeitung 21 (1973),
H. 3, S. 69 - 76; 125 - 129; 157 - 162

[8.18] Wolfermann, W.; Schröder, D.:
Application of Decoupling and State Space Control in Processing Machines with Contiuous moving webs
10th IFAC-World Congress München 1987, Preprints Bd. 3, S. 100 - 105

[8.19] Kunze, H. B.:
Regelungsalgorithmus für rechnergesteuerte Industrieroboter
Regelungstechnik 1984 H. 7

[8.20] Bögelsack, G.; Kallenbach, E.; Linnemann, G.:
Roboter in der Gerätetechnik
VEB Verlag Technik Berlin 1988

[8.21] Desoyer, K.; Kopacek, P; Troch, I.:
Industrieroboter und Handhabungsgeräte
R. Oldenburg Verlag München, Wien 1985

[8.22] Reithmeier, E.; Leitmann, G.:
Robuste Positions- und Kraftregelung für Industrieroboter mit Parameterunsicherheiten
Automatisierungstechnik 39 (1991)

[8.23] Freund, E.; Hoyer, H.:
Das Prinzip nichtlinearer Systemkopplung mit der Anwendung auf Industrieroboter
Regelungstechnik 28 (1980) S. 80-87; 116 - 126

[8.24] Olomski, Seeger, Leonhard:
Fortschritte der Roboterregelung durch Parallelverarbeitung mit Signalprozessoren
Mikroelektronik 1989 H. 4, S. 168 - 173

[8.25] Gratzfeld, P.:
Untersuchungen zum Verhalten eines für ein Triebfahrzeug geeigneten Antriebes
mit zwei parallelgeschalteten Asynchronmaschinen bei ungleicher Belastungsaufteilung
Diss. RWTH Aachen 1985

[8.26] Frederich, F.:
Möglichkeiten zur Hochausnutzung der Rad-Schiene-Kraftschluß-Zusammenhänge,
Einflüsse, Maßnahmen
AET 38 (1983) S. 45 - 56

[8.27] Gammert, R.:
Die elektrische Ausrüstung der Drehstromlokomotive Baureihe 120
der Deutschen Bundesbahn
Elektrische Bahnen 77 (1979) H. 10, S. 272 - 283

[8.28] Appun, P.; Futterlieb, E.; Kommisari, K.; Marx, W.:
Die elektrische Auslegung der Stromrichterausrüstung der Lokomotive BR 120
der Deutschen Bundesbahn
Elektrische Bahnen 80 (1982) H. 10, S. 290 - 294; und H. 11, S. 314 - 317

[8.29] Wagner, R.:
Drehstromantriebstechnik mit Strom-Zwischenkreisumrichter für Lokomotiven
ZEV-Glas. Ann. 106 (1982) H. 213, S. 93 - 102

[8.30] Weigel, W. D.:
Drehstromantriebssystem mit Strom-Zwischenkreisumrichter für dieselelektrische
Lokomotiven
ZEV-Glas. Ann. 107 (1983) H. 11, S. 386 - 392

[8.31] Köck, F.:
Das Konzept der Leittechnik für die elektrische Lokomotive BR 120 der DB
Elektrische Bahnen 82 (1984) H. 2, S. 56 - 65

[8.32] Pfeiffer, Hahn:
Optimale Kraftschlußausnutzung durch selbstadaptierende Radschlupfregelung
am Beispiel eines Drehstrom-Lokomotivantriebs
Elektrische Bahnen 84 (1986) H. 2, S. 43 - 57

[8.33] Harprecht, W.:
Anfahrverhalten, Leistung und Zuverlässigkeit der Lokomotiven der Baureihe 120
der Deutschen Bundebahn
Elektrische Bahnen 82 (1984) H. 2, S. 30 - 54

[8.34] Asea Brown Boweri
Das Traktionsleitsystem Micas S, Systemübersicht
Firmendruckschrift ABB Verkehrstechnik

[8.35] Kahlen, H.:
Antriebe für Elektrostraßenfahrzeuge, Stand und Entwicklungstendenzen
ETG-Fachbericht 42, Elektronik in der Energietechnik 1993, S. 47 - 55

[8.36] Müller-Hellmann, A.:
Neue Antriebskonzepte für niederflurige Fahrzeuge des Nahverkehrs
ETG-Fachbericht 50, Elektrische Antriebe für Fahrzeuge des öffentlichen Nahverkehrs 1994, S. 143 - 162

[8.37] Rück, G.; Zenlinka, R..
Konzeption eines dieselelektrischen Busses mit Einzelradantrieb
ETG-Fachbericht 50, Elektrische Antriebe für Fahrzeuge des öffentlichen Nahverkehrs 1994, S. 163 - 172

[8.38] Harbauer, W.:
Moderne Antriebssysteme für Elektroautos
Siemens-Zeitschrift F. u. E. Spezial 1993, S. 21 - 25

[8.39] Landrath, J.; Nahmer, St.:
Antriebssysteme für Elektrostraßenfahrzeuge
etz 1995 H. 2, S. 28 - 33

Sachwortverzeichnis